江西九连山国家级自然保护区生物多样性综合科学考察报告

主　编：邓　俊　廖文波

副主编：卜文圣　王英永　廖承开

中国林业出版社
China Forestry Publishing House

江西九连山国家级自然保护区生物多样性综合科学考察报告

主　　编：邓　俊　廖文波

副 主 编：卜文圣　王英永　廖承开

策　　划：王颢颖

特约编辑：吴文静

审 图 号：赣州 S（2024）007 号

图书在版编目（CIP）数据

江西九连山国家级自然保护区生物多样性综合科学考察报告 / 邓俊，廖文波主编；卜文圣，王英永，廖承开副主编．-- 北京：中国林业出版社，2024. 12. -- ISBN 978-7-5219-2820-4

Ⅰ．S759.992.56

中国国家版本馆 CIP 数据核字第 2024XH2515 号

责任编辑　张　健

版式设计　柏桐文化传播有限公司

出版发行　中国林业出版社（100009，北京市西城区刘海胡同 7 号，电话 010- 83143621）

电子邮箱　cfphzbs@163.com

网　　址　www.cfph.net

印　　刷　北京雅昌艺术印刷有限公司

版　　次　2024 年 12 月 第 1 版

印　　次　2024 年 12 月 第 1 次印刷

开　　本　889 mm×1194 mm 1/16

印　　张　23.25

字　　数　717 千字

定　　价　188.00 元

本书编委会

主　任：邓　俊

副主任：廖承开　凌晓夫　张祖福

成　员：黄国栋　陈正兴　邱萃林　陈志高　黄家胜　钟　昊　卓小海　蔡海东　张　拥　付庆林

本书编写组

主　编：邓　俊　廖文波

副主编：卜文圣　王英永　廖承开

各专题主要编写人员

自然地理组：崔大方　邓　俊　张豪华　羊海军　施　诗　叶　强　鲍子禹

植被地理组：卜文圣　廖文波　凡　强　赵万义　刘忠成　黄　超　徐隽彦　王亚荣　梁文星　韦素娟　廖丽娟　潘嘉文　沈静娜

苔藓植物组：刘蔚秋　徐国良　巫　韬　施　虢　武　鑫

蕨类植物组：赵万义　廖文波　徐国良　许可旺

种子植物组：凡　强　廖文波　徐国良　蔡海东　廖承开　蔡伟龙　陈京锐　王　妍　李绪杰　张星月

珍稀植物组：陈志晖　梁跃龙　廖海红　熊亲戴

鱼　类　组：欧阳珊　蔡海东　黄家胜　蔡伟龙

两栖爬行组：王英永　吴小刚　吕植桐　赵　健　齐　硕　王昊天　宋晗铭　张昌友　廖承开　张祖福　李子林　黄国栋　付庆林　卓小海　陈志高

鸟　类　组：杜　卿　陈志高　高友英　廖承开　林宝珠

哺乳动物组：廖承开　吴　毅　张昌友　余文华　郭伟健　王晓云　黎　舫　胡宜峰　张祖福　叶复华　李子林　黄国栋　付庆林　卓小海　陈志高

昆　虫　组：胡华林　宋育英　吴　勇　林宝珠　钟祥涛　王　辉　吴松保　陈　维

真　菌　组：李子林　张林平　廖承开　陈言柳　马吉平　饶　军　张祖福　黄国栋　梁跃龙　卓小海　付庆林　凌宏伟

旅游资源管理：邓　俊　陈志晖　廖承开　凌晓夫　张祖福　陈正兴　邱萃林　钟　昊　许国燕　王　辉　宋育英　李子林　廖均棋　黄　健

协　调　组：邓　俊　金志芳　廖承开　凌晓夫　张祖福　徐国良　王　辉　肖　芸　廖华盛　黄海春　张　拥　赖辉莲　林智红　肖　峰

资料文稿组：胡华林　徐国良　吴小刚　廖承开　张祖福　宋育英　王　辉　李子林　凌宏伟　叶青龙　钟祥涛

内容简介
Introduction

本书是对江西九连山国家级自然保护区进行的第二次综合科学考察的总结性成果，全书分为11章，内容包括自然概况、地质地貌与土壤、植被与植物群落特征、植物区系、珍稀濒危保护植物与资源植物、动物多样性、大型真菌多样性、旅游资源、社会经济状况、保护区管理、保护区评价等，还包括动植物名录、重点动植物照片等附录。记录野生高等植物260科990属2573种，其中苔藓植物68科147属306种、蕨类植物28科83属280种、裸子植物5科7属8种、被子植物159科753属1979种，国家重点保护野生植物25科37属64种。记录大型真菌79科162属286种。记录植被类型共9个植被型、46个群系、88个群丛。记录陆生脊椎动物442种，其中两栖类2目8科22属32种、爬行类2目18科43属66种、鸟类18目64科178属280种、兽类7目20科47属64种。记录鱼类4目13科37种。记录昆虫18目186科1251属1972种。研究结果为进一步开展自然保护规划和管理以及开展生态效益评估等提供了基础数据。

本书可供林学、生物学、生态学、园艺学、农学、地理学、环境科学等科研机构与高等学校的科研人员和师生，自然保护地管理部门的技术人员和管理人员，生态保护、生态修复相关企业的技术人员以及生态旅游爱好者参考使用。

前言
Preface

自然保护地是生态建设的核心载体、中华民族的宝贵财富、美丽中国的重要象征，在维护国家生态安全中居于首要地位。建立以国家公园为主体的自然保护地体系是以习近平同志为核心的党中央站在实现中华民族永续发展的战略高度作出的重大决策，是深入践行习近平生态文明思想和习近平总书记考察江西重要讲话精神的实践要求，是打造国家生态文明建设高地、建设人与自然和谐共生美丽江西的现实需要。

江西九连山国家级自然保护区始建于1975年，是江西最早建立的自然保护区之一。其地理位置特殊，位于“南岭纬向构造带”东段与武夷山北东向构造带南段的复合部，在地质构造单元上属于“九连山隆起构造带”，同时又地处中亚热带与南亚热带交界过渡区的北缘，保存有较大面积典型的原生性亚热带湿润常绿阔叶林，生物多样性极为丰富，为北回归线附近保存最完整的原生性亚热带常绿阔叶林生态系统。在地质构造历史上，九连山历经了加里东、华力西-印支、燕山及喜马拉雅山等4次主要的具有变革意义的地壳运动，从而造就了其复杂的地质地貌类型和多样的土壤环境。在气候上，九连山属于中亚热带湿润性季风气候区，受大陆和海洋气候的双重影响，年平均降水量较高，达2155.6 mm，区内水资源丰富，是赣江上游主要支流桃江的源头区。良好的水热条件、多样的地质地貌，使得区内植被覆盖率达到94.7%，孕育了丰富的植被类型，以中亚热带常绿阔叶林、常绿针阔混交林为主。

近年来，保护区干部职工坚持以习近平生态文明思想为指导，践行绿色发展理念，推进全民共建共享，促进人与自然和谐共生。在资源保护、科研监测、社区共建、自然教育和基础建设等方面取得可喜成绩，森林生态系统得到全面有效保护，旗舰物种种群数量稳步攀升，自然生态系统质量持续改善，与国内外70多家高等院校、科研院所开展科研交流，并取得一系列高水平研究成果。

本次综合科考于2021年3月启动，由九连山保护区组织实施，是本区域内第二次综合科学考察，也是自2003年晋升为国家级自然保护区以来首次开展的综合科学考察，主要由中山大学生命科学学院承担，同时得到了广州大学、江西农业大学、华南农业大学和南昌大学等有关院校的大力支持。在项目实施过程中，管理局专业技术人员、科研管理人员、护林员与高校师生通力合作，充分利用前期动物调查和监测数据，历经4年完成了野外调查、数据采集、整理及书稿编撰工作。科考报告内容丰富，调查方法合理，数据翔实，结论可靠，全方位掌握了保护区的基础数据，系统汇总了历史资料与本次调查成果，从多彩的生态系统、多样的物种等方面全面展示了九连山保护区生物多样性的概况，将让广大读者领略到“生态明珠、大美九连”的壮美景象。

2025年是九连山保护区成立50周年，站在新的历史起点，保护区将深入学习贯彻习近平生态文明思想，奋楫笃行，履践致远，以稳健之态起笔落墨，书写绿色发展崭新篇章，为江西林业高质量发展、为江西奋力打造国家生态文明建设高地作出新的更大贡献。

在此，谨对参加本次科考的科研人员、保护区管理人员、护林员、高校师生以及各位参与者致以衷心的感谢。

同时，热忱欢迎大家走进九连山，感受大自然的独特魅力，把自然保护的“九连山篇章”讲得更加生动、把“江西风景这边独好”靓丽名片展示得更加出彩，携手共建人与自然和谐共生的美丽江西！

编者

2024年12月

目录
Contents

第1章
自然概况

1.1 地理位置

江西九连山国家级自然保护区（以下简称“九连山保护区”）位于江西省南部，赣州市龙南市的南缘，与广东省连平县毗邻。地理坐标为24°29′18″~24°38′55″N、114°22′50″~114°31′32″E，南北长约17.5 km，东西宽约15 km，保护区总面积13411.6 hm^2，其中核心区4283.5 hm^2，占31.9%；缓冲区1445.2 hm^2，占10.8%；实验区7682.9 hm^2，占57.3%。

南岭山脉是我国南部地区最大的一个东西向大型山脉，是中国自然地理、生物地理的一条重要分界线。九连山保护区位于南岭东段九连山北坡，地处中亚热带南缘。九连山保护区生物多样性十分丰富，保存有大面积的原生性较强的典型亚热带常绿阔叶林和沟谷季雨林，地带性植被类型主要是中亚热带湿润常绿阔叶林与南亚热带季风常绿阔叶林。

1.2 自然地理环境概况

1.2.1 地质概况

九连山保护区位于“南岭纬向构造带”东段与武夷山北东向构造带南段的复合部西侧，在地质构造单元上属“九连山隆起构造带”。在地质构造历史上，地处华南加里东褶皱造山带和南岭纬向构造带，历经了加里东、华力西－印支、燕山及喜马拉雅山等4次具有变革意义的地壳运动。保护区地层出露主要有寒武系变质岩系的板岩、千枚岩、变质砂岩，泥盆系厚层状石英质砾岩、含砾砂岩石等，石炭系的钙质页岩、钙质长石石英砂岩等，白垩系地层的分布面积仅次于寒武系和泥盆系，以巨厚层层状及块状紫色复成分砾岩为主；在河谷有第四系地层出露。保护区内岩石种类繁多，主要有岩浆岩、海相沉积岩、海相沉积变质岩，其中分布最广的是岩浆类黑云花岗岩。此外，中生代陆相红色碎屑岩也有分布，并形成独特的地貌景观——丹霞地貌。

1.2.2 地貌

九连山保护区总体上属于中－低山地貌，地势南高北低。最高峰黄牛石海拔 1430 m，最低海拔 280 m，最大相对高差达 1150 m，平均海拔为 679 m，坡度一般在 25°~40°。由于区内地质构造背景复杂，地貌单元多样，具有盆岭相间、沟谷纵横的独特性，与构造格局相吻合，也与地层和岩性密切相关。分布有山峰、沟谷、低洼盆地、断层峭壁和小型沼泽湿地等构造地貌，并在山间发育了一些小型的山间盆地、河谷和河滩湿地。

1.2.3 气候

九连山保护区地处中亚热带南部，属江南山地中亚热带湿润区（郑景云等，2010）。受大陆和海洋气候的双重影响，包括副热带西风急流、西太平洋副热带高压、热带气旋和中小尺度强对流天气系统，气候温和湿润，干、湿季明显。区内年平均气温 16.4℃，1 月平均气温 6.8℃，7 月平均气温 24.4℃，历年极端最高气温 37.0℃（1986 年），极端最低气温 -7.4℃（1991 年）。年平均降水量达 2155.6 mm，年平均相对湿度 85%，2~9 月为雨季，月平均降水量最低为 147.9 mm，10 月至翌 1 月为旱季，月平均降水量最高为 70.7 mm。茂密而丰富多样的植被和特殊的山地地形使保护区内冬暖夏凉、春温秋爽，并具有山间小气候，整体呈现夏无酷暑、冬无严寒、春季多雨气温变幅大、秋季多秋高气爽的气候特征。此外，区内光、温、雨、雾等在不同地点存在明显差异，常出现“同时异候”的气候现象（石宽，2014）。

1.2.4 水文

九连山保护区是赣江上游主要支流桃江的源头地区，降水量充沛，水源丰富。区内植被覆盖率达 94.7%，核心区森林覆盖率 98.2%，因此水源涵养效益高，水源丰富，地表径流发育，沟谷溪流纵横，终年流水潺潺。主要河流（流域面积大于 10 km^2）有大丘田河、饭罗河、鹅公坑河、太平江等 8 条河流，其中，大丘田河经全南、田心河经杨村同汇于桃江河，为赣江水系的源头之一。

1.2.5 土壤

九连山保护区成土母质多样，植被类型丰富，成土过程因地形、母质和植被的差异而不同，水平和垂直分布规律性相当明显。随海拔上升，依次分布有山地红壤（海拔 500 m 以下）、山地黄红壤（500~800 m）、山地黄壤（800~1200 m）和山地草甸土（1200 m 以上）。其中，山地红壤土层较厚，一般在 1 m 以上，植被主要为次生针阔混交林；山地黄红壤土层厚度在 1 m 左右，腐殖质层较厚，土壤较肥沃，植被主要为原生性常绿阔叶林；山地黄壤土层厚度一般不到 1 m，腐殖质层较浅，植被主要为常绿阔叶林；山地草甸土一般分布在山顶和山脊，土层薄，砂质，土色灰黑，有机质和氮含量高，主要分布着竹丛和草本群落。总体上，保护区土壤发育状况良好，土壤营养元素较为丰富，保水保肥能力较强，具较好的生产潜力。

1.3 自然资源概况

1.3.1 植物资源

九连山保护区位于中亚热带与南亚热带地区过渡带，分布有典型的亚热带常绿阔叶林。其地理位置特殊，地形复杂，生境富多样化，区内植物资源丰富，种类繁多。调查统计表明，该地区有野生高等植物 260

科 990 属 2573 种，大型真菌 79 科 162 属 286 种。其中，苔藓植物 68 科 147 属 306 种，蕨类植物 28 科 83 属 280 种，裸子植物 5 科 7 属 8 种，被子植物 159 科 753 属 1979 种，被子植物相较以往系统性调查新增 77 种，隶属 49 科 71 属。种子植物区系中，中国特有种 492 种，隶属 97 科 241 属（黄继红等，2014）；孑遗种 98 种，隶属 46 科（廖文波等，2014；Tang et al.，2018）。大型真菌 79 科 162 属 286 种。

根据 2021 年国家林业和草原局、农业农村部联合公布的《国家重点保护野生植物名录》（http://www.forestry.gov.cn/main/5461/20210908/162515850572900.html），九连山保护区共有国家重点野生保护植物 25 科 37 属 64 种，其中国家一级保护野生植物 1 种，即南方红豆杉 *Taxus wallichiana* var. *mairei*；国家二级保护野生植物 24 科 36 属 63 种。

九连山保护区内森林植被呈现一定的垂直地带性，植被可划分为 5 个植被型组，包括 9 个植被型 46 个群系。资源植物丰富，有药用植物 714 种，食用植物 172 种，观赏植物 184 种，材用植物 186 种，纤维植物 109 种，油脂植物 176 种，饲料植物 120 种。

1.3.2 动物资源

九连山保护区已查明的陆生脊椎动物有 479 种，占全省种总数的 60%，其中鸟类、兽类、两栖类和爬行类的种类均占全省一半以上。九连山保护区分布的脊椎动物中，属国家重点保护野生动物的有 75 种，占全省 45%；属江西省级重点保护的有 78 种，占全省种类 59%；列入《濒危野生动植物种国际贸易公约》的有 45 种，占全省种类 46%。

贝类和甲壳动物有 27 种，包括淡水贝类 8 科 18 种、陆生贝类 7 科 9 种，其中放逸短沟蜷 *Semisulcospira libertina* 在九连山广泛分布。

昆虫种类丰富，类型繁多。区系成分复杂，已查明的种类有 18 目 186 科 1251 属 1972 种。昆虫区系共有 24 个分布区类型，以东洋界成员为主体，占总数 77.64%，这说明九连山保护区昆虫基本上属于东洋界范畴。在海拔 600 m 以下的阳坡及沟谷常见到热带区系成分的种类，如巴黎翠凤蝶 *Papilio paris*、宽带凤蝶东部亚种 *Papilio*（*Menelaides*）*nephelus chaonulus* 等。而赤曼蝽 *Menida histrio*、橙粉蝶 *Ixias pyrene*、白蚬蝶 *Stiboges nymphidia* 等更是典型的热带种类。其中，橙粉蝶在九连山是其分布区的北界。九连山保护区分布的昆虫中属国家重点保护野生动物的有金斑喙凤蝶 *Teinopalpus aureus*、阳彩臂金龟 *Cheirotonus jansoni* 等 4 种。

1.3.3 旅游资源

九连山保护区旅游资源丰富。自然资源上拥有奇峰秀山、峡谷峭壁、酒壶耳和狼牙齿等地文景观资源。此外，还有丹霞飞瀑、丹霞天池、龙门瀑布等水文景观资源。群峰叠嶂，谷岭交错，绵延起伏，且多为茂密高大的原始森林所覆盖，空间层次十分丰富。人文景观上，九连山作为革命老区，区内分布有土匪洞、防空哨等遗址，此外王守仁的指挥所、黄牛石的传说等，为保护区增添了不少人文气息。

1.4 保护区范围及功能区划

九连山保护区总面积为 13411.6 hm^2，其中核心区 4283.5 hm^2，主要为虾公塘、上花露，占 31.9%；缓冲区 1445.2 hm^2，主要为大丘田、花露两块，占 10.8%；实验区 7682.9 hm^2，主要为墩头、润洞两块，占 57.3%（表 1-1）。

表1-1　九连山保护区面积统计表

单位：hm^2

保护区各片区	各功能区面积			合计
	核心区	缓冲区	实验区	
虾公塘	2155.3	299.8	207.7	2662.8
大丘田	874.1	434.6	1551.4	2860.1
花露	826.9	413.9	1046.7	2287.5
润洞	427.2	296.9	1542.5	2266.6
墩头	/	/	3334.6	3334.6
合计	4283.5	1445.2	7682.9	13411.6

1.5 保护区性质与保护管理简要评价

九连山保护区始建于1975年，经赣州地区林垦局批准，将九连山垦殖场虾公塘约1000 hm^2 范围划为国有林自然资源，时称“虾公塘天然林保护区”。1981年，经江西省政府批准建立九连山省级自然保护区，将保护区范围扩大至4066 hm^2。1995年纳入中国生物圈保护区网络，是江西省最早加入中国人与生物圈网络的自然保护区。2001年申报国家级自然保护区，并将保护区范围扩大至13411.6 hm^2，2003年被批准晋升为国家级自然保护区。九连山保护区地处中亚热带南部亚地带，属南岭山脉东段的核心地带，主要保护对象为典型的亚热带常绿阔叶林生态系统与丰富的生物多样性。

九连山保护区人为干扰少，保存有较完好的原始常绿阔叶林及其生态系统，区系成分复杂，起源古老，是华南和华东区系成分的交汇和过渡区，保存有亚热带山地多种类型的自然生态系统，植物区系和植被具有典型性、过渡性。区内地质历史古老、地质构造背景复杂，海拔差异较大，有丰富的动植物资源及众多国家重点保护野生动植物，有雄伟壮观的自然景观及天然林氧吧，是专家学者开展科研、进行学术交流的重要场所，同时也是人们接受自然、历史教育及大中专院校教学的理想基地，对振兴革命老区经济、促进第三产业等的发展具有重要作用，对促进对外合作交流、提高保护区的知名度具有非常重要的意义。此外，九连山作为赣江上游桃江的源头地区，在蓄水保土、水源涵养上也有着极为重要的价值。

第2章
地质地貌与土壤

2.1 地质概况

2.1.1 地质构造背景

九连山保护区南高北低，所在地在构造位置上，位于欧亚板块的东南部，东南邻近太平洋板块，其一级构造单元属西太平洋构造域中生代构造的南东部，其次级构造单元属“南岭纬向构造带”东段与“武夷山北东向构造带”南段的复合部的西侧，称“九连山隆起构造带”。因此，现今的九连山，处于多向构造系统环境中的隆起地质构造背景之上。区内地质构造演化发展历史，是华南古板块形成演化历史的组成部分。

华南板块分为扬子板块和华夏板块。扬子板块内出露有华南目前最老的陆核岩石，时代约为2.8 Ga的新太古代，这些岩石零星分布在康滇和鄂北一带。华夏板块主体为远古宙的基地，由北武夷山的古元古代岩块，中元古代沉积岩和大面积的新元古代泥沙质碎屑岩夹火山岩、岩浆岩及碳酸岩组成。华南大陆自形成后长期处于不稳定状态，在早古生代末期，大规模的地壳抬升导致东南部形成数百里的加里东陆内造山带，中二叠世末期，发生峨眉山大规模溢流玄武岩喷发和镁铁质岩石侵位，早中生代早期的构造作用使华南大陆形成了宽有千余千米、向西北凸出的巨型弧形构造，并以江南-雪峰为界，东部发育了上千千米宽的陆缘至陆内变形区，晚中生代华南大陆以岩石圈伸展为特征，广泛发育断陷盆地和岩浆侵入体，在白垩纪时期，岩浆作用向长江中下游和沿海地区迁徙。早白垩世初，形成东南沿海花岗岩质火山-侵入岩杂岩带和沉积盆地，并形成了华南盆岭构造。长江中下游地区自中生代以来构造体制发生明显的变化，在印支运动碰撞造山和燕山运动陆内变形构造机制影响下，产生强烈的逆冲褶皱构造，印支期受特提斯构造域影响发育大量的近东西走向的褶皱，在燕山期以强烈的陆内俯冲和陆内造山为特征的东亚汇聚构造体系影响下，形成了大致以长江为中心的对冲构造格局。进入新生代以来，地壳虽然发生过动荡变化，但总体上是继承中生代的格局。

2.1.2 地层概况

保护区地层出露不多，主要见有寒武系、泥盆系、白垩系和第四系等，但是，九连山地区是南岭地区的一部分，其地质构造历史是南岭地区地质构造整体历史的有机组成部分。根据南岭地区地质构造特征，区域地层大致可以分为以下5大类型。

（1）结晶基底地层

区域地表未见出露，但根据地球物理与矿物岩石地球化学方法探测，已确认其存在于地壳深部，形成时间大致为18亿年前，其特点是已经过中深变质和韧性再造，岩石已结晶固结，故称“结晶基底”。

（2）褶皱基底地层

广泛出露于九连山保护区的外围及整个南岭地区。地层形成时代包括中晚元古代至早古生代。地层特点与特征：一是经历过多期次褶皱构造变形，发育复式多期叠加褶皱、线性紧密褶皱、同斜倒转褶皱等；二是已经过区域变质作用，原岩为海相沉积岩系，主要为泥砂质建造，发育复理石建造，地层厚度巨大，虽经过区域变质，但沉积构造、地层层序、古生物化石（古生代地层）等保存较好。区内仅出露寒武系的部分地层。

（3）海相沉积盖层

包括古生代的泥盆纪、石炭纪、二叠纪和早三叠纪地层，具有稳定海相（地台型）沉积建造特点，沉积环境主要为滨海、浅海及海陆交互环境，其主要特点：一是以浅海相泥砂质建造为主，夹有碳酸盐岩建造；二是地层层序总体连续，内部总体上无大的沉积间断，而且底部沉积不整合覆于褶皱基底地层之上，顶部保存不全（多被剥蚀）；三是构造变形相对不强，发育褶皱构造或褶断组合构造，地层未经区域变质；四是在区域分布上以泥盆纪地层为主，其余地层多被剥蚀而呈零星分布；五是夹有2~3个含煤建造和含铁建造，是区内主要的煤系地层（如石炭系的“梓山煤系”、二叠系的煤层等）和铁矿层位（主要发育于下部或底部）。

（4）陆相盆地沉积岩系

主要为中生代断陷盆地中的沉积地层，包括三叠纪晚期、侏罗纪、白垩纪等地层。其中侏罗纪晚期发育陆相火山喷发——沉积建造，白垩系则以红色碎屑建造为特点。区域分布上以山间盆地的白垩系（红层）分布最广，侏罗纪晚期的火山岩石系次之。地层受构造形变微弱，主要发育断层和断块掀斜构造。

（5）第四系

分布面积较小，但分布广泛，主要有两种类型：一是冲积型，发育于各类河谷地带，并沿河流展布，见有更新世砂砾石层和红色黏土层、全新世冲积层；二是残坡积型，广泛发育于丘陵地带斜坡、坡缘等地。

2.2 地貌特征

2.2.1 地貌总体格局

九连山保护区总体上属于中-低山地貌区，最高峰黄牛石海拔1430 m，最低海拔约280 m，最大相对高差达1150 m，一般相对高差也达600~800 m。地貌形态格局，明显地质构造控制，由于区内地质构造背景复杂，地质小单元多且差异较大，构造具多方向性，由此控制着区内微地貌小单元的多样性和地貌形态上的差异性，并形成了区内地貌特征方面的一些独特性。

全区地貌格局与特点，大致具盆岭相间、棋盘格状展布之格局，这与区内的构造格局基本吻合，也与地层及岩性条件密切相关。控制地貌格局的构造方向有两类：一为北东方向构造；二为近东西（北东东向）向构造。

控制微地貌单元的条件：除构造要素之外，还与地层及其岩性密切相关。如九连山脉主峰带，主要为背斜构造的核部带，其主要地层和岩性为泥盆系下部的石英质碎屑岩（抗蚀能力强）；还有如构成山峰或山脊的地层主要有泥盆系石英质碎屑岩、白垩纪红层中的砂砾岩和部分花岗岩。

2.2.2 地貌总体特点

（1）微地貌单元具有多样性

有山峰，也有沟谷；有错综复杂的脉状峰岭，也有形状如盆的低洼平地；有流水侵蚀地貌，也有断层谷和悬崖峭壁等构造地貌，还遗存有山地小型沼泽地。

（2）微地貌单元具有盆岭相间、沟谷纵横的独特性

区内地貌总体上虽属山地地貌类，但在山间发育了一些小型的山间盆地，如下湖盆地、横坑水盆地、大丘田盆地、墩头盆地等，这些小型盆形低洼地的生态环境上，一般均具有不同程度的独立性。此外，还有山间河谷地貌和山地型河滩湿地。

本区内山地型微地貌单元多样性和其所形成的生态环境多样性特点，给生物多样性发展创造了有利条件，这可能是构成区域内生物多样性和物种丰富度的主要因子之一。

2.3 土壤

2.3.1 土壤调查采样与分析方法

2.3.1.1 采样方法

与植被调查相协调，在样方内选择有代表性、背对太阳照射的地段，挖掘1个长方形土坑，规格为1.0 m × 1.5 m，土坑的深度根据实际情况略有调整（表2-1）。根据地表枯落物的积累情况以及土壤颜色、质地、结构和松紧度等把土壤划分为若干个层次，良好植被下的森林土壤一般可分为：枯落物层A0、腐殖质层A1、灰化层A2、淀积层B、母质层C和母岩层D。划分层次后，按计划设置取样款项，仔细进行逐条观察并做出描述与记录，用连续读数法从上到下测量深度，记录各个层次的厚度，同时记录样品特征和环境特征（土壤类型、植被类型等），完成土壤剖面记录表。按照0~25 cm、25~50 cm、50~75 cm和75~100 cm分层采集土壤分析样品，每层约取1 kg，将采好的土样放入样品袋内，并在样品袋内外附上标签（注明采集地点、层次、剖面号、采样深度、土层深度、采集日期和采集人等信息），同时用环刀与小铝盒采集每层新鲜土壤样品后密封，用于自然含水量、容重和孔隙度的测定，每层作3个重复，共计挖掘8个土壤剖面，采集32份土壤分析样、32份环刀土样、96份小铝盒土样。

2.3.1.2 样品处理方法

环刀和小铝盒样品需在带回实验室后的当日完成分析。土壤分析样带回实验室后，将其平铺在木盆或瓷盆等容器内，堆成约2 cm厚的薄层，在通风阴凉的室内除杂后自然风干10~14天。风干过程中，随时翻动土样，促使均匀地风干。待半干时，将大土块捏碎，以免土样干燥后结成硬块而不易研磨。土样充分风干后用四分法称取样品500 g左右，然后放入研磨器中充分研磨，使样品全部通过10目分析筛。再从过10目样品中取300 g继续研磨，使其全部通过60目分析筛。再从过60目样品中取20 g继续研磨，使其全部通过100目分析筛，分别得到2 mm、0.25 mm、0.15 mm分析用土样。将3种土样分别置于封口胶袋内，贴上标签以待分析。土壤检测分析在华南农业大学测试中心与东区实验中心进行。

2.3.1.3 土壤分析方法

参照林地土壤资源利用和保护需求，选取土壤自然含水量、毛管持水量、容重、孔隙度、pH值、有机质、全氮、碱解氮、全钾、速效钾、全磷、有效磷、阳离子交换量等共计19项进行检测分析（表2-2），实验方案参照鲍士旦主编的《土壤农化分析（第三版）》(1999年出版)。

表2-1　九连山保护区土壤采集信息

土壤编号	采样地点	经纬度	海拔（m）	坡向	坡度（°）	土壤类型	采样日期
JLST01	黄牛石主峰山顶	24°30′34″N 114°27′22″E	1423.32	正北	35	草甸土	2022年7月10日
JLST02	黄牛石附近山坳30 m处	24°30′11″N 114°26′33″E	1230.92	西北	25	黄壤	2022年7月10日
JLST03	坪坑村东南方向约2 km沟谷南方红豆杉处	24°31′53″N 114°26′52″E	707.17	西南	45	红壤	2022年7月11日
JLST04	黄牛石主峰山顶东北方向直线790 m处	24°30′58″N 114°27′30″E	1017.15	西北	42	黄壤	2022年7月10日
JLST05	黄牛石主峰山顶东北方向直线1410 m处	24°31′20″N 114°27′26″E	806.12	西北	50	黄壤	2022年7月12日
JLST06	虾公塘西南方向直线1480 m处	24°31′58″N 114°27′42″E	643.13	东北	36	黄壤	2022年7月12日
JLST07	九连山聚氧生态农庄东南直线125 m处	24°33′9″N 114°26′8″E	510.24	南	40	黄红壤	2022年7月11日
JLST08	虾公塘西北方向直线940 m处	24°32′53″N 114°27′60″E	506.11	西北	36	黄红壤	2022年7月11日

表2-2　土壤分析方法与项目

序号	分析方法	项数（项）	测定项目
1	烘干法	1	自然含水量
2	环刀法	9	毛管持水量、容重等
3	离子选择电极法（ISE）	1	pH值
4	重铬酸钾容量法	1	有机质
5	半微量开氏法	1	全氮
6	碱解扩散法	1	碱解氮
7	火焰光度法	3	全钾、速效钾、全磷
8	NH_4F-Hcl浸提法	1	有效磷
9	乙酸铵法	1	阳离子交换量
合计		19	

（1）烘干法

分析项目：自然含水量。

方法摘要：实地取样后，尽快均匀称取三组10.00 g土样于小铝盒中，记录重量，放入105℃的烘箱中，烘干至恒重，利用公式计算自然含水量。

（2）环刀法

分析项目：土壤容重、毛管持水量、孔隙度等9项。

方法摘要：沿着土壤剖面垂直且平稳取一定容积的土样，称取重量，室内实验吸水12小时，取出并去除重力水约2小时，称取重量，根据自然含水量等公式计算出土壤容重、毛管持水量、孔隙度等。

（3）离子选择电极法

分析项目：pH值。

方法摘要：分别称取过2 mm孔径筛风干土样10.00 g于100 mL烧杯中，加入蒸馏水25 mL，用玻璃板或电磁搅拌器搅拌2分钟，静置30分钟，用校准后的pH计直接读数。

（4）重铬酸钾容量法

分析项目：有机质。

方法摘要：称取过0.25 mm孔径筛的风干土样0.50 g于干燥硬质试管中，加入 0.40 mol/L $K_2Cr_2O_7$-H_2SO_4 溶液10 mL，在180℃的石墨消解仪中消解5分钟，消解液稍带绿色，待冷却至室温后，洗入250 mL的三角瓶中，加入3滴邻菲罗啉指示剂，用$FeSO_4$标准溶液滴定，利用$FeSO_4$标准溶液消耗量计算有机质含量。

（5）半微量开氏法

分析项目：全氮。

方法摘要：称取过0.25 mm孔径筛的风干土样1.00 g于250 mL消解管中，加入混合催化剂1.85 g混匀后，再加入5 mL浓硫酸，在高温消解炉中消煮至清澈蓝色液体，取出放至室温，用全自动凯氏定氮仪分析全氮含量。

（6）碱解扩散法

分析项目：碱解氮。

方法摘要：称取过0.15 mm孔径筛的风干土样2.00 g和硫酸亚铁0.20 g，均匀铺在扩散皿外室，水平地轻轻旋转扩散皿，使土样铺平，加入饱和硫酸银溶液0.10 mL。取H_3BO_3指示剂溶液2 mL放于扩散皿内室，然后在扩散皿外室边缘涂碱性胶液，盖上毛玻璃（半），旋转数次，使皿边与毛玻璃完全黏合。再渐渐转开毛玻璃一边，使扩散皿外室露出一条狭缝，迅速加入1 mol/L NaOH溶液10.00 mL，立即盖严，轻轻旋转扩散皿，让碱溶液盖住所有土壤。再用橡皮筋圈紧，使毛玻璃固定。随后小心平放在40±1℃恒温箱中，碱解扩散24±0.5 小时后取出（可以观察到内室应为蓝色），内室吸收液中的NH_3用0.005或0.01 mol/L ½H_2SO_4标准液滴定，利用标准曲线计算碱解氮含量。

（7）火焰光度法

分析项目：①全钾、全磷；②速效钾。

方法摘要：①称取过0.15 mm孔径筛的风干土样0.20 g，放入镍坩埚底部，滴入5滴无水乙醇湿润样品，加入2.00 g氢氧化钠平铺土样表面，放入高温电炉，400℃左右，切断电源15分钟，然后升温至720℃，保持15分钟，关闭电源取出观察，熔块为淡蓝色或蓝绿色，停止碱熔，冷却后加入80℃的水10 mL完全溶解熔块，用3 mol/L硫酸溶液洗涤坩埚并转移溶液于100 mL容量瓶，冷却定容，与钾标准系列溶液一起在火焰光度计上测定。记录其检流计上的读数，利用对应标准曲线计算全钾、全磷含量。

②称取过1 mm孔径筛的风干土5.00 g于100 mL三角瓶或大试管中，加入1 mol/L中性NH_4OAc溶液50 mL，塞紧橡皮塞，振荡30分钟，用干的普通定性滤纸过滤，滤液盛于小三角瓶中，同钾标准系列溶液一起在火焰光度计上测定。记录其检流计上的读数，利用标准曲线计算速效钾含量。

（8）NH_4F-Hcl浸提法

分析项目：有效磷。

方法摘要：称取过2 mm孔径筛分风干土样1.00 g于20 cm试管中，加入浸提液7 mL，加塞摇动1分钟后过滤，取过滤液2 mL，加入6 mL蒸馏水、钼酸铵试剂2 mL，混匀，加入氯化亚锡甘油1滴，混匀，5~15分钟内，用分光光度计比色，利用标准曲线计算有效磷含量。

（9）乙酸铵法

分析项目：阳离子交换量。

方法摘要：称取过2 mm孔径筛的风干土样2.00 g于100 mL离心管中，沿管壁加入少量1 mol/L 乙酸铵溶液，搅拌至泥浆状，用1 mol/L 乙酸铵溶液洗净，转速3000~4000 r/分钟离心3~5分钟，重复3~5次后，加入950 mL/L 乙醇搅拌，转速3000~4000 r/分钟离心3~5分钟，重复3~5次，用凯氏定氮仪测定NH_4^+的量，利用NH_4^+的量计算阳离子交换量。

2.3.2 土壤剖面特征

土壤剖面是土壤母质在气候、生物、地形和时间等条件共同影响下形成的，是土壤发育的结果。土壤剖面特征反映了土壤中物质存在的状态，是土壤内在形状的外在表现。森林土壤的枯落物质在很大程度上影响土壤的许多特性，如提高土壤含水量、降低土壤热量交换、增加土壤有机质及营养元素、改善土壤结构等（孙向阳，2004）。

根据土壤调查数据显示（表2-3），保护区土壤凋落物厚度为1.50~4.50 cm，平均厚度为3.04 cm，变异系数为34.33%，属于中等变异性。说明保护区土壤剖面表层有机碳储备量丰富，区域分布或海拔分布存在变异性。土壤腐殖质是枯落物在微生物等条件作用下，土壤中形成的高分子多聚化合物质，主要由胡敏素、胡敏酸和富里酸组成，是土壤有机质等营养元素的主要来源。调查数据显示，保护区土壤腐殖层厚度为1.50~27.10 cm，平均厚度为6.89 cm，变异系数为115.50%，为强变异性。说明保护区土壤腐殖质储备量丰富，区域分布差异大。

土壤淋溶层具有溶淋作用，有机质聚积较多，沉积层由淋溶物质沉积而成，较坚实，母质层一般未受成土过程的影响，厚度特征在一定程度上可以反映土壤的形成过程。根据调查数据显示，保护区淋溶层和沉积层厚度分别为20.10~63.00 cm和15.50~70.20 cm，平均厚度分别为33.20 cm和33.51 cm，变异系数分别为42.28%和66.08%，说明保护区土壤发育状况良好，淋溶层和沉积层厚度差异较小，区域变异性较大。

表2-3　土壤剖面特征

单位：cm

土壤编号	凋落物层厚度	腐殖层厚度	淋溶层厚度	沉积层厚度	母质层厚度
JLST01	3.30	6.20	30.10	15.70	44.70
JLST02	4.10	27.10	31.40	17.20	20.20
JLST03	3.40	6.30	20.10	70.20	0.00
JLST04	1.50	2.50	27.50	25.00	43.50
JLST05	1.50	1.50	48.50	40.50	8.00
JLST06	2.50	2.50	24.50	15.50	55.00
JLST07	3.50	7.50	20.50	68.50	0.00
JLST08	4.50	1.50	63.00	15.50	15.50
最大值	4.50	27.10	63.00	70.20	55.00
最小值	1.50	1.50	20.10	15.50	0.00
均值	3.04	6.89	33.20	33.51	23.36
变异系数（%）	34.33	115.50	42.28	66.08	86.42

2.3.3 土壤主要物理性质

（1）土壤水分状况

土壤水分状况与植物生长密切相关，同时影响土壤热量状况、通气状况和养分转化。土壤水分有不同的存在形态，其能态及植物有效性亦大不相同。最能直接反映土壤现实水分状况的指标为自然含水量和毛管持水量。土壤自然含水量反映土壤的供水状况，其大小受土壤孔隙状况、结构、有机质含量、地形、植被覆盖及天气条件等因素综合影响。毛管持水量是指土壤毛管孔隙中全部充满水时的土壤含水量，包括吸湿水、膜状水和毛管悬着水。其值大小可反映土壤的保水能力，与土壤涵养水源的生态功能密切相关，植物生长所需水分主要来自毛管持水量（孙向阳，2004）。

根据土壤理化性质实验分析数据结果显示（表2-4），保护区土壤自然含水量为17.18%~60.41%，毛管持水量为22.07%~102.38%，总体表现为土壤供水保水能力较强，由于植被类型差异，保护区土壤水分状况区域变异性较大，其中位于黄牛石山顶东北方向的山顶常绿阔叶矮林林下土壤自然含水量和毛管持水量均最高，该取样点位于山顶迎风坡，有利于土壤接收大气降水，增加土壤实际含水量，同时土壤有机质含量较大，增强了土壤的渗透性，进一步增强了土壤的蓄水能力。

表2-4 土壤自然含水量与毛管持水量

土壤编号	土壤深度（cm）	自然含水量W_1(%)	土壤毛管持水量W_2(%)
JLST01	0~25	35.79	45.35
	25~50	36.79	45.59
	50~75	37.79	41.87
	75~100	38.79	44.54
JLST02	0~25	32.20	50.88
	25~50	25.14	26.75
	50~75	28.28	31.96
	75~100	20.94	24.70
JLST03	0~25	24.69	36.33
	25~50	22.03	33.02
	50~75	21.79	28.64
	75~100	18.79	22.07
JLST04	0~25	37.71	88.36
	25~50	39.02	88.30
	50~75	60.41	102.38
	75~100	53.70	74.53
JLST05	0~25	31.26	56.13
	25~50	25.12	44.03
	50~75	29.97	48.38
	75~100	23.95	44.79

（续）

土壤编号	土壤深度（cm）	自然含水量W_1(%)	土壤毛管持水量W_2(%)
JLST06	0~25	29.02	64.95
	25~50	26.14	51.06
	50~75	22.91	41.64
	75~100	21.74	55.50
JLST07	0~25	26.30	48.41
	25~50	21.94	39.70
	50~75	21.15	42.37
	75~100	18.53	34.46
JLST08	0~25	17.18	29.25
	25~50	17.72	31.23
	50~75	19.89	36.53
	75~100	19.90	24.03

（2）土壤容重及孔隙度

土壤容重是土壤重要的物理性状指标，其大小反映土壤的松紧状况和物理结构特征（张豪华等，2023）与土壤质地、结构、团聚状况、排列状况及有机质含量等因素有关。通常情况下，植物生长发育最适宜的容重为1.10~1.20 g/cm^3。保护区土壤容重为0.54~1.71 g/cm^3，参照第二次土壤普查土壤容重分级标准，主要集中于过松、适宜、偏紧，较少为紧实和过紧实。土壤总孔隙度为35.32%~79.55%，毛管孔隙度为34.02%~60.29%，非毛管孔隙度为1.00%~25.54%，通气孔隙度为1.00%~54.84%。总体上，保护区土壤具有较好的透气性和结构性（表2-5）。

表2-5　土壤容重与孔隙度

土壤编号	土壤深度（cm）	土壤容重（g/cm^3）	总孔隙度（%）	毛管孔隙度（%）	非毛管孔隙度（%）	通气孔隙度（%）
JLST01	0~25	1.32	50.08	59.98	1.00	2.74
	25~50	1.10	58.56	50.07	8.48	18.15
	50~75	1.44	45.65	60.29	1.00	1.00
	75~100	1.23	53.45	54.94	1.00	5.60
JLST02	0~25	1.00	62.11	51.09	11.02	29.78
	25~50	1.37	48.48	36.52	11.96	14.16
	50~75	1.45	45.30	46.33	1.00	4.29
	75~100	1.64	37.94	40.62	1.00	3.49
JLST03	0~25	1.30	50.83	47.33	3.50	18.67
	25~50	1.27	52.22	41.80	10.42	24.33
	50~75	1.48	44.20	42.35	1.85	11.98
	75~100	1.71	35.32	37.83	1.00	3.11

（续）

土壤编号	土壤深度（cm）	土壤容重（g/cm^3）	总孔隙度（%）	毛管孔隙度（%）	非毛管孔隙度（%）	通气孔隙度（%）
JLST04	0~25	0.60	77.42	52.88	24.53	54.84
	25~50	0.63	76.42	55.19	21.23	52.03
	50~75	0.54	79.55	55.49	24.06	46.81
	75~100	0.74	72.07	55.17	16.90	32.32
JLST05	0~25	1.01	61.77	56.87	4.89	30.09
	25~50	1.10	58.45	48.49	9.96	30.79
	50~75	1.07	59.46	51.98	7.48	27.26
	75~100	1.05	60.40	47.01	13.39	35.26
JLST06	0~25	0.77	70.96	49.98	20.98	48.63
	25~50	1.06	59.94	54.20	5.74	32.19
	50~75	1.22	54.12	50.62	3.50	26.27
	75~100	0.88	66.73	48.93	17.80	47.56
JLST07	0~25	0.86	67.39	41.84	25.54	44.65
	25~50	1.11	58.10	44.08	14.02	33.74
	50~75	1.08	59.40	45.59	13.82	36.65
	75~100	1.18	55.51	40.62	14.89	33.67
JLST08	0~25	1.38	47.77	40.48	7.29	24.00
	25~50	1.34	49.36	41.91	7.45	25.58
	50~75	1.26	52.56	45.92	6.63	27.55
	75~100	1.42	46.58	34.02	12.56	18.41

2.3.4 土壤pH值和养分含量

（1）土壤pH值

土壤酸碱度是植物土壤重要的化学性质，对土壤肥力、微生物活动、营养元素的分解以及植物的生长发育有重要影响。保护区土壤pH值为4.08~4.77，为酸性，自上而下土壤酸性减弱，区域变异性较小（表2-6）。

（2）土壤有机质

土壤有机质是土壤固相部分的重要组成成分，对土壤的物理、化学和生物学性质及肥力有重要影响。森林土壤的有机质主要来源于森林凋落物，此外还有枯死根系、森林动物和土壤小动物的排泄物以及微生物的代谢产物等（林波等，2004）。保护区土壤有机质含量为6.84~177.26 g/kg，总体上表现为中等及以上水平，普遍为表层最高，自上而下递减，区域差异性较大。

（3）土壤全氮与碱解氮

土壤中的氮主要来源于生物圈，土壤有机质是土壤氮素的主要来源。植物残体等枯落物的分解可以使土壤中的氮素显著增加。高等植物组织平均含氮2%~4%，氮素是蛋白质的基本组成部分，影响植物的生长发育。土壤中氮素的多少，极大程度地影响植物对磷及其他营养元素的吸收和利用。生物固氮和大气降水等因素也能增加土壤中的氮素（张城等，2006）。数据显示，保护区土壤全氮含量为0.46~3.86 g/kg，碱解氮含量为47.38~262.08 mg/kg，与有机质含量类似，全氮和碱解氮总体表现为中等及以上水平，普遍表层含量最大，其余层依次递减，区域差异性适中。

（4）土壤全磷与速效磷

磷是细胞核的组成成分，在植物光合作用、呼吸作用以及糖代谢过程具有重要作用。影响土壤磷素含量的因素为有机质含量、土壤质地和成土条件。通常情况下，全磷不能作为土壤磷素供应水平的确切指标，而有效磷能较好反映土壤磷素供应水平状况（孙向阳，2004）。保护区土壤全磷含量为0.26~0.59 g/kg，有效磷含量为0.26 ~20.35 mg/kg，总体表现为低及以下水平，自上而下无明显规律性，区域变异性较大。

（5）土壤全钾与速效钾

钾是植物生长发育过程中所必需的营养元素之一，其含量主要与土壤母质、风化及成土条件等有关。保护区土壤全钾含量为3.64~33.20 g/kg，速效钾为13.53~99.23 mg/kg，总体表现为低及以下水平，通常表层土含量最大，自上而下递减。

（6）土壤阳离子交换量

土壤阳离子交换量是土壤胶体属性，是衡量土壤保持或储存阳离子能力的指标，是土壤缓冲性能的主要来源，也是改良土壤和合理施肥的重要依据（蔡祖聪，1988）。保护区土壤阳离子交换量为4.23~44.06 cmol/kg，总体表现为保肥能力较弱及以上水平，通常表层最大，自上而下减少。

表2-6　土壤pH值与养分含量

土壤编号	土壤深度（cm）	pH值	有机质(g/kg)	全氮(g/kg)	全磷(g/kg)	全钾(g/kg)	碱解氮(mg/kg)	有效磷(mg/kg)	速效钾(mg/kg)	阳离子交换量(cmol/kg)
JLST01	0~25	4.32	75.21	2.971	0.325	6.88	219.74	20.35	55.89	8.23
	25~50	4.46	43.32	1.782	0.264	8.89	137.09	10.35	29.30	5.98
	50~75	4.60	40.01	1.533	0.281	10.31	80.64	7.25	16.86	4.42
	75~100	4.67	30.66	1.227	0.305	11.07	65.52	5.89	13.53	4.23
JLST02	0~25	4.08	51.66	2.271	0.304	25.83	218.74	2.20	49.48	13.97
	25~50	4.43	17.01	1.079	0.313	27.66	88.70	0.26	28.71	9.59
	50~75	4.44	18.59	1.113	0.358	28.15	73.58	0.46	28.57	7.84
	75~100	4.50	17.33	0.981	0.344	26.45	72.58	1.14	27.89	8.38
JLST03	0~25	4.43	41.40	1.847	0.375	18.71	199.58	1.52	99.23	13.05
	25~50	4.62	15.05	0.839	0.358	18.39	100.80	0.36	73.82	9.63
	50~75	4.77	10.84	0.554	0.332	17.93	79.63	0.36	71.68	8.54
	75~100	4.77	9.46	0.552	0.340	17.95	72.58	0.36	93.29	8.09
JLST04	0~25	4.45	107.36	3.044	0.401	4.08	262.08	2.11	54.47	25.68
	25~50	4.58	92.87	2.282	0.463	3.95	181.44	0.55	26.41	22.74
	50~75	4.63	177.26	3.337	0.573	4.67	209.66	0.85	34.18	44.06
	75~100	4.67	174.83	3.861	0.594	3.64	248.98	1.14	32.40	37.76

（续）

土壤编号	土壤深度（cm）	pH值	有机质(g/kg)	全氮(g/kg)	全磷(g/kg)	全钾(g/kg)	碱解氮(mg/kg)	有效磷(mg/kg)	速效钾(mg/kg)	阳离子交换量(cmol/kg)
JLST05	0~25	4.66	46.93	1.811	0.456	14.25	156.24	0.85	33.82	11.63
	25~50	4.73	30.90	1.272	0.383	14.74	111.89	0.36	31.40	7.75
	50~75	4.71	29.24	1.188	0.412	13.69	99.79	0.46	30.49	8.98
	75~100	4.74	19.37	0.849	0.349	14.09	80.64	0.55	26.54	6.91
JLST06	0~25	4.41	51.25	2.246	0.470	22.17	239.90	2.30	80.20	16.56
	25~50	4.48	48.41	2.129	0.504	22.38	211.68	1.91	42.40	14.53
	50~75	4.52	20.73	0.965	0.379	32.93	117.94	4.43	34.60	9.63
	75~100	4.63	20.76	0.904	0.377	33.20	118.94	6.47	33.60	8.22
JLST07	0~25	4.14	64.42	2.293	0.383	16.29	234.86	4.82	56.69	20.48
	25~50	4.33	11.02	0.672	0.284	16.62	74.59	0.55	26.22	9.02
	50~75	4.40	9.11	0.573	0.300	18.47	55.44	1.33	20.38	8.86
	75~100	4.41	6.84	0.472	0.287	17.53	47.38	0.26	19.59	7.54
JLST08	0~25	4.50	10.96	0.662	0.353	16.35	60.48	0.55	24.90	5.90
	25~50	4.59	8.27	0.457	0.349	15.66	57.46	0.26	18.14	5.76
	50~75	4.65	16.62	0.803	0.299	12.44	80.64	2.69	16.16	7.98
	75~100	4.67	19.87	0.880	0.310	12.16	97.78	0.75	16.66	7.26

2.3.5 结论

九连山保护区植被资源丰富，林下土壤理化性质区域差异明显。土壤发育状况良好，土壤剖面结构完整，理化性质自上而下有一定的规律性，枯落物与腐殖质储备量大，具有较高的生物碳源。土壤水分充足，容重适中，孔隙度等物理结构性较好，有较好的蓄水能力和透气性。土壤呈酸性，有机质、全氮含量丰富，全磷含量低，土壤较肥沃，碱解氮、有效磷、速效钾含量低，植物对氮、磷、钾营养元素反馈明显，土壤阳离子交换量相对较低，土壤的保水保肥能力较好。总体上，保护区土壤结构性良好，土壤营养元素较丰富，生物碳储备丰富，具有较好的生产潜力。

第3章
植被与植物群落特征

3.1 植被分类系统

3.1.1 植被分类相关概念

植被是指覆盖地球表面的植物群落的总称。以某一地区为研究对象时，该地区内植物群落的总体即是该地区的植被。植被是我们周围自然环境的重要组成要素之一，植被研究为我们提供了揭示自然环境规律的重要手段。植被具有固定太阳能、提供第一性生产量的作用，植被资源、物种多样性、自然生态保护等与人类社会发展息息相关。

植被分类就是将各种各样的植物群落按其固有特征纳入一定的等级系统，使各类型之间的相似性和差异性更为显著，以达到认识各类植被的目的。植被分类是了解一个地区植被特点及其与其他地区植被联系的重要手段，也是研究植被的具体结果。依据植物群落的不同特征，可将植被划分为多种类型，如按植被的立地环境可分为森林植被、草原植被、荒漠植被、草甸植被、沼泽植被；也可按植被形成过程，划分为自然植被和人工植被等（中国植被编辑委员会，1980）。植被分类是植被科学研究的基础（刘鸿雁，2005），植被分类过程中可以把植物群落的任何一个或几个特征作为分类依据，具体的划分主要依据 4 个方面：群落物种组成、群落外貌和群落内部结构、生态地理特征、群落动态特征。这些选取的分类依据就是植被分类原则，依据不同的分类原则划分出不同的植被分类系统。《中国植被》是中国首次对中国植被特征的全面总结，并形成了一套完整的植被分类系统。采用的植被分类原则为植物群落学-生态学分类原则，以群落本身特征和群落的生态关系为划分依据，植被分类系统中不同等级单位的划分侧重点不同，高级分类单位注重生态外貌，低级分类单位则注重群落物种组成和结构（中国植被编辑委员会，1980）。

九连山保护区具有特殊的地理位置和优越的自然条件，群落结构层次多样，生物多样性丰富，吸引了国内外众多的科研工作者前来考察。其中，自然植被的植物群落学调查或植物生态学调查，最早可追溯到 1942 年原中正大学生物系和静生生物研究所对本区域的考察。通过历史上多次不同规模的植物和植被调查研究，基本查清了九连山植被的组成、类型、结构和分布等特征，其典型的植被调查资料也被《中国植被》和《江西森林》所采用。

3.1.2 植被分类等级

参照《中国植被》的分类单位，各级单位对应的英文名称参考正在编研的《中国植被志》。高、中、低级主要单位分别设置为，高级单位：植被型组 Vegetation Formation Group，植被型 Vegetation Formation；中级单位：群系 Alliance；低级单位：群丛 Association。

各等级的划分主要参考《中国植被》《中国植物区系与植被地理》《江西森林》《江西九连山自然保护区科学考察与森林生态系统研究》等，划分依据如下。

植被型组：依据植被外貌特征和综合生态条件划分，将植被外貌、综合生态条件相似的植被型划分为一个植被型组，反映陆地生物群区的主要植被类型和主要非地带性植被类型。

植被型：主要的高级分类单位，将建群种生活型组成相同或相近，结构相对一致的植物群落联合成植被型。

群系：主要的中级分类单位，优势层优势种或共建种相同的群落，联合成群系。

群丛：植被分类中最基本的低级分类单位。层片结构相同，各层片优势种、共优种或标志种相同，群落结构和动态特征以及生境相对一致，具有相似生产力的植物群落联合成群丛。

3.1.3 群落特征的分析方法

（1）群落物种重要值计算

根据《陆地生态系统生物观测规范》（中国生态系统研究网络科学委员会，2007），计算群落中各种群的相对密度（*Dr*）、相对显著度（*Pr*）、相对频度（*Fr*）、相对投影盖度（*Cr*），计算出重要值（*Iv*）。计算公式：

$$乔木层重要值\ Iv= Dr +Pr + Fr \quad (3\text{-}1)$$

$$灌木和草本层重要值\ Iv= Dr +Cr + Fr \quad (3\text{-}2)$$

（2）种群年龄结构分析

以立木级代替年龄级进行分析（Prpctor et al., 1988），根据高（*H*）和胸径（*DBH*）采用 5 级立木划分标准，I 级为苗木，H<33 cm，II 级为小树；$H \geqslant$ 33 cm；DBH<2.5 cm；III 级为壮树，2.5 cm $\leqslant DBH \leqslant$ 7.5 cm；IV 级为大树，7.5 cm $\leqslant DBH \leqslant$ 22.5 cm；V 级为老树，$DBH >$ 22.5 cm。

由于 V 级立木划分标准无法准确反映乔木层的垂直结构，故同时采用高度级分析，以植株高度（*H*）每 3 m 作为一个高度级。I 级：0 < $H \leqslant$ 3 m；II 级：3 m < $H \leqslant$ 6 m；III 级：6 m < $H \leqslant$ 9 m；IV 级：9 m < $H \leqslant$ 12 m；V 级：12 m < $H \leqslant$ 15 m；VI 级：15 m < $H \leqslant$ 18 m；VII 级：18 m < $H \leqslant$ 21 m；VIII 级：21 m < $H \leqslant$ 24 m；IX 级：$H >$ 24 m。

（3）频度分析

依据 Raunkiaer 的频度分类方法，将频度分为 5 个等级，即 1%~20% 为 A 级，21%~40% 为 B 级，41%~60% 为 C 级，61%~80% 为 D 级，81%~100% 为 E 级。

（4）物种多样性分析

采用 Margalef 丰富度指数（d_{mg}）、Simpson 多样性指数（*D*）、Shannon-Wiener 多样性指数（*H*）和 Pielou 均匀度指数（J_{sw}）进行测度（孙儒泳，2002）。计算公式：

$$\text{Margalef 指数：} E=(S-1)/\ln N \quad (3\text{-}3)$$

$$\text{Simpson 多样性指数：} D=1-\sum_{i=1}^{s} P_i^2 \quad (3\text{-}4)$$

$$\text{Shannon-Wiener 多样性指数：} H=-\sum_{i=1}^{S} P_i \ln P_i \quad (3\text{-}5)$$

Pielou 均匀度指数：$EH=H/\ln S$　（3-6）

式中，S 为乔木层、灌木层或草本层各层的物种数；$P_i=N_i/N$，N_i 为第 i 个物种的个体数量，N 为乔木层、灌木层或草本层各层的个体数量。

3.1.4 九连山植被分类

依据《中国植被》和《中国植被分类系统修订方案》（郭柯等，2020）的划分原则，将九连山保护区的主要植被类型划分为 5 个植被型组 9 个植被型 46 个群系 88 个群丛（详见附录 5）。

3.2 主要植被类型

九连山保护区是从九连山营林林场范围内划建的，保护区内国有山林占 82%，集体山林占 18%，合计面积 13411.6 hm^2，其植被类型丰富多样，从海拔 1000 m 以上的山地到海拔 280 m 的盆地，都有不同的植被类型分布，其区系组成都迥然不同。主要的植被类型有常绿针叶林、常绿阔叶林、针阔混交林、竹林、灌丛、草地、沼泽与水生植被以及人工植被，包括 46 个群系 88 个群丛或群落，其中针叶林 3113 hm^2、阔叶林 7426 hm^2、针阔混交林 774 hm^2、竹林 538 hm^2、灌木林 880 hm^2、水域 60 hm^2、耕地 546 hm^2，其余主要为建设用地（图 3-1）。

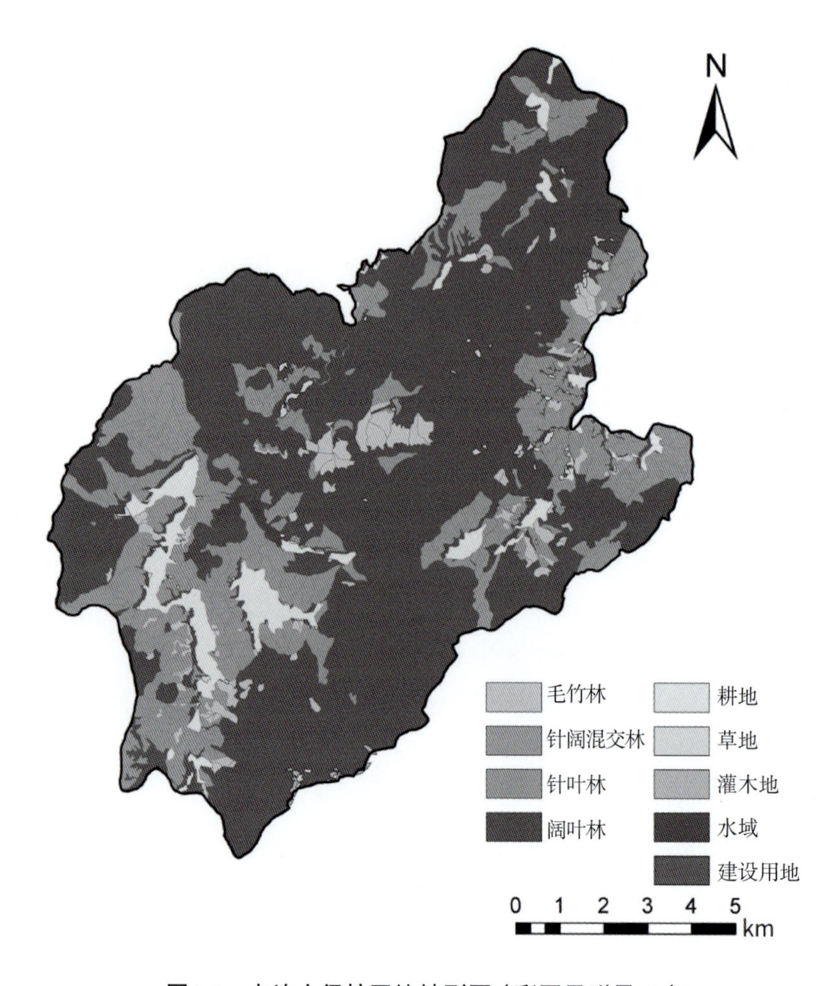

图3-1　九连山保护区植被型图（彩图见附录11）

常绿阔叶林植被垂直分异明显，主要分布于海拔280~1000 m的低丘沟谷至山脊之间，主要林型有杨桐 *Adinandra millettii* 林、木荷 *Schima superba* 林、毛锥 *Castanopsis fordii* 林、米槠 *Castanopsis carlesii* 林、甜槠 *Castanopsis eyrei* 林和罗浮锥 *Castanopsis faberi* 林等。常绿阔叶林的林冠高度多在15~25 m，最高可达30 m以上，郁闭度可达0.8左右。受到人为活动的干扰，枫香 *Liquidambar formosana*、拟赤杨 *Alniphyllum fortunei*、光皮桦 *Betula luminifera* 和檫树 *Sassafras tsumu* 等落叶阔叶林树种常会侵入叶窗，形成常绿与落叶混交林。常绿阔叶林在九连山保护区分布较广，可由海拔280 m丘陵沟谷一直可分布到海拔1000 m的山顶和山脊。按海拔由低至高常绿阔叶林主要树种有：杨桐、钩锥 *Castanopsis tibetana*、木荷、青冈 *Quercus glauca*、毛锥、米槠、栲 *Castanopsis fargesii*、甜槠、鹿角栲 *Castanopsis lamontii*、罗浮锥、美叶柯 *Lithocarpus calophyllus*、深山含笑 *Michelia maudiae*、黄丹木姜子 *Litsea elongata*、曼青冈 *Cyclobalanopsis oxyodon*、云山青冈 *Cyclobalanopsis sessilifolia* 和红楠 *Machilus thunbergii* 等。

针叶林主要有马尾松林 *Pinus massonlana* Formation、杉木林 *Cunninghamia laceolata* Formation 和南方红豆杉林 *Taxus mairei* Formation。马尾松林主要分布于海拔280~1000 m山脊，伴生种主要有南酸枣 *Choerospondias axillaris*、拟赤杨、杨梅 *Morella rubra*、木荷、米槠、枫香、君迁子 *Diospyros lotus* 和润楠 *Machilus nanmu* 等，群落下层优势种为油茶 *Camellia oleifera* 、乌饭树 *Vaccinium bracteatum*、山檀 *Santalum paniculatum*、岭南杜鹃 *Rhododendron mariae* 和长叶冻绿 *Frangula crenata* 等。草本层以芒萁 *Dicranopteris pedata* 为优势种，其次为地芩 *Sanguisorba officinalis*、狗脊 *Woodwardia japonica*、淡竹叶 *Lophatherum gracile*。杉木林分布在海拔300~1000 m的常绿阔叶林中，土层较肥厚、湿润，常见伴生种有木荷、枫香、杨梅、山乌桕 *Triadica cochinchinensis* 和油柿 *Diospyros oleifera* 等。灌木以乌饭树为优势种，还有映山红 *Rhododendron simsii*、算盘子 *Glochidion puberum*、乌药 *Lindera aggregata*、三叶赤楠 *Syzygium grijsii*、野山茶 *Camellia japonica*、毛冬青 *Ilex pubescens*、黄荆 *Vitex negundo*、牡荆 *Vitex negundo* var. *cannabifolia* 和柃木 *Eurya japonica* 等，草本层的优势种为芒萁，其次有狗脊、光叶里白 *Diplopterygium laevissimum* 和鳞毛蕨 *Dryopteris* sp. 等。南方红豆杉林则分布在海拔500~1000 m坪坑的沟谷缓坡常绿阔叶林中，伴生种有栲、毛竹 *Phyllostachys edulis* 和银杏 *Ginkgo biloba* 等，灌木层有柃木 *Eurya japonica*、巨萼柏拉木 *Blastus pauciflorus*、紫金牛 *Ardisia japonica*，草本层有狗脊、花叶山姜 *Alpinia pumila* 和薹草 *Carex* sp. 等。

保护区内竹林主要是毛竹林，分布于海拔较低的阳坡地段。毛竹林土壤较疏松湿润，林冠透光较好，常见有枫香、木荷、杉木、马尾松、杜英 *Elaeocarpus decipiens*、南酸枣、青冈等乔木伴生。下木层常见种类有山檀、乌饭树、柃木、映山红、白马骨 *Serissa serissoides* 和橼木 *Serissa serissoides* 等。草本层常见淡竹叶、芒萁、薹草和赤车 *Pellionia radicans* 等，盖度较小。

山顶矮林是一种特殊的植物群落，分布在海拔800~1000 m的山顶、山脊或陡坡上。在我国热带和亚热带地区分布较为广泛，是南方山地常见的森林植被类型。受地形和海拔影响，生境高寒、多风，并常有“雨凇”和“雪凇”等现象出现，导致乔木生长不良，具有“矮林”的独特外貌，故名“山顶矮林”。山顶矮林主要由杜鹃花科 Ericaceae 和壳斗科 Fagaceae 等组成。山顶矮林的群落高度小，大多在3~6 m，群落组成简单，外貌整齐，层次单一，草本层不发育，少藤本植物。在九连山保护区，最常见的山顶矮林为猴头杜鹃 *Rhododendron simiarum* 林，大多分布于海拔1000~1390 m的山顶，群落的建群种明显，立木郁闭度大，层次结构简单。层间植物仅附生苔藓较发育。

以黄金凤 *Impatiens siculifer* 为建群种的湿地植物群落，大都分布在山脚及山坡小型的洼地上，群落的上层除黄金凤外，还有野芋 *Colocasia antiquorum* 及数量较少的水虎尾 *Pogostemon stellatus*、芦苇 *Phragmites australis* 和李氏禾 *Leersia hexandra*，群落下层有冷水花 *Pilea notata*、水芹 *Oenanthe javanica*、聚花草 *Floscopa scandens*、蕺菜 *Houttuynia cordata* 和漂浮植物浮萍 *Lemna minor*。柳丛 *Salix* 群落多分布于低海拔河流两岸，

且时有时无，形成断续的“走廊林”。芦苇 *Phragmites australis* 群落小面积分布于保护区山脚积水处，水体清澈，pH 值为 6.5，为淤泥底质。

按植被型各群系概述如下。

3.2.1 针叶林

常绿针叶林是建群种为常绿针叶树种的森林，分布范围很广，从寒温带到热带，从平原到亚高山。九连山保护区的针叶林主要有杉木、马尾松和南方红豆杉三个群系。

（1）杉木林

杉木在我国广布于 22°20'~32°30'N、98°~122°E 的广大地区。其栽培历史在我国有 1000 年以上，江西是最早有栽培活动的省份之一。杉木原为亚热带常绿阔叶林中的伴生种，由于其材质优质、易于加工、不朽不裂而被引种栽培。在林区，包括江西在内，多有砍伐阔叶林“炼山植杉”的积习，故杉木林仍具有相当大的分布面积。

九连山保护区的天然杉木主要分布在海拔 1000 m 以下的区域，包含 5 个群丛，群落结构简单，林相整齐，层次分明。乔木层一般以杉木占优，或与米槠、枫香、木荷、青冈、丝栗栲、鸭公树 *Neolitsea chui*、润楠 *Machilus nanmu*、柳杉 *Cryptomeria japonica* 等形成共优群落，在杉木占绝对优势度的群落中，高可到 24 m，伴生种则主要有马尾松、湿地松、蓝果树、木荷、拟赤杨、润楠、血桐 *Macaranga tanarius* 等。灌木层则主要有乌饭树、山橿 *Lindera reflexa*、杜鹃、檵木 *Loropetalum chinense*、油茶、乌药、细枝柃 *Eurya loquaiana* 等。草本层大多种类单一，以芒萁占优。

（2）马尾松林

马尾松广泛分布于 21°41'~33°51'N、103°~120°E 的广大地区。该树种具菌根（可固氮），适应性强，适生于亚热带地区的酸性土壤，故常形成大面积的天然林或半天然、半人工的纯林。马尾松林是我国亚热带东部湿润地区分布最广的森林植被类型，并以长江至南岭地区分布面积最大。

九连山保护区的马尾松主要分布在海拔 1000 m 以下的阳坡，包含 4 个群丛，群落结构简单但分化明显，乔木层以马尾松占绝对优势，高可达 22 m，伴生有南酸枣、拟赤杨、杨梅、木荷、油柿、栲、杉木等。灌木层以油茶、乌饭树、映山红、山橿、盐麸木 *Rhus chinensis* 等占优。草本层以浓密的、斑块状分布的芒萁为优势种，其次为芒 *Miscanthus sinensis*、狗脊、石松 *Lycopodium japonicum* 等。层间植物贫乏，仅分布有少量的菝葜、土茯苓、锈毛莓等。

（3）南方红豆杉林

南方红豆杉属中国特有的第三纪孑遗树种，集药用、观赏和材用等价值为一体，曾因其药用价值，遭到过度采伐，现被国家林业和草原局、农业农村部列为国家一级保护野生植物。其在群落中多以伴生种的地位存在，多分布于边远林区常绿阔叶林内的阴湿沟边谷地，一般面积较小，多为小乔木。九连山保护区坪坑分布有一片南方红豆杉林，群落结构简单，建群种为南方红豆杉，乔木层伴生有栲、毛竹和少量的银杏等。灌木层分布有柃木、巨萼柏拉木 *Blastus pauciflorus*、紫金牛 *Ardisia japonica* 等。草本层主要有狗脊、花叶山姜和薹草等。

3.2.2 常绿阔叶林

常绿阔叶林是以常绿阔叶树种为建群种或优势种的森林类型，其乔木树种多具有椭圆形、全缘、革质、坚硬的中型叶片，叶表面有光泽，且常与日光照射方向垂直，植被外貌终年常绿，是亚热带地区的代表性植被，通常以壳斗科、樟科 Lauraceae、山茶科 Theaceae 植物占优势。

九连山保护区的常绿阔叶林由海拔 280 m 的丘陵沟谷一直可分布到海拔 1000 m 的山顶和山脊。按各类型分布的海拔高度，由低至高依次多见杨桐林、钩锥林、木荷林、青冈林、毛锥林、米槠林、栲树林、甜槠林、鹿角锥林、罗浮栲林、美叶柯林、深山含笑林、黄丹木姜子林、曼青冈林、云山青冈林、红楠林、川杨桐 *Adinandra bockiana* 林等各群系。现将各群系概况分述如下。

（1）杨桐林

杨桐为灌木或小乔木，在良好的封育、水热及土壤环境条件下，则可长成大树并形成群落。九连山杨桐林群系仅有 1 个群丛，乔木建群种为杨桐，主要伴生种有壳斗科植物，如栲树、甜槠、鹿角锥等；灌木层优势种为油茶，还分布有少量的石斑木 *Rhaphiolepis indica*、毛冬青和乌药等；因群落郁闭度高，草本层物种较单一，以狗脊占优，此外还有美丽复叶耳蕨 *Arachniodes speciosa* 和淡竹叶。

（2）钩栲林

钩栲为大型乔木，高可达 30 m，叶片大型。九连山保护区该群系类型较少，乔木优势种主要有钩栲、栲、青冈、木荷、甜槠等，郁闭度较大；灌木层优势种主要有米饭花、杜茎山 *Maesa japonica*、柃木、毛冬青、栀子 *Gardenia jasminoides*、网脉山龙眼 *Helicia reticulata* 等；草本层优势种主要有淡竹叶、华南紫萁 *Plenasium vachellii*、蛇根草 *Ophiorrhiza* sp. 等；层间植物丰富，可见尖叶菝葜 *Smilax arisanensis*、藤黄檀 *Dalbergia hancei*、蔓胡颓子 *Elaeagnus glabra*、酸藤子 *Embelia laeta* 和流苏子 *Coptosapelta diffusa* 等。

（3）木荷林

木荷为深根系偏阳性树种，叶革质，树冠浓密耐火，生长速度较快，常用作防火林带，在山区林内、林缘及丘陵次生林乃至残次林中均可见其踪迹。九连山保护区的木荷林有 8 个群丛，分布在海拔 300~800 m 的山丘顶部及坡地上。乔木层以木荷占据绝对优势，伴生的乔木主要有壳斗科物种，如甜槠、毛锥、栲、鹿角锥，此外还有中华杜英、软荚红豆 *Ormosia pinnata*、桃叶石楠 *Photinia prunifolia* 等；灌木层主要优势种有三叶赤楠、油茶、柃木、鹿角杜鹃 *Rhododendron latoucheae*、少花柏拉木 *Blastus pauciflorus* 等；由于冠层郁闭度高，草本层不甚发育，主要有狗脊、卷柏 *Selaginella tamariscina*，还有少量的淡竹叶、山姜 *Alpinia japonica* 等。

（4）青冈林

九连山的青冈林有 5 个群丛，主要分布在海拔 400~600 m 的坡地，林相整齐。其中，乔木层优势种为青冈、鹿角锥、台湾枇杷 *Eriobotrya deflexa*、木荷、杨桐、罗浮柿、罗浮锥等；灌木层优势种主要有杜茎山、粗叶木 *Lasianthus chinensis*、毛冬青、白花苦灯笼 *Tarenna mollissima*、树参 *Dendropanax dentiger*、鼠刺 *Itea chinensis* 等；草本层种类少，且数量少，主要有狗脊和薹草；此外层间还分布有香花鸡血藤 *Callerya dielsiana*、野木瓜 *Stauntonia chinensis*、酸藤子和流苏子等。

（5）毛锥林

九连山的毛锥林仅有 3 个群丛，分布在海拔 530 m 的坡地。乔木层优势种为毛锥、红楠、深山含笑、鸭公树、丝栗栲、木荷等；灌木层优势种为九节龙 *Ardisia pusilla*、杜茎山、柃木、五月茶 *Antidesma bunius*、密花树 *Myrsine seguinii*、广东冬青等；草本层种类较少，主要有小戟叶耳蕨 *Polystichum hancockii*、狗脊和薹草。层间植物丰富，以瓜馥木 *Fissistigma oldhamii* 占优，此外还分布有网络夏藤 *Wisteriopsis reticulata*、南五味子 *Kadsura longipedunculata*、俞藤 *Yua thomsonii*、寒莓 *Rubus buergeri* 等。

（6）栲林

栲适应性强，分布广泛，因此群丛类型较多。九连山保护区的栲林分布广泛，有 8 个群丛，常见于海拔 600~800 m 的坡地，常与米槠、鹿角锥、罗浮锥形成共优群落。乔木层优势种主要有栲、米槠、甜槠、鹿角锥、毛锥、虎皮楠 *Daphniphyllum oldhamii*、润楠、木荷、罗浮柿等；灌木层优势种主要有二列叶柃 *Eurya distichophylla*、刚竹 *Phyllostachys* sp.、油茶、柃木、杜茎山、广东冬青等；草本层优势种主要为狗脊，其次为芒萁、薹草、淡竹叶等；层间植物可见络石 *Trachelospermum jasminoides* 、瓜馥木、流苏子、酸藤子、菝葜等。

（7）米槠林

九连山的米槠林有 6 个群丛，主要分布在海拔 450~700 m 的地带，乔木层优势种主要为米槠，与其他壳斗科植物伴生，如毛锥、钩栲、鹿角锥、罗浮锥、甜槠、栲等，其他伴生乔木还有黄丹木姜子、黄樟 *Camphora parthenoxylon*、木莲 *Manglietia fordiana*、深山含笑、木荷等；灌木层主要有鹿角杜鹃、米饭花、二列叶柃、杜茎山、沿海紫金牛 *Ardisia lindleyana* 等；草本层种类较少，以狗脊、花叶良姜 *Alpinia vittata* 为主；层间植物丰富，主要以瓜馥木、络石、菝葜、流苏子为主。

（8）甜槠林

九连山的甜槠林有 6 个群丛，主要分布在海拔 750 m 以上的山坡或山脊上。乔木层以甜槠占据绝对优势，伴生种主要有云山青冈、深山含笑、木荷、马尾松、虎皮楠等；灌木层主要有细枝柃、柃木、鹿角杜鹃、油茶、杨桐、赤楠等；草本层种类少，以狗脊、芒、里白 *Diplopterygium glaucum* 占优，此外还分布有一定数量的薹草和淡竹叶。

（9）鹿角锥林

九连山的鹿角锥林类型较多，分布有 6 个群丛，主要分布在海拔 740~960 m 的山坡和沟谷地段。乔木层以鹿角锥占优，伴生有其他壳斗科植物，如甜槠、硬壳柯 *Lithocarpus hancei*、栲、罗浮锥，此外还有猴欢喜、齿叶冬青 *Ilex crenata*、厚皮香 *Ternstroemia gymnanthera*、杨桐、木荷、木莲、深山含笑等；灌木层优势种主要有中国绣球 *Hydrangea chinensis*、杜茎山、少花柏拉木、箭竹 *Fargesia spathacea*、毛山矾 *Symplocos groffii*、栀子、细齿叶柃 *Eurya nitida* 等；草本层以狗脊、华东瘤足蕨 *Plagiogyria japonica*、鳞毛蕨为主；层间植物分布有少量的南蛇藤 *Celastrus orbiculatus*、土茯苓、香花鸡血藤、络石、菝葜、流苏子等。

（10）罗浮锥林

罗浮锥主要分布在我国长江以南地区，集中分布在华南地区。九连山保护区的罗浮锥林有 2 个群丛，主要分布在 500~1000 m 的地段。乔木层优势种以罗浮锥、青冈、大花枇杷 *Eriobotrya cavaleriei*、深山含笑、木莲、云山青冈为主；灌木层优势种主要有毛山矾、箭竹、小叶石楠 *Photinia parvifolia*、中国绣球等；草本层主要以薹草为主，此外还有少量的麦冬、狗脊和金星蕨等。

（11）美叶柯林

九连山保护区的美叶柯林有 2 个群丛，主要分布在海拔 900 m 的坡地。乔木层优势种主要有美叶柯、薄叶润楠、深山含笑、冬青、云山青冈等；灌木层物种丰富，优势种主要有荚蒾、九节龙、胡颓子、中国绣球、柏拉木等；草本层物种较少，主要以狗脊为主，其次分布有薹草、淡竹叶、荩草 *Arthraxon hispidus*、鳞毛蕨等；层间植物主要有尖叶菝葜、悬钩子 *Rubus* sp. 、黑老虎 *Kadsura coccinea*、香花鸡血藤等。

（12）深山含笑林

深山含笑在群落中多作为伴生种存在，以建群种存在的群落较为少见。九连山保护区该类型只有 1 个群丛，分布在海拔 900 m 的沟谷坡地上。乔木层优势种主要有深山含笑、厚皮香、美叶柯、小叶石楠、木荷等；灌木层优势种主要有箭竹、柏拉木、柃木、中国绣球等；草本层以花莛薹草 *Carex scaposa* 占优，此外还分布有蛇足石杉 *Huperzia serrata*、淡竹叶、薹草等；层间植物可见菝葜、清风藤、流苏子和酸藤子等。

（13）黄丹木姜子林

黄丹木姜子属常绿小乔木或中乔木，在群落中多作为伴生种，难以形成群落建群种。九连山保护区该群系仅有 1 个群丛，乔木层优势种主要有黄丹木姜子、鹿角锥、厚皮香、深山含笑、杜英等；灌木层优势种主要有赤楠、马银花 *Rhododendron ovatum*、岭南杜鹃、刺毛杜鹃 *Rhododendron championiae* 等；草本层以美丽复叶耳蕨占优，此外还有长叶铁角蕨 *Asplenium prolongatum*、倒挂铁角蕨 *Asplenium normale*、狗脊等；层间植物可见菝葜、土茯苓、香花鸡血藤等。

（14）曼青冈林

曼青冈为乔木，一般并不高大，在江南海拔 1100 m 以下的温暖地区，常与其他栎类组成常绿阔叶混交林。九连山保护区该群系仅有 1 个群丛，分布在海拔 1100 m 的沟坡上。乔木层优势种主要有曼青冈、鹿角锥、甜槠、米槠等；灌木层优势种以柃木占优，其次有岭南杜鹃、马银花、毛冬青等；草本层优势种主要有华东瘤足蕨、狗脊、花莛薹草等。

（15）云山青冈林

云山青冈多出现在海拔较高的常绿阔叶林中，九连山保护区该群系仅有 1 个群丛，分布在海拔 1070 m 的浅洼地上。乔木层优势种主要有云山青冈、木荷、甜槠、美叶柯、杉木等；灌木层优势种有柃木、乌饭树、朱砂根 *Ardisia crenata* Sims、赤楠等；草本层优势种主要以狗脊为主，此外还分布有少量的薹草和山姜等。

（16）红楠林

红楠林有 3 个群丛，分布在海拔 1030 m 的山谷坡地上。乔木层优势种主要有红楠、云山青冈、木荷、甜槠、美叶柯等；灌木层优势种有柃木、野山茶、柏拉木、红淡比 *Cleyera japonica* 等；草本层以狗脊为主，此外还有薹草、淡竹叶、蛇足石杉等；层间植物丰富，以菝葜占优，其次有香花鸡血藤、野木瓜等。

（17）川杨桐林

川杨桐为灌木或小乔木，只在保育条件较好的条件下可以建群种构成群落，类型较少。九连山保护区该类型只有 1 个群丛，分布在海拔 1200 m 的山坡上。乔木层优势种有川杨桐、曼青冈、五裂槭 *Acer oliverianum*、红楠、深山含笑、罗浮锥等；灌木层以巨萼柏拉木占优，其次为红紫珠 *Callicarpa rubella*、细枝柃等；草本层以稀羽鳞毛蕨 *Dryopteris sparsa* 占优；层间结构种类较少，仅见少量的菝葜和野木瓜，但苔藓植物较丰富。

（18）润楠林

润楠为高大乔木，在九连山保护区该类型有 3 个群丛，多分布在海拔 1300 m 以下山谷坡地上。乔木层优势种有润楠、枫香、龙眼润楠 *Machilus oculodracontis*、黄樟等；灌木层以牛耳枫为主要优势种，其次为鼠刺、小叶石楠等；草本层以芒萁占优，还分布有狗脊以及美观复叶耳蕨等。

（19）杜英林

杜英属常绿乔木，九连山保护区该类型只有 1 个群丛，主要分布在海拔 350~850 m 的丘陵中。乔木层优势种主要有杜英、米槠、毛锥、虎皮楠等；灌木层优势种有狗骨柴、鹿角杜鹃、细枝柃等；草本层优势种主要是狗脊；层间植物有悬钩子、菝葜等。

（20）罗浮柿林

九连山的罗浮柿林有 3 个群丛，分布在海拔 1200 m 的山坡、山谷中。乔木层优势种有罗浮柿、罗浮锥、甜槠、栲等；灌木层优势种有赤楠、细枝柃、细齿叶柃等；草本层优势种有狗脊、美观复叶耳蕨、芒萁等；层间植物种类少，分布有少量的土茯苓、菝葜、流苏子等。

（21）乐昌含笑林

乐昌含笑 *Michelia chapensis* 属常绿乔木，九连山该群系仅有 1 个群丛，分布在海拔 1000 m 的常绿阔叶林中。乔木层以乐昌含笑、蓝果树、杉木等为主要优势种；灌木层以细枝柃、鼠刺等为主要优势种；草本层优势种主要以狗脊为主；层间植物可见清风藤、流苏子和酸藤子等。

（22）红翅槭林

红翅槭多分布于海拔 800~2000 m 的阔叶林中，九连山该群系仅有 1 个群丛，分布在海拔 900 m 的山坡上。

乔木层主要优势种有红翅槭 *Aceraceae fabri*、薄叶润楠、罗浮锥、榄叶石栎 *Lithocarpus oleaefolius* 等；灌木层优势种有美丽新木姜子、广东冬青、早禾树 *Viburnum odoratissimum* 等；草本层优势种以美观复叶耳蕨为主，此外还少量分布有薹草、淡竹叶等；层间植物主要有尖叶菝葜、悬钩子等。

（23）榄叶石栎林

榄叶石栎属常绿乔木，九连山该群系仅有 1 个群丛，分布于海拔 1100 m 的山地杂木林中。乔木层优势种有榄叶石栎、深山含笑、紫楠 *Phoebe sheareri* 等；灌木层优势种有浙江新木姜子 *Neolitsea aurata* var. *chekiangensis*、马银花、红淡比等；草本层优势种主要是美观复叶耳蕨群丛，也有少部分薹草。

3.2.3 竹林

竹林分布广泛，从热带到温带都有分布。竹林通常为竹类植物单优群落，偶有其他树种散生其中，林下较空旷。不同地区的竹林组成成分有较大差异，但结构相似，通常分两层，乔木层以竹类占绝对优势，通常无灌木层，仅有稀疏的林下层。

九连山保护区面积最大的竹林为毛竹林，分布于海拔较低的阳坡地段。乔木层以毛竹占绝对优势，并有少量的枫香、木荷、杉木、马尾松、南酸枣伴生；灌木层种类较少，仅有少量的山橿、乌药、柃木和映山红等；草本层盖度小，可见淡竹叶、芒萁和薹草；层间植物不甚发育，仅见少量的菝葜、悬钩子和土茯苓等。

3.2.4 灌丛

灌丛主要是分布在降水比较充足或地下水供应较充分的地区，以中生性的灌木和肉质具刺植物为主，植株较密集，群落灌木层覆盖度大于 30% 的植被类型。九连山该植被型主要有 3 种，为落叶阔叶灌丛、常绿阔叶灌丛和竹丛。

（1）映山红灌丛

九连山保护区该群系仅有 1 个群丛，零星分布在低海拔地段，生境气候干燥，林相不整齐，稀疏低矮，种类简单。主要的优势种有映山红和檵木，伴生有少量的栀子、美丽胡枝子 *Lespedeza thunbergii* subsp. *formosa*、米饭花、华山矾 *Symplocos chinensis* 等；草本层密被芒萁，其次还有少量的芒、蕨、鸭嘴草 *Ischaemum* sp. 等。

（2）猴头杜鹃林

九连山保护区该群系主要分布在山顶、山脊坡地，其生境往往湿凉、大风。群落建群种明显，结构简单，郁闭度高，密度大，受大风影响，其树干株形往往偏向一侧。上层以猴头杜鹃占绝对优势，伴生有少量的厚皮香、映山红、吊钟花等，下层主要分布有赤楠、石斑木、乌饭树等；草本层和层间植被贫乏。

（3）竹丛

九连山保护区分布面积最广的为箭竹，主要分布在海拔 1400 m 左右的山脊坡地上，群落较为低矮而整齐，密度大。该群丛以箭竹占绝对优势，此外分布有少量的野古草 *Arundinella hirta* 和芒；草本层物种较丰富，主要有藜芦 *Veratrum nigrum* 和拳蓼 *Polygonum bistorta*，其次还有小果南烛 *Lyonia ovalifolia* var. *elliptica*、异药花 *Fordiophyton faberi*、五岭龙胆 *Gentiana davidii* 和小连翘 *Hypericum erectum* 等。

3.2.5 草地

草地是以草本植物占优势的植被类型，群落结构简单，一般只有一层。《中国植被志》分类系统将原中国植被分类系统中的草原、草甸、灌草丛、稀树草原等合并为草地植被型组。九连山保护区该植被型为丛生草类草地，主要有 2 个群系，为野古草和芒草群系。

（1）野古草草丛

野古草耐旱，适应性强，可形成大面积的禾草群落。该群丛在九连山保护区常见于山顶、山脊地带，群落上层以野古草占绝对优势，伴生有部分芒和极少量的满山红 *Rhododendron farrerae*，下层有一枝黄花 *Solidago decurrens*、小连翘、薹草等。

（2）芒草丛

九连山保护区常见的芒属主要有 2 种，为五节芒和芒，其中五节芒多分布在低海拔的林缘和路边，芒则多分布在高海拔的坡地上。该群系主要有 1 个群丛，群落上层以芒占绝对优势，伴生有少量的野古草，下层以小果南烛占优，伴生有前胡 *Peucedanum praeruptorum*、小连翘等。

3.2.6 沼泽与水生植被

沼泽与水生植被是土地利用类型和生态系统概念中湿地的最主要的植被类型。其中，沼泽是在土壤水分饱和或适度积水的环境中由湿生植物组成的植物群落。水生植被则指生长在水体中由水生植物组成的植被。

九连山保护区的水生植被主要分布于山溪、河流两岸及山脚下低平积水地和小型人工水体中。一般分布面积较小，并且以草本水生植物群落为主，主要有 7 个群系，为柳丛、芦苇、节节菜 *Rotala indica*、凤仙花 *Impatiens balsamina*、石菖蒲 *Acorus calamus*、黑藻 *Hydrilla verticillata* 和大薸 *Pistia stratiotes* 群系。

3.2.7 人工林

本植被型组是早期由人工栽培但目前处于自然状态的半自然森林类型，包括人工常绿针叶林和人工常绿阔叶林，主要分布在九连山保护区的实验区。针叶林主要为用材树种，包括杉木林、柳杉林、湿地松林；阔叶林则主要为经济作物，包括杜仲林、柑橘林、茶林等。

（1）柳杉林

柳杉属常绿乔木，广泛分布在我国江西、广东等地。其树姿秀丽，树形圆整高大，是优良的绿化和环保树种；枝叶密集，耐阴，也是适宜的高篱材料，可供隐蔽和防风之用。此外，在江南，柳杉自古以来常用为墓道树、庭荫树，或作公园行道树。木材可供建筑、桥梁、造船、造纸等用。

九连山保护区的柳杉林只有 1 个群丛，主要分布在海拔 800 m 的山谷边、山坡林中。乔木层以柳杉、蓝果树、枫香为主要优势种；灌木层主要有毛冬青、荚蒾等；草本层主要以芒萁、狗脊为主；层间植物有野木瓜、野葛 *Pueraria montana* var. *lobata* 等。

（2）湿地松林

湿地松属常绿大乔木，为最喜光树种，极不耐阴。九连山保护区的湿地松林主要分布在低海拔阳坡上，只有 1 个群丛。乔木优势种主要有湿地松、杉木、黄樟、青冈等；灌木层优势种为乌药、杨桐、油茶等；草本层优势种可见芒萁、狗脊等；层间植物贫乏，仅分布有少量的菝葜、土茯苓等。

3.3 典型植物群落特征

3.3.1 罗浮锥+米槠+栲群落

罗浮锥分布于长江以南各地，尤以华南地区集中，广东中部、南部更为多见。生于约 2000 m 以下的疏或密林中，有时成小片纯林，是常绿阔叶林的主要伴生树种，较少成为建群种。米槠生于山地或丘陵常绿或落叶阔叶混交林中。适应性强、分布广，常为群落主要树种，有时成小片纯林。主产于中国长江以南各地，是南方常绿阔叶林组成树种之一。既是优良的用材树种，又是培育食用菌的优良原料，培肥土壤、涵养水源能力都比较强。栲分布于长江以南各地，西南至云南东南部，西至四川西部。生于海拔 200~2100 m 的坡地或山脊杂木林中，有时成小片纯林。

选取九连山保护区罗浮锥 + 米槠 + 栲的典型群落，从山脊至山坡设置 1 hm^2 的固定样地，再将样方按顺序再划分为 100 个 10 m ×10 m的小样方，对样方内所有胸径 1.5 cm 以上或高度 1.2 m 以上的树种进行每木调查，记录种名、胸径、树高、枝下高、冠幅、数量，同时记录样方海拔、定位、坡向、坡度等环境指标。

（1）群落种类组成和重要值分析

根据样方调查，罗浮锥 + 米槠 + 栲群落共有被子植物 36 科 58 属 106 种，无裸子植物。其中科内种数量大于 5 种的科有 4 个，为壳斗科（13 种）、樟科（13 种）、五列木科（10 种）和杜鹃花科（8 种）。属内种数量大于 5 种的属有 4 个，为锥属（8 种）、柃属（7 种）、杜鹃花属（6 种）和润楠属（5 种）。

对罗浮锥 + 米槠 + 栲群落立木层进行重要值分析，结果显示，立木层中重要值大于 5% 的共有 14 种（表 3-1）。其中，罗浮锥重要值最高，达 35.43%，其次为米槠，重要值 29.33%，此外栲的重要值也达到了 24.63%，优势种不明显，属共优势群落；此外，毛棉杜鹃 *Rhododendron moumainense* 的重要值亦超过 15%，属于亚优势种，这 4 个种群的重要值之和占全部种群总重要值的 60% 以上。立木层内重要值大于 5% 的物种还有拟赤杨、鹿角栲、刺毛杜鹃、细枝柃、岭南杜鹃、虎皮楠、枫香、罗浮柿、猴欢喜以及华东润楠，为立木层的伴生种。

表3-1　罗浮锥+米槠+栲群落立木层主要物种重要值（IV＞5%）

种名	相对多度（%）	相对频度（%）	相对显著度（%）	重要值（%）
罗浮锥 *Castanopsis fabri*	10.66	8.08	16.69	35.43
米槠 *Castanopsis carlesii*	8.05	5.29	15.99	29.33
栲 *Castanopsis fargesii*	5.67	5.01	13.95	24.63
毛棉杜鹃 *Rhododendron moumainense*	8.35	5.57	2.27	16.19
拟赤杨 *Alniphyllum fortunei*	3.65	3.90	6.65	14.21
鹿角栲 *Castanopsis lamontii*	3.18	3.62	6.46	13.26
刺毛杜鹃 *Rhododendron championiae*	6.17	3.48	1.16	10.81
细枝柃 *Eurya loquaiana*	4.09	5.15	1.50	10.75
岭南杜鹃 *Rhododendron mariae*	5.60	2.23	0.75	8.57
虎皮楠 *Daphniphyllum oldhamii*	2.41	3.48	1.16	7.06
枫香 *Liquidambar formosana*	1.21	1.81	3.90	6.92
罗浮柿 *Diospyros morrisiana*	1.98	2.51	1.49	5.97
猴欢喜 *Sloanea sinensis*	1.51	1.95	2.25	5.70
华东润楠 *Machilus leptophylla*	1.14	1.39	2.58	5.11

（2）群落垂直结构

在罗浮锥 + 米槠 + 栲群落的立木层，选取重要值较高的 4 个优势种罗浮锥、米槠、锥、毛棉杜鹃，进行径级及高度级结构分析，由图 3-2 可知，米槠和锥为衰退型种群，在米槠和栲种群中 IV 级大树和 V 级老树占多数，有少量的 III 级壮树，这两个种群处于衰退阶段。毛棉杜鹃以 III 级壮树和 IV 级大树为主，并未统计到 V 级老树，可以判断毛棉杜鹃种群处于增长阶段。罗浮锥种群中 IV 级大树占多数，III 级壮树和 V 级老树各占一定数量，为稳定型种群。从群落整体来看，该群落处于相对稳定状态。

通过高度级分析对群落进行空间结构分析，如图 3-3 所示，罗浮锥 + 米槠 + 栲群落的立木层可以分为 3 层，由下至上依次为乔木下层、乔木中层和乔木上层，高度级 I~IV 级为乔木下层，V~VII 级为乔木中层，VIII~IX 级为乔木上层，再对群落中 4 个优势种进行高度级分析（图 3-4），发现在乔木下层以毛棉杜鹃与罗浮锥占绝对的多度优势，种内竞争与种间竞争激烈，而锥与米槠则在乔木下层中分布较少。在乔木中层锥有一定多度优势，但是米槠、罗浮锥、毛棉杜鹃亦占有一定的比例。在乔木上层中并未出现毛棉杜鹃，罗浮锥、米槠与锥作为优势种占据了该群落的顶层空间，而亚优势种毛棉杜鹃并没有出现在竞争压力较大的乔木上层。

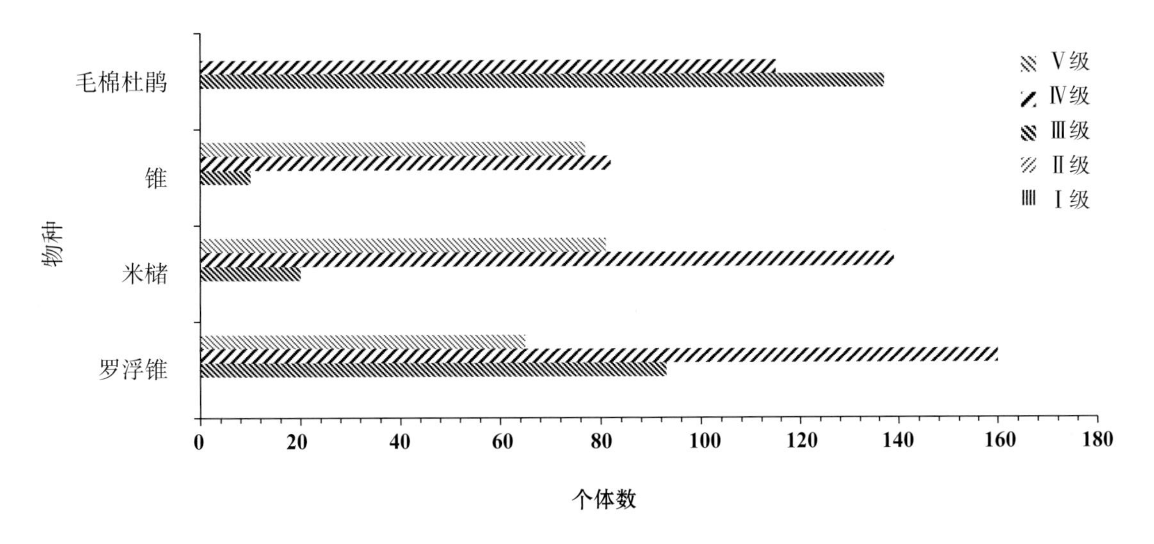

图3-2　罗浮锥优势种群径级结构

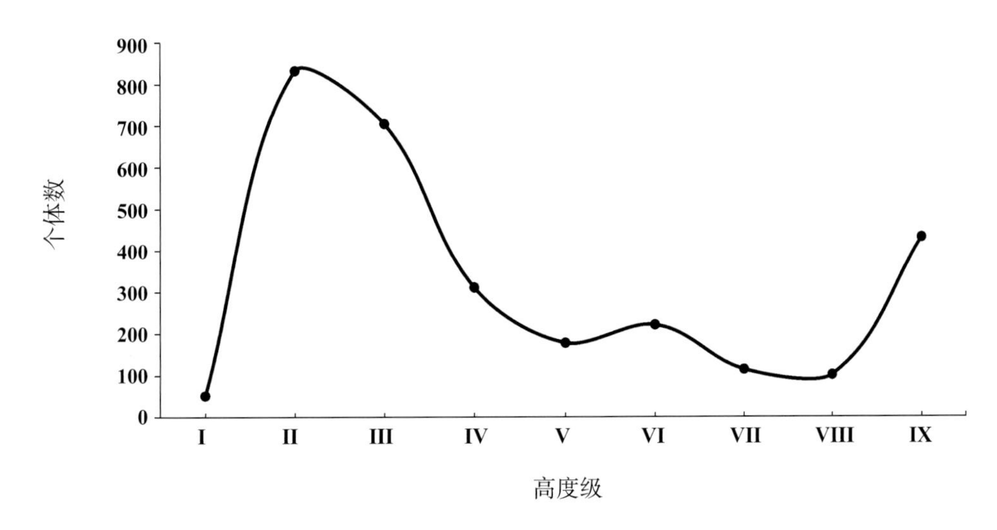

图3-3　罗浮锥群落高度级结构

（3）群落频度分析

频度表示某一种群在群落中水平分布的均匀程度，可以反映群落的稳定性以及受干扰程度等。对罗浮锥 + 米槠 + 栲群落进行频度分析并与 Raunkiaer 的标准频度图谱进行对比（图 3-5）。其中 A 级频度比例高达 91%，B 级为 8%，C 级为 1%，无 D、E 级频度分布，分布结构为 A>B>C>D>E，与 Raunkiaer 标准频度定律 A>B>C ≥ D<E 不一致，该分布规律与热带、亚热带常绿阔叶林频度规律一致（张信坚等，2016）。中亚热带常绿阔叶林结构较为复杂，种类丰富，加上该样地面积较大，因此 A 级与 E 级频度呈现两极分化，群落中偶见种多，分布不均匀，物种多样性倾向于集群分布（李薇等，2018）。

（4）群落物种多样性分析

群落 α 多样性指数可以较好地体现出群落的组成结构。分析表明，九连山保护区罗浮锥 + 米槠 + 栲群落 Simpson 多样性指数为 0.96，Shannon-Wiener 多样性指数为 3.66，Pielou 均匀度为 0.78。通过与武夷山国家公

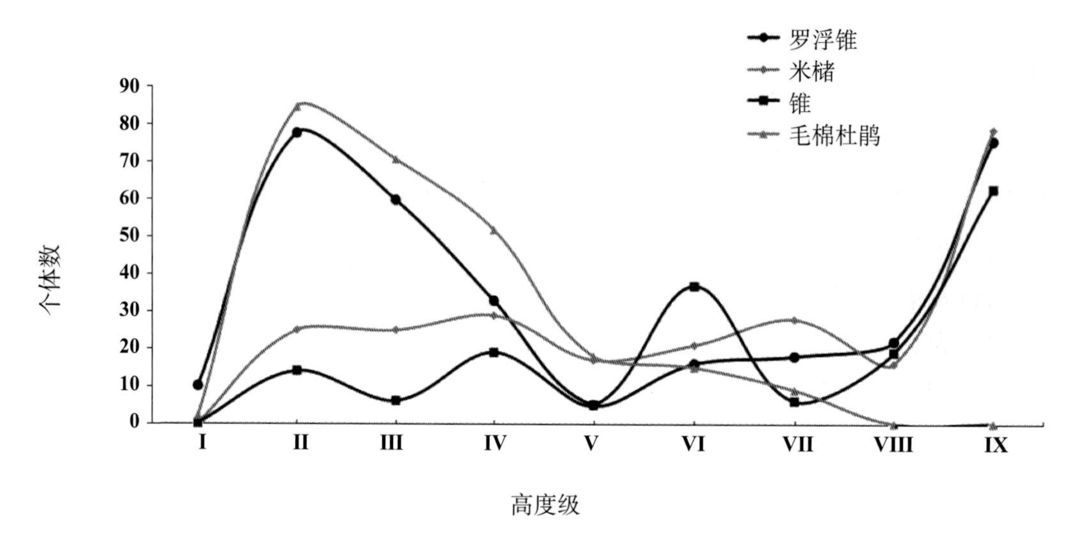

图3-4　罗浮锥群落优势种高度级结构

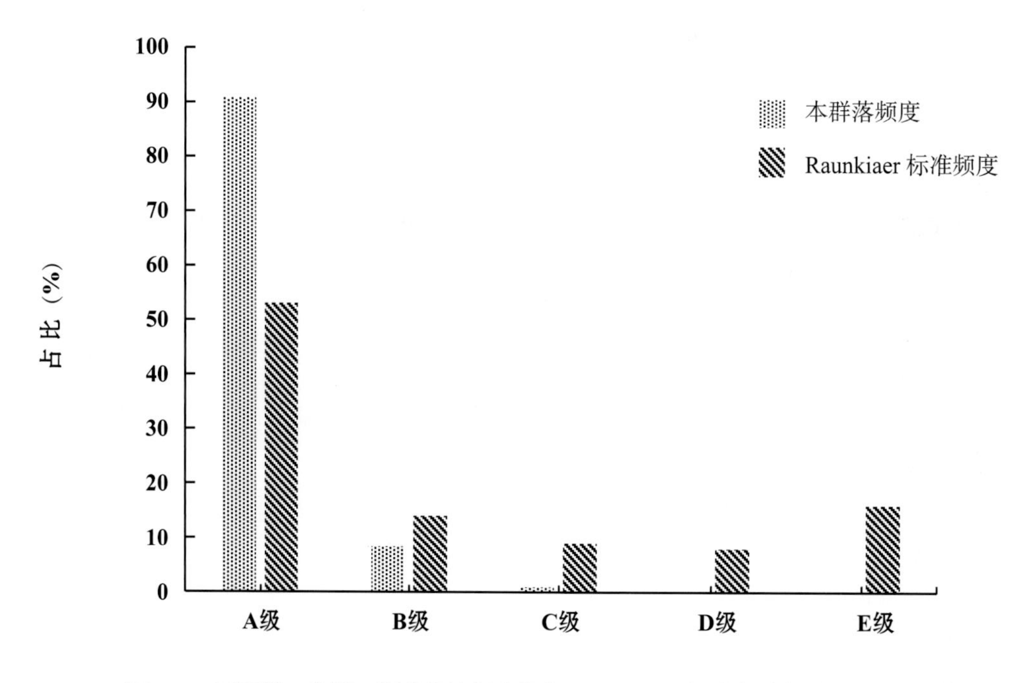

图3-5　罗浮锥+米槠+栲群落的频度级与Raunkiaer标准频度级对比分析

园中亚热带常绿阔叶林（许新宇等，2002）、广东青云山自然保护区森林群落（陈晓熹，2018）、华东黄山山脉和天目山山脉植物群落（周瑾婷，2019）进行比较（表 3-2），九连山罗浮锥 + 米槠 + 栲群落 Simpson 多样性指数较接近广东省青云山杉木群落，Shannon-Wiener 多样性指数高于青云山杉木群落、黄山甜槠群落，低于武夷山米槠群落，与中亚热带常绿阔叶林基本相符合，反映出九连山罗浮锥 + 米槠 + 栲群落物种丰富，其稳定性和群落演替所处的阶段较高。

表 3-2　不同地区群落物种多样性指数对比

地区	群落类型	Simpson 多样性指数	Shannon-Wiener 多样性指数	Pielou 均匀度
江西省九连山	罗浮锥群落	0.96	3.66	0.78
江西省（福建省）武夷山	米槠群落	—	3.06	0.80
广东省青云山	杉木群落	0.97	4.10	0.76
安徽省黄山	甜槠群落	0.65	2.09	1.08

（5）小结

罗浮锥 + 米槠 + 栲群落结构复杂，分层现象明显，乔木层优势种以罗浮锥、米槠、栲为主，为群落共优势种，其次为毛棉杜鹃，此外还有拟赤杨、鹿角锥、刺毛杜鹃、细枝柃、岭南杜鹃、虎皮楠、枫香树、罗浮柿、猴欢喜以及华东润楠等伴生种。在径级与高度级分析中可以看出米槠和锥两个种群幼苗较少，而大树与老树居多，为衰退型种群；罗浮锥则处于稳定状态；毛棉杜鹃中小树与壮树占绝大多数，尚未出现老树，为增长型种群，其数量将继续增长。总体而言，该群落物种多样性丰富，结构稳定，为典型的中亚热带常绿阔叶林群落。

3.3.2 木荷+蓝果树群落

木荷是我国亚热带地区常绿阔叶林的主要建群种，常与栲属、青冈属、松属、润楠属等树种混生。广泛分布于我国南方地区。木荷适应性强，生长快，树冠密，叶片革质，含水量大，不易燃烧，是一种多用途、多功能的优良乡土阔叶树种（周志春，2020），尤其是常用作山地防火林带和退化林地的主要生态修复树种。蓝果树别名紫树，因其核果成熟时果皮呈深蓝色而得名；主要分布于中国长江流域以南，常生于海拔 300~1700 m 的山谷或溪边潮湿混交林中（中国植物志编委会，1983）。蓝果树在新叶萌发及落叶时树叶均呈红色，是优良的乡土季节性彩叶树种（李德国，2008）。

选取九连山保护区木荷群落，设置 2000 m^2 的样方，再将样方按顺序再划分为 20 个 10 m ×10 m的小样方，对样方内所有胸径 1.5 cm 以上或高度 1.2 m 以上的树种进行每木调查，记录种名、胸径、树高、枝下高、冠幅、数量，同时记录样方海拔、定位、坡向、坡度等生物地理因子指标。

（1）群落种类组成和重要值分析

根据样方调查，在该木荷 + 蓝果树群落中共有维管植物 27 科 40 属 49 种，其中蕨类植物 2 种，为草本层的芒萁和狗脊，裸子植物有 2 种，为马尾松和杉木。乔木层以大树为主，郁闭度高，物种组成的主要优势科有樟科（含 6 种）、壳斗科（5 种）、五列木科（3 种），其他大多为仅含 1 种的科。属内种数量大于 2 种的仅 1 属，为栲属。

对木荷 + 蓝果树群落乔木层进行重要值分析，结果显示，乔木层中重要值大于 5% 的共有 16 种（表 3-3）。其中木荷重要值最高，为 63.37%，其次为蓝果树（37.45%）和栲（26.95%），这 3 个物种的重要值之和占到全部物种重要值的 42.6%，组成了群落优势种。乔木层的其他主要树种有油茶、马尾松、润楠、罗浮柿、米槠、甜槠、枫香等。

表3-3　木荷+蓝果树群落乔木层物种重要值（IV>5%）

种名	相对多度（%）	相对频度（%）	相对显著度（%）	重要值（%）
木荷 *Schima superba*	31.40	7.76	24.21	63.37
蓝果树 *Nyssa sinensis*	6.81	4.90	25.75	37.45
栲 *Castanopsis fargesii*	7.83	6.53	12.60	26.95
油茶 *Camellia oleifera*	11.38	5.31	0.92	17.61
马尾松 *Pinus massoniana*	2.03	4.90	10.59	17.52
润楠 *Machilus nanmu*	4.57	5.71	5.84	16.13
罗浮柿 *Diospyros morrisiana*	5.39	5.71	1.89	12.99
米槠 *Castanopsis carlesii*	4.67	4.08	1.99	10.75
甜槠 *Castanopsis eyrei*	1.93	3.67	3.86	9.46
枫香 *Liquidambar formosana*	1.42	3.67	3.59	8.69
黄瑞木 *Adinandra millettii*	2.85	4.49	0.43	7.76
丝线吊芙蓉 *Rhododendron moulmainense*	2.54	3.27	0.71	6.52
青冈 *Cyclobalanopsis glauca*	2.44	3.27	0.69	6.40
杨梅 *Myrica rubra*	1.22	2.04	2.41	5.67
刺毛越橘 *Vaccinium trichocladum*	1.52	3.67	0.18	5.38
绒毛润楠 *Machilus velutina*	1.32	3.67	0.03	5.03

（2）群落垂直结构

在木荷＋蓝果树群落中，乔木层重要值最高的3个优势种为木荷、蓝果树和栲，对其进行径级及高度级结构分析，如图3-6所示，木荷种群的III级壮树最为丰富，其次为II级小树和IV级壮树，且具有一定数量的老树，为增长种群。蓝果树种群以IV级大树最为丰富，其次为III级壮树，老树和苗木数量较少，为稳定型种群。栲种群则以IV级大树最为丰富，其次为III级壮树和II级小树，与木荷种群相比竞争处于劣势，目前仍处于稳定阶段。

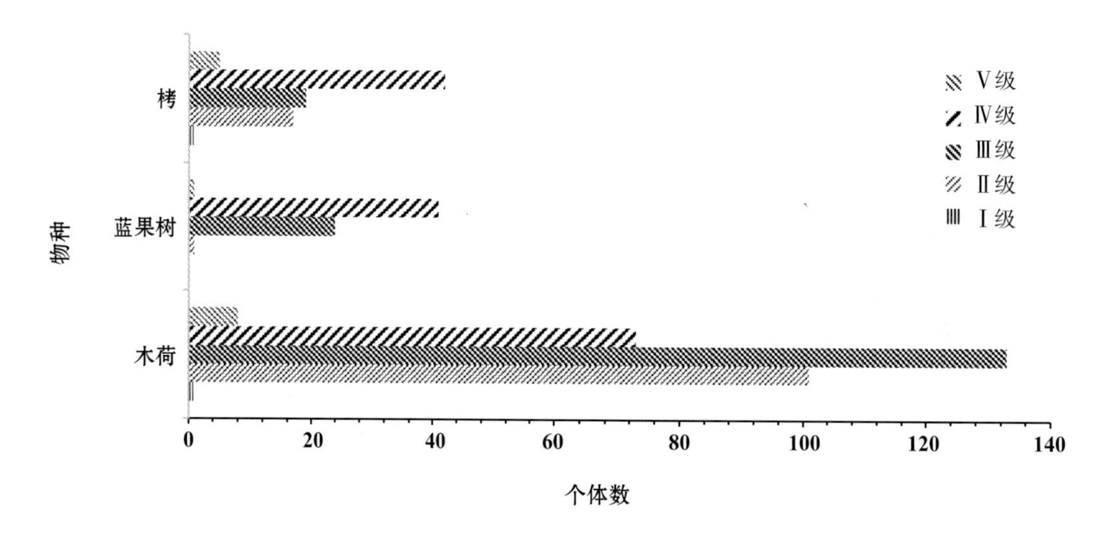

图3-6　木荷+蓝果树群落优势种群径级结构

通过乔木种群的高度级结构，分析群落的空间结构，如图3-7所示，木荷群落的乔木层可以分为2层，高度级 I~IV 级为第 1 亚层，高度级 V~VII 级为第 2 亚层，再对群落中的 3 个优势种进行高度级分析，可以看到木荷在整个群落层都占据着绝对的数量优势，且以 II 级和 III 级的小树占优，增长趋势显著。而蓝果树和栲则主要以两亚层过渡区的数量最为丰富，在第 1 亚层的种群数量较少，种间竞争激烈。

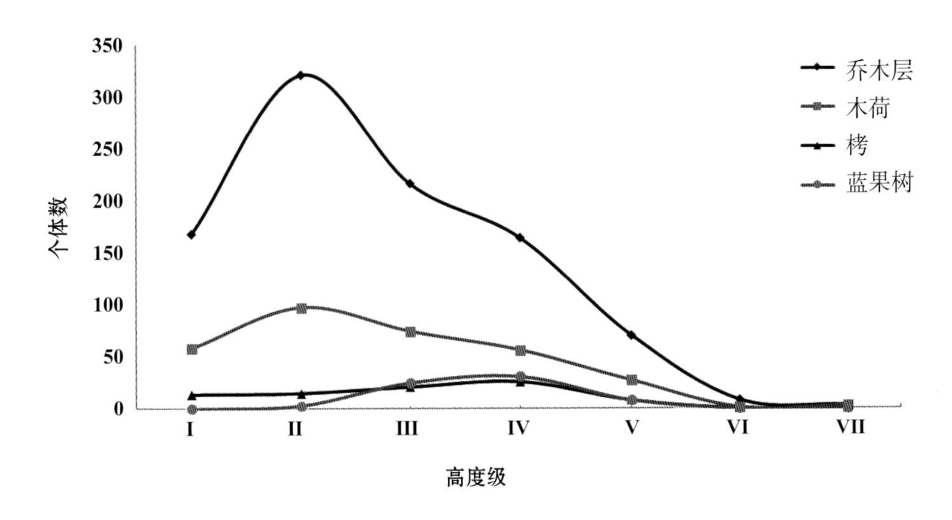

图 3-7　木荷 + 蓝果树群落优势种高度级结构

（3）群落频度分析

对木荷 + 蓝果树群落进行频度分析并与 Raunkiaer 的标准频度图谱进行对比（图 3-8）。其中，A 级频度比例为 43%、B 级为 20%、C 级为 23%、D 级为 11%、E 级 3%，频度结构为 A>C>B>D>E，与 Raunkiaer 标准频度定律 A>B>C ≥ D<E 不一致，与亚热带常绿阔叶林频度规律相类似（张信坚等，2016），但 C 级频度较 B 级频度稍高，样方内 E 级频度的物种仅为木荷一种，D 级频度的物种则有栲、罗浮柿、润楠和油茶，其种群数量也较多，为群落优势种。群落的均匀性与 A 级和 E 级频度的大小成正比，E 级频度愈高，群落的均匀性越大（王云泉等，2015）。该群落的 E 级频度较低，表明该群落总体均匀性较差，正处于演替阶段。

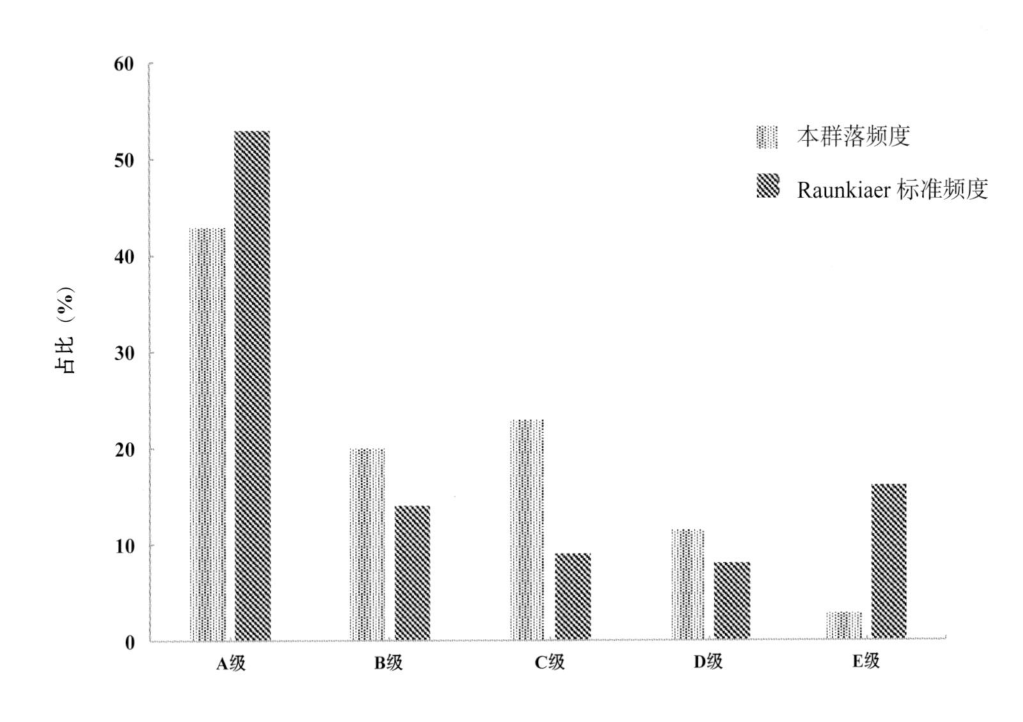

图 3-8　木荷 + 蓝果树群落频度级与 Rankiaer 标准频度级对比

（4）群落物种多样性分析

对该木荷＋蓝果树群落中的物种多样性指数进行计算，并与中亚热带地区的木荷优势群落进行比较，如江苏光福自然保护区木荷群落（宋青等，2008）、浙江东白山自然保护区木荷＋马尾松群落（王云泉等，2015）、广东南岭疏齿木荷＋福建柏群落（陈林等，2010）（表 3-4）。结果表明：除广东南岭疏齿木荷＋福建柏群落外，九连山的木荷＋蓝果树群落的物种多样性指数均高于另外 2 个保护区，但均匀度最低。群落优势度与物种均匀度变化趋势相反（汪殿蓓等，2001），即群落种群分布集中，群落均匀度指数低，生态优势度指数高，反映出九连山木荷＋蓝果树群落物种丰富，群落稳定性和群落演替阶段较高。

表3-4　不同地区群落乔木层物种多样性指数对比

地区	群落类型	Simpson 多样性指数	Shannon-Wiener 多样性指数	Pielou 均匀度
江西九连山	木荷+蓝果树群落	0.87	2.52	0.37
江苏光福保护区	木荷群落	0.40	0.90	0.39
浙江东白山	木荷+马尾松群落	0.70	1.77	0.46
广东南岭	疏齿木荷+福建柏群落	0.98	4.58	1.20

（5）小结

九连山保护区木荷＋蓝果树群落的物种组成较为丰富，在垂直结构的优势种上，乔木层以木荷、蓝果树、栲为主要优势种，其次为油茶、马尾松、润楠、罗浮柿、米槠等；灌木层以油茶、木荷、润楠和罗浮柿的幼树占主要优势；草本层则以芒萁占绝对优势。在径级和高度级结构上，木荷种群的小树数量较多，大树和老树数量占比较小，处于增长阶段；蓝果树和栲种群均以壮树和大树占优，与木荷种群竞争优势不大，处于稳定阶段。在群落频度和物种多样性分析比较上，该群落结构稳定，物种多样性高，均匀度较低，种群趋向集中分布。此外，群落中的蓝果树树干通直，枝叶繁密，且叶片会有季节性变化，观赏价值高，但目前仍缺乏推广与应用，九连山保护区内蓝果树资源较丰富，未来可考虑开展相关的繁育推广应用。

第4章
植物区系

植物区系的形成是植物界在一定的自然历史环境中发展演化和时空分化的综合反映（吴征镒等，2010），反映着一个地区植物种、属、科间的数量关系及地理、历史联系。植物区系学的研究对于分析现代植物分布格局具有重要意义，不仅可以分析群落现存自然条件的特点，对于解释植物区系的起源演化和发展规律及揭示植物系统发育关系也十分关键，同时植物区系地理的研究可为现代植物资源开发、生物多样性保护等提供科学依据。

九连山由于特殊的地理位置和优越的自然条件，吸引着植物学工作者的广泛关注。20 世纪 40 年代初，原国立中正大学生物学系和静生生物研究所就在九连山进行了大量的植物调查采集。从 20 世纪 50 年代初起，著名植物生态学家林英多次深入九连山考察，并在 1951 年的考察中发现九连山分布有许多热带植物区系成分，如番荔枝科 Annonaceae、买麻藤科 Gnetaceae、天料木科 Samydaceae 等，1975 年江西省农林垦殖科学研究所和赣州地区林业科学研究所到九连山进行森林类型与树种的调查与采集工作。1978 年林英和土壤生态学家刘开树等对九连山植被和土壤垂直分布以及野生动物进行考察，1981 年林英、刘开树又率江西大学生物学系、江西农业大学农学系等单位专家参加九连山自然保护区综合科学考察。通过上述多次不同规模的植物和植被调查研究，基本查清了九连山植被的组成、类型、结构和分布等特点，特别是对木本植物的种类和分布进行了重点调查研究。

4.1 苔藓植物区系

苔藓植物是一类结构相对简单的有胚植物，被认为是由水生向陆生过渡的特殊类群，其分布广泛、生境基质多样，无论在高温多雨的热带雨林，还是在高温干旱的荒漠，抑或寒冷冰冻的南极大陆均有分布，它是生态系统结构和功能的重要组成部分（胡舜士，1993）。

九连山保护区位于江西省龙南市境内，南岭东部的核心区域，地处我国亚热带东部，与华南地区相邻，气候温暖湿润，属于中亚热带湿润常绿阔叶林与南亚热带季风常绿阔叶林的过渡带，优越的自然条件及保存完好的常绿阔叶林，孕育了种类丰富的苔藓植物（季梦成等，1998）。早在 2003 年，就有学者对保护区的苔藓进行了报道（季梦成等，1998），并在近年进行了补充调查（徐国良等，2021）。本调查组于 2021 年 7 月到九连山自然保护区虾公塘、大丘田等站开展调查，采集各类不同生境中的苔藓植物标本，对每个标本记录生境、海拔、多度、经纬度等信息，共获标本400余份。标本的鉴定依据《中国苔藓志》（1~10卷）、《中国苔纲和角苔纲植物属志》和《中国苔藓植物图鉴》等（高谦，1994，1996，2003；吴鹏程，2002；吴鹏程等，2002，2004；黎兴江，2000，2006；胡人亮等，2005；高谦等，2008，2010）。标本保存于中山大学植物标本馆（SYS）。本研究根据近期对九连山苔藓植物补充调查的数据，结合早期资料对九连山保护区苔藓植物区系进行分析，为探讨本区苔藓植物的分布规律、保护与利用提供理论依据。

4.1.1 区系组成

依据最新的九连山苔藓植物名录，对九连山苔藓物种组成、优势科属、丰富度和区系地理成分进行分析。根据统计，九连山的苔藓植物共计68科147属306种，其中苔类植物27科45属77种，藓类植物41科102属229种，未发现角苔类植物。种类数≥10种的苔藓植物科共有7个（表4-1），其中种数最多的科是曲尾藓科 Dicranaceae21种、蔓藓科 Meteoriaceae17种、丛藓科 Pottiaceae16种等。这7个优势科占总科数的10.29%，包括了九连山保护区36.05%的属和34.64%的种。

表4-1　九连山保护区苔藓植物优势科统计

优势科	属数	占总属数的比例（%）	种数	占总种数的比例（%）
曲尾藓科 Dicranaceae	9	6.12	21	6.86
蔓藓科 Meteoriaceae	10	6.80	17	5.56
丛藓科 Pottiaceae	8	5.44	16	5.23
细鳞苔科 Lejeuneaceae	9	6.12	15	4.90
羽藓科 Thuidiaceae	6	4.08	13	4.25
灰藓科 Hypnaceae	6	4.08	13	4.25
青藓科 Brachytheciaceae	5	3.40	11	3.59
小计	53	36.05	106	34.64

苔藓植物的优势属以≥5种计，九连山保护区苔藓植物共有10个优势属（表4-2），占本区总属数的6.80%，含59种，占本区苔藓植物总种数的19.28%，以曲柄藓属 *Campylopus* 的种数最多，达9种。

4.1.2 区系地理成分分析

参照吴征镒等（1983）的观点，根据九连山苔藓植物的现代地理分布范围（贾渝，2008），将该保护区的苔藓植物划分为13种类型（表4-3）。

（1）世界分布

该分布类型的苔藓植物在九连山保护区有21科24属30种，包括地钱 *Marchantia polymorpha*、毛地钱 *Dumortiera hirsuta*、带叶苔 *Pallavicinia lyellii*、紫背苔 *Plagiochasma cordatum*、石地钱 *Reboulia hemisphaerica*、浮苔 *Ricciocarpos natans*、黄色细鳞苔 *Lejeunea flava*、叉苔 *Metzgeria furcata*、泥炭藓 *Sphagnum palustre*、曲柄藓 *Campylopus flexuosus*、脆枝曲柄藓 *Campylopus fragilis*、长蒴藓 *Trematodon longicollis*、卷叶凤尾藓 *Fissidens dubius*、鳞叶凤尾藓 *Fissidens taxifolius*、扭口藓 *Barbula unguiculata*、净口藓 *Gymnostomum calcareum*、小石藓 *Weissia controversa*、真藓 *Bryum argenteum*、细叶真藓 *Bryum capillare*、具缘提灯藓 *Mnium marginatum*、钝叶匍灯藓 *Plagiomnium rostratum*、亮叶珠藓 *Bartramia halleriana*、直叶珠藓 *Bartramia ithyphylla*、泽藓 *Philonotis fontana*、虎尾藓 *Hedwigia ciliata*、平藓 *Neckera pennata*、柳叶藓 *Amblystegium serpens*、

表4-2　九连山保护区苔藓植物优势属统计

优势属	种数	占总种数的比例（%）
曲柄藓属 *Campylopus*	9	2.94
凤尾藓属 *Fissidens*	8	2.61
灰藓属 *Hypnum*	6	1.96
真藓属 *Bryum*	6	1.96
羽藓属 *Thuidium*	5	1.63
青藓属 *Brachythecium*	5	1.63
小金发藓属 *Pogonatum*	5	1.63
白发藓属 *Leucobryum*	5	1.63
匐灯藓属 *Plagiomnium*	5	1.63
棉藓属 *Plagiothecium*	5	1.63
小计	59	19.28

表4-3　九连山保护区苔藓植物的区系成分

区系成分	种数	占比（%）
1. 世界分布	30	—
2. 泛热带分布*	19	6.88
3. 热带亚洲和热带美洲间断分布*	7	2.54
4. 旧世界热带分布*	8	2.90
5. 热带亚洲至热带大洋洲分布*	11	3.99
6. 热带亚洲至热带非洲分布*	7	2.54
7. 热带亚洲分布*	48	17.39
8. 北温带分布	59	21.38
9. 东亚和北美间断分布	6	2.17
10. 旧世界温带分布	3	1.09
11. 温带亚洲分布	3	1.09
14. 东亚分布	97	35.14
14-1. 日本—喜马拉雅分布	（28）	（10.14）
14-2. 中国—喜马拉雅分布	（7）	（2.54）
14-3. 中国—日本分布	（52）	（22.46）
15. 中国特有分布	8	2.90
总计	306	100.00

注："—"世界分布成分未列入区系成分统计；序号2~7为热带成分；8~14为温带成分；15为特有成分。

羽枝青藓 *Brachythecium plumosum*、灰藓 *Hypnum cupressiforme*、金发藓 *Polytrichum commune* 等。

（2）泛热带分布

该分布类型的苔藓植物在九连山保护区有 14 科 16 属 19 种，包括长角剪叶苔 *Herbertus dicranus*、厚角杯囊苔 *Notoscyphus collenchymatosus*、尖叶薄鳞苔 *Leptolejeunea elliptica*、褐冠鳞苔 *Lopholejeunea subfusca*、桧叶白发藓 *Leucobryum juniperoideum*、大凤尾藓 *Fissidens nobilis*、黄叶凤尾藓 *Fissidens crispulus*、卷叶湿地藓 *Hyophila involuta*、比拉真藓 *Bryum billarder*、扭叶藓 *Trachypus bicolor*、小树平藓 *Homaliodendron exiguum*、刀叶树平藓 *Homaliodendron scalpellifolium*、截叶拟平藓 *Neckeropsis lepineana*、尖叶油藓 *Hookeria acutifolia*、鳞叶藓 *Taxiphyllum taxirameum*、狭叶小羽藓 *Haplocladium angustifolium*、节茎曲柄藓 *Campylopus umbellatus* 等。

（3）热带亚洲和热带美洲间断分布

该分布类型的苔藓植物在九连山保护区有 7 科 7 属 7 种，包括曲柄藓 *Campylopus flexuosus*、网藓 *Syrrhopodon gardneri*、拟纤枝真藓 *Bryum petelotii*、新丝藓 *Neodicladiella pendula*、羊角藓 *Herpetineuron toccoae*、小凤尾藓 *Fissidens bryoides* 等。

（4）旧世界热带分布

该分布类型在九连山保护区有 7 科 8 属 8 种，包括四齿异萼苔 *Heteroscyphus argutus*、皱萼苔 *Ptychanthus striatus*、齿边花叶藓 *Calymperes serratum*、丝带藓 *Floribundaria floribunda*、拟多枝藓 *Haplohymenium pseudotriste*、大羽藓 *Thuidium cymbifolium*、疣小金发藓 *Pogonatum urnigerum* 等。

（5）热带亚洲至热带大洋洲分布

该分布类型的苔藓植物在九连山保护区有 8 科 10 属 11 种，包括变色叶苔 *Jungermannia hasskarliana*、白边疣鳞苔 *Cololejeunea inflata*、拟棉毛疣鳞苔 *Cololejeunea pseudofloccosa*、细齿残叶苔 *Leptocolea denticulata*、南亚小曲尾藓 *Dicranella coarctata*、日本网藓 *Syrrhopodon japonicus*、灰气藓 *Aerobryidium wallichii*、灰羽藓 *Thuidium pristocalyx*、淡色同叶藓 *Isopterygium albescens*、长尖明叶藓 *Vesicularia reticulata* 等。

（6）热带亚洲至热带非洲分布

该分布类型的苔藓植物在九连山保护区有 6 科 6 属 7 种，包括全缘广萼苔 *Chandonanthus birmensis*、齿边广萼苔 *Chandonanthus hirtellus*、秃叶泥炭藓 *Sphagnum obtusiusculum*、橙色净口藓 *Gymnostomum aurantiacum*、短月藓 *Brachymenium nepalense*、暖地大叶藓 *Rhodobryum giganteum*、南亚火藓 *Schlotheimia grevilleana* 等。

（7）热带亚洲分布

该分布类型的苔藓植物在九连山保护区有 26 科 31 属 48 种，包括日本鞭苔 *Bazzania japonica*、三裂鞭苔 *Bazzania tridens*、塔叶苔 *Schiffneria hyalina*、刺叶羽苔 *Plagiochila sciophila*、尖舌扁萼苔 *Radula acuminata*、大瓣扁萼苔 *Radula cavifolia*、台湾片鳞苔 *Pedinolejeunea formosana*、楔瓣地钱东亚亚种 *Marchantia emargiata* subsp. *tosana*、暖地泥炭藓 *Sphagnum junghuhnianum*、黄曲柄藓 *Campylopus schmidii*、毛叶曲柄藓 *Campylopus ericoides*、密叶苞领藓 *Holomitrium densifolium*、弯叶白发藓 *Leucobryum aduncum*、爪哇白发藓 *Leucobryum javense*、湿地藓 *Hyophila javanica*、狭叶拟合睫藓 *Pseudosymblepharis angustata*、赖氏泽藓 *Philonotis laii*、大叶匐灯藓 *Plagiomnium succulentum*、毛枝藓 *Pilotrichopsis dentata*、气藓 *Aerobryum speciosum*、赤茎小锦藓 *Brotherella erythrocaulis* 等。

（8）北温带分布

该分布类型的苔藓植物在九连山保护区比较多，有 19 科 21 属 57 种，苔类有剪叶苔 *Herbertus aduncus*、睫毛苔 *Blepharostoma trichophyllum*、绒苔 *Trichocolea tomentella*、指叶苔 *Lepidozia reptans*、刺叶护蒴苔 *Calypogeia arguta*、护蒴苔 *Calypogeia fissa*、大萼苔 *Cephalozia bicuspidata*、芽胞裂萼苔 *Chiloscyphus minor*、淡色裂萼苔 *Chiloscyphus polyanthos*、泛生裂萼苔 *Chiloscyphus profundus*、双齿异萼苔 *Heteroscyphus coalitus*、大羽苔 *Plagiochila asplenioides*、光萼苔 *Porella pinnata*、蛇苔 *Conocephalum conicum* 等 16 种；藓类有牛毛

藓 *Ditrichum heteromallum*、黄牛毛藓 *Ditrichum pallidum*、长叶曲柄藓 *Campylopus atrovirens*、多形小曲尾藓 *Dieranella heteromaila*、青毛藓 *Dicranodontium denudatum*、卷毛藓 *Dicranoweisia crispula*、绒叶曲尾藓 *Dicranum fulvum*、多蒴曲尾藓 *Dicranum majus*、曲尾藓 *Dicranum scoparium*、长叶纽藓 *Tortella tortuosa*、泛生墙藓 *Tortula muralis*、毛口藓 *Trichostomum brachydontium*、皱叶小石藓 *Weisia crispa*、黑色紫萼藓 *Grimmia atrata*、卷叶紫萼藓 *Grimmia incurva* 等 41 种。

（9）东亚和北美间断分布

该分布类型的苔藓植物在九连山保护区有 6 科 6 属 6 种，分别是溪苔 *Pellia epiphylla*、白氏藓 *Brothera leana*、毛尖紫萼藓 *Grimmia pilifera*、大灰气藓 *Aerobryopsis subdivergens*、拟东亚孔雀藓 *Hypopterygium fauriei*、长柄绢藓 *Entodon macropodus*。

（10）旧世界温带分布

该分布类型的苔藓植物在九连山保护区有 3 科 3 属 3 种，分别是垂蒴棉藓 *Plagiothecium nemorale*、盔瓣耳叶苔 *Frullania muscicola*、长肋青藓 *Brachythecium populeum*。

（11）温带亚洲分布

该分布类型的苔藓植物在九连山保护区有 3 科 3 属 3 种，分别是拳叶苔 *Nowellia curvifolia*、尖叶匐灯藓 *Plagiomnium acutum*、尖叶牛舌藓 *Anomodon giraldii*。

（12）东亚分布

该分布类型在九连山保护区苔藓植物中占的比例最大，共有 43 科 64 属 97 种，包括以下 3 种类型。

①日本—喜马拉雅分布。主要分布于东喜马拉雅至日本，有些种向北分布至西伯利亚，向南可达亚洲热带地区。该分布类型的苔藓植物在九连山保护区有 28 种，苔类有小叶拟大萼苔 *Cephaloziella microphylla*、刺边合叶苔 *Scapania ciliata*、延叶羽苔 *Plagiochila semidecurrens*、尖叶光萼苔 *Porella caespitans*、日本光萼苔 *Porella japonica*、刺疣鳞苔 *Cololejeunea spinosa*、日本角鳞苔 *Drepanolejeunea erecta*、小蛇苔 *Conocephalum japonicum* 8 种；藓类有裸萼凤尾藓 *Fissidens gymnogynus*、羽叶凤尾藓 *Fissidens plagiochloides*、扭叶丛本藓 *Anoectangium stracheyanum*、尖叶扭口藓 *Barbula constricta*、东亚小石藓 *Weisia exserta*、侧枝匐灯藓 *Plagiomnium maximoviczii*、急尖耳平藓 *Calyptothecium hookeri*、垂藓 *Chrysocladium retrorsum*、川滇蔓藓 *Meteorium buchananii* 等 20 种。

②中国—喜马拉雅分布。主要分布于东喜马拉雅至我国西南地区，有些种可达陕西、甘肃及华东地区，甚至台湾，但不见于日本。该分布类型的苔藓植物在九连山保护区有 7 种，发别是纤细剪叶苔 *Herbertus fragilis*、加萨泥炭藓 *Sphagnum khasianum*、悬藓 *Barbella compressiramea*、四川丝带藓 *Floribundaria setschwanica*、粗枝蔓藓 *Meteorium subpolytrichum*、黄松萝藓 *Papillaria fuscescens*、异齿藓 *Regmatodon declinatus*。

③中国—日本分布。指分布中心位于我国云南、四川金沙江以东至日本，但未见于喜马拉雅的种类。该分布类型的苔藓植物在九连山保护区有 59 种，占东亚分布的 62.77%。苔类有圆叶裸蒴苔 *Haplamitritum mnioides*、囊绒苔 *Trichocoleopsis sacculata*、双齿鞭苔 *Bazzania bidentula*、东亚钱袋苔 *Marsupella yakushimensis*、卵叶羽苔 *Plagiochila ovalifolia*、密叶光萼苔 *Porella densifolia*、喜马拉雅片鳞苔 *Pedinolejeunea himalayensis*、南溪苔 *Makinoa crispata*、舌叶合叶苔多齿亚种 *Scapania ligulata* subsp. *Stephanii* 等 11 种；藓类有日本曲尾藓 *Dicranum japonicum*、南京凤尾藓 *Fissidens teysmannianus*、齿边缩叶藓 *Ptychomitrium dentatum*、狭叶缩叶藓 *Ptychomitrium linearifolium*、威氏缩叶藓 *Ptychomitrium wilsonii*、日本匐灯藓 *Plagiomnium japonicum*、疣灯藓 *Trachycystis microphylla*、大桧藓 *Pyrrhobryum dozyanum*、细叶泽藓 *Philonotis thwaitesii*、东亚泽藓 *Philonotis turneriana*、福氏蓑藓 *Macromitrium ferriei*、丛生木灵藓 *Orthotrichum consobrinum*、厚角黄藓 *Distichophyllum collenchymatosum*、异猫尾藓 *Isothecium subdiversiforme*、狭叶麻羽藓 *Claopodium aciculum*、暖地明叶藓 *Vesicularia ferrier* 等 48 种。

（13）中国特有分布

该分布类型的苔藓植物九连山保护区有 7 科 8 属 8 种，分别是卷叶毛口藓 *Trichostomum hattorianum*、

短柄小石藓 *Weisia breviseta*、尖叶高领藓 *Glyphomitrium acuminatum*、小火藓 *Schlotheimia pungens*、中华细枝藓 *Lindbergia sinensis*、白色同蒴藓 *Homalothecium leucodonticaule*、喜马拉雅片鳞苔齿瓣变种 *Pedinolejeunea himalayensis* var. *dentata*、淡枝长喙藓 *Rhynchostegium pallenticaule*。

九连山保护区苔藓植物区系成分中，以东亚成分为最高，97 种，占总种数的 35.14%，在东亚成分中又以中国—日本分布类型的比例为最高，有 62 种，占东亚成分的 63.92%，说明九连山保护区的苔藓区系和日本苔藓区系联系比较密切。热带成分和东亚成分数量接近，有 100 种，占总种数的 36.23%，可知该区苔藓成分以东亚成分和热带性质成分为主。北温带成分 59 种，占总种数的 21.38%。区系成分构成体现出典型的南亚热带向中亚热带过渡的类型，这与该地所处的地理位置是一致的。

4.1.3 九连山保护区与其他保护区苔藓植物区系对比

表 4-4 列出了 16 个保护区的苔藓区系成分（贾鹏，2011；黄玉茜，2005；贾渝等，1995；邓佳佳等，2008），位于华北的子午岭、小秦岭、大青山、长白山自然保护区的温带成分都为最高，具有典型的温带性质（王向川等，2012；叶永忠等，2004；贾晓敏，2010；郭水良和曹同，2001）。鼎湖山、梧桐山、大围山处于华南—西南南亚热带地区，以热带成分为最高，具有明显的热带亲缘关系（范宗骥等，2015；杨丽琼，2004；贾渝等，2001）。

九连山和江西的马头山、阳际峰、井冈山一样，以东亚成分为最高（季梦成等，2002；严雄梁等，2010；廖文波等，2014）。但是与它们又有着区别，因为九连山的热带成分比重在江西的 5 个保护区中是最高的，占 34.87%，又体现了一定的南亚热带亲缘性质。江西桃红岭位于北亚热带边缘，故其热带成分所占比重在江西的 5 个保护区中最低（刘荣等，2017），马头山、阳际峰、井冈山处于中亚热带，其热带成分所占比重介于南部的九连山和北部的桃红岭之间，这与该地所处的地理位置基本一致。

R/T 值是植物区系中热带成分与温带成分的比值，是从大体上衡量区系性质的一个指标（吴德邻，1996；张晓丽，2006）。其值可以间接反映一个地区的气候特征，与一个地区的纬度和海拔密切相关。表 4-4 中显示 R/T 值排在前面的一般是处于低纬度的南亚热带地区，如广东鼎湖山、深圳梧桐山等，排在后面的一般是处于高纬度的温带地区或高山区，如长白山、大青山等。九连山的 R/T 值介于南亚热带和中亚热带中间，为 0.59，排第 5 位，在江西省的 5 个保护区中排第 1 位，说明九连山保护区苔藓植物的热带区系成分相对较强。

表 4-4　16 个地区的苔藓植物区系成分占比

区域	热带性质	北温带	东亚—北美间断分布	旧世界温带	温带亚洲	地中海区、西亚至中亚成分	中亚分布	东亚成分	中国特有	R/T 值	R/T 值排名
深圳梧桐山	57.54	8.22	1.37	1.37	0.00	0.00	0.00	26.03	5.48	1.56	1
广东鼎湖山	55.31	3.91	2.23	1.68	3.91	0.56	0.00	25.70	6.70	1.46	2
云南大围山	36.81	9.00	4.09	0.82	0.41	0.41	0.41	36.81	11.25	0.71	3
广西九万山	39.42	15.04	3.25	0.00	1.63	0.00	0.00	38.22	2.44	0.68	4
江西九连山	36.23	21.38	2.17	1.09	1.09	0.00	0.00	36.14	2.9	0.59	5
广西那佐	29.00	19.00	2.00	0.00	2.00	0.00	0.00	36.00	12.00	0.49	6
江西井冈山	29.95	19.55	2.97	5.20	1.98	0.50	0.00	32.18	7.67	0.48	7
江西马头山	30.93	22.09	2.81	0.40	1.20	0.00	0.00	39.36	3.21	0.47	8
贵州大鲵	25.40	11.80	0.80	2.50	5.90	0.80	0.80	32.80	19.30	0.46	9

（续）

区域	热带性质	北温带	东亚—北美间断分布	旧世界温带	温带亚洲	地中海区、西亚至中亚成分	中亚分布	东亚成分	中国特有	R/T值	R/T值排名
江西阳际峰	29.10	19.03	4.48	2.24	2.24	1.12	0.00	34.70	7.09	0.46	10
重庆金佛山	26.02	24.37	2.52	1.12	2.52	0.00	0.00	34.73	8.69	0.40	11
江西桃红岭	18.80	25.60	6.80	1.70	2.60	0.00	0.00	36.80	7.70	0.26	12
陕西子午岭	5.88	45.88	10.59	4.70	7.06	0.00	0.00	14.12	11.76	0.07	13
河南小秦岭	4.15	46.04	2.26	4.53	7.92	0.00	0.00	29.81	5.28	0.05	14
内蒙古大青山	1.35	67.57	5.41	3.38	4.05	0.00	0.00	15.54	2.70	0.01	15
吉林长白山	0.73	59.94	2.87	4.80	3.08	0.00	0.00	26.01	2.86	0.01	16

注：①世界分布成分未列入区系成分统计；②热带性质所占比例为泛热带成分、热带亚洲和热带美洲间断分布、旧世界热带分布、热带亚洲—热带大洋洲、热带亚洲—热带非洲、热带亚洲6种成分所占比例的合计；③R/T值为植物区系中热带成分与温带成分的比值，其中温带成分为表4-3除热带性质和中国特有成分的其他7种成分之和。

4.2 蕨类植物区系

4.2.1 区系组成

根据标本的采集鉴定情况，结合相关文献资料和九连山科研团队近年来对蕨类植物的补充记录（刘信中等，2002；徐国良等，2021；2022；Lin et al., 2022），统计得出九连山保护区共有石松类和蕨类植物28科83属280种（表4-5，分类系统依据PPG I）。根据《中国植物物种名录（2022版）》，科属种分别占中国蕨类植物区系45科、189属、2602种的62.2%、43.9%、10.8%；占江西蕨类植物区系35科、103属、444种的80.0%、80.6%、63.1%（寄玲等，2022）。

表4-5 九连山保护区野生维管植物区系组成

类群	科			属			种		
	九连山	江西省	占江西省比例（%）	九连山	江西省	占江西省比例（%）	九连山	江西省	占江西省比例（%）
蕨类	28	35	80.0	83	103	80.6	280	444	63.1
裸子植物	5	5	100.0	7	21	33.3	8	36	22.2
被子植物	159	174	91.4	753	1129	66.7	1979	4281	46.2
合计	192	214	89.7	843	1253	67.2	2267	4761	47.6

注：江西省维管植物数据来源于寄玲等（2022）。

4.2.1.1 科内种的数量特征

按照科内种的组成数量，将九连山28科蕨类植物划分为4个等级（表4-6）：种数大于20的大科有5科，共41属181种，占总科数的17.9%，科数量占比较小，但其所含属数占总属数的49.4%，种数占总种数的64.6%，区系优势科显著，其科内属数量也相当丰富，构成了九连山保护区蕨类植物区系的主体。这些科分别是鳞毛蕨科Dryopteridaceae（7属/49种，下同）、凤尾蕨科Pteridaceae（9/37）、水龙骨科Polypodiaceae（9/35）、蹄盖蕨科Athyriaceae（5/32）、金星蕨科Thelypteridaceae（11/28）。

中等科（11~20种）3科，共9属46种，为铁角蕨科Aspleniaceae（2/17）、碗蕨科Dennstaedtiaceae（6/15）、卷柏科Selaginellaceae（1/14）。占区系总科数的10.7%，总属数的10.8%，总种数的16.4%。

寡种科（2~10种）11科，共24属44种，包括膜蕨科Hymenophyllaceae（4/8）、石松科Lycopodiaceae（5/7）、乌毛蕨科Blechnaceae（3/5）、里白科Gleicheniaceae（2/4）、鳞始蕨科Lindsaeaceae（2/4）、瘤足蕨科Plagiogyriaceae（1/4）、瓶尔小草科Ophioglossaceae（2/3）、紫萁科Osmundaceae（1/3）、海金沙科Lygodiaceae（1/2）、槐叶蘋科Salviniaceae（2/2）、木贼科Equisetaceae（1/2），占区系总科数的39.3%，总属数的28.9%，总种数的15.7%，科数量丰富。

单种科数量也较丰富，共9科9种，包括骨碎补科Davalliaceae、合囊蕨科Marattiaceae、金毛狗科Cibotiaceae、冷蕨科Cystopteridaceae、蘋科Marsileaceae、三叉蕨科Tectariaceae、肾蕨科Nephrolepidaceae、桫椤科Cyatheaceae、肿足蕨科Hypodematiaceae，占区系总科数的32.1%，总属数的10.8%，总种数的3.2%。

可以看到，九连山蕨类植物优势科非常明显，种类相对集中，但多为世界分布性科，适应性强。此外寡种科和单种科的数量较多，是九连山蕨类区系多样性重要的组成部分。此外九连山分布有较多的原始类群，如石松科、卷柏科、木贼科、海金沙科、紫萁科、瘤足蕨科、瓶尔小草科等，其中卷柏科、紫萁科、里白科和瘤足蕨科等，为群落灌草层的重要优势科。也分布有较进化的科，如本区的第三大优势科水龙骨科以及蘋科、槐叶蘋科等都是系统上更进化的类群。

表4-6　九连山保护区蕨类植物科级数量统计

类别	大科（>20）	中等科（11~20）	寡种科（2~10）	单种科（1）
科数（属数：种数）	5（41 ：181）	3（9 ：46）	11（24 ：44）	9（9 ：9）
占总数的比例	17.9（49.4 ：64.6）	10.7（10.8 ：16.4）	39.2（28.9 ：15.7）	32.1（10.8 ：3.2）

4.2.1.2 优势科与表征科分析

植物区系的优势科一般指是在植被或群落中种类较多，且占优势或常见的科。经计算（表4-7），主要有12科59属242种，分别是鳞毛蕨科、凤尾蕨科、水龙骨科、蹄盖蕨科、金星蕨科、铁角蕨科、碗蕨科、卷柏科、膜蕨科、石松科。其中世界分布科6科，包括鳞毛蕨科、水龙骨科、蹄盖蕨科、铁角蕨科和卷柏科等，是九连山重要的数量优势科。泛热带分布4科，无温带分布科，热带性质非常显著。

优势科可以在一定程度上代表某一地区植物种类的构成及其群落学特征，但不足以代表该地区植物区系的特征。如鳞毛蕨科、水龙骨科等世界分布型科，虽所含种数较多，但在世界区系中所占比例很低，并非本地区的表征科。要确定九连山蕨类植物区系的表征科，除了根据数量特征，还必须将该科所含种数与该科在世界分布的种数相比，比例越高，说明该科于该地区的代表性越强（苏志尧，1996）。通过计算植物区系重要值（VFIC、VFIW），按照各科种数占世界植物区系的比例高低进行排序，将百分比的均值作为初步划分表征科的界限，并综合其在植被组成的数量和群落中的地位，确定九连山的表征科。

经计算，各科内种在世界对应科内种数量中所占比例的均值为5.5，结合九连山植被和群落优势种，确定九连山蕨类植物表征科9科（表4-8），主要为泛热带分布（5科）、旧世界热带分布（2科）以及世界广

表4-7 九连山保护区蕨类植物优势科及其种数所占中国、世界总种数比例

序号	科名	种数	属数	占中国种数比例（%）	占世界种数比例（%）	科的分布区类型（%）
1	鳞毛蕨科 Dryopteridaceae	49	7	9.8	2.3	1
2	凤尾蕨科 Pteridaceae	37	9	15.9	3.1	2
3	水龙骨科 Polypodiaceae	35	9	13.5	2.9	1
4	蹄盖蕨科 Athyriaceae	32	5	11.5	5.3	1
5	金星蕨科 Thelypteridaceae	28	11	14.2	2.8	1
6	铁角蕨科 Aspleniaceae	17	2	15.7	2.4	1
7	碗蕨科 Dennstaedtiaceae	15	6	28.8	5.7	2
8	卷柏科 Selaginellaceae	14	1	19.4	1.9	2
9	膜蕨科 Hymenophyllaceae	8	4	16.0	1.3	1
10	石松科 Lycopodiaceae	7	5	10.4	1.8	2
11	鳞毛蕨科 Dryopteridaceae	49	7	9.8	2.3	1
12	凤尾蕨科 Pteridaceae	37	9	15.9	3.1	2
	合计	242	59		—	
	占总数的百分比（%）	86.4	71.1		—	

注：中国植物种和世界植物种数据参考《中国维管植物科属词典》(李德铢等，2018)、《种子植物分布区类型及其起源和分化》(吴征镒等，2006)，以及多识百科（2023），下同。

表4-8 九连山保护区蕨类植物区系表征科

序号	科名	种数	属数	VFISC	VFISW	科的分布区类型
1	瘤足蕨科 Plagiogyriaceae	4	1	50.0	40.0	3
2	紫萁科 Osmundaceae	3	1	37.5	16.7	2
3	木贼科 Equisetaceae	2	1	20.0	13.3	1
4	槐叶蘋科 Salviniaceae	2	2	50.0	11.8	1
5	金毛狗科 Cibotiaceae	1	1	50.0	9.1	3
6	海金沙科 Lygodiaceae	2	1	22.2	7.7	2
7	碗蕨科 Dennstaedtiaceae	15	6	28.8	5.7	2
8	凤尾蕨科 Pteridaceae	37	9	15.9	3.1	2
9	里白科 Gleicheniaceae	4	2	26.7	2.7	2
	合计	148	49		—	
	占总数的百分比（%）	52.9	59.0		—	

布（2科），这些科内种数量在中国的蕨类植物数量中占有一定比例，有着不同的生长方式和生活型，代表了九连山保护区多样性的生境，有着重要的生物地理学指示意义。

4.2.1.3 种的数量特征

根据属内种的数量结构，将其划分为 5 个等级（表 4-9）：种数在 20 种以上的大属仅鳞毛蕨属 *Dryopteris*（27 种，下同），占总属数的 1.2%，总种数的 9.6%；含 10~19 种的中等属有 4 属 63 种，占总属数的 4.8%，总种数的 22.5%，分别为凤尾蕨属 *Pteris*（18）、双盖蕨属 *Diplazium*（16）、铁角蕨属 *Asplenium*（15）、卷柏属 *Selaginella*（14）。

表 4-9　九连山保护区蕨类植物属级数量统计

类别	包含属数		包含种数	
	属数量	占总属数的比例（%）	种数量	占总种数的比例（%）
大型属（≧20）	1	1.2	27	9.6
中等属（10~19）	4	4.8	63	22.5
小型属（5~9）	8	9.6	58	20.7
寡种属（2~4）	39	47.0	101	36.1
单种属（1）	31	37.4	31	11.1
合计	83	100	280	100

小型属（5~9 种）有 8 属 58 种，占总属数的 9.6%，总种数的 20.7%，分别为瓦韦属 *Lepisorus*（9）、对囊蕨属 *Deparia*（8）、毛蕨属 *Cyclosorus*（8 种）、薄唇蕨属 *Leptochilus*（7）、耳蕨属 *Polystichum*（7）、复叶耳蕨属 *Arachniodes*（7）、鳞盖蕨属 *Microlepia*（7）、伏石蕨属 *Lemmaphyllum*（5 种）。

寡种属（2~4 种）和单种属数量丰富，共 70 属 132 种，占总属数的 84.4%，总种数的 47.2%，包括金星蕨属 *Parathelypteris*（4）、狗脊属 *Woodwardia*（3）、石韦属 *Pyrrosia*（3）、铁线蕨属 *Adiantum*（3）、贯众属 *Cyrtomium*（2）、里白属 *Diplopterygium*（2）、芒萁属 *Dicranopteris*（2）、星蕨属 *Microsorum*（2）、观音座莲属 *Angiopteris*（1）、乌毛蕨属 *Blechnopsis*（1）等。九连山保护区蕨类的优势属为鳞毛蕨属、凤尾蕨属、双盖蕨属、铁角蕨属和卷柏属，单种属和寡种属数量较多，类型丰富。

4.2.1.4 优势属与表征属分析

优势属一般是在区系中所含种数较多，且在区域内的植被组成上有着优势地位的属。九连山属内种数量在 5 种以上的属，共有 13 属，含 148 种，占总属数的 15.7%，总种数的 52.9%，是九连山的数量优势属（表 4-10），其种类丰富，适应性强，在群落林下草本层占有较高的优势度。分布区类型上主要以世界广布（4 属）、泛热带分布（4 属）和热带亚洲分布（2 属）为主，仅 1 属为温带分布，热带性质较强。

表 4-10　九连山保护区蕨类植物优势属及其种数所占中国、世界总种数比例

序号	属名	种数	占中国种数比例（%）	占世界种数比例（%）	属的分布区类型
1	鳞毛蕨属 *Dryopteris*	27	16.2	6.8	1
2	凤尾蕨属 *Pteris*	18	23.1	6.0	2
3	双盖蕨属 *Diplazium*	16	18.6	5.3	2
4	铁角蕨属 *Asplenium*	15	16.7	2.1	1
5	卷柏属 *Selaginella*	14	19.4	1.9	1
6	瓦韦属 *Lepisorus*	9	18.4	11.3	6
7	对囊蕨属 *Deparia*	8	15.1	11.4	11
8	毛蕨属 *Cyclosorus*	8	6.6	2.9	2

（续）

序号	属名	种数	占中国种数比例（%）	占世界种数比例（%）	属的分布区类型
9	薄唇蕨属 *Leptochilus*	7	53.8	21.2	7
10	耳蕨属 *Polystichum*	7	3.4	1.4	1
11	复叶耳蕨属 *Arachniodes*	7	17.5	11.7	2
12	鳞盖蕨属 *Microlepia*	7	28.0	15.6	5
13	伏石蕨属 *Lemmaphyllum*	5	100.0	83.3	7
	合计	148		—	
	占总数的百分比（%）	52.9		—	

用属内种数量除以中国（世界）对应属的种数，得到 VFIC 和 VFIW 在 0.3~100 之间，均值分别为 28.4、13.2，可以看到 VFIC 和 VFIW 的均值差异不大，分布有一定数量的世界性单种属和寡种属，这也与九连山的属级结构相一致，区域内单种属和寡种属种类丰富。结合其属内种数量以及在植被和群落中的优势地位，由此确定九连山表征属 21 属共 61 种（表 4-11）。表征属中，以热带亚洲（5 属）、热带亚洲—热带大洋洲（5 属）和泛热带分布（4 属）为主，温带分布型仅 3 属，热带性显著。其中紫萁属、乌毛蕨属和芒萁属等是林地路旁的常见种，瘤足蕨属、狗脊属、鳞盖蕨属是林下草本层常见种。

表 4-11　九连山保护区蕨类植物区系表征属

序号	属名	种数	中国种数	VFIC	世界种数	VFIW	属的分布区类型
1	苏铁蕨 *Brainea*	1	1	100.0	1	100.0	5
2	伏石蕨属 *Lemmaphyllum*	5	5	100.0	6	83.3	7
3	紫萁属 *Osmunda*	3	3	100.0	4	75.0	2
4	乌毛蕨属 *Blechnopsis*	1	2	50.0	2	50.0	2
5	安蕨属 *Anisocampium*	2	4	50.0	4	50.0	7
6	瘤足蕨属 *Plagiogyria*	4	8	50.0	10	40.0	14
7	凸轴蕨属 *Metathelypteris*	4	11	36.4	12	33.3	5
8	亮毛蕨属 *Acystopteris*	1	3	33.3	3	33.3	5
9	卵果蕨属 *Phegopteris*	1	3	33.3	3	33.3	8
10	狗脊属 *Woodwardia*	3	7	42.9	13	23.1	8
11	薄唇蕨属 *Leptochilus*	7	13	53.8	33	21.2	7
12	针毛蕨属 *Macrothelypteris*	2	7	28.6	10	20.0	5
13	金粉蕨属 *Onychium*	2	8	25.0	10	20.0	6-1
14	芒萁属 *Dicranopteris*	2	5	40.0	12	16.7	2
15	稀子蕨属 *Monachosorum*	1	3	33.3	6	16.7	7
16	鳞盖蕨属 *Microlepia*	7	25	28.0	45	15.6	5
17	蕨属 *Pteridium*	2	6	33.3	13	15.4	1
18	栗蕨属 *Histiopteris*	1	1	100.0	7	14.3	2
19	溪边蕨属 *Stegnogramma*	2	6	33.3	15	13.3	7
20	瓦韦属 *Lepisorus*	9	49	18.4	80	11.3	6
21	金毛狗属 *Cibotium*	1	2	50.0	11	9.1	3

4.2.2 区系地理成分特点

根据李德铢等（2018）在《中国维管植物科属词典》中对中国维管植物科的分布区类型的划分原则，将九连山保护区蕨类植物科划分为5种分布区类型（表4-12），其中28个科中，世界广布科有11个，为木贼科、瓶尔小草科、膜蕨科、槐叶蘋科、冷蕨科、铁角蕨科、乌毛蕨科、蹄盖蕨科、金星蕨科、鳞毛蕨科、水龙骨科。

除世界广布科外，均为热带性质的科，共17科，热带性质显著。热带成分中以泛热带分布的科最多，共12科，为石松科、卷柏科、合囊蕨科、紫萁科、里白科、海金沙科、桫椤科、鳞始蕨科、凤尾蕨科、碗蕨科、肾蕨科和三叉蕨科；旧世界热带分布3科，为瘤足蕨科、金毛狗科和肿足蕨科；热带亚洲—热带美洲间断分布1科，为蘋科；此外还有热带亚洲分布1科，无中国特有分布。

根据李德铢等（2018）在《中国维管植物科属词典》对中国维管植物属的分布区类型的划分原则，九连山蕨类植物的属分布区类型较科级丰富，可以划分为11个分布区类型、3个亚型（表4-12）。

表4-12　九连山保护区蕨类植物地理分布区类型

区系成分	科数	占非世界分布类型比例（%）	属数	占非世界分布类型比例（%）
1.世界广布	11	—	14	—
2.泛热带分布	12	70.59	32	46.38
2-1.热带亚洲—大洋洲和热带美洲	—	—	1	1.45
2-2.热带亚洲—热带非洲洲—热带美洲	—	—	2	2.90
3.旧世界热带分布	3	17.65	2	2.90
4.热带亚洲—热带美洲间断分布	1	5.88	3	4.35
5.热带亚洲—热带大洋洲分布	—	—	5	7.25
6.热带亚洲—热带非洲分布	—	—	5	7.25
6-1.中国华南、西南至印度和热带非洲	—	—	2	2.90
7.热带亚洲分布	1	5.88	8	11.59
8.北温带分布	—	—	5	7.25
10.旧世界温带	—	—	1	1.45
11.温带亚洲分布	—	—	2	2.90
14.东亚分布	—	—	1	1.45
热带分布型合计	17	100	60	86.96
温带分布型合计	—	—	9	13.04
合计	28	100	83	100

（1）世界广布

指几乎分布于全世界各大洲的属，或至少包括亚洲和美洲在内的四大洲范围的属。本区内世界广布属共有14属，占总属数的16.9%，包括本区内种数较多的鳞毛蕨属、卷柏属、铁角蕨属和耳蕨属，反映了世界广布属的广泛分布特点。

（2）热带分布

共有60属，占非世界分布属数的87.0%，其中又以泛热带分布属最多，为35属，占热带分布属的50.7%，说明了泛热带分布区类型具有较广的适应性。含种数较多的热带分布属是凤尾蕨属 *Pteris*（18种，下同）、双盖蕨属 *Diplazium*（16）、瓦韦属 *Lepisorus*（9）、毛蕨属 *Cyclosorus*（8）、鳞盖蕨属 *Microlepia*（7）、复叶耳蕨属 *Arachniodes*（7）、薄唇蕨属 *Leptochilus*（7）、伏石蕨属 *Lemmaphyllum*（5）等。热带分布属以寡种属和单种属居多，其中单种属有23属，包括观音座莲属 *Angiopteris*、金毛狗属 *Cibotium*、黑桫椤属 *Gymnosphaera*、乌毛蕨属 *Blechnopsis*、苏铁蕨 *Brainea*、骨碎补属 *Davallia*、槲蕨属 *Drynaria* 等。

（3）温带分布

共9属，主要为分布于亚洲、欧洲和北美洲温带地区的属，有些属可向南延伸到亚热带高山地带，占非世界分布属数的13.0%，其中北温带分布属数量最多，有5属，分别是狗脊属 *Woodwardia*、水龙骨属 *Polypodiodes*、石杉属 *Huperzia*、瓶尔小草属 *Ophioglossum* 和卵果蕨属 *Phegopteris*；旧世界温带分布1属，为小阴地蕨属 *Botrychium*；温带亚洲分布2属，为对囊蕨属 *Deparia* 和贯众属 *Cyrtomium*；东亚分布属1属，为瘤足蕨属 *Plagiogyria*。

综上所述，九连山保护区以热带分布科、属占据绝对优势，区系成分以泛热带分布为主，表明九连山保护区受强烈的热带成分影响。另外，本区蕨类植物的属级分布区类型中，除泛热带分布外，热带亚洲分布、温带亚洲分布、东亚分布合计达11属，占总属数的13.3%，显示出本地蕨类植物的亚洲成分占有较高的比例，同时该地区多样的分布类型，说明本区蕨类植物与其他地区如美洲、非洲、大洋洲有一定的联系，显示出其广泛联系和交汇的特点。

4.2.3 与其他地区蕨类植物区系比较

不同的分布区类型成分的相对比例可反映该区域的区系性质，从而进行区系间的比较，为了更充分地反映某一特定区系的特点，在进行统计分析时扣除世界广布型。R/T值为热带属数/温带属数，一般在相似纬度、相似海拔地区，R/T值越高，说明植物区系的热带性质越强，可通过该值探讨地区间的区系过渡性（钱慧蓉等，2018）。为了对比九连山保护区与其他地区的蕨类植物区系的关系，表4-13列出了10个森林生态型自然保护区的蕨类植物热带性质、温带性质和中国特有区系成分所占的比例（为便于比较，此处采用秦仁昌分类系统）。从表中可知，R/T值前三位的是华南区的海南鹦哥岭自然保护区、广东香山自然保护区、广东南岭自然保护区。这三个保护区位于热带北缘和南亚热带地区，气候较为湿热，为各种喜温植物提供了良好的生存环境。R/T值最低的两地是地处华北区的山西五台山和地处华中区的河南太行山自然保护区，这两个自然保护区的海拔和纬度均比较高，气候寒冷干燥，生长着很多耐寒的蕨类植物。江西九连山自然保护区R/T值略低于华南区的3个自然保护区，但明显高于处于中亚热带的江西马头山、江西齐云山和安徽祁门3个自然保护区，反映了九连山自然保护区处于南亚热带和中亚热带过渡地区的特点，这与其地理位置是一致的。

对表中所列的10个山地的区系成分数据用SPSS软件进行聚类分析，分析结果如图4-1所示。位于华北的山西五台山蕨类植物区系以北温带成分为主体，与其他9个地区的关系最远，构成单独的一支。江西马头山、江西齐云山、江西九连山3地同属华东区，地理位置相近，三地的蕨类植物区系都是以东亚成分为主体，区系关系相近，聚成第一小支。福建武夷山自然保护区和广东南岭自然保护区两地处于华东和华南的过渡地区，构成第二小支，两地与九连山保护区的关系稍远。安徽祁门和河南太行山分别位于中亚热带和北亚热带，构成第三小支。处于华南地区的广东香山自然保护区和海南鹦哥岭自然保护区两地的蕨类植物成分都是以热带成分为主体，构成第四小支。

表4-13　九连山保护区蕨类植物种的区系成分与其他地区的比较

地区	热带性质	温带性质	中国特有	R/T值	排序	数据来源
海南鹦哥岭	69.8	16.1	13.9	4.43	1	董仕勇，2007
广东香山	60.9	31.0	8.1	1.96	2	邓志芳等，2019
广东南岭	44.8	32.6	22.7	1.37	3	陈林等，2013
福建武夷山	34.3	35	30.7	0.98	4	何建源等，2004
江西九连山	34.9	50.2	14.9	0.70	5	本文
江西齐云山	30.5	50.5	19.0	0.61	6	周兰平等，2010
江西马头山	30.2	51.8	18.0	0.58	7	陈拥军等，2003
安徽祁门	15.4	66.3	18.3	0.23	8	张光富等，2005
山西五台山	7.7	89.7	2.6	0.09	9	张婕等，2008
河南太行山	3.0	72	25.0	0.04	10	杨相甫等，2002

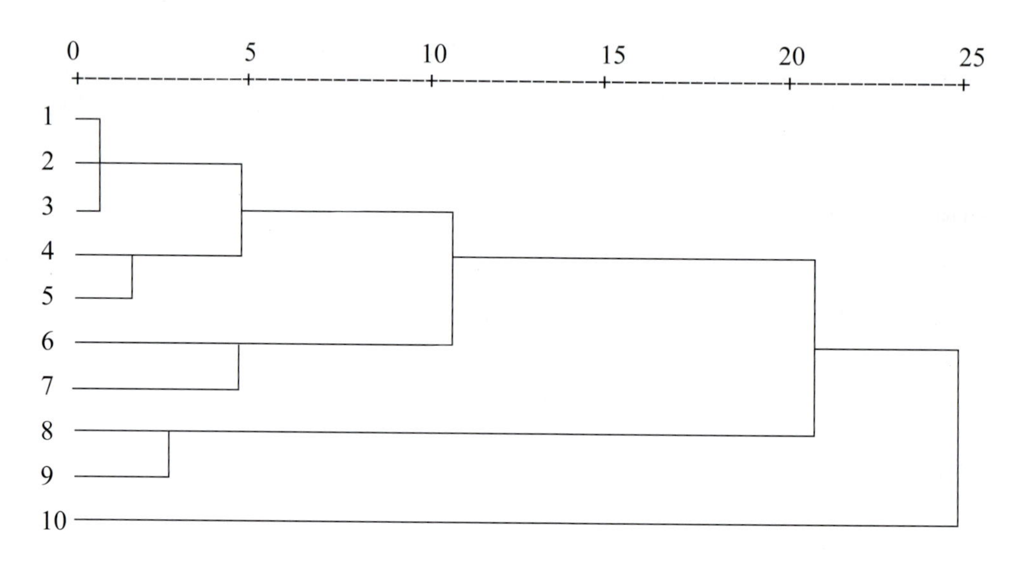

图4-1　九连山保护区蕨类植物区系与其他地区关系的聚类分析图

注："1"为江西马头山，"2"为江西齐云山，"3"为江西九连山，"4"为福建武夷山，"5"为广东南岭，"6"为安徽祁门，"7"为河南太行山，"8"为广东香山，"9"为海南鹦哥岭，"10"为山西五台山。

4.2.4 小结

通过对九连山保护区蕨类植物科属的区系组成和结构的分析，可以得出以下结论：①根据最新的调查结果，该区共有蕨类植物280种，隶属于83属、28科，蕨类植物区系组成十分丰富。②该区蕨类植物中优势科、属明显，优势科为鳞毛蕨科、凤尾蕨科、水龙骨科、蹄盖蕨科、金星蕨科；优势属为鳞毛蕨属、凤尾蕨属、双盖蕨属、铁角蕨属、卷柏属。③在科、属级别的分布区类型中，热带性质成分占绝对优势，表明该区在历史演化上受到强烈的热带成分影响；在热带性质成分中，又以泛热带分布的科属最多。④在与其他地区蕨类植物种的区系成分比较中，九连山保护区的R/T值低于华南区，明显高于中亚热带和温带地区，说明该区蕨类植物区系处于南亚热带与中亚热带的过渡区。聚类分析显示，与江西马头山自然保护区、江西齐云山自然保护区的关系最密切，在中国蕨类植物地理分区中属华东区。

4.3 种子植物区系

4.3.1 区系组成

九连山保护区地处南岭山地东段，有着典型的亚热带森林生态系统，植物资源丰富。经考察，并结合相关文献资料，九连山保护区内共有野生种子植物 164 科 760 属 1987 种（分类系统依据 GPG I 和 APG IV），其中裸子植物 5 科 7 属 8 种，占江西裸子植物种数的 22.2%，被子植物 159 科 753 属 1979 种，占江西被子植物种数的 46.2%，裸子植物数量稍少，被子植物数量丰富。

4.3.2 种子植物科的地理成分特点

4.3.2.1 科内种的数量特征

按照科内种的组成数量，将九连山 164 科植物划分为 5 个量级（表 4-14），分为大科（>50 种）、较大科（21~50 种）、中等科（11~20 种）、寡种科（2~10 种）、单种科（1 种）。

表 4-14　九连山保护区种子植物科内种的数量统计

类别	科数	占总科数比例（%）	属数	占总属数比例（%）	种数	占总种数比例（%）
大科（>50种）	8	4.9	255	33.6	626	31.5
较大科（21~50种）	12	7.3	91	12.0	404	20.3
中等科（11~20种）	35	21.3	197	25.9	514	25.9
寡种科（2~10种）	82	50.0	190	25.0	416	20.9
单种科（1种）	27	16.5	27	3.6	27	1.4

含 50 种以上的大科共有 8 科 255 属 626 种，占总科数的 4.9%，科数量占比较小，但其所含属数占到总属数的 33.6%，种数占总种数的 31.5%。这些科分别是唇形科 Lamiaceae（29 属 /88 种，下同）、菊科 Asteraceae（47/85）、兰科 Orchidaceae（41/88）、禾本科 Poaceae（46/83）、蔷薇科 Rosaceae（17/83）、豆科 Fabaceae（38/75）、樟科 Lauraceae（11/64）和茜草科 Rubiaceae（26/60）。这些科构成了九连山地区的数量优势科，其中樟科是构成九连山群落的优势类群，其余均为世界性分布科，种类多为草本和灌木，适应性强，在群落中多作为伴生种出现。

含 21~50 种的较大科共有 12 科 91 属 404 种，占总科数的 7.3%，总属数的 12.0%，总种数的 20.3%，分别是莎草科 Cyperaceae（10/44）、壳斗科 Fagaceae（5/43）、报春花科 Primulaceae（6/39）、蓼科 Polygonaceae（7/39）、杜鹃花科 Ericaceae（6/36）、荨麻科 Urticaceae（10/36）、毛茛科 Ranunculaceae（10/34）、葡萄科 Vitaceae（8/31）、冬青科 Aquifoliaceae（1/30）、五列木科 Pentaphylacaceae（5/27）、锦葵科 Malvaceae（13/23）、五加科 Araliaceae（10/22）。这些科多为泛热带分布和温带分布科，组成了九连山常绿阔叶林的优势种，如壳斗科、冬青科是阔叶林群落重要的优势种和建群种；杜鹃花科和五列木科则为山顶矮林和林下的重要优势种，多分布在海拔较高的山顶和山脊；蓼科、荨麻科则是沟谷溪流中主要的草本植被组成。

含 11~20 种的中等科有 35 科 197 属 514 种，占总科数的 21.3%，总属数的 25.9%，总种数的 26.0%，分别是桑科 Moraceae（6/20）、无患子科 Sapindaceae（5/20）、五福花科 Adoxaceae（2/20）、大戟科 Euphorbiaceae（9/19）、夹竹桃科 Apocynaceae（10/19）、卫矛科 Celastraceae（4/19）、芸香科 Rutaceae（7/19）、山茶科 Theaceae（4/17）、山矾科 Symplocaceae（1/18）、爵床科 Acanthaceae（11/17）、葫芦科 Cucurbitaceae（9/16）、

伞形科 Apiaceae（12/16）、天门冬科 Asparagaceae（9/16）、天南星科 Araceae（9/16）、堇菜科 Violaceae（1/15）、木犀科 Oleaceae（5/15）、车前科 Plantaginaceae（6/14）、母草科 Linderniaceae（2/14）、木兰科 Magnoliaceae（4/13）、清风藤科 Sabiaceae（2/14）、鼠李科 Rhamnaceae（6/14）、桔梗科 Campanulaceae（6/13）、猕猴桃科 Actinidiaceae（1/12）、安息香科 Styracaceae（7/12）、防已科 Menispermaceae（7/12）、木通科 Lardizabalaceae（5/12）、茄科 Solanaceae（6/12）、薯蓣科 Dioscoreaceae（2/12）、叶下珠科 Phyllanthaceae（4/12）、列当科 Orobanchaceae（9/11）、忍冬科 Caprifoliaceae（3/11）、石竹科 Caryophyllaceae（8/11）、绣球科 Hydrangeaceae（4/11）、野牡丹科 Melastomataceae（8/11）、远志科 Polygalaceae（2/11）。这些科主要为世界广布科和泛热带分布科，其中大戟科、猕猴桃科、叶下珠科、防已科、远志科和野牡丹科是九连山常见的典型热带科。

含 2~10 种的寡种科为数量最多的类型，有 82 科 190 属 416 种，占总科数的 50.0%，总属数的 25.0%，总种数的 20.9%，分别是杜英科 Elaeocarpaceae（2/10）、凤仙花科 Balsaminaceae（1/10）、金缕梅科 Hamamelidaceae（7/10）、马兜铃科 Aristolochiaceae（2/10）、瑞香科 Thymelaeaceae（3/10）、山茱萸科 Cornaceae（2/10）、杨柳科 Salicaceae（6/10）、菝葜科 Smilacaceae（1/9）、秋海棠科 Begoniaceae（1/9）、五味子科 Schisandraceae（3/9）、旋花科 Convolvulaceae（6/9）、鸭跖草科 Commelinaceae（4/9）、桑寄生科 Loranthaceae（4/8）、十字花科 Brassicaceae（4/8）、苋科 Amaranthaceae（6/8）、小檗科 Berberidaceae（3/8）、罂粟科 Papaveraceae（2/8）、紫草科 Boraginaceae（5/8）、大麻科 Cannabaceae（4/7）、黄杨科 Buxaceae（3/7）、姜科 Zingiberaceae（3/7）、金丝桃科 Hypericaceae（2/7）、景天科 Crassulaceae（2/7）、苦苣苔科 Gesneriaceae（5/7）、龙胆科 Gentianaceae（3/7）、海桐科 Pittosporaceae（1/6）、桦木科 Betulaceae（3/6）、藜芦科 Melanthiaceae(2/6)、漆树科 Anacardiaceae(3/6)、千屈菜科 Lythraceae(3/6)、桃金娘科 Myrtaceae(3/6)、榆科 Ulmaceae（2/6）、百合科 Liliaceae（2/5）、灯芯草科 Juncaceae（1/5）、番荔枝科 Annonaceae（3/5）、胡桃科 Juglandaceae（4/5）、胡颓子科 Elaeagnaceae（1/5）、金粟兰科 Chloranthaceae（2/5）、柳叶菜科 Onagraceae（3/5）、柿科 Ebenaceae（1/5）、水鳖科 Hydrocharitaceae（4/5）、蕈树科 Altingiaceae（3/5）、棕榈科 Arecaceae（4/5）、胡椒科 Piperaceae（1/4）、虎耳草科 Saxifragaceae（4/4）、狸藻科 Lentibulariaceae（1/4）、楝科 Meliaceae（3/4）、省沽油科 Staphyleaceae（2/4）、檀香科 Santalaceae（3/4）、小二仙草科 Haloragaceae（2/4）、玄参科 Scrophulariaceae（2/4）、眼子菜科 Potamogetonaceae（1/4）、鸢尾科 Iridaceae（2/4）、阿福花科 Asphodelaceae（2/3）、谷精草科 Eriocaulaceae（1/3）、虎皮楠科 Daphniphyllaceae（1/3）、苦木科 Simaroubaceae（3/3）、马钱科 Loganiaceae（2/3）、桤叶树科 Clethraceae（1/3）、山龙眼科 Proteaceae（1/3）、仙茅科 Hypoxidaceae（2/3）、泽泻科 Alismataceae（2/3）、柏科 Cupressaceae（2/2）、松科 Pinaceae（1/2）、菖蒲科 Acoraceae（1/2）、红豆杉科 Taxaceae（2/2）、蓝果树科 Nyssaceae（2/2）、茅膏菜科 Droseraceae（1/2）、霉草科 Triuridaceae（1/2）、泡桐科 Paulowniaceae（1/2）、青皮木科 Schoepfiaceae（1/2）、秋水仙科 Colchicaceae（1/2）、三白草科 Saururaceae（2/2）、蛇菰科 Balanophoraceae（1/2）、石蒜科 Amaryllidaceae（2/2）、鼠刺科 Iteaceae（1/2）、水玉簪科 Burmanniaceae（1/2）、丝缨花科 Garryaceae（1/2）、香蒲科 Typhaceae（1/2）、雨久花科 Pontederiaceae（1/2）、沼金花科 Nartheciaceae（1/2）、酢浆草科 Oxalidaceae（1/2）。

单种科共有 27 科，占总科数的 16.5%，总属数的 3.6%，总种数的 1.4%，分别是芭蕉科 Musaceae、白花菜科 Cleomaceae、百部科 Stemonaceae、闭鞘姜科 Costaceae、茶茱萸科 Icacinaceae、扯根菜科 Penthoraceae、叠珠树科 Akaniaceae、钩吻科 Gelsemiaceae、古柯科 Erythroxylaceae、金鱼藻科 Ceratophyllaceae、莲科 Nelumbonaceae、罗汉松科 Podocarpaceae、马鞭草科 Verbenaceae、马齿苋科 Portulacaceae、买麻藤科 Gnetaceae、牻牛儿苗科 Geraniaceae、山柑科 Capparaceae、商陆科 Phytolaccaceae、使君子科 Combretaceae、水蕹科 Aponogetonaceae、睡菜科 Menyanthaceae、睡莲科 Nymphaeaceae、粟米草科 Molluginaceae、藤黄科 Clusiaceae、通泉草科 Mazaceae、西番莲科 Passifloraceae、杨梅科 Myricaceae。

4.3.2.2 科内属的数量特征

根据科内属数量的多少，将 164 科划分为 5 个量级（表 4-15）。九连山大于 40 属的科有 3 个，为菊科（47

属，下同）、禾本科（46）和兰科（41），占总科数的1.8%，总属数的17.6%，总种数的12.9%；含14~40属的科有4个，分别是豆科（38）、唇形科（29）、茜草科（26）、蔷薇科（17），占总科数的2.5%，总属数的14.5%，总种数的15.4%；含6~13属的科有32个，包括樟科（11）、五加科（10）、夹竹桃科（10）、大戟科（9）、野牡丹科（8）、安息香科（7）、芸香科（7）、金缕梅科（7）、杜鹃花科（6）、桑科（6）等，占总科数的19.5%，总属数的34.5%，总种数的33.9%；含2~5属的寡种科有65个，包括壳斗科（5）、五列木科（5）、苦苣苔科（5）、山茶科（4）、木兰科（4）、叶下珠科（4）、蕈树科（3）、桃金娘科（3）、远志科（2）、杜英科（2）等，占总科数的39.6%，总属数的25.5%，总种数的27.5%；单属科有60个，占总科数的36.6%，总属数的7.9%，总种数的10.3%，包括一些系统学地位上较为孤立的科，如叠珠树科、丝缨花科、扯根菜科、莲科等，也有着九连山常绿阔叶林常见物种，如冬青科、山矾科等。相较科内种的数量特征，九连山科内属类型集中分布在中等科和寡属科上，属数量较为丰富，科内属的多样化程度高。

表4-15 九连山保护区种子植物科内属的数量统计

类别	科数	占总科数比例（%）	属数	占总属数比例（%）	种数	占总种数比例（%）
大科（>40属）	3	1.8	134	17.6	256	12.9
较大科（14~40属）	4	2.5	110	14.5	306	15.4
中等科（6~13属）	32	19.5	262	34.5	673	33.9
寡属科（2~5属）	65	39.6	194	25.5	547	27.5
单属科（1属）	60	36.6	60	7.9	205	10.3

4.3.2.3 优势科和表征科分析

植物区系的优势科一般是指在植被或群落中种类较多，且占优势或常见的科。经计算（表4-16），主要有21科352属1050种。其中，世界分布科最为丰富，有12科，如唇形科、菊科、兰科、禾本科、蔷薇科、豆科等是九连山重要的数量优势科。数量次之的是泛热带分布科，有5科，其中樟科是重要的群落优势种和建群种，荨麻科、五列木科是林下常见种。此外，还有温带分布2科，为壳斗科和杜鹃花科，均为重要的群落优势种和建群种。

计算植物区系重要值（VFIC、VFIW），按照各科种数占世界植物区系的比例高低进行排序，经计算，各科内种在世界对应科内种数量中所占比例的均值为4.8，并综合其在植被组成的数量和群落中的地位，确定九连山种子植物表征科为24科（表4-17）。主要为东亚与热带美洲间断分布（7科）、泛热带分布（4科）、东亚—北美间断分布（5科），其中蔷薇科、樟科、壳斗科、冬青科、五列木科、五加科、桑科、山矾科、山茶科、木兰科、安息香科、金缕梅科、榆科，多代表了不同的植被类型或为群落中的建群种和优势种，在九连山具有重要的生物地理学意义，是该地种子植物区系的表征科。其他，如葡萄科、清风藤科、猕猴桃科、木通科、绣球科、五味子科和菖蒲科等也有着重要的指示意义，也是九连山的代表性科。

4.3.3 科的地理成分统计与分析

九连山种子植物共有164科，根据李德铢等（2018）以及吴征镒等（2003）的世界种子植物科的分布区类型系统，九连山种子植物科的分布区类型可划分为9个类型8个亚型（表4-18）。其中，世界广布科有55个，占总科数的33.5%，热带—亚热带分布（类型2-7）77科，占70.6%（扣除世界广布型，下同），温带分布（类型8及其变型）21科，占19.3%。此外还有一些华夏植物区系的表征成分，包括东亚北美间断分布10科，占9.2%，东亚分布1科，占0.9%。

（1）世界广布

该分布区类型是指广布于世界各地而没有明显的分布中心。九连山保护区有本类型55科。含种类较多

表4-16　九连山保护区种子植物优势科及其种数所占中国、世界总种数比例

序号	科名	种数	属数	占中国种数比例（%）	占世界种数比例（%）	科的分布区类型
1	兰科 Orchidaceae	88	41	6.5	0.3	1
2	唇形科 Lamiaceae	88	29	9.1	1.2	1
3	菊科 Asteraceae	85	47	3.6	0.3	1
4	禾本科 Poaceae	83	46	4.6	0.8	1
5	蔷薇科 Rosaceae	83	17	8.8	3.3	1
6	豆科 Fabaceae	75	38	4.5	0.4	1
7	樟科 Lauraceae	64	11	14.4	2.6	2
8	茜草科 Rubiaceae	60	26	8.1	0.5	1
9	莎草科 Cyperaceae	44	10	5.1	0.8	1
10	壳斗科 Fagaceae	43	5	14.6	4.8	8-4
11	蓼科 Polygonaceae	39	7	16.5	3.4	1
12	报春花科 Primulaceae	39	6	6.0	1.5	1
13	荨麻科 Urticaceae	36	10	8.4	1.4	2
14	杜鹃花科 Ericaceae	36	6	4.3	0.9	8
15	毛茛科 Ranunculaceae	34	10	3.7	1.3	1
16	葡萄科 Vitaceae	31	8	19.9	3.9	2
17	冬青科 Aquifoliaceae	30	1	14.7	7.1	3
18	五列木科 Pentaphylacaceae	27	5	20.8	7.7	2
19	锦葵科 Malvaceae	23	13	9.3	0.5	2
20	五加科 Araliaceae	22	10	11.5	1.5	3
21	桑科 Moraceae	20	6	13.9	1.8	1
合计		1050	352		—	
占总数的百分比（%）		52.8	46.4		—	

注：中国植物种和世界植物种数据参考《中国维管植物科属词典》(李德铢等，2018)、《种子植物分布区类型及其起源和分化》(吴征镒等，2006）以及多识百科（2023），下同。

的科有唇形科、菊科、兰科、蔷薇科、禾本科、豆科、茜草科等。此外，还分布有一些水生或湿生植物的科，如水鳖科、柳叶菜科、眼子菜科、狸藻科、泽泻科、金鱼藻科等。可以看到大部分为草本科，适应性或扩散性强，是世界性大科，其特点是几乎遍布世界各大洲而没有特殊分布中心，或科内含世界广布性属（吴征镒等，2006），是九连山的数量优势科。

（2）泛热带分布及其变型

指普遍分布于东、西半球热带，以及在全世界热带范围内有分布中心，并且在其他地区也有一些种类分布的科，该分布区类型在九连山保护区有59科，占54.1%（扣除世界分布科，下同）。含种类较多的科有樟科、荨麻科、葡萄科、五列木科、锦葵科等。其余常见的科有卫矛科、芸香科、山矾科，均是保护区森林植被的主要组成物种。此外还有爵床科、凤仙花科、鸭跖草科、秋海棠科、菝葜科等草本层常见植物科。

该分布区类型有两个变型亦出现在九连山，即①热带亚洲、大洋洲和热带美洲（南美洲或墨西哥）间断分布1科，为山矾科。②热带亚洲、热带非洲和热带美洲（南美洲）分布3科，为霉草科、钩吻科和罗汉松科。③南半球为主的热带分布1科，为山龙眼科。

表4-17 九连山保护区种子植物表征科及其分布区类型

序号	科名	种数	中国种数	VFISC	世界种数	VFISW	科的分布区类型
1	蔷薇科 Rosaceae	83	942	8.8	2520	3.3	1
2	樟科 Lauraceae	64	445	14.4	2500	2.6	2
3	壳斗科 Fagaceae	43	295	14.6	900	4.8	8-4
4	蓼科 Polygonaceae	39	236	16.5	1150	3.4	1
5	报春花科 Primulaceae	39	652	6.0	2590	1.5	1
6	葡萄科 Vitaceae	31	156	19.9	800	3.9	2
7	冬青科 Aquifoliaceae	30	204	14.7	420	7.1	3
8	五列木科 Pentaphylacaceae	27	130	20.8	350	7.7	2
9	五加科 Araliaceae	22	192	11.5	1450	1.5	3
10	五福花科 Adoxaceae	20	81	24.7	220	9.1	1
11	桑科 Moraceae	20	144	13.9	1125	1.8	1
12	山矾科 Symplocaceae	18	42	42.9	200	9.0	2-1
13	山茶科 Theaceae	17	145	12.4	250	7.2	3
14	清风藤科 Sabiaceae	14	46	30.4	100	14.0	3
15	木兰科 Magnoliaceae	13	112	12.5	300	4.7	9
16	猕猴桃科 Actinidiaceae	12	66	19.7	357	3.6	3
17	木通科 Lardizabalaceae	12	34	35.3	40	30.0	3
18	安息香科 Styracaceae	12	55	21.8	160	7.5	3
19	绣球科 Hydrangeaceae	11	10	110.0	36	30.6	9
20	山茱萸科 Cornaceae	10	36	27.8	85	11.8	8-4
21	金缕梅科 Hamamelidaceae	10	61	16.4	106	9.4	8-4
22	五味子科 Schisandraceae	9	54	16.7	70	12.9	9
23	榆科 Ulmaceae	6	25	24.0	35	17.1	8
24	菖蒲科 Acoraceae	2	2	100.0	4	50.0	9

（3）东亚（热带、亚热带）及热带南美间断分布

该分布区类型指间断分布于东亚的热带、亚热带地区及热带南美的植物科，在九连山有 12 科，占 11.0%，分别是冬青科、五加科、山茶科、清风藤科、猕猴桃科、木通科、安息香科、杜英科、苦苣苔科、省沽油科、桤叶树科、青皮木科。

（4）旧世界热带分布及其变型

该分布区包括撒哈拉沙漠以南的非洲大陆、北回归线以南的阿拉伯群岛、马达加斯加及附近岛屿。该分布区类型在九连山有 2 科，为海桐科和芭蕉科。此外还有 1 变型，即热带亚洲、非洲和大洋洲间断或星散分布型的水蕹科。

（5）热带亚洲至热带大洋洲分布

该分布区类型是指旧世界热带分布区的东部，向西可达马达加斯加，一般不包括非洲大陆的地区。该分布区类型在九连山保护区仅有 2 科，为叠珠树科和百部科，占 1.8%。

（6）热带亚洲分布（热带东南亚至印度—马来西亚、太平洋诸岛）

该分布区包括热带东南亚至印度—马来西亚、太平洋诸岛地区。九连山保护区仅有 1 科，占 0.88%，为虎皮楠科。

表4-18 九连山保护区种子植物科的分布区类型

分布区类型	科数	占非世界分布科数的比例（%）
1. 世界分布	55	—
2. 泛热带分布	49	45.0
2S 以南半球为主的泛热带分布	6	5.5
2-1. 热带亚洲—大洋洲和热带美洲分布	1	0.9
2-2. 热带亚洲—热带非洲—热带美洲（南美洲）分布	3	2.8
3. 东亚（热带、亚热带）及热带南美间断分布	12	11.0
4. 旧世界热带分布	2	1.8
4-1. 热带亚洲、非洲和大洋洲间断或星散分布	1	0.9
5. 热带亚洲至热带大洋洲分布	2	1.8
7. 热带亚洲分布（热带东南亚至印度—马来西亚、太平洋诸岛）	1	0.9
8. 北温带分布	6	5.5
8-2. 北极—高山分布	1	0.9
8-4. 北温带和南温带（全温带）间断分布	12	11.0
8-5. 欧亚和南美洲温带间断分布	1	0.9
8-6. 地中海、东亚、新西兰和墨西哥—智利间断分布	1	0.9
9. 东亚及北美间断分布	10	9.2
14. 东亚分布（东喜马拉雅—日本）	1	0.9
总计	164	100

（7）北温带分布及其变型

该分布区类型是指广泛分布于欧亚和北美洲温带地区的属。九连山有 21 科，占 19.3%，包括杜鹃花科、忍冬科、榆科、松科等主要森林和灌草群落组成植物科。

包含 4 个分布区变型，即①北极—高山分布，仅藜芦科 1 科，占 0.9%。②北温带和南温带间断分布，共 12 科，占 11.0%，包括壳斗科、山茱萸科、金缕梅科、胡颓子科等。③欧亚和南美洲温带间断分布，仅小檗科 1 科。④地中海、东亚、新西兰和墨西哥—智利间断分布，仅通泉草科 1 科。北温带分布及其变型科数量仅次于泛热带分布科，在九连山种子植物区系的组成和群落的构成中有着重要地位，如杜鹃花科、山茱萸科为山顶和山脊的主要植被优势种，壳斗科为主要的群落建群种，绣球花科多为林下优势种。

（8）东亚及北美间断分布

指通过白令海峡（或当白令古陆还存在的时候）而形成欧亚或东亚和北美西北部、西南部的间断分布。九连山保护区有该分布区类型 10 科，占 9.2%。常见科有木兰科、五味子科、丝缨花科和绣球科等。

（9）东亚（东喜马拉雅—日本）分布及其变型

该分布区类型仅局限于东喜马拉雅到日本温带地区的科。该分布区类型在九连山保护区仅 1 科，占 0.9%。为泡桐科。

综上所述，九连山科层级的区系地理成分丰富，与世界植物区系联系广泛。以泛热带分布为主，共59科，占54.1%（扣除世界广布科），热带性质显著。其中分布有樟科、荨麻科、芸香科、夹竹桃科、大戟科、野牡丹科、姜科、山柑科等热带性科，但缺少如龙脑香科等典型的纯热带科。此外，北温带分布及其变型也在九连山占有重要地位，有21科，占19.3%，其中壳斗科、金缕梅科和杜鹃花科，为植被组成的优势科。由于南岭山地的阻隔，温带成分在此得到了发展。因此九连山主要是以亚热带成分作为区系表征成分，具有南亚热带植物向中亚热带区系的过渡特点。

4.3.4 种子植物属的地理成分特点

4.3.4.1 属内种的数量特征

属与种的比值大小在一定程度上可以反映出以属为单位的种系其在历史发展过程中的长短（张宏达等，1988），九连山有种子植物760属，根据其属内种的多寡，将其分为5个量级（表4-19）。

表4-19 九连山保护区种子植物属内种的数量统计

类别	>20种的属（种）	11~20种的属（种）	6~10种的属（种）	2~5种的属（种）	单种属
裸子植物	—	—	—	1（2）	6
被子植物	3（82）	20（294）	51（395）	298（827）	381
合计	3（82）	20（295）	51（395）	299（829）	387
占总属数（%）	0.4	2.6	6.7	39.3	51.0
占总种数（%）	4.1	14.8	19.9	41.7	19.5

九连山分布有3个20种以上的属，为冬青属 *Ilex*（30种，下同）、悬钩子属 *Rubus*（30）和蓼属 *Persicaria*（22），共82种，这3属占总属数的0.4%，总种数的4.1%。冬青属是九连山常绿阔叶林乔木层的重要组成属；悬钩子属适应性强，多为常绿阔叶林路旁的常见种。

11~20种的属有20属共294种，占总属数的2.6%，总种数的14.8%，包括薹草属 *Carex*（20）、山矾属 *Symplocos*（18）、紫珠属 *Callicarpa*（18）、荚蒾属 *Viburnum*（18）、杜鹃花属 *Rhododendron*（18）、栎属 *Quercus*（16）、润楠属 *Machilus*（16）、柃属 *Eurya*（16）、铁线莲属 *Clematis*（16）、紫金牛属 *Ardisia*（14）、猕猴桃属 *Actinidia*（12）、榕属 *Ficus*（12）、锥属 *Castanopsis*（12）、柯属 *Lithocarpus*（11）等。虽属数占比较小，但大部分属为九连山植被的重要优势种，如山矾属、栎属、润楠属、锥属、柯属、榕属组成了九连山常绿阔叶林植被的优势种和建群种类群，杜鹃花属、柃属组成了山顶灌丛优势种，铁线莲属、菝葜属为主要的层间植物，荚蒾属、紫金牛属是林下重要的灌草组成。

6~10种的属有51属共395种，占总属数的6.7%，总种数的19.9%，其中山胡椒属 *Lindera*（10）、含笑属 *Michelia*（9）、新木姜子属 *Neolitsea*（9）、木姜子属 *Litsea*（9）、李属 *Prunus*（9）、杜英属 *Elaeocarpus*（7）、安息香属 *Styrax*（6）是重要的乔木优势种，山茶属 *Camellia*（9）、越橘属 *Vaccinium*（10）、泡花树属 *Meliosma*（9）是常见灌木种，草本则主要有石斛属 *Dendrobium*（10）、耳草属 *Hedyotis*（10）、莎草属 *Cyperus*（9）等。

2~5种的寡种属数量较丰富，有299属共829种，占总属数的39.3%，总种数的41.7%，其中裸子植物仅有松属 *Pinus* 1属2种，被子植物有298属827种，多为一些草本和灌木种类，如清风藤属 *Sabia*（5）、蛇葡萄属 *Ampelopsis*（5）、胡颓子属 *Elaeagnus*（5）、野木瓜属 *Stauntonia*（4）、五月茶属 *Antidesma*（4）、厚皮香属 *Ternstroemia*（4）、粗叶木属 *Lasianthus*（4）、山香圆属 *Turpinia*（3）、枇杷属 *Eriobotrya*（3）、乌口树属 *Tarenna*（3）、水团花属 *Adina*（2）、狗骨柴属 *Diplospora*（2）、蝴蝶草属 *Torenia*（5）、艾纳香属 *Blumea*（5）、山姜属 *Alpinia*（5）、灯芯草属 *Juncus*（5）、天南星属 *Arisaema*（5）、楼梯草属 *Elatostema*

（5）、崖爬藤属 *Tetrastigma*（4）、萹蓄属 *Polygonum*（4）、龙胆属 *Gentiana*（4）、梵天花属 *Urena*（3）、乌蔹莓属 *Causonis*（3）、风轮菜属 *Clinopodium*（3）、蛇根草属 *Ophiorrhiza*（3）、菖蒲属 *Acorus*（2）等。

九连山单种属数量最为丰富，共有 387 属，占总属数的 51.0%，总种数的 19.5%，以泛热带分布和热带亚洲分布类型为主，此外东亚分布也占有较高比例，其中有着数量较多的单型和少型属植物，这些在分类系统中的孤立类群表明了其古老和原始的性质，包括伯乐树属 *Bretschneidera*、大血藤属 *Sargentodoxa*、福建柏属 *Fokienia*、蕺菜属 *Houttuynia*、青钱柳属 *Cyclocarya*、陀螺果属 *Melliodendron*、野鸦椿属 *Euscaphis*、扯根菜属 *Penthorum* 等。

4.3.4.2 优势属分析

优势属一般是在区系中所含种数较多，且在区域内的植被组成上有着优势地位的属，九连山属内种数量在 10 种以上的属，共有 23 属，含 376 种，占总属数的 3.0%，总种数的 18.9%，是九连山的优势属（表 4-20），代表了该地区主要的植被类型。从植被组成上看，乔木层优势种主要有冬青属、山矾属、栎属、润楠属、槭属、锥属、榕属、柯属；灌木有紫珠属、荚蒾属、杜鹃花属、柃属、紫金牛属、花椒属；草本有蓼属、薹草属、堇菜属、珍珠菜属、冷水花属；此外还有悬钩子属、菝葜属、铁线莲属、猕猴桃属、薯蓣属组成群落的层间种类。

表 4-20　九连山保护区种子植物优势属及其种数所占中国、世界总种数比例

序号	属名	种数	占中国种数比例（%）	占世界种数比例（%）	属的分布区类型
1	冬青属 *Ilex*	30	14.7	7.1	3
2	悬钩子属 *Rubus*	30	14.4	4.3	1
3	蓼属 *Persicaria*	22	19.5	9.6	8-4
4	薹草属 *Carex*	20	3.8	1.0	1
5	山矾属 *Symplocos*	18	42.9	9.0	2-1
6	紫珠属 *Callicarpa*	18	37.5	12.9	2
7	荚蒾属 *Viburnum*	18	24.7	9.0	8
8	杜鹃花属 *Rhododendron*	18	3.1	1.8	8-4
9	栎属 *Quercus*	16	45.7	5.3	8-4
10	润楠属 *Machilus*	16	19.5	16.0	7
11	柃属 *Eurya*	16	19.3	12.3	3
12	铁线莲属 *Clematis*	16	10.9	5.3	1
13	堇菜属 *Viola*	15	15.6	2.7	1
14	槭属 *Acer*	15	15.2	11.9	8
15	紫金牛属 *Ardisia*	14	20.6	1.7	2
16	珍珠菜属 *Lysimachia*	14	10.1	8.6	1
17	猕猴桃属 *Actinidia*	12	23.1	21.8	14
18	锥属 *Castanopsis*	12	20.7	10.0	9
19	榕属 *Ficus*	12	12.1	1.2	2
20	花椒属 *Zanthoxylum*	11	26.8	4.4	2
21	薯蓣属 *Dioscorea*	11	21.2	1.4	2
22	冷水花属 *Pilea*	11	13.8	2.8	2-2
23	柯属 *Lithocarpus*	11	8.9	3.7	3
	合计	376	—		
	占总数的百分比（%）	18.9	—		

分布区类型上主要为泛热带分布（7 属）和世界广布（5 属），此外温带分布（8-14 型）有 8 属，占优势属的 44.4%（扣除世界广布型），可见温带成分在九连山也占有较重要的优势地位，呈多区系成分汇聚特点。

4.3.5 属的地理成分统计与分析

属的分类学特征相对稳定，界限清楚，并占有较为稳定的分布区，因此采用属这一较为高级的分类单元可以更好地反映一个地区植物区系的特征及地理亲缘关系。根据李德铢等（2018）在《中国维管植物科属词典》中依据《Flora of China》和分子系统学研究成果对种子植物科的分布区类型的划分原则，九连山种子植物分布区类型十分丰富，760 属可划分为 15 个分布区类型、17 个变型（表 4-21）。分布区类型占比例最丰富的是泛热带分布（146 属）、热带亚洲分布（94 属），反映出九连山植物区系处于中亚热带与南亚热带的过渡地带，受到北、南区系成分的强烈渗透。

表4-21 九连山保护区种子植物属的分布区类型

分布区类型	属数	占非世界分布科数的比例（%）
1. 世界广布 Cosmopolitan	68	—
2. 泛热带分布 Pantropic	133	19.2
2-1. 热带亚洲—大洋洲和热带美洲（南美洲或墨西哥）间断分布 Trop. Asia - Australasia and Trop. Amer.	8	1.2
2-2. 热带亚洲—热带非洲—热带美洲（南美洲）分布 Trop. Asia - Trop. Afr. - Trop. Amer.	5	0.7
3. 东亚（热带、亚热带）与热带美洲间断分布 Trop. & Subtr. E. Asia & (S.) Trop. Amer. Disjuncted.	21	3.0
4. 旧世界热带分布 Old World Tropics	57	8.2
4-1. 热带亚洲、非洲和大洋洲间断或星散分布 Trop. Asia, Trop. Afr. and Trop. Australasia Disjuncted or Diffused	4	0.6
5. 热带亚洲至热带大洋洲分布 Trop. Asia to Trop. Australasia Oceania	53	7.7
6. 热带亚洲至热带非洲分布 Trop. Asia to Trop. Africa	16	2.3
6-2. 热带亚洲和东非或马达加斯加间断分布 Trop. Asia & E. Afr. or Madagasca Disjuncted	1	0.1
7. 热带亚洲分布（热带东南亚至印度—马来西亚、太平洋诸岛）Trop. Asia = Trop. SE. Asia + Indo-Malaya + Trop. S. & SW. Pacific Isl.	54	7.8
7-1. 爪哇（或苏门答腊）、喜马拉雅（间断）或星散分布到中国华南、西南 Java or Sumatra, Himalaya to S., SW. China Disjuncted or Diffused	8	1.2
7-2. 热带印度至中国华南（尤其云南南部）分布 Trop. India to S. China (especially S. Yunnan)	4	0.6
7-3. 缅甸、泰国至中国华西南分布 Myanmar, Thailand to SW. China	1	0.1
7-4. 越南（或中南半岛）至我国华南或西南分布 Vietnam or Indochinese Peninsula to S. or SW. China	5	0.7
7a. 西马来，基本上在新华莱士线以西 W. Malesia beyond New Wallace line	9	1.3
7a/b. 西马来、菲律宾间断 W. Malesia and Philippinnes Disjuncted	1	0.1
7a/c. 西马来、东马来间断 W. Malesia and E. Malesia Disjuncted	1	0.1
7a/d. 西马来、新几内亚间断 W. Malesia and new Geainea Disjuncted	1	0.1
7a/e. 西马来、新喀里多尼亚间断 W. Malesia and N. Caledonia disjunceted	1	0.1

（续）

分布区类型	属数	占非世界分布科数的比例（%）
7ab. 西马来至中马来 W. Malesia to C. Malesia	8	1.3
7a-c. 西马来至东马来 W. Malesia to E. Malesia	5	0.6
7b. 中马来 C. Malesia	1	0.1
7d. 全分布区东达新几内亚 New Geaine	4	0.6
7e. 全分布区东南达西太平洋诸岛弧，包括新喀里多尼亚和斐济 W. Pac. Isl.	7	1.0
8. 北温带分布 N. Temp	65	9.4
8-4. 北温带和南温带（全温带）间断分布 N. Temp. & S. Temp. Disjuncted	27	3.9
8-5. 欧亚和南美洲温带间断分布 Eurasia & Temp. S. Amer. Disjuncted	1	0.1
9. 东亚—北美间断分布 E. Asia & N. Amer. Disjuncted	44	6.4
9-1. 东亚和墨西哥间断分布 E. Asia & Mexico Disjuncted	1	0.1
10. 旧世界温带分布 Old World Temp.	28	4.0
10-1. 地中海区、西亚和东亚间断分布 Medit., W. Asia & E. Asia Disjuncted	2	0.3
10-2. 地中海区和喜马拉雅间断分布 Medit. & Himalaya Disjuncted	1	0.1
11. 温带亚洲分布 Temp. Asia	4	0.6
12. 地中海分布 Mediterranean	2	0.3
13. 中亚分布 C. Asia	2	0.3
14. 东亚分布（东喜马拉雅-日本）E. Asia	50	7.2
14（SH）. 中国—喜马拉雅分布 Sino-Himalaya	7	1.0
14（SJ）. 中国—日本分布 Sino-Japan	34	4.9
15. 中国特有分布Endemic to China	16	2.3
总计	760	100

（1）世界广布

该分布区类型指遍布于世界各地，没有特殊分布中心的属。九连山保护区内属于该分布区类型的共有 68 属，占总属数的 8.9%，总种数的 14.0%。其中大部分均为一些中生性草本，包括一些扩散能力较强的杂草，多分布在路旁田边，可以随人畜而扩散。所含种类比较多的属有悬钩子属 *Rubus*（30 种，下同）、薹草属 *Carex*（20）、铁线莲属 *Clematis*（16）、堇菜属 *Viola*（15）、珍珠菜属 *Lysimachia*（14）、远志属 *Polygala*（9）、蒿属 *Artemisia*（8）、卫矛属 *Euonymus*（8）、莎草属 *Cyperus*（8），此分布区类型属的植物多为草本植物，如莎草属，此外还有一些湿生或水生植物属，如眼子菜属 *Potamogeton*（4）、狸藻属 *Utricularia*（4）、浮萍属 *Lemna*（1）等。

（2）泛热带分布及其变型

该分布区类型指普遍分布于东、西半球热带，以及在全世界热带范围内有分布中心，并且在其他地区也有一些种类分布的热带属。九连山保护区属于该分布区类型的共有 133 属，占 19.2%（扣除世界分布属，下同）。其中木本属有榕属 *Ficus*（12）、安息香属 *Styrax*（6）、柿属 *Diospyros*（5）、厚壳树属 *Ehretia*（2）、乌桕属 *Triadica*（2）、黄檀属 *Dalbergia*（2）等。草本属数量较多，主要有陌上菜属 *Lindernia*（9）、蝴蝶草属 *Torenia*（5）、鸭跖草属 *Commelina*（5）、野古草属 *Arundinella*（3）、天胡荽属 *Hydrocotyle*（3）、爵

床属 *Justicia*（3）等。藤本属有薯蓣属 *Dioscorea*（11）、菝葜属 *Smilax*（9）、南蛇藤属 *Celastrus*（8）、菟丝子属 *Cuscuta*（3）等。

包含两个分布区变型：*T* 2-1. 热带亚洲 — 大洋洲和热带美洲（南美洲或墨西哥）间断分布 8 属，占 1.2%，包括山矾属 *Symplocos*（18）、小二仙草属 *Gonocarpus*（2）、糙叶树属 *Aphananthe*（1）、山芝麻属 *Helicteres*（1）、叉柱花属 *Staurogyne*（1）、薄柱草属 *Nertera*（1）、蓝花参属 *Wahlenbergia*（1）、西番莲属 *Passiflora*（1）；*T* 2-2. 热带亚洲 — 热带非洲 — 热带美洲（南美洲）分布 5 属，占 0.7%，包括冷水花属 *Pilea*（11）、凤仙花属 *Impatiens*（10）、秋海棠属 *Begonia*（9）、簕竹属 *Bambusa*（5）、雾水葛属 *Pouzolzia*（1）等。

（3）东亚（热带、亚热带）及热带南美间断分布

该分布区类型指间断分布于热带亚洲和热带美洲的属。九连山有 21 属，占 3.0%。这一类型是相对古老的洲际间断分布（吴征镒，2006），主要包括冬青属 *Ilex*（30）、柃属 *Eurya*（16）、山胡椒属 *Lindera*（10）、泡花树属 *Meliosma*（9）、木姜子属 *Litsea*（9）、樟属 *Cinnamomum*（8）、猴欢喜属 *Sloanea*（3）、山香圆属 *Turpinia*（3）等，这些属的植物常为当地群落乔木层重要的组成物种。

（4）旧世界热带分布及其变型

这一类型即是泛热带的缺美洲分布类型，九连山属于该分布区类型的共有 57 属，占 8.2%。所含种类比较多的属有野桐属 *Mallotus*（7）、海桐属 *Pittosporum*（6）、八角枫属 *Alangium*（5）、艾纳香属 *Blumea*（5）、楼梯草属 *Elatostema*（5）。该类型属在本区多为单种属和少种属，其中单种属有 25 属，常见的有菅属 *Themeda*、虎舌兰属 *Epipogium*、楝属 *Melia*、青牛胆属 *Tinospora*、紫玉盘属 *Uvaria* 等；含 2~4 种的属有 27 属，常见的有五月茶属 *Antidesma*（4）、酸藤子属 *Embelia*（4）、蒲桃属 *Syzygium*（4）、鹰爪花属 *Artabotrys*（3）、杜茎山属 *Maesa*（3）、栀子属 *Gardenia*（2）等。

包含 1 个分布区变型：*T* 4-1. 热带亚洲、非洲和大洋洲间断或星散分布 4 属，为茜树属 *Aidia*（2）、水蛇麻属 *Fatoua*（1）、水蕹属 *Aponogeton*（1）、百蕊草属 *Thesium*（1），占 0.6%。

（5）热带亚洲至热带大洋洲分布及其变型

该分布区类型是指旧世界热带分布区的东部，向西可达马达加斯加，一般不包括非洲大陆。九连山有 53 属，占 7.7%。该类型属在本区分布较多的有耳草属 *Hedyotis*（10）、石斛属 *Dendrobium*（10）、杜英属 *Elaeocarpus*（7）、鸡血藤属 *Callerya*（6）、山姜属 *Alpinia*（5）、荛花属 *Wikstroemia*（4）、崖爬藤属 *Tetrastigma*（4）、乌蔹莓属 *Causonis*（3），多为草本和半灌木属。

（6）热带亚洲至热带非洲分布及其变型

该分布区类型是指旧世界热带分布区的西部。九连山有 16 属，占 2.3%。该类型属以单种属和寡种属占优，其中单种属 12 属，包括藤黄属 *Garcinia*、飞龙掌血属 *Toddalia*、白酒草属 *Eschenbachia*、野茼蒿属 *Crassocephalum*、羊角拗属 *Strophanthus* 等；寡种属 4 属，为铁仔属 *Myrsine*（3）、玉叶金花属 *Mussaenda*（2）、芒属 *Miscanthus*（2）、豆腐柴属 *Premna*（2）。

此外还有 *T* 6-2. 热带亚洲和东非或马达加斯加间断分布变型 1 属，为杨桐属 *Adinandra*（4）。

（7）热带亚洲分布（印度—马来西亚）及其变型

该分布区类型属于旧世界热带的中心部分，分布范围包括印度、印度尼西亚、中南半岛、菲律宾、斯里兰卡等，其分布区北面可到我国西南、华南和台湾。九连山保护区内属于该分布区类型的共有 110 属，占 15.9%，该类型数量仅次于泛热带分布类型。其中正型有 54 属，所含种类较多的属有润楠属 *Machilus*（16）、含笑属 *Michelia*（9）、新木姜子属 *Neolitsea*（9）和香茶菜属 *Isodon*（7）等。其中润楠属、含笑属和新木姜子属的某些种类为九连山群落组成的常见种和重要优势种。其他乔木常见种还有楠属 *Phoebe*（4）、虎皮楠属 *Daphniphyllum*（3）、构属 *Broussonetia*（2）、木莲属 *Manglietia*（2）、山茉莉属 *Huodendron*（1）。该分布区类型单种属有 35 属，且大多为草本和半灌木植物属，如草珊瑚属 *Sarcandra*、淡竹叶属

Lophatherum、蓬莱葛属 *Gardneria*、金发草属 *Pogonatherum* 等。这一类型中藤本植物属类型较多，常见的有葛属 *Pueraria*（2）、秤钩风属 *Diploclisia*、细圆藤属 *Pericampylus* 等。

本分布区类型在九连山有 14 个变型，种类丰富，共 56 属，占 8.1%，如下：

T 7-1. 爪哇（或苏门答腊）、喜马拉雅间断或星散分布到中国华南、西南变型，有 8 属 14 种，占所统计属的 1.2%，为木荷属 *Schima*（4）、蚊母树属 *Distylium*（3）、野扇花属 *Sarcococca*（2）、梭罗树属 *Reevesia*（1）、山豆根属 *Euchresta*（1）、罗汉果属 *Siraitia*（1）、马蹄荷属 *Exbucklandia*（1）、蕈树属 *Altingia*（1）。

T 7-2. 热带印度至华南（尤其云南南部）分布变型，4 属 4 种，均为单种属，为伯乐树属 *Bretschneidera*、肉穗草属 *Sarcopyramis*、水丝梨属 *Sycopsis*、大苞寄生属 *Tolypanthus*。

T 7-3. 缅甸、泰国至华西南分布变型，仅 1 属 1 种，为裂果薯属 *Schizocapsa*。

T 7-4. 越南（或中南半岛）至华南或西南分布变型，5 属 7 种，为竹根七属 *Disporopsis*（2）、马铃苣苔属 *Oreocharis*（2）、福建柏属 *Fokienia*（1）、秀柱花属 *Eustigma*（1）、异药花属 *Fordiophyton faberi*（1）。

T 7a. 西马来，基本上在新华莱士线以西分布变型，9 属 24 种，占所统计属数的 1.3%，为山茶属 *Camellia*（10）、赤瓟属 *Thladiantha*（3）、柏拉木属 *Blastus*（2）、柑橘属 *Citrus*（2）、鸡屎藤属 *Paederia*（2）、腺萼木属 *Mycetia*（2）、稗荩属 *Sphaerocaryum*（1）、锦香草属 *Phyllagathis*（1）、石椒草属 *Boenninghausenia*（1）。

T 7a/b. 西马来、菲律宾间断分布变型，仅钝果寄生属 *Taxillus* 1 属 5 种。

T 7a/c. 西马来、东马来间断分布变型，仅南五味子属 *Kadsura* 1 属 3 种。

T 7a/d. 西马来、新几内亚间断分布变型，仅假蚊母树属 *Distyliopsis* 1 属 1 种。

T 7a/d. 西马来、新喀里多尼亚间断分布变型，仅清风藤属 *Sabia* 1 属 5 种。

T 7ab. 西马来至中马来分布变型，有 8 属 11 种，占所统计属数的 1.2%，草本属有绞股蓝属 *Gynostemma*（2）、蓬莱葛属 *Gardneria*（2）、竹叶兰属 *Arundina*（1）、盆距兰属 *Gastrochilus*（1）、梨果寄生属 *Scurrula*（1），木本属有黄杞属 *Engelhardia*（2）、黄牛木属 *Cratoxylum*（1）、黄棉木属 *Metadina*（1）。

T 7a-c. 西马来至东马来分布变型，5 属 10 种，占所统计属数的 0.7%，为核果茶属 *Pyrenaria*（3）、狗骨柴属 *Diplospora*（2）、茶梨属 *Anneslea*（1）、叉花草属 *Diflugossa*（1）和蜂斗草属 *Sonerila*（1）。

T 7b. 中马来分布变型，仅流苏子属 *Coptosapelta* 1 属 1 种。

T 7d. 全分布区东达新几内亚分变型，4 属 7 种，均为草本属，即苦荬菜属 *Ixeris*（3）、吻兰属 *Collabium*（2）、紫麻属 *Oreocnide*（1）、厚唇兰属 *Epigeneium*（1）。

T 7e. 全分布区东南达西太平洋诸岛弧，包括新喀里多尼亚和斐济分布变型，共 7 属 15 种，为赤车属 *Pellionia*（5）、沿阶草属 *Ophiopogon*（3）、蛇根草属 *Ophiorrhiza*（3）、薏苡属 *Coix*（1）、金唇兰属 *Chrysoglossum*（1）、盂兰属 *Lecanorchis*（1）和小苦荬属 *Ixeridium*（1），其中蛇根草属为林下潮湿阴暗处常见的草本优势种。

（8）北温带分布及其变型

该分布区类型包括广泛分布于欧亚和北美洲温带地区的属。九连山内属于该分布区类型的共有 93 属 329 种，占 13.4%。其中，典型的北温带分布有 65 属 207 种，裸子植物 1 属 2 种，为松属 *Pinus*，所含种类较多的有荚蒾属 *Viburnum*（18）、槭属 *Acer*（15）、越橘属 *Vaccinium*（10）、李属 *Prunus*（9）、细辛属 *Asarum*（8）等。该分布区类型中有多种属是保护区常绿落叶阔叶混交林的重要组成部分，如槭属、越橘属、李属、鹅耳枥属 *Carpinus*、栗属 *Castanea*、和榆属 *Ulmus* 等。此外，该分布区类型中草本属较为丰富，代表性的有细辛属、葡萄属 *Vitis*、委陵菜属 *Potentilla*、风轮菜属 *Clinopodium*、龙牙草属 *Agrimonia*、活血丹属 *Glechoma* 等，它们均为草本层中的主要组成物种。

包含 2 个分布型变型：*T* 8-4. 北温带和南温带间断分布，该类型有 27 属 118 种，主要有蓼属 *Persicaria*（22）、杜鹃花属 *Rhododendron*（18）、栎属 *Quercus*（16）、紫菀属 *Aster*（8）、胡颓子属 *Elaeagnus*（5）。其中，杜鹃花属为世界性大属，但其种类在九连山相对较少，多分布在高海拔的山顶和山脊，为山顶矮林优势种。而胡颓子属则多散生在林缘或部分裸地，为常见的灌木伴生种。*T* 8-5. 欧亚和南美洲温带间断分布变型，仅小檗属 *Berberis* 1 属 4 种。

北温带分布区类型及其亚型占比仅次于泛热带分布及其亚型和热带亚洲分布及其变型所占比例，体现了本地区植物区系的温带性质。

（9）东亚及北美间断分布及其变型

该分布区类型是指间断分布于东亚和北美温带及亚热带地区的属。九连山属于该分布区类型的共有 45 属 139 种，占 4.1%。所含种类较多的属有锥属 *Castanopsis*（12）、柯属 *Lithocarpus*（11）、胡枝子属 *Lespedeza*（8）等，常为该地常绿阔叶林的重要组成物种。该类型中不乏一些古老孑遗属，如八角属 *Illicium*、枫香树属 *Liquidambar*、扯根菜属 *Penthorum* 蓝果树属 *Nyssa* 等，也反映出了与北美植物区系存在着较为密切的关系。

此外该类型还有 1 变型：*T* 9-1. 东亚和墨西哥间断分布，仅石楠属 *Photinia* 1 属 10 种。

（10）旧世界温带分布及其变型

该分布区类型指广泛分布于欧洲、亚洲中高纬度的温带和寒带，或有个别延伸到非洲热带山地或澳大利亚的属。九连山该类型共有 31 属，占 4.4%。该类型中多为单种属和寡种属，且多为草本和灌木属，木本属仅有瑞香属 *Daphne*（5）、女贞属 *Ligustrum*（4）和梨属 *Pyrus*（1）3 属。单种属 17 属，如风毛菊属 *Saussurea*（1）、桑寄生属 *Loranthus*（1）、益母草属 *Leonurus*（1）、石竹属 *Dianthus*（1）等。

此外还分布有 2 个变型：*T* 10-1. 地中海区、西亚和东亚间断分布 2 属，为窃衣属 *Torilis*（2）和马甲子属 *Paliurus*（1）。*T* 10-2. 地中海区和喜马拉雅间断分布，仅淫羊藿属 *Epimedium* 1 属 1 种。

（11）温带亚洲分布

该分布区类型仅局限于亚洲温带地区的属。九连山属于该类型的仅 4 属 4 种，占 0.6%，为枫杨属 *Pterocarya*、黄鹌菜属 *Youngia*、鸡眼草属 *Kummerowia*、虎杖属 *Reynoutria*，均只有 1 种。

（12）地中海区至温带、热带亚洲、大洋洲和南美洲间断分布

此分布区类型为地中海区、西亚至中亚分布区的变型。九连山保护区内属于该分布区类型的仅有常春藤属 *Hedera*、糙苏属 *Phlomoides* 和漏芦属 *Rhaponticum* 共 3 属，均为单种属。

（13）中亚分布及其变型

此分布区类型为中亚特有属。九连山该类型仅 2 属 2 种，占 0.3%，为常春藤属 *Hedera*（1）和漏芦属 *Rhaponticum*（1）。

（14）东亚分布（东喜马拉雅—日本）及其变型

该分布区类型指从东喜马拉雅分布至日本的属。九连山该类型共有 91 属 151 种，占 13.1%。典型的东亚分布有 50 属，包括裸子植物三尖杉属 *Cephalotaxus* 1 种，此外有不少为九连山植物区系的重要组成属，为群落中灌木层或草本层的优势种或常见种，如猕猴桃属 *Actinidia*（12）、木通属 *Akebia*（3）、水团花属 *Adina*（2）、桃叶珊瑚属 *Aucuba*（2）、万寿竹属 *Disporum*（2）、吊钟花属 *Enkianthus*（1）等。

该分布类型包含 2 个变型：*T* 14SH. 中国—喜马拉雅分布，有 6 属 10 种，占 1.0%，多为草本属，如射干属 *Belamcanda*（1）、羊耳菊属 *Duhaldea*（1）和半蒴苣苔属 *Hemiboea*（1）。*T* 14SJ. 中国—日本分布，有 34 属 45 种，占 4.9%，该亚型以单种属占优，有 26 属，如臭常山属 *Orixa*、假婆婆纳属 *Stimpsonia*、野鸦椿属 *Euscaphis*、博落回属 *Macleaya*、化香树属 *Platycarya*、牛藤果属 *Parvatia*、龙珠属 *Tubocapsicum*、假还阳参属 *Crepidiastrum*、桔梗属 *Platycodon*、钻地风属 *Schizophragma* 等。

（15）中国特有分布

九连山有中国特有分布属 16 属，占 2.3%。属内种数量少，除报春苣苔属 *Primulina* 2 种外，其余均为单种属，包括木瓜属 *Pseudocydonia*、青钱柳属 *Cyclocarya*、伞花木属 *Eurycorymbus*、山拐枣属 *Poliothyrsis*、石山苣苔属 *Petrocodon*、陀螺果属 *Melliodendron*、银钟花属 *Perkinsiodendron*、地构叶属 *Speranskia*、

独花兰属 *Changnienia*、杉木属 *Cunninghamia*、喜树属 *Camptotheca*、盾果草属 *Thyrocarpus*、半枫荷属 *Semiliquidambar*、四棱草属 *Schnabelia*、四轮香属 *Hanceola*。

综上所述，九连山种子植物区系组成十分丰富，与其他地区联系广泛。其中，热带分布型属（分布区类型为2-7及其变型）有408属，占非世界广布属数的59.0%；温带分布型属（分布区类型为8-14及其变型）也占有一定数量，有268属，占38.7%。相较科层级其热带成分有所减少（热带性质科所占比例为70.6%），温带成分有所增加（温带性质科所占比例为29.4%）。表现出九连山区系明显的中亚热带过渡性质，加上受北亚热带区系成分，尤其是华中、华东区系成分的影响，温带成分得到一定程度的发育。进一步分析其地理成分，泛热带分布及其变型数量最为丰富，有146属（占21.1%），热带亚洲分布及其变型数量次之，有110属（占15.9%），但在众多的泛热带分布型种类中，以草本、灌木种类居多，木本较少。其中，如榕属、安息香属、柿属、厚壳树属等，在群落中多作为伴生种，种系不发达，可以视为热带成分向华中地区的扩散。再看热带亚洲分布类型，九连山通过该类型与热带东南亚植物区系相联系，并与东亚植物区系关系密切（吴征镒等，2006），其类型数量众多，其中润楠属、新木姜子属、含笑属、虎皮楠属、木莲属、山茶属、清风藤属，是该区重要的优势属。此外，九连山还分布有较多数量的东亚北美间断分布属（45属139种），其中不乏八角属、枫香属、蓝果树属、厚朴属等孑遗类群，体现了该地植物区系的古老性。总体来说，九连山仍然是以亚热带地理成分占优势，其区系古老，热带性显著。

4.3.6 与邻近地区植物区系的比较

各地区植物区系的形成与发展并非是孤立的，都与其他地区有着一定的联系，因此不能孤立地研究一个地区的植物区系（张晓丽等，2006）。为了进一步探究九连山植物区系特征及其地位，选取了江西井冈山（廖文波等，2014）、广东南岭（邢福武等，2013）、福建梁野山（林鹏等，2001）、江西三清山（彭少麟等，2007）、广东鼎湖山（黄忠良和欧阳学军，2015）和海南五指山（凡强 2004）6个山地与九连山进行分析比较（表4-22）。

表4-22　九连山保护区与6个地区的地理位置和植物组成

山地	地理位置	裸子植物（科/属/种）	被子植物（科/属/种）	种子植物（科/属/种）
九连山	24°29′～24°38′N 114°22′～114°31′E	5/7/8	159/753/1979	164/760/1987
井冈山	26°09′～26°50′N 113°50′～114°22′E	5/15/21	163/923/2658	168/938/2679
广东南岭	24°37′～24°57′N 112°30′～113°04′E	6/15/22	167/919/2640	173/934/2662
梁野山	25°04′～25°20′N 116°00′～116°15′E	6/14/19	150/631/1372	156/645/1391
三清山	28°52′～28°57′N 117°59′～118°30′E	4/12/15	144/680/1546	148/692/1561
鼎湖山	23°09′～23°11′N 112°30′～112°33′E	4/4/5	161/773/1638	165/777/1643
五指山	18°49′～18°58′N 109°39′～109°47′E	6/10/19	169/875/1989	175/885/2008

注：引用的物种数据按Species 2000（2022）中的概念处理。

4.3.6.1 九连山区系与邻近区系R/T值的比较

R/T 值即为热带分布类型属数（T2–T7）与温带分布类型属数（T8–T14）的比值，可以反映出一个地区的区系性质，值越高其热带性质越强。计算九连山与 6 个邻近山地的 R/T 值（表 4–23），可以看到九连山的 R/T 值为 1.5，低于所比较地区的均值（2.4）水平，除经纬度的影响外，因南岭山地的阻隔，也使得其温带成分较为突出，但从总体来看，九连山种子植物区系仍为热带性质。此外还值得注意的是，九连山与井冈山、南岭、梁野山在属的联系上是广泛的，各属的分布区类型都有着对应的属分布，并非是通过某一特定的地理成分相联系。

表 4–23 九连山保护区与 6 个山地植物区系属的分布区类型比较

分布区类型	九连山	井冈山	广东南岭	梁野山	三清山	鼎湖山	五指山
1	68	73	67	56	63	60	47
2	146	159	169	136	114	188	207
3	21	19	20	19	16	22	22
4	61	57	75	45	40	80	103
5	53	59	73	45	34	92	125
6	17	18	28	16	11	38	54
7	110	108	148	85	61	137	212
8	93	139	111	84	123	55	39
9	45	65	48	38	60	28	21
10	31	55	40	21	41	15	9
11	4	12	7	3	9	3	1
12	2	4	3	2	1	1	1
13	2	2	2	2	2	2	1
14	91	130	113	77	99	45	32
15	16	38	30	16	18	11	11
R/T值	1.5	1.0	1.6	1.5	0.8	3.7	7.0

4.3.6.2 九连山区系与邻近区系相似性比较

对九连山和 6 个山地区系所共有的科、属、种进行统计，得到相似性系数如表 4–24 和图 4–2 所示。可以看到，九连山与井冈山、南岭、梁野山和三清山的联系较为密切。其中科的相似性系数在 0.95~0.83，与处于热带地区的海南五指山的科相似性程度最低。属的相似性系数在 0.80~0.54，种的相似性系数在 0.63~0.25。从属级水平来看，井冈山＞广东南岭＞梁野山＞三清山＞鼎湖山＞五指山，表现出与井冈山和南岭的关系最为密切，与五指山的联系性较低。再看种的相似性，九连山与井冈山、南岭、梁野山和三清山的山地区系间种的相似性系数≥ 0.5，这几个山地均处于华东、华东南地区，受东亚湿润季风气候及相似的古地理环境影响，因此其区系相似，有着相似性质。而九连山与海南山地种的相似性系数＜ 0.3，显示出两地区系组成与性质的较大差异。

表4-24　九连山保护区与6个山地植物区系相似性系数比较

序号	山地名称	科数	共有科数	科相似性系数	属数	共有属数	属相似性系数	种数	共有种数	种相似性系数
1	九连山	164	—	—	760	—	—	1987	—	—
2	井冈山	168	158	0.95	938	679	0.80	2679	1476	0.63
3	广东南岭	173	157	0.93	934	651	0.77	2662	1344	0.58
4	梁野山	156	150	0.94	645	530	0.75	1391	958	0.57
5	三清山	148	142	0.91	692	534	0.74	1561	949	0.53
6	鼎湖山	165	147	0.89	777	498	0.65	1643	729	0.40
7	五指山	175	140	0.83	885	444	0.54	2008	493	0.25

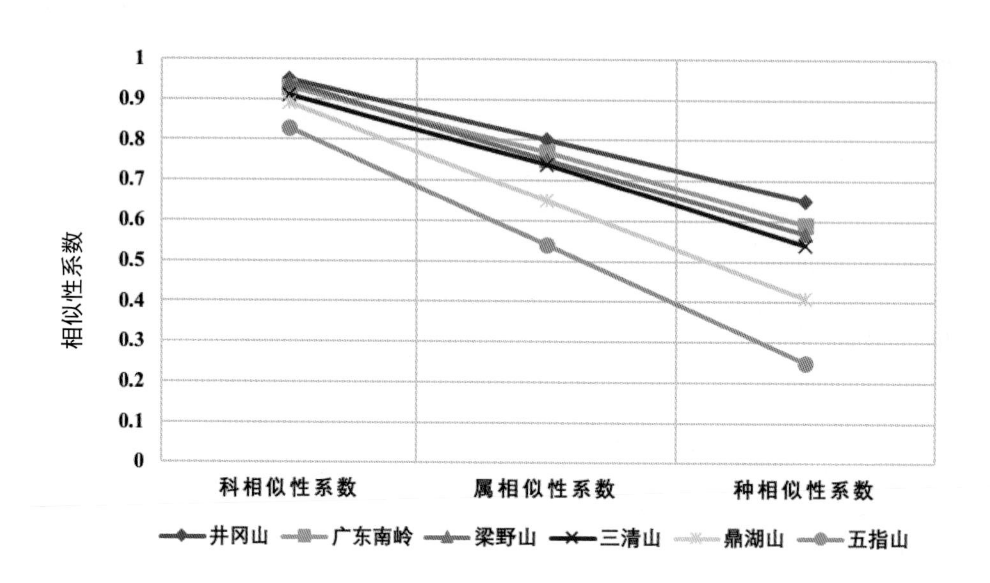

图4-2　九连山保护区与6个山地植物区系相似性系数比较

（1）与井冈山种子植物区系的联系

井冈山位于湘赣边境的罗霄山脉中段、北与长江相依，南与南岭相连，包括4个保护区，即江西井冈山国家级自然保护区、江西七溪岭省级自然保护区、江西南风面省级自然保护区和湖南桃源洞国家级自然保护区，主峰南风面海拔2120.4 m，总面积70874 hm^2。该区域的古华南板块是6亿年来地质演化历史的重要见证地，保存有亚洲东部典型的亚热带常绿阔叶林（廖文波等，2014）。据统计，井冈山地区共有种子植物168科938属2679种，其中热带分布型属（*T* 2-*T* 7，下同）420属（占非世界分布型的48.6%，下同），温带分布型属（*T* 8-*T* 14，下同）407属（占47.1%），R/T值1.0，其热带和温带成分数量相当，可见井冈山地区为南北过渡性质的中亚热带植物区系。

井冈山与九连山共有成分有158科679属1476种，在科属种水平上都有着较高的相似性，表明两地植物区系关系十分密切。从属水平上看，热带成分有348属（56.5%），温带成分254属（41.2%），中国特有分布14属（2.3%），可见两地区系过渡性质明显。热带成分中以泛热带分布（132属）、热带亚洲分布（91属）为主，代表性的共有属有福建柏属 *Fokienia*、买麻藤属 *Gnetum*、鹅掌柴属 *Schefflera*、沿阶草属 *Ophiopogon*、竹根七属 *Disporopsis*、南五味子属 *Kadsura*、南蛇藤属 *Celastrus*、金粟兰属 *Chloranthus*、秋海棠属 *Begonia*、薯蓣属 *Dioscorea*、山茶属 *Camellia*、山矾属 *Symplocos*、安息香属 *Styrax*、润楠属 *Machilus*、新木姜子属 *Neolitsea*、含笑属 *Michelia*、木莲属 *Manglietia*、清风藤属 *Sabia*、榕属 *Ficus*、蚊母树属

Distylium、虎皮楠属 *Daphniphyllum* 等。

井冈山有10科不见于九连山，主要是温带性较强的科，包括蜡梅科 Calycanthaceae、茶藨子科 Grossulariaceae、旌节花科 Stachyuraceae、透骨草科 Phrymaceae 和青荚叶科 Helwingiaceae 等。在属级水平上，井冈山有260属不见于九连山，以北温带成分和东亚成分为主，表现出较强的温带性质，如大百合属 *Cardiocrinum*、茶藨子属 *Ribes*、铃子香属 *Chelonopsis*、紫荆属 *Cercis*、穗花杉属 *Amentotaxus*、胡桃属 *Juglans*、双花木属 *Disanthus*、梧桐属 *Firmiana*、旌节花属 *Stachyurus*、蜂斗菜属 *Petasites*、蒲儿根属 *Sinosenecio*、山楂属 *Crataegus*、青荚叶属 *Helwingia*、六道木属 *Zabelia*、省沽油属 *Staphylea*、冷杉属 *Abies* 等，此外还有一定数量的中国特有属，如杜仲属 *Eucommia*、白豆杉属 *Pseudotaxus*、牛鼻栓属 *Fortunearia*、蜡梅属 *Chimonanthus*、拟单性木兰属 *Parakmeria*、通脱木属 *Tetrapanax*、瘿椒树属 *Tapiscia* 等。

九连山不见于井冈山的有6科，均为热带性科，为水蕹科 Aponogetonaceae、霉草科 Triuridaceae、棕榈科 Arecaceae、闭鞘姜科 Costaceae、使君子科 Combretaceae 和茶茱萸科 Icacinaceae。不见于井冈山的属有81个，以热带成分占优（78.9%），主要为热带亚洲分布和泛热带分布，如黄肉楠属 *Actinodaphne* 琼楠属 *Beilschmiedia*、海芋属 *Alocasia*、竹叶兰属 *Arundina*、秀柱花属 *Eustigma*、黄牛木属 *Cratoxylum*、山桂花属 *Bennettiodendron*、麻楝属 *Chukrasia* 等，其中温带性质属有14属，有牛果藤属 *Nekemias*、栾属 *Koelreuteria*、木瓜红属 *Rehderodendron*、茶菱属 *Trapella*、紫苏属 *Perilla*、轮钟草属 *Cyclocodon*、和尚菜属 *Adenocaulon* 等。相比于井冈山地区，九连山热带成分有所增加。

（2）与广东南岭种子植物区系的联系

广东南岭国家级自然保护区地处南岭山脉中段南坡，跨广东韶关乳源县、清远阳山县和连州市行政区，面积为58368.4 hm^2。区内地质历史悠久，地貌以中山山地为主，呈西北－东南走向，地势陡峭，最高峰石坑崆，海拔1902 m，为广东省最高峰，是物种交汇的重要过渡地带。保护区为典型的亚热带季风气候，受高海拔影响，有着山地气候特色，也是中亚热带和南亚热带重要的气候界线，优越的地理位置和气候孕育了丰富的植物资源和植被类型（王俊等，2020）。据统计，南岭保护区有种子植物173科934属2662种，其中热带分布（*T*2–*T*7）513属（占59.2%），温带分布324属（占37.4%），中国特有分布30属，R/T值1.6。地理成分复杂，以泛热带和热带亚洲分布为主，并有着较多的中国特有成分。温带分布则主要以北温带和东亚分布为主，部分种类在群落中占据着重要位置。

广东南岭与九连山的共有成分有157科651属1344种，属级水平中，热带成分352属（59.2%），温带成分229属（38.5%），中国特有14属（2.4%），两地有一定数量的温带成分联系。热带成分中主要为泛热带分布（128属）、热带亚洲分布（96属），代表性属有买麻藤属 *Gnetum*、福建柏属 *Fokienia*、安息香属 *Styrax*、赤杨叶属 *Alniphyllum*、朴属 *Celtis*、山黄麻属 *Trema*、黄檀属 *Dalbergia*、古柯属 *Erythroxylum*、黄杞属 *Engelhardia*、虎皮楠属 *Daphniphyllum*、马蹄荷属 *Exbucklandia*、含笑属 *Michelia*、木莲属 *Manglietia*、大血藤属 *Sargentodoxa*、粗叶木属 *Lasianthus*、榕属 *Ficus*、核果茶属 *Pyrenaria*、山茶属 *Camellia*、山矾属 *Symplocos*、厚皮香属 *Ternstroemia*、蕈树属 *Altingia*、柏拉木属 *Blastus*、厚壳桂属 *Cryptocarya*、润楠属 *Machilus* 等。温带成分则主要以北温带分布（83属）和东亚分布（78属）为主，如三尖杉属 *Cephalotaxus*、白辛树属 *Pterostyrax*、吊钟花属 *Enkianthus*、杜鹃花属 *Rhododendron*、越橘属 *Vaccinium*、胡颓子属 *Elaeagnus*、虎耳草属 *Saxifraga*、鹅耳枥属 *Carpinus*、檵木属 *Loropetalum*、栎属 *Quercus*、水青冈属 *Fagus*、蓼属 *Persicaria*、獐牙菜属 *Swertia*、唐松草属 *Thalictrum*、猕猴桃属 *Actinidia*、梣属 *Fraxinus*、花楸属 *Sorbus*、李属 *Prunus*、蔷薇属 *Rosa*、忍冬属 *Lonicera*、桃叶珊瑚属 *Aucuba*、槭属 *Acer* 等。

广东南岭有16科不见于九连山，其中热带性的科有12个，包括苏铁科 Cycadaceae、莲叶桐科 Hernandiaceae、无叶莲科 Petrosaviaceae、黏木科 Ixonanthaceae、瘿椒树科 Tapisciaceae、山榄科 Sapotaceae、紫葳科 Bignoniaceae 等；东亚分布2科，为旌节花科 Stachyuraceae 和青荚叶科 Helwingiaceae；此外还有1个中国特有科杜仲科 Eucommiaceae。在属级水平上，广东南岭有283属不见于九连山，其中热带成分164

属（60.1%），以泛热带分布和热带亚洲分布为主，如罗汉松属 *Podocarpus*、油麻藤属 *Mucuna*、破布叶属 *Microcos*、横蒴苣苔属 *Beccarinda*、黏木属 *Ixonanthes*、鱼木属 *Crateva*、铁榄属 *Sinosideroxylon*、风车子属 *Combretum*、脚骨脆属 *Casearia*、子楝树属 *Decaspermum*、罗伞属 *Brassaiopsis* 等；温带分布 94 属（34.8%），主要为北温带分布和东亚分布，如侧柏属 *Platycladus*、刺柏属 *Juniperus*、穗花杉属 *Amentotaxus*、大百合属 *Cardiocrinum*、报春花属 *Primula*、紫荆属 *Cercis*、鹿蹄草属 *Pyrola*、双花木属 *Disanthus*、旌节花属 *Stachyurus*、青荚叶属 *Helwingia*、藨草属 *Scirpus*、开口箭属 *Campylandra*、茵芋属 *Skimmia* 等。

九连山有 6 科不见于广东南岭，其中热带性质的科有水蕹科 Aponogetonaceae、霉草科 Triuridaceae 和白花菜科 Cleomaceae，温带性质的科有莲科 Nelumbonaceae 和扯根菜科 Penthoraceae，此外还有马齿苋科 Portulacaceae 和睡菜科 Menyanthaceae 两个世界广布科。在属级水平上，九连山有 109 属不见于广东南岭，以泛热带分布、热带亚洲分布为主，如文殊兰属 *Crinum*、秀柱花属 *Eustigma*、黄牛木属 *Cratoxylum*、麻楝属 *Chukrasia*、山柑属 *Capparis*、萝藦属 *Metaplexis*、火索藤属 *Phanera*、叉柱花属 *Staurogyne* 等。温带成分占比略有增加（40.2%），以东亚分布和北温带分布为主，如红豆杉属 *Taxus*、翠雀属 *Delphinium*、绣线梅属 *Neillia*、结香属 *Edgeworthia*、玄参属 *Scrophularia*、轮钟草属 *Cyclocodon*、和尚菜 *Adenocaulon* 等。此外还有中国特有属 2 属，为木瓜属 *Pseudocydonia* 和独花兰属 *Changnienia*。

由于九连山和广东南岭同处于南亚热带和中亚热带的过渡地区，其区系性质相似，但由于地质岩性的影响，加上广东南岭高海拔所带来的山地效应，两地区系仍表现出一定程度的差异，由此而造成两地部分海拔段的群落组成不同，但两地仍然以中亚热带和温带成分相联系。

（3）与梁野山种子植物区系的联系

福建梁野山国家级自然保护区地处武夷山脉最南端，是福建、广东、江西的结合部，最高峰梁山顶海拔 1538.4 m，总面积 14365 hm^2。该区属中亚热带海洋性季风湿润气候，保存有较为完好、面积较大的中亚热带常绿阔叶林，其中还有较大面积的南方红豆杉林，为华南地区罕见（林鹏等，2001）。据统计，梁野山共有种子植物 156 科 645 属 1391 种，其中热带分布型属 227 属（占 58.7%），温带分布型属 335 属（占 38.5%），R/T 值 1.5，表现为中亚热带区系成分的过渡性特点。

梁野山与九连山共有成分有 150 科 530 属 958 种，在科属水平有着较高的相似性。从属级来看，热带成分 289 属（60.5%），温带成分 183 属（38.3%），中国特有 6 属（1.3%），表现出热带性。热带成分中以泛热带分布（118 属）、热带亚洲分布（72 属）为主，代表性的共有属有福建柏属 *Fokienia*、买麻藤属 *Gnetum*、安息香属 *Styrax*、赤杨叶属 *Alniphyllum*、紫金牛属 *Ardisia*、大青属 *Clerodendrum*、牡荆属 *Vitex*、朴属 *Celtis*、山黄麻属 *Trema*、黄檀属 *Dalbergia*、古柯属 *Erythroxylum*、黄杞属 *Engelhardia*、虎皮楠属 *Daphniphyllum*、马蹄荷属 *Exbucklandia*、金粟兰属 *Chloranthus*、麻楝属 *Chukrasia*、含笑属 *Michelia*、木莲属 *Manglietia*、粗叶木属 *Lasianthus*、九节属 *Psychotria*、青皮木属 *Schoepfia*、榕属 *Ficus*、山茶属 *Camellia*、山矾属 *Symplocos*、蕈树属 *Altingia*、柏拉木属 *Blastus*、润楠属 *Machilus* 等。

梁野山有 6 科不见于九连山，为苏铁科 Cycadaceae、川苔草科 Podostemaceae、沟繁缕科 Elatinaceae、紫葳科 Bignoniaceae 和旌节花科 Stachyuraceae，多为热带性科，此外还有 1 个中国特有科杜仲科 Eucommiaceae。在属级水平上，梁野山有 118 属不见于九连山，以泛热带分布（20 属，下同）、东亚分布（18）、热带亚洲分布（15）和北温带分布（14）占优。其中热带成分 62 属，以泛热带分布和热带亚洲分布为主，代表性的属有罗汉松属 *Podocarpus*、龙须藤属 *Lasiobema*、油麻藤属 *Mucuna*、假鹰爪属 *Desmos*、草胡椒属 *Peperomia*、蛇莓属 *Duchesnea*、臀果木属 *Pygeum*、栗寄生属 *Korthalsella*、倒地铃属 *Cardiospermum*、五列木属 *Pentaphylax*、脚骨脆属 *Casearia* 等。此外还有中国特有属 8 属，包括青檀属 *Pteroceltis*、杜仲属 *Eucommia*、双片苣苔属 *Didymostigma*、拟单性木兰属 *Parakmeria*、血水草属 *Eomecon* 等。

九连山有 14 科不见于梁野山，除世界广布类型外，热带成分和温带成分科数量相等，均为 6 科。其中热带成分包括水蕹科 Aponogetonaceae、霉草科 Triuridaceae、闭鞘姜科 Costaceae、西番莲科 Passifloraceae、使君子科 Combretaceae 和马钱科 Loganiaceae；温带成分包括沼金花科 Nartheciaceae、秋水仙科 Colchicaceae、莲科 Nelumbonaceae、扯根菜科 Penthoraceae、牻牛儿苗科 Geraniaceae 和通泉草科 Mazaceae。在属级水平，有 230 属不见于梁野山，以热带成分占优（119 属，55.6%），以热带亚洲分布、泛热带分布和旧世界热带分布为主，如山茉莉属 *Huodendron*、石龙尾属 *Limnophila*、火索藤属 *Phanera*、鹰爪花属 *Artabotrys*、紫玉盘属 *Uvaria*、青牛胆属 *Tinospora*、野扇花属 *Sarcococca*、牛奶菜属 *Marsdenia*、黄牛木属 *Cratoxylum*、十万错属 *Asystasia*、鸦胆子属 *Brucea*、霉草属 *Sciaphila*、雾水葛属 *Pouzolzia*、腺萼木属 *Mycetia*、竹根七属 *Disporopsis*、海芋属 *Alocasia*、琼楠属 *Beilschmiedia*、厚壳树属 *Ehretia* 等。温带成分中以东亚分布数量最为丰富（32 属），北温带分布次之（23 属），代表性的有白辛树属 *Pterostyrax*、木瓜红属 *Rehderodendron*、桤木属 *Alnus*、半蒴苣苔属 *Hemiboea*、乌头属 *Aconitum*、七叶树属 *Aesculus*、钻地风属 *Schizophragma*、玄参属 *Scrophularia* 等。两地同属中亚热带区，且距离相近，因此有着较高的区系相似性，而梁野山因纬度稍高，相比九连山热带成分稍有减少。

（4）与三清山种子植物区系的联系

三清山国家风景名胜区位于江西省上饶市玉山县与德兴市交界处，最高峰玉京峰海拔 1819.9 m，是江西第五高峰和怀玉山脉的最高峰，也是信江的源头。三清山是道教名山，世界自然遗产地，位于欧亚板块东南部的扬子古板块与华夏古板块结合带的怀玉山构造单元内，属花岗岩构造侵蚀为主的中山地形，形成了独特的花岗岩峰林地貌（彭少麟等，2008）。据统计，三清山共有种子植物 148 科 692 属 1561 种，其中热带分布型属 276 属（43.9%），温带分布型属 335 属（53.3%），R/T 值 0.8，表现为温带性，而其中东亚—北美间断分布属数量丰富，是该类型的关键地区之一。

三清山与九连山共有成分有 142 科 534 属 949 种，在科属水平上相似性较高。在科水平上，以热带成分科占优（61 科，67.8%）。在属水平上，热带成分和温带成分数量相当，此外还有 6 属中国特有属。其中热带成分 246 属（51.6%），以泛热带分布和热带亚洲分布为主，其中代表性的属有福建柏属 *Fokienia*、安息香属 *Styrax*、赤杨叶属 *Alniphyllum*、紫金牛属 *Ardisia*、紫珠属 *Callicarpa*、朴属 *Celtis*、山黄麻属 *Trema*、轮环藤属 *Cyclea*、凤仙花属 *Impatiens*、胡椒属 *Piper*、黄杞属 *Engelhardia*、虎皮楠属 *Daphniphyllum*、草珊瑚属 *Sarcandra*、马铃苣苔属 *Oreocharis*、马兜铃属 *Aristolochia*、含笑属 *Michelia*、木莲属 *Manglietia*、粗叶木属 *Lasianthus*、钩藤属 *Uncaria*、蛇根草属 *Ophiorrhiza*、山茶属 *Camellia*、山矾属 *Symplocos*、润楠属 *Machilus*、新木姜子属 *Neolitsea* 等。温带成分 225 属（47.2%），以北温带分布和东亚分布为主，如红豆杉属 *Taxus*、松属 *Pinus*、白辛树属 *Pterostyrax*、油点草属 *Tricyrtis*、吊钟花属 *Enkianthus*、杜鹃花属 *Rhododendron*、越橘属 *Vaccinium*、胡颓子属 *Elaeagnus*、桦木属 *Betula*、檵木属 *Loropetalum*、蜡瓣花属 *Corylopsis*、栎属 *Quercus*、水青冈属 *Fagus*、獐牙菜属 *Swertia*、猕猴桃属 *Actinidia*、野木瓜属 *Stauntonia*、南酸枣属 *Choerospondias*、忍冬属 *Lonicera* 等。

三清山有 6 科不见于九连山，除紫葳科 Bignoniaceae 外，均为温带性科，包括蜡梅科 Calycanthaceae、旌节花科 Stachyuraceae、透骨草科 Phrymaceae 和青荚叶科 Helwingiaceae，此外还有中国特有科杜仲科 Eucommiaceae。在属水平，三清山有 158 属不见于九连山，以温带成分占优（72.4%），主要为北温带分布、东亚分布和东亚—北美间断分布，温带性质显著，代表性属有刺柏属 *Juniperus*、榧树属 *Torreya*、铁杉属 *Tsuga*、马醉木属 *Pieris*、胡桃属 *Juglans*、双花木属 *Disanthus*、旌节花属 *Stachyurus*、蒲儿根属 *Sinosenecio*、鹅掌楸属 *Liriodendron*、山楂属 *Crataegus*、青荚叶属 *Helwingia*、六道木属 *Zabelia*、省沽油属 *Staphylea*、开口箭属 *Campylandra*、溲疏属 *Deutzia*、茵芋属 *Skimmia* 等。三清山位于浙南山地和赣南—湘东两大亚区的交界地带，是中国东部植物地理区系的重要交汇区，可见其温带成分较九连山更为丰富，且东亚—北美成分突出。

九连山有 67 科不见于三清山，热带成分丰富，如买麻藤科 Gnetaceae、番荔枝科 Annonaceae、棕榈科 Arecaceae、芭蕉科 Musaceae、古柯科 Erythroxylaceae、使君子科 Combretaceae、钩吻科 Gelsemiaceae 等，温带性科仅莲科 Nelumbonaceae、茅膏菜科 Droseraceae 和丝缨花科 Garryaceae 3 科。不见于三清山的属有

225个，热带性显著（75.2%），以热带亚洲分布（54属）和泛热带分布（46属）为主，代表性属有买麻藤属 *Gnetum*、山茉莉属 *Huodendron*、锥花属 *Gomphostemma*、火索藤属 *Phanera*、首冠藤属 *Cheniella*、古柯属 *Erythroxylum*、马蹄荷属 *Exbucklandia*、黄牛木属 *Cratoxylum*、梭罗树属 *Reevesia*、九节属 *Psychotria*、竹根七属 *Disporopsis*、海芋属 *Alocasia*、仙茅属 *Curculigo*、蕈树属 *Altingia*、山桂花属 *Bennettiodendron*、蜂斗草属 *Sonerila*、厚壳桂属 *Cryptocarya*、琼楠属 *Beilschmiedia*、无根藤属 *Cassytha* 等。温带性属有43属（20.1%），以东亚分布属最为丰富，如木瓜红属 *Rehderodendron*、轮钟草属 *Cyclocodon*、人字果属 *Dichocarpum*、牛藤果属 *Parvatia*、枇杷属 *Eriobotrya*、绣线梅属 *Neillia*、桃叶珊瑚属 *Aucuba*、蜘蛛抱蛋属 *Aspidistra*、野海棠属 *Bredia* 等。

（5）与鼎湖山种子植物区系的联系

鼎湖山国家级自然保护区位于广东省肇庆市东北郊，地处罗平山脉中段、珠江三角洲北部，区内属低山丘陵地貌，最高峰鸡笼山海拔1000.3 m。鼎湖山是我国第一个国家级自然保护区，受东亚季风影响，与世界范围内同纬度的大多数地区呈现的干旱少雨的沙漠气候或稀树草原气候形成鲜明的对比，区内物种丰富，植被多样，保存有完好的季风常绿阔叶林（梁国华等，2022），因此被称为“北回归沙漠带上的绿色明珠”。据统计，鼎湖山有种子植物165科777属1643种，其中热带分布型属557属（77.7%），温带分布型属149属（20.8%），R/T值3.7，区系热带性显著。

鼎湖山与九连山的共有成分有147科498属729种，在科水平上相似性较高，种水平相似性一般。在共有科中，以世界广布科和泛热带分布科占优（共108科，73.5%），热带性显著，如买麻藤科 Gnetaceae、番荔枝科 Annonaceae、樟科 Lauraceae、天南星科 Araceae、菝葜科 Smilacaceae、天门冬科 Asparagaceae、棕榈科 Arecaceae、姜科 Zingiberaceae、豆科 Fabaceae、蔷薇科 Rosaceae、野牡丹科 Melastomataceae、瑞香科 Thymelaeaceae、茜草科 Rubiaceae 等。在共有属中，仍然以热带成分占优势（322属，占72%），其中以泛热带成分和热带亚洲成分占优，代表性的属有赤杨叶属 *Alniphyllum*、紫金牛属 *Ardisia*、锥花属 *Gomphostemma*、乌桕属 *Triadica*、山黄麻属 *Trema*、凤仙花属 *Impatiens*、古柯属 *Erythroxylum*、黄杞属 *Engelhardia*、虎皮楠属 *Daphniphyllum*、黄牛木属 *Cratoxylum*、狗肝菜属 *Dicliptera*、九节属 *Psychotria*、蛇根草属 *Ophiorrhiza*、榕属 *Ficus*、山矾属 *Symplocos*、蕈树属 *Altingia*、润楠属 *Machilus*、新木姜子属 *Neolitsea* 等。温带成分中以北温带分布和东亚分布占优，如松属 *Pinus*、吊钟花属 *Enkianthus*、杜鹃花属 *Rhododendron*、越橘属 *Vaccinium*、胡颓子属 *Elaeagnus*、檵木属 *Loropetalum*、栎属 *Quercus*、猕猴桃属 *Actinidia*、盐麸木属 *Rhus*、李属 *Prunus*、龙牙草属 *Agrimonia*、石斑木属 *Rhaphiolepis*、委陵菜属 *Potentilla* 等。

鼎湖山有18科不见于九连山，均为热带性或世界广布科，如苏铁科 Cycadaceae、莲叶桐科 Hernandiaceae、露兜树科 Pandanaceae、牛栓藤科 Connaraceae、小盘木科 Pandaceae、红树科 Rhizophoraceae、山榄科 Sapotaceae 等。在属级水平，鼎湖山有279属不见于九连山，其中热带成分236属（占87.4%），表现出强烈的热带性质，以热带亚洲、泛热带和热带亚洲－热带大洋洲分布占优，如蝴蝶果属 *Cleidiocarpon*、石栗属 *Aleurites*、海红豆属 *Adenanthera*、龙须藤属 *Lasiobema*、假鹰爪属 *Desmos*、竹节树属 *Carallia*、石萝藦属 *Pentasachme*、大苞姜属 *Monolophus*、破布叶属 *Microcos*、青冈属 *Cyclobalanopsis*、石蝴蝶属 *Petrocosmea*、长喙木兰属 *Lirianthe*、龙船花属 *Ixora*、团花属 *Neolamarckia*、肉实树属 *Sarcosperma*、铁榄属 *Sinosideroxylon*、榄仁树属 *Terminalia*、五列木属 *Pentaphylax*、山油柑属 *Acronychia* 等，为群落常见伴生种类。温带成分仅28属（10.4%），以北温带分布和东亚分布占优，代表性的属有野豌豆属 *Vicia*、梧桐属 *Firmiana*、风铃草属 *Campanula*、还阳参属 *Crepis*、蔓龙胆属 *Crawfurdia*、葱属 *Allium*、鬼臼属 *Dysosma*、鸭脚茶属 *Tashiroea*、茵芋属 *Skimmia* 等。

九连山有17科不见于鼎湖山，热带成分和温带成分数量相当，均为8科，从分布型来看，以北温带分布（7科）和泛热带分布（5科）占优。其中热带成分科有霉草科 Triuridaceae、芭蕉科 Musaceae、黄杨科 Buxaceae、西番莲科 Passifloraceae、苦木科 Simaroubaceae、叠珠树科 Akaniaceae、白花菜科

Cleomaceae 和桤叶树科 Clethraceae。温带成分有红豆杉科 Taxaceae、沼金花科 Nartheciaceae、秋水仙科 Colchicaceae、莲科 Nelumbonaceae、榆科 Ulmaceae、桦木科 Betulaceae、牻牛儿苗科 Geraniaceae 和茅膏菜科 Droseraceae。在属级水平上，九连山有 261 属不见于鼎湖山，以温带成分占优（60.2%），其中以东亚分布（52 属）和北温带分布（50 属）最为丰富，如红豆杉属 *Taxus*、白辛树属 *Pterostyrax*、木瓜红属 *Rehderodendron*、葎草属 *Humulus*、桦木属 *Betula*、桤木属 *Alnus*、蜡瓣花属 *Corylopsis*、椴属 *Tilia*、栗属 *Castanea*、水青冈属 *Fagus*、獐牙菜属 *Swertia*、八月瓜属 *Holboellia*、绣线菊属 *Spiraea*、万寿竹属 *Disporum*、小檗属 *Berberis*、榆属 *Ulmus* 等。在热带成分中，以热带亚洲成分占优，如福建柏属 *Fokienia*、竹柏属 *Nageia*、山茉莉属 *Huodendron*、野扇花属 *Sarcococca*、马蹄荷属 *Exbucklandia*、盂兰属 *Lecanorchis*、竹根七属 *Disporopsis*、锦香草属 *Phyllagathis*、楠属 *Phoebe* 等，九连山通过该类型与热带植物区系相联系。

（6）与五指山种子植物区系的联系

五指山国家级自然保护区位于海南省中部，地跨五指山市和琼中县，五指山整个山系呈西南—东北走向，二峰海拔 1867.1 m，为海南最高峰。区内海拔高差大，属热带季风气候，雨量充沛，干湿季分明。由此保存有较大面积的热带雨林和其他类型的原生植被，物种丰富（张凯等，2017）。据统计，五指山有种子植物 175 科 885 属 2008 种，其中热带分布型属有 723 属（占 86.3%），温带分布型属 104 属（占 12.4%），R/T 值 7.0，反映了较强的热带性质，表现出热带雨林属级区系的特征。

五指山和九连山共有成分有 140 科 444 属 493 种，仍具有较高的科级相似性（0.83），属级相似性也超过 0.5，两地在科属上仍有联系，但在种水平上，两地区系关系已很疏远。在科级水平上，以热带成分占显著优势，其次为世界广布类型。在属水平上，热带成分 314 属（占 77.5%），以泛热带分布和热带亚洲分布为主，可见两地主要通过亚热带区系成分相联系，包括竹柏属 *Nageia*、买麻藤属 *Gnetum*、南五味子属 *Kadsura*、含笑属 *Michelia*、木莲属 *Manglietia*、厚壳桂属 *Cryptocarya*、润楠属 *Machilus*、新木姜子属 *Neolitsea*、清风藤属 *Sabia*、蕈树属 *Altingia*、马蹄荷属 *Exbucklandia*、虎皮楠属 *Daphniphyllum*、黄檀属 *Dalbergia*、崖豆藤属 *Millettia*、榕属 *Ficus*、秋海棠属 *Begonia*、古柯属 *Erythroxylum*、算盘子属 *Glochidion*、山茶属 *Camellia*、山矾属 *Symplocos*、九节属 *Psychotria*、厚壳树属 *Ehretia* 等。温带成分 89 属（22.0%），主要为北温带分布和东亚分布，包括松属 *Pinus*、三尖杉属 *Cephalotaxus*、天南星属 *Arisaema*、万寿竹属 *Disporum*、野木瓜属 *Stauntonia*、唐松草属 *Thalictrum*、李属 *Prunus*、枇杷属 *Eriobotrya*、石斑木属 *Rhaphiolepis*、桑属 *Morus*、野鸦椿属 *Euscaphis*、南酸枣属 *Choerospondias*、盐麸木属 *Rhus*、吊钟花属 *Enkianthus*、杜鹃花属 *Rhododendron*、桃叶珊瑚属 *Aucuba*、忍冬属 *Lonicera* 等。

五指山有 35 科不见于九连山，其中热带成分 33 科，如肉豆蔻科 Myristicaceae、露兜树科 Pandanaceae、五桠果科 Dilleniaceae、金虎尾科 Malpighiaceae、黏木科 Ixonanthaceae、龙脑香科 Dipterocarpaceae、山柚子科 Opiliaceae、山榄科 Sapotaceae 等，热带性质显著，而温带成分仅木樨草科 Resedaceae 1 科。在属水平上，有 441 属不见于九连山，热带成分相当显著（94.7%），其中以热带亚洲分布、热带亚洲—大洋洲分布和泛热带分布为主，特有属数量较少，代表性的属有翠柏属 *Calocedrus*、陆均松属 *Dacrydium*、粗丝木属 *Gomphandra*、三宝木属 *Trigonostemon*、白颜树属 *Gironniera*、盾柱木属 *Peltophorum*、海红豆属 *Adenanthera*、单籽暗罗属 *Monoon*、野独活属 *Miliusa*、山橙属 *Melodinus*、豆蔻属 *Amomum*、鹧鸪花属 *Heynea*、坡垒属 *Hopea*、青梅属 *Vatica*、黏木属 *Ixonanthes*、龙船花属 *Ixora*、臀果木属 *Pygeum*、紫荆木属 *Madhuca*、翅子藤属 *Loeseneriella*、韶子属 *Nephelium*、喜光花属 *Actephila*、蒲葵属 *Livistona* 等，表现出与世界热带区系的广泛联系。

九连山有 24 科不见于五指山，其中温带成分 10 科（占 41.7%），世界广布科 8 科（33.3%），温带性质突出，代表性的科有睡莲科 Nymphaeaceae、眼子菜科 Potamogetonaceae、百合科 Liliaceae、罂粟科 Papaveraceae、小檗科 Berberidaceae、虎耳草科 Saxifragaceae、榆科 Ulmaceae、泡桐科 Paulowniaceae 等。在属级水平上，有 315 属不见于五指山，各分布类型丰富，其中温带成分 179 属（62.6%），热带成分 93 属（32.5%），中国特有 14 属（4.9%）。在温带成分中，以东亚分布（65 属）和北温带分布（58 属）最为丰富，代表性的属有红豆杉属 *Taxus*、木瓜红属 *Rehderodendron*、油点草属 *Tricyrtis*、虎耳草属 *Saxifraga*、桤木属 *Alnus*、檵木属 *Loropetalum*、桔梗属 *Platycodon*、水青冈属 *Fagus*、细辛属 *Asarum*、木通属 *Akebia*、俞藤属 *Yua*、龙牙草属 *Agrimonia*、蔷薇属 *Rosa*、小檗属 *Berberis*、榆属 *Ulmus* 等，表现出其与东亚植物区系的紧密联系。

综上所述，九连山种子植物区系与邻近地区的相似性关系为井冈山 > 广东南岭 > 梁野山 > 三清山 > 鼎湖山 > 五指山，其中与井冈山、南岭、梁野山和三清山的种相似性系数在 0.5 以上，属的相似性系数在 0.7 以上，与这几地的关系更为密切，同属华中植物区系。其差异则主要是受地理位置、自然环境的影响，在小气候的影响下，物种的分化和区系特征存在着差异。

4.3.7 九连山种子植物区系性质与区系区划

植物区系的性质取决于其组成和结构特点，是对一个地区的植物区系进行区划的根本依据。区域内分类群的多样性程度受到其所处地理位置的制约，但也受到区系起源进程的影响。区系成分按照发生及演化历史可分为古老的和年轻的，按照其地理分布则分为热带性质和温带性质两种（王荷生，2000；吴征镒，2003）。九连山的植物区系的性质和特点可以简明地归纳为以下几方面。

第一，属种丰富。九连山地区分布野生种子植物共有 164 科 760 属 1987 种，其中裸子植物 5 科 7 属 8 种，被子植物 159 科 752 属 1979 种。含有 20 种以上的主要优势科有唇形科、菊科、兰科、禾本科、蔷薇科、豆科、樟科、茜草科等 20 科；区系的表征科主要有蔷薇科、樟科、壳斗科、冬青科、五列木科、桑科、山矾科、木兰科、杜鹃花科、金缕梅科等。

第二，区系组成呈现出典型亚热带性质。九连山植物区系地理成分中有热带属 408 属，温带属 268 属。其地带性植被为常绿阔叶林、常绿落叶阔叶混交林，主要建群种有温带性质的栎属、杜鹃属、锥栗属、枫香属、水青冈属、槭属等；热带性质的属，如润楠属、冬青属、榕属、柿属，出现于九连山的河谷地带，形成沟谷季风常绿阔叶林。整体上，九连山植物区系主要以亚热带属成分为主，也受温带属的强烈影响。

第三，九连山地区地处我国华东植物区系、华南植物区系、华中植物区系交汇的核心地带。在地理区域上处于“中亚热带湿润常绿阔叶林地带”与“南亚热带季风常绿阔叶林地带”的过渡区，植物区系属于华南植物区系的北缘，是泛热带及热带亚洲植物区系与北温带植物区系过渡的交汇地带。由于包含九连山在内的南岭山地植物区系具有明显过渡性质，九连山区域内分布有典型的华东区系成分，如台湾松、锐尖山香圆、桃叶珊瑚、清风藤、雷公藤等。与华南区系的共通种有金毛狗、福建柏、穗花杉、金叶含笑、杨梅叶蚊母树、蕈树、大果马蹄荷、少花柏拉木、广东冬青、南岭革瓣山矾等，其中大果马蹄荷、穗花杉、杨梅叶蚊母树等更是有优势群落。与华中区系的共通种有亮叶桦、雷公鹅耳枥、天师栗等。

第四，区系起源历史古老、复杂。九连山植物区系中共有中国特有属 19 属，孑遗种 143 种。19 个中国特有属中木本属占 11 属，它们具有古老的化石记录及分布区缩减历史，如青钱柳属、杉木属、杜仲属等。九连山分布的 143 个孑遗种中，其发生历史也可划分为至少三类，第一类为古近纪成分，如银杉属、蓝果树属、铁杉属；第二类为东亚成分，如银杏、杜仲、青钱柳等，它们的化石记录在东亚有着丰富的记录；第三类为北热带起源，如三尖杉属、蕈树属、瘿椒树属等。其他不见化石记录的分类学孑遗种多为草本类群，它们的分布区受第四纪以来的气候波动影响较大，可能也经历了多次进退迁移。

在植物区系区划方面，Takhtajan（1978）将全球植物区系划分为 6 个区域，分别为泛北极域、古热带域、新热带域、开普域、澳大利亚域和泛南极域，九连山保护区属于泛北极域北方亚域华中省，区域特点是具有丰富的古老且原始的科、属，以及丰富的特有植物。吴征镒等（2006）以植物区系和植被统一发生为原则，将中国区系划分为 2 个植物区、7 个植物亚区和 23 个地区，九连山保护区属于泛北极植物区中国—日本植物亚区华中区，植物区系以亚热带向热带过渡为特征，具有较丰富的物种多样性。张宏达（1980）以古植物区系、现代植物区系为基础，将中国植物区系划分为华夏植物界，与劳亚植物界、非洲植物界、澳大利亚植物界等并列，华夏植物界又划分为东亚植物区、马来西亚植物区、印度—喜马拉雅植物区；九连山保护区属于东亚植物区华中省，是沟通华东、华中、华南的核心地带之一。

4.4 特有现象及其区系地理学意义

植物分布的特有现象是一个相对的概念，是指特定区域植物区系存在的特有成分（应俊生等，1984），是在种系分化和特定自然条件相互作用下出现的。特有现象是植物区系研究的重要内容，对于认识一个地区植物区系的特征及其演变历程有着重要意义。特有的类群，特别是一个较小范围的特有类群，往往能很好地反映出某一区域植物区系的特殊性，乃至其起源和演化特征，以及在更大区域或者全球区系中的地位。本文中的中国特有科、属的定义为仅分布于中国境内，或其分布区域主要范围在中国但可延伸至邻近国家或地区的科（王荷生等，1994；左家哺等，2003）。

4.4.1 中国特有属

特有属是表现该地区植物区系特征的重要因素，可以作为本区系与周边不同植物区系区别的重要标志，也是进行植物区系划分的重要依据（Takhtajan，1978）。关于中国特有属的概念，采用李德铢等（2018）的观点，属的分布区类型为第 15 型的即为中国特有属，在此基础上依据中国自然地理区域概念，对特有属进行区分。九连山保护区共有中国特有属 16 属，隶属于 13 科（表 4-25）。

表 4-25　九连山保护区种子植物区系中的中国特有属

序号	科名	属名	种数	地理分布
1	柏科 Cupressaceae	杉木属 *Cunninghamia*	1	华东、华中、华南、西南
2	兰科 Orchidaceae	独花兰属 *Changnienia*	1	华东、华中
3	蕈树科 Altingiaceae	半枫荷属 *Semiliquidambar*	1	华东、华南
4	胡桃科 Juglandaceae	青钱柳属 *Cyclocarya*	1	华南、华中、华东
5	蔷薇科 Rosaceae	木瓜属 *Pseudocydonia*	1	华南、华中、华东
6	杨柳科 Salicaceae	山拐枣属 *Poliothyrsis*	1	华东、华中、华南至西南
7	大戟科 Euphorbiaceae	地构叶属 *Speranskia*	1	西南、华南、华中至东北
8	无患子科 Sapindaceae	伞花木属 *Eurycorymbus*	1	西南、华南至华东
9	蓝果树科 Nyssaceae	喜树属 *Camptotheca*	1	华南、华中、华东
10	安息香科 Styracaceae	银钟花属 *Perkinsiodendron*	1	华东、华中、华南至西南
11	安息香科 Styracaceae	陀螺果属 *Melliodendron*	1	华南、华中、华东
12	紫草科 Boraginaceae	盾果草属 *Thyrocarpus*	1	华中、华南、华东
13	苦苣苔科 Gesneriaceae	石山苣苔属 *Petrocodon*	1	华东、华南
14	苦苣苔科 Gesneriaceae	报春苣苔属 *Primulina*	2	西南、华南、华中、华东
15	唇形科 Lamiaceae	四轮香属 *Hanceola*	1	华东、华南
16	唇形科 Lamiaceae	四棱草属 *Schnabelia*	1	华南、华中至华东

九连山保护区所分布的中国特有属以单型属及寡型属居多，其中具有孑遗性质的青钱柳属、木瓜属、伞花木属、喜树属、陀螺果属等，大都起源历史古老，在系统进化上多较为原始，自中新世以来它们的分布区逐步退缩，并随着第三纪以来东亚季风气候的形成，分布区几经进退而形成中国特有的分布格局（Kou et al.，2016；Tian et al.，2015），表现出九连山的植物区系成分具有明显的古老性和孑遗性。

从生活型上看，特有属中木本属 9 属、草本属 7 属，数量相当。一般认为木本特有属的起源历史早于草本类群，比例较高的木本特有属体现出九连山区系成分发生进程的漫长与古老；而 7 种草本特有属的存在也一定程度上说明九连山区系成分来源的复杂性，具有区系交汇与过渡性特征。

从地理分布上看，九连山的特有属以华中、华东、华南分布为主，其数目占到一半以上，如青钱柳属、木瓜属、喜树属、陀螺果属、盾果草属等，由此可知九连山与华东、华南、华中植物区系关系密切，具有三大区域交汇的特点。

4.4.2 中国特有种

根据黄继红等（2014）的观点，九连山保护区种子植物区系中有中国特有种 492 种，隶属 97 科 241 属，占总种数的 24.8%。将 97 个含有特有种的科按其所含特有种的多少排列，见表 4-26。其中含特有种数在 15 种以上的科有 7 科，分别是壳斗科（24 种）、樟科（24 种）、蔷薇科（23 种）、唇形科（22 种）、冬青科（19 种）、杜鹃花科（17 种）和五列木科（15 种）。这些含有较多特有种的科中，除唇形科、蔷薇科为世界范围内广布的科之外，其他如壳斗科、樟科、冬青科、杜鹃花科、五列木科等多为主要分布于我国亚热带山地及温带性质的科，是东亚植物区系的重要组成成分。

表 4-26　九连山保护区种子植物区系中含有中国特有种的 97 科

序号	科名	属/特有种	序号	科名	属/特有种
1	壳斗科 Fagaceae	4/24	23	木兰科 Magnoliaceae	3/7
2	樟科 Lauraceae	8/24	24	小檗科 Berberidaceae	3/7
3	蔷薇科 Rosaceae	9/23	25	绣球科 Hydrangeaceae	4/7
4	唇形科 Lamiaceae	12/22	26	荨麻科 Urticaceae	4/7
5	冬青科 Aquifoliaceae	1/19	27	安息香科 Styracaceae	3/6
6	杜鹃花科 Ericaceae	3/17	28	金缕梅科 Hamamelidaceae	4/6
7	五列木科 Pentaphylacaceae	4/15	29	猕猴桃科 Actinidiaceae	1/6
8	豆科 Fabaceae	9/14	30	锦葵科 Malvaceae	5/5
9	报春花科 Primulaceae	2/12	31	天门冬科 Asparagaceae	4/5
10	兰科 Orchidaceae	11/12	32	五加科 Araliaceae	3/5
11	毛茛科 Ranunculaceae	6/12	33	杜英科 Elaeocarpaceae	2/4
12	茜草科 Rubiaceae	8/12	34	防己科 Menispermaceae	3/4
13	卫矛科 Celastraceae	3/10	35	葫芦科 Cucurbitaceae	3/4
14	五福花科 Adoxaceae	1/10	36	木犀科 Oleaceae	4/4
15	禾本科 Poaceae	7/9	37	清风藤科 Sabiaceae	2/4
16	无患子科 Sapindaceae	3/9	38	秋海棠科 Begoniaceae	1/4
17	凤仙花科 Balsaminaceae	1/8	39	桑寄生科 Loranthaceae	2/4
18	葡萄科 Vitaceae	4/8	40	莎草科 Cyperaceae	1/4
19	山茶科 Theaceae	3/8	41	芸香科 Rutaceae	2/4
20	夹竹桃科 Apocynaceae	4/7	42	大戟科 Euphorbiaceae	2/3
21	菊科 Asteraceae	5/7	43	胡椒科 Piperaceae	1/3
22	马兜铃科 Aristolochiaceae	2/7	44	桦木科 Betulaceae	2/3

（续）

序号	科名	属/特有种	序号	科名	属/特有种
45	堇菜科 Violaceae	1/3	72	山龙眼科 Proteaceae	1/2
46	苦苣苔科 Gesneriaceae	2/3	73	柿科 Ebenaceae	1/2
47	伞形科 Apiaceae	3/3	74	鼠李科 Rhamnaceae	1/2
48	山茱萸科 Cornaceae	2/3	75	松科 Pinaceae	1/2
49	五味子科 Schisandraceae	2/3	76	桃金娘科 Myrtaceae	1/2
50	蕈树科 Altingiaceae	2/3	77	天南星科 Araceae	2/2
51	杨柳科 Salicaceae	2/3	78	玄参科 Scrophulariaceae	2/2
52	野牡丹科 Melastomataceae	3/3	79	远志科 Polygalaceae	1/2
53	榆科 Ulmaceae	1/3	80	百合科 Liliaceae	1/1
54	菝葜科 Smilacaceae	1/2	81	番荔枝科 Annonaceae	1/1
55	车前科 Plantaginaceae	1/2	82	胡桃科 Juglandaceae	1/1
56	海桐科 Pittosporaceae	1/2	83	虎耳草科 Saxifragaceae	1/1
57	胡颓子科 Elaeagnaceae	1/2	84	景天科 Crassulaceae	1/1
58	黄杨科 Buxaceae	2/2	85	桔梗科 Campanulaceae	1/1
59	姜科 Zingiberaceae	1/2	86	蓝果树科 Nyssaceae	1/1
60	金粟兰科 Chloranthaceae	1/2	87	马钱科 Loganiaceae	1/1
61	爵床科 Acanthaceae	1/2	88	泡桐科 Paulowniaceae	1/1
62	藜芦科 Melanthiaceae	1/2	89	青皮木科 Schoepfiaceae	1/1
63	蓼科 Polygonaceae	1/2	90	秋水仙科 Colchicaceae	1/1
64	列当科 Orobanchaceae	2/2	91	省沽油科 Staphyleaceae	1/1
65	龙胆科 Gentianaceae	2/2	92	薯蓣科 Dioscoreaceae	1/1
66	母草科 Linderniaceae	2/2	93	檀香科 Santalaceae	1/1
67	木通科 Lardizabalaceae	2/2	94	西番莲科 Passifloraceae	1/1
68	忍冬科 Caprifoliaceae	2/2	95	叶下珠科 Phyllanthaceae	1/1
69	瑞香科 Thymelaeaceae	2/2	96	紫草科 Boraginaceae	1/1
70	桑科 Moraceae	2/2	97	棕榈科 Arecaceae	1/1
71	山矾科 Symplocaceae	1/2			

从具体的特有种上来看，九连山保护区有中国特有裸子植物1科1属2种，为马尾松 *Pinus massoniana* 和台湾松 *Pinus taiwanensis*。此外，被子植物特有种96科240属490种，数量丰富。区系分布区类型多样，总体上呈现出华东、华南、华中植物区系交汇的特点，如深山含笑 *Michelia maudiae*、红毒茴 *Illicium lanceolatum*、闽楠 *Phoebe bournei*、垂枝泡花树 *Meliosma flexuosa*、华东小檗 *Berberis chingii*、华南桂 *Cinnamomum austrosinense*、灰背清风藤 *Sabia discolor*、中华猕猴桃 *Actinidia chinensis* 等均为华南、华东、华中广泛分布的种类。华东和华南植物区系是中国—日本植物区系的核心部分，地理位置上九连山正处于这两个区系的交界处，华东地区的南缘、特有属种分化的边缘效应现象对其植物区系的形成有着明显的影响，华东区系成分和华南区系成分在九连山都得到了充分的发育与分化。

4.5 孑遗种及其区系地理学意义

孑遗植物在极大程度上与一个区域内植物类群的演化历史有密切关联，可以较好地反映当地的植物区系地位。“孑遗”被定义为某一地质时期的生物群，在经历过地质变迁之后几乎全部灭绝，仅残留个别类群的现象（Lomolino et al.，2006）。孑遗类群的产生常与地质变迁有着密切关系，而且特殊的生态环境等也能促使孑遗种的产生，所以孑遗种又被具体划分为分类学孑遗种和生物地理学孑遗种（Habel et al.，2010；吴征镒等，2006）。分类学孑遗种是指系统发生较为古老的类群，经历长久的演化历史，现多表现为孤立的单种或寡种科属，如我国特有的银杏、大血藤、珙桐、伯乐树、鹅掌楸等。生物地理学孑遗种常指在地质时期广泛分布，而目前其分布区范围极为狭窄的原始生物群或类群的后裔，促成生物地理学孑遗种产生的因素是多样的，包括气候、地质地貌、土壤性质等多种生态因子，如百山祖冷杉、银杉、井冈山杜鹃、海棱草等的分布区域均较为特化，这在一定程度上反映了其演化历史的特殊性和原始性。

孑遗植物类群也是植物区系研究的重要成分，其种类组成对于理解某一地区植物区系地位有重要意义，本研究对地区孑遗种的确定参照廖文波等（2014）所确定的中国孑遗属。九连山保护区种子植物孑遗种 98 种，隶属于 46 科 72 属，大致可以划分为分类学孑遗种 34 种，地理学孑遗种 64 种。

九连山的地理学孑遗类群有肥皂荚 *Gymnocladus chinensis*、枫香树 *Liquidambar formosana*、无患子 *Sapindus saponaria*、野鸦椿 *Euscaphis japonica*、紫茎 *Stewartia sinensis*、钝叶假蚊母 *Distyliopsis tutcheri*、蓝果树 *Nyssa sinensis*、檫木 *Sassafras tzumu* 等。孑遗属的现代分布区多呈现出间断性，如东亚和北美间断类群檫木属 *Sassafras*、紫茎属 *Stewartia*，表明这些地理学孑遗类群形成多与地质事件有关，且呈现出原始性。

分类学孑遗种不仅在系统进化过程中处于重要的地位，而且大都处于进化的盲枝，即现代种系不发达。九连山分类学孑遗类群主要有福建柏 *Fokienia hodginsii*、大血藤 *Sargentodoxa cuneata*、山桐子 *Idesia polycarpa*、野鸦椿 *Euscaphis japonica*、伯乐树 *Bretschneidera sinensis*、草珊瑚 *Sarcandra glabra*、天师栗 *Aesculus wilsonii*、桂南木莲 *Manglietia chingii*、喜树 *Camptotheca acuminata* 等，与华夏、华南植物区系的古老、原始性成分相类似。

第5章
珍稀濒危保护植物及各类重要资源植物

5.1 九连山保护区珍稀濒危保护植物

珍稀濒危野生植物是生物多样性的重要组成部分，也是区系研究中需要重点关注的内容。某一地区的珍稀濒危植物的分布种类、丰度是评价一个地区物种多样性程度及建立保护区价值最直观的评价标准。探清九连山保护区珍稀濒危植物的现状，为进一步开展生物多样性的保育、保护区的保护管理工作的规划等，都有着重要的参考意义。优先依据《国家重点保护野生植物名录》（2021）确定国家保护等级（一、二）；再依据 IUCN 濒危等级标准、《IUCN 濒危物种红色名录》（2022）、《中国生物多样性红色名录——高等植物卷》确定极危（CR）、濒危（EN）、易危（VU）、近危（NT）、无危（LC）种；最后依据《濒危野生动植物种国际贸易公约》（2017）附录 I、附录 II、附录 III 收录的植物种确定其国际贸易管制等级。

根据野外调查和文献资料记载，九连山各类珍稀濒危植物共有 43 科 103 属 173 种，其中苔藓植物 1 科 1 属 1 种，蕨类植物 5 科 6 属 8 种，裸子植物 2 科 2 属 2 种，被子植物 36 科 95 属 163 种（见附录 1）。

5.1.1《国家重点保护野生植物名录》收录的保护植物

根据《国家重点保护野生植物名录》（2021）进行统计，九连山国家重点保护植物有 25 科 37 属 64 种，其中，国家一级保护野生植物 1 种，为南方红豆杉 *Taxus wallichiana* var. *mairei*；国家二级保护野生植物 63 种，含兰科植物多达 23 种，主要有长柄石杉 *Huperzia javanica*、福建观音座莲 *Angiopteris fokiensis*、金毛狗 *Cibotium barometz*、福建柏 *Fokienia hodginsii*、南方红豆杉 *Taxus wallichiana* var. *mairei*、润楠 *Machilus nanmu*、七叶一枝花 *Paris polyphylla*、华重楼 *Paris polyphylla* var. *chinensis*、独花兰 *Changnienia amoena*、多花兰 *Cymbidium floribundum*、细茎石斛 *Dendrobium moniliforme*、台湾独蒜兰 *Pleione formosana*、短萼黄连 *Coptis chinensis* var. *brevisepala*、花榈木 *Ormosia henryi*、软荚红豆 *Ormosia pinnata*、伯乐树 *Bretschneidera sinensis*、茶 *Camellia sinensis*、井冈山杜鹃 *Rhododendron jingangshanicum* 等。

5.1.2《 IUCN 濒危物种红色名录》收录的珍稀植物

根据 IUCN 公布的《IUCN 濒危物种红色名录》（2022）进行统计，九连山共有 29 种被列入，隶属于 17 科 25 属，其中兰科植物 8 种，壳斗科植物 4 种，具体如下。

极危种（CR）2 种，为铁皮石斛 *Dendrobium officinale* 和台湾泡桐 *Paulownia kawakamii*。

濒危种（EN）7 种，为浙江金线兰 *Anoectochilus zhejiangensis*、金柑 *Citrus japonica*、独花兰、罗河石斛 *Dendrobium lohohense*、碟斗青冈 *Quercus disciformis*、华南青冈 *Quercus edithiae*、伯乐树、丰满凤仙花 *Impatiens obesa* 和蒲桃叶冬青 *Ilex syzygiophylla*。

易危种（VU）13 种，为七叶一枝花、天麻 *Gastrodia elata*、线瓣玉凤花 *Habenaria fordii*、台湾独蒜兰、金花猕猴桃 *Actinidia chrysantha*、倒卵叶石楠 *Photinia lasiogyna*、白桂木 *Artocarpus hypargyreus*、水青冈 *Fagus longipetiolata*、木姜叶青冈 *Quercus litseoides*、银钟花 *Perkinsiodendron macgregorii*、少花海桐 *Pittosporum pauciflorum*、黄毛楤木 *Aralia chinensis* 和马蹄参 *Diplopanax stachyanthus*。

近危种（NT）5 种，为闽楠 *Phoebe bournei*、石仙桃 *Pholidota chinensis*、红豆树 *Ormosia hosiei*、伞花木 *Eurycorymbus cavaleriei* 和木瓜红 *Rehderodendron macrocarpum*。

此外还有数据缺乏（DD）2 种，为石仙桃 *Pholidota chinensis* 和茶 *Camellia sinensis*。

5.1.3《濒危野生动植物种国际贸易公约》收录的植物

《濒危野生动植物种国际贸易公约》（简称 CITES）是对商业性的国际贸易进行监督和控制的国际性公约，防止因为过度的国际贸易和开发利用而影响物种在自然界的生存，其中附录 I 是明确规定禁止国际性的交易物种；附录 II 是目前无灭绝危机，但其国际贸易受管制的物种；附录 III 是各国视其国内需要，区域性管制国际贸易的物种。九连山保护区被列入附录 II 的保护植物有 82 种，隶属于 2 科 40 属，其中 81 种为兰科物种，另一种为金毛狗。九连山保护区兰科植物有 88 种，即除长距虾脊兰 *Calanthe masuca*、铁皮石斛 *Dendrobium officinale*、开宝兰 *Eucosia viridiflora*、硬叶毛兰 *Goodyera hispida*、小小斑叶兰 *Goodyera pusilla*、白肋翻唇兰 *Hetaeria cristata*、香港绶草 *Spiranthes hongkongensis* 外都被列入附录 II。

5.1.4《中国生物多样性红色名录》收录的珍稀植物

《中国生物多样性红色名录——高等植物卷》（2013），是在参考 IUCN 的等级概念的基础上，对《中国植物红皮书——第一册》（1992）和《中国物种红色名录》（汪松等，2004）的补充，九连山保护区共有 44 种被列入，隶属于 18 科 29 属，具体如下。

极危（CR）3 种，为广东石斛 *Dendrobium kwangtungense*、赤竹 *Sasa longiligulata* 和白花龙 *Styrax faberi*。

濒危（EN）6 种，为浙江金线兰 *Anoectochilus zhejiangensis*、金柑 *Citrus japonica*、多枝霉草 *Sciaphila ramosa*、青牛胆 *Tinospora sagittata*、钩刺雀梅藤 *Sageretia hamosa* 和井冈山杜鹃 *Rhododendron jingangshanicum*。

易危（VU）15 种，为天目玉兰 *Yulania amoena*、白肋菱兰 *Rhomboda tokioi*、爪哇唐松草 *Thalictrum javanicum*、半枫荷 *Semiliquidambar cathayensis*、广东蔷薇 *Rosa kwangtungensis*、掌叶覆盆子 *Rubus chingii*、小尖堇菜 *Viola mucronulifera*、长梗柳 *Salix dunnii*、朵花椒 *Zanthoxylum molle*、大叶臭花椒 *Zanthoxylum myriacanthum*、密花梭罗 *Reevesia pycnantha*、木瓜红 *Rehderodendron macrocarpum*、大云锦杜鹃 *Rhododendron faithiae*、杜鹃兰 *Cremastra appendiculata*、美花石斛 *Dendrobium loddigesii*。

近危（NT）21 种，为带唇兰 *Tainia dunnii*、尖叶唐松草 *Thalictrum acutifolium*、华东唐松草 *Thalictrum fortunei*、小柱悬钩子 *Rubus columellaris*、光果悬钩子 *Rubus glabricarpus*、白叶莓 *Rubus innominatus*、水榆花楸 *Sorbus alnifolia*、美脉花楸 *Sorbus caloneura*、绣球绣线菊 *Spiraea blumei*、麻叶绣线菊 *Spiraea cantoniensis*、皱叶鼠李 *Rhamnus rugulosa*、罗汉果 *Siraitia grosvenorii*、大苞赤瓟 *Thladiantha cordifolia*、岭南花椒 *Zanthoxylum austrosinense*、小果核果茶 *Pyrenaria microcarpa*、紫茎 *Stewartia sinensis*、赛山梅 *Styrax confusus*、弯蒴杜鹃 *Rhododendron henryi*、南烛 *Vaccinium bracteatum*、铁线鼠尾草 *Salvia adiantifolia*。

从上述数据可以看到，九连山保护区各类珍稀濒危重点保护植物非常丰富，利用价值高，如半枫荷具有很好的药用价值；任豆和樟是很好的饲料和香料资源；兰科植物数量丰富，共有 88 种，为兰科的保育研究提供了天然的研究条件；此外还有着众多古老的孑遗植物，具有重要的科研价值。

九连山保护区是南岭山地东部典型的亚热带森林生态系统地区，也是我国中亚热带南缘东部自然生态系统保存最完整的地段，有着众多东亚植物区系的代表种，对于研究我国中亚热带生态系统的演变规律、自然环境的变迁、珍稀树种的生长发育和栽培繁殖等具有重要的价值。

在考察期间发现，九连山保护区内多数种类已得到了有效保护，生态环境有了良好改善，群落动态正在顺向演替，但同时令人担忧的是，部分珍稀植物也还面临着严峻的处境。例如，兰科物种丰富，但其种群数量往往较低，且分散，加上其自然繁殖十分依赖于所在环境，保护压力较大，因此应注重自然环境的保护和监测，如在种群集中的分布区域建立保护小区。而其他种类，也多为偶见种，因其材用或药用的效用遭到砍伐和采挖，现种群数量稀少。因此应在做好宣传工作的同时，探寻共管、补偿等方式，提高保护区的社区共管水平，以及各保护站的巡查监管力度。同时也应积极开展科学研究，对于部分天然更新困难、生境片段化的物种，可考虑人工辅助扩繁。

5.2 九连山保护区各类资源植物

根据调查统计，九连山共有蕨类植物 28 科 83 属 280 种，裸子植物 8 科 21 属 28 种，被子植物 171 科 850 属 2183 种（含种下等级及栽培种），物种数量丰富，资源植物繁多。按照中国植物志（中国科学院中国植物志编辑委员会，1993）和 Zhang 等（2020）对中国维管植物利用方式的划分，将其划分为食用、药用、饲料、纤维、材用、观赏和油脂植物（表 5-1），有些植物具有多种用途，可以归入多个类别中，详细如下。

表 5-1　九连山保护区各类资源植物科、属、种统计表

类别	科数	占总科数比例（%）	属数	占总属数比例（%）	种数	占总种数比例（%）
食用植物	62	30.0	107	11.2	172	6.9
药用植物	154	74.4	431	45.2	714	28.7
饲料植物	36	17.4	85	8.9	120	4.8
纤维植物	43	20.8	80	8.4	109	4.4
材用植物	53	25.6	118	12.4	186	7.5
观赏植物	77	37.2	128	13.4	184	7.4
油脂植物	79	30.0	132	11.5	176	7.1

5.2.1 食用植物

野生食用植物主要是指在自然环境中采集得到并可以作为食物来源的植物种类（董世林，1994），可用作蔬菜、水果、谷物或调味品，或用作茶和饮料的原料。

九连山保护区野生食用植物资源丰富，共有 62 科 107 属 172 种，其中蕨类植物 2 种，裸子植物 2 种，被子植物 58 科 103 属 168 种，种类较多的科有蔷薇科 Rosaceae（18 种，下同）、十字花科 Brassicaceae（12）、豆科 Fabaceae（11）、禾本科 Poaceae（10）、葫芦科 Cucurbitaceae（7）、薯蓣科 Dioscoreaceae（7）、木通科 Lardizabalaceae（6）、石蒜科 Amaryllidaceae（5）、苋科 Amaranthaceae（5）。代表性物种如下。

蕨 *Pteridium aquilinum* var. *latiusculum*，其根状茎提取的淀粉称蕨粉，嫩叶称蕨菜，供食用；

银杏 *Ginkgo biloba*，种子供食用，但多食易中毒；

八角 *Illicium verum*，果为著名的调味香料，味香甜；

黑老虎 *Kadsura coccinea*，果成熟后味甜；

蕺菜 *Houttuynia cordata*，嫩根茎可食，我国西南地区人民常将其用作蔬菜或调味品；

香叶树 *Lindera communis*，可作可可豆脂代用品；

芋 *Colocasia esculenta*，块茎可作羹菜，也可代粮或制淀粉；

芜萍 *Wolffia arrhiza*，富含淀粉、蛋白质等营养物质，云南傣族捕捞作蔬食，味美；

野慈姑 *Sagittaria trifolia*，球茎可食用；

薯莨 *Dioscorea cirrhosa*，块茎内含鞣质高可达 30.7%，可提制烤胶及作酿酒的原料；

五叶薯蓣 *Dioscorea pentaphylla*，球茎可食用；

卷丹 *Lilium lancifolium*，鳞茎富含淀粉，供食用；

棕榈 *Trachycarpus fortunei*，未开放的花苞又称“棕鱼”，可供食用；

芭蕉 *Musa basjoo*，主要制成蕉干（或蕉粉）以供食用；

棕叶狗尾草 *Setaria palmifolia*，颖果含丰富淀粉；

白木通 *Akebia trifoliata* subsp. *australis*，果可食；

小叶葡萄 *Vitis sinocinerea*，本属若干野生种类果可食或酿酒；

大果俞藤 *Yua austro-orientalis*，果肉层厚，粤北地区人民上山摘食，果实酸甜，但果肉含黏液，多食时有喉痒痛之感；

地棯 *Melastoma dodecandrum*，果可食，亦可酿酒；

大花枇杷 *Eriobotrya cavaleriei*、台湾枇杷 *Eriobotrya deflexa*，果实味酸甜，可生食，亦可酿酒；

豆梨 *Pyrus calleryana*，果可食用；

粗叶悬钩子 *Rubus alceifolius*、寒莓 *Rubus buergeri*、山莓 *Rubus corchorifolius*、白花悬钩子 *Rubus leucanthus* 等悬钩子属植种，果酸甜可食；

蔓胡颓子 *Elaeagnus glabra*，果可食；

枳椇 *Hovenia acerba*，果序轴结果时膨大，味甜，可食；

大果榆 *Ulmus macrocarpa*，榆实可食；

薜荔 *Ficus pumila*，榕果可食用；

木竹子 *Garcinia multiflora*，果可食；

五月茶 *Antidesma bunius*，果微酸，供食用及制果酱；

荠 *Capsella bursa-pastoris*、弯曲碎米荠 *Cardamine flexuosa*、水田碎米荠 *Cardamine lyrata*，茎叶作蔬菜食用；

苋 *Amaranthus tricolor*、皱果苋 *Amaranthus viridis*，茎叶作为蔬菜食用；

马齿苋 *Portulaca oleracea*，嫩茎叶可作蔬菜，味酸；

油柿 *Diospyros oleifera*，果可供食用；

酸藤子 *Embelia laeta*、白花酸藤果 *Embelia ribes*，幼嫩部分可生吃；

硬齿猕猴桃 *Actinidia callosa*，南烛 *Vaccinium bracteatum*，浆果大，味佳；

定心藤 *Mappianthus iodoides*，果肉味甜可食；

地蚕 *Stachys geobombycis*，肉质的根茎可供食用；

水芹 *Oenanthe javanica*，茎叶可作蔬菜食用。

5.2.2 药用植物

药用植物资源泛指一切对人类健康具有效用的植物资源，主要依据在药典、医学书籍或民族植物学研究中报告为药用的物种，或用于治疗某些疾病的处方。包括已被人们广泛认识和接受的中药资源、虽未被广泛接受但确认有一定疗效或者被证实含有特定成分及生理作用的药用植物资源以及他们的近缘种类（陈功锡等，2015）。

九连山保护区的药用植物有 714 种，隶属于 154 科 431 属。种类集中分布在唇形科 Lamiaceae（40 种，下同）、菊科 Asteraceae（34）、豆科 Fabaceae（28）、蔷薇科 Rosaceae（26）、毛茛科 Ranunculaceae（23）、报春花科 Primulaceae（20）、樟科 Lauraceae（20）、茜草科 Rubiaceae（17）、荨麻科 Urticaceae（16）、夹竹桃科 Apocynaceae（14）、葫芦科 Cucurbitaceae（12）等。其中，蕨类植物 13 种，如：

海金沙 *Lygodium japonicum*，据李时珍《本草纲目》记载，“甘寒无毒，治湿热肿满，小便热淋”；

槐叶蘋 *Salvinia natans*，全草入药，煎服治虚劳发热、湿疹，外敷治丹毒、疔疮和烫伤；

铁线蕨 *Adiantum capillus-veneris*，全草入药，用于治人畜疾病；

野雉尾金粉蕨 *Onychium japonicum*，全草有解毒作用；

井栏边草 *Pteris multifida*，全草入药，能清热利湿、解毒、凉血、收敛、止血、止痢；

槲蕨 *Drynaria roosii*，其根状茎在许多地区作“骨碎补”用，补肾坚骨，活血止痛，治跌打损伤、腰膝酸痛；

光石韦 *Pyrrosia calvata*，全草入药，有收敛利尿作用。

裸子植物 6 科 7 属 7 种，如：

苏铁 *Cycas revoluta*，种子有治痢疾、止咳和止血之效；

银杏 *Ginkgo biloba*，叶有平喘、活血化瘀、止痛之功效；

侧柏 *Platycladus orientalis*，种子与生鳞叶的小枝入药，前者为强壮滋补药，后者为健胃药，又为清凉收敛药及淋疾的利尿药；

三尖杉 *Cephalotaxus fortunei*，叶、枝、种子、根可提取多种植物碱，对治疗淋巴肉瘤等有一定的疗效。

被子植物 145 科 419 属 694 种，典型的如：

红毒茴 *Illicium lanceolatum*，根和根皮有毒，入药取鲜根皮加酒捣烂敷患处，可祛风除湿、散瘀止痛，治跌打损伤、风湿性关节炎；

黑老虎 *Kadsura coccinea*，根药用，能行气活血、消肿止痛，治胃病、风湿骨痛；

五味子 *Schisandra chinensis*，为著名中药，其果含有五味子素，有敛肺止咳、滋补涩精、止泻止汗之效；

蕺菜 *Houttuynia cordata*，全株入药，有清热、解毒、利水之效，治肠炎、痢疾、肾炎水肿及乳腺炎、中耳炎等；

三白草 *Saururus chinensis*，全株药用，内服治尿路感染、尿路结石、脚气水肿及营养性水肿；外敷治痈疮疖肿、皮肤湿疹等；

山蒟 *Piper hancei*，茎、叶药用，治风湿、咳嗽、感冒等；

马兜铃 *Aristolochia debilis*，茎叶称天仙藤，有行气治血、止痛、利尿之效；

尾花细辛 *Asarum caudigerum*，全草入药，多作土细辛用，或作兽药；

木莲 *Manglietia fordiana*，果及树皮入药，治便秘和干咳；

鹰爪花 *Artabotrys hexapetalus*，根可药用，治疟疾；

瓜馥木 *Fissistigma oldhamii*，根可药用，治跌打损伤和关节炎；

无根藤 *Cassytha filiformis*，全草可供药用，化湿消肿，通淋利尿，治肾炎水肿；

华南桂 *Cinnamomum austrosinense*，果实入药治虚寒胃痛；

乌药 *Lindera aggregata*，根药用，为散寒理气健胃药；

香叶树 *Lindera communis*，枝叶入药，民间用于治疗跌打损伤及牛马癣疥等；

豹皮樟 *Litsea coreana* var. *sinensis*，民间用根治疗胃脘胀痛；

浙江新木姜子 *Neolitsea aurata* var. *chekiangensis*，树皮民间用来治胃脘胀痛；

草珊瑚 *Sarcandra glabra*，全株供药用，能清热解毒、祛风活血、消肿止痛、抗菌消炎；

金钱蒲 *Acorus gramineus*，菖蒲属根茎均入药，味辛，苦，性温，能开窍化痰、辟秽杀虫；

一把伞南星 *Arisaema erubescens*，块茎入药，与天南星 *Arisaema heterophyllum* 通用，解毒消肿、祛风定惊、化痰散结；

野芋 *Colocasia antiquorum*，块茎（有毒）供药用，外用治无名肿毒、疥疮；

滴水珠 *Pinellia cordata*，块茎入药，有小毒，能解毒止痛、散结消肿；

黄独 *Dioscorea bulbifera*，块茎主治甲状腺肿大、淋巴结核、咽喉肿痛；

薯莨 *Dioscorea cirrhosa*，块茎入药可活血、补血、收敛固涩，治跌打损伤；

裂果薯 *Schizocapsa plantaginea*，根状茎药用，治牙痛，外敷治跌打、疮疡肿毒；

百部 *Stemona japonica*，根入药，外用于杀虫、止痒、灭虱；

七叶一枝花 *Paris polyphylla*，根状茎药用对毒蛇咬伤、跌打损伤以及无名肿毒有特效；

藜芦 *Veratrum nigrum*，根状茎和地上部分可供药用；

土茯苓 *Smilax glabra*，根状茎入药，称土茯苓，性甘平，利湿热解毒，健脾胃；

牛尾菜 *Smilax riparia*，根状茎有止咳祛痰作用；

仙茅 *Curculigo orchioides*，根状茎久服益精补髓，常用以治阳痿、遗精、腰膝冷痛或四肢麻木等症；

山菅兰 *Dianella ensifolia*，有毒植物，根状茎磨干粉，调醋外敷，可治痈疮脓肿、癣、淋巴结炎；

文殊兰 *Crinum asiaticum* var. *sinicum*，叶与鳞茎药用，有活血散瘀、消肿止痛之效，治跌打损伤、风热头痛等；

天门冬 *Asparagus cochinchinensis*，天门冬的块根是常用的中药，有滋阴润燥、清火止咳之效；

禾叶山麦冬 *Liriope graminifolia*，小块根作中药麦冬用；

沿阶草 *Ophiopogon bodinieri*，中药上作麦冬用；

玉竹 *Polygonatum odoratum*，根状茎药用，养阴润燥，生津止渴；

鸭跖草 *Commelina communis*，药用，为消肿利尿、清热解毒之良药；

杜若 *Pollia japonica*，药用，治蛇、虫咬伤及腰痛；

闭鞘姜 *Costus speciosus*，根茎供药用，有消炎利尿、散瘀消肿之功效；

蘘荷 *Zingiber mioga*，根茎性温，味辛，有温中理气、祛风止痛、消肿、活血之功效；

香附子 *Cyperus rotundus*，块茎名为香附子，可供药用，除能作健胃药外，还可以治疗妇科各症；

淡竹叶 *Lophatherum gracile*，叶为清凉解热药，小块根作药用；

棕叶狗尾草 *Setaria palmifolia*，根药用治脱肛、子宫脱垂；

北越紫堇 *Corydalis balansae*，全草药用，有清热祛火功效，山东用作土黄连；

地锦苗 *Corydalis sheareri*，全草入药，治瘀血，根最好；

三叶木通 *Akebia trifoliata*，根、茎和果均入药，利尿、通乳，有舒筋活络之效，治风湿关节痛；

大血藤 *Sargentodoxa cuneata*，根皮治毒蛇咬伤；

野木瓜 *Stauntonia chinensis*，全株药用，民间记载有舒筋活络、镇痛排脓、解热利尿、通经导湿之功效；

金线吊乌龟 *Stephania cephalantha*，本属植物含丰富生物碱，块根为传统中药材或地方性常用药材；

青牛胆 *Tinospora sagittata*，块根入药，名"金果榄"，味苦，性寒，能清热解毒；

豪猪刺 *Berberis julianae*，根可供药用，有清热解毒，消炎抗菌之功效；

十大功劳 *Mahonia fortunei*，全株可供药用，有清热解毒、滋阴强壮之功效；

威灵仙 *Clematis chinensis*，根入药，能祛风湿、利尿、通经、镇痛，治风寒湿热；

毛柱铁线莲 *Clematis meyeniana*，全株能破血通经、活络止痛，治风寒感冒、胃痛；

禺毛茛 *Ranunculus cantoniensis*，全草含原白头翁素，捣敷发泡，治黄疸、目疾；
尖叶唐松草 *Thalictrum acutifolium*，湖北草医用全草治全身黄肿、眼睛发黄等症；
香皮树 *Meliosma fordii*，树皮及叶药用，有滑肠功效，治便秘；
清风藤 *Sabia japonica*，植株含清风藤碱甲等多种生物碱，供药用，治风湿、鹤膝、麻痹等症；
枫香树 *Liquidambar formosana*，根、叶及果实亦入药，有祛风除湿、通络活血之功效；
牛耳枫 *Daphniphyllum calycinum*，根和叶入药，有清热解毒、活血散瘀之功效；
落地生根 *Bryophyllum pinnatum*，全草入药，可解毒消肿，活血止痛，拔毒生肌；
三叶崖爬藤 *Tetrastigma hemsleyanum*，全株供药用，有活血散瘀、解毒、化痰之功效；
藤黄檀 *Dalbergia hancei*，根、茎入药，能舒筋活络，治风湿痛，有理气止痛、破积之功效；
大叶千斤拔 *Flemingia macrophylla*，根供药用，能祛风活血、强腰壮骨，治风湿骨痛；
野青树 *Indigofera suffruticosa*，叶可提取蓝靛，全草药用，治喉炎；
黄花倒水莲 *Polygala fallax*，本种之根入药，有补气血、健脾利湿、活血调经之功效；
角花胡颓子 *Elaeagnus gonyanthes*，全株均可入药，果实可食，生津止渴，可治肠炎、腹泻；
粗叶榕 *Ficus hirta*，药用治风气，去红肿；
序叶苎麻 *Boehmeria clidemioides* var. *diffusa*，在四川民间全草或根供药用，治风湿、筋骨痛等症；
紫麻 *Oreocnide frutescens*，根、茎、叶入药，行气活血；
地耳草 *Hypericum japonicum*，全草入药，能清热解毒、止血消肿；
七星莲 *Viola diffusa*，全草入药，能清热解毒，外用可消肿、排脓；
少花柏拉木 *Blastus pauciflorus*，全株治疥疮，用于拔毒生肌；
地棯 *Melastoma dodecandrum*，全株供药用，有涩肠止痢、舒筋活血、补血安胎之功效；
野漆 *Toxicodendron succedaneum*，根、叶及果入药，有清热解毒、散瘀生肌、止血之功效；
臭节草 *Boenninghausenia albiflora*，全草作草药，清热、散瘀、凉血、舒筋、消炎；
鸦胆子 *Brucea javanica*，味苦，性寒，有清热解毒、止痢疾等功效；
了哥王 *Wikstroemia indica*，全株有毒，可药用；
何首乌 *Fallopia multiflora*，块根入药，安神、养血、活络；
虎杖 *Reynoutria japonica*，根状茎供药用，有活血、散瘀、通经、镇咳等功效；
皱果苋 *Amaranthus viridis*，全草入药，有清热解毒、利尿止痛的功效；
垂序商陆 *Phytolacca americana*，根供药用，治水肿、白带、风湿，并有催吐作用；
土人参 *Talinum paniculatum*，根为滋补强壮药，补中益气，润肺生津；
常山 *Dichroa febrifuga*，根含有常山素，为抗疟疾要药；
八角枫 *Alangium chinense*，又名白龙须，茎名白龙条，治风湿、跌打损伤、外伤止血等；
华凤仙 *Impatiens chinensis*，全草入药，有清热解毒、消肿拔脓、活血散瘀之功效；
朱砂根 *Ardisia crenata*，为民间常用的中草药之一，根、叶可祛风除湿、散瘀止痛、通经活络；
鲫鱼胆 *Maesa perlarius*，全株供药用，有消肿去腐、生肌接骨之功效；
玉叶金花 *Mussaenda pubescens*，茎叶味甘，性凉，有清凉消暑、清热疏风的功效；
蔓九节 *Psychotria serpens*，全株药用，能舒筋活络、祛风止痛、凉血消肿；
牛皮消 *Cynanchum auriculatum*，块根药用，养阴清热，润肺止咳；
白英 *Solanum lyratum*，全草入药，可治小儿惊风，果实能治风火牙痛；
吊石苣苔 *Lysionotus pauciflorus*，全草可供药用，治跌打损伤等症；
醉鱼草 *Buddleja lindleyana*，全株有小毒，捣碎投入河中能使活鱼麻醉，便于捕捉，故有“醉鱼草”之称，花、叶及根供药用，有祛风除湿、止咳化痰、散瘀之功效；

九头狮子草 *Peristrophe japonica*，药用能解表发汗；

筋骨草 *Ajuga ciliata*，全草入药，治肺热咯血、跌打损伤、扁桃腺炎、咽喉炎等症；

金疮小草 *Ajuga decumbens*，全草入药，治痈疽疔疮、火眼、毒蛇咬伤以及外伤出血等症；

紫背金盘 *Ajuga nipponensis*，全草入药，煎水内服，有镇痛散血之功效；

藿香 *Agastache rugosa*，全草入药，有止呕吐、治霍乱腹痛等功效；

活血丹 *Glechoma longituba*，民间广泛用全草或茎叶入药，治膀胱结石或尿路结石，外敷跌打损伤、外伤出血；

夏枯草 *Prunella vulgaris*，全株入药，治目珠胀痛、手足周身节骨酸疼；

血见愁 *Teucrium viscidum*，全草入药，各地广泛用于治风湿性关节炎、跌打损伤等症；

牡荆 *Vitex negundo* var. *cannabifolia*，种子为清凉性镇静、镇痛药；

秤星树 *Ilex asprella*，根、叶入药，有清热解毒、生津止渴、消肿散瘀之功效；

半边莲 *Lobelia chinensis*，全草可供药用，含多种生物碱，有清热解毒、利尿消肿之功效；

奇蒿 *Artemisia anomala*，全草入药，东南各地称“刘寄奴”或“南刘寄奴”，有活血、通经、清热、解毒、消炎、止痛、消食之功效；

艾 *Artemisia argyi*，全草入药，有温经、去湿、散寒、止血、消炎、平喘、止咳、安胎、抗过敏等功效；

地胆草 *Elephantopus scaber*，全草入药，有清热解毒、消肿利尿之功效；

忍冬 *Lonicera japonica*，金银花是具有悠久历史的著名中药，有清热解毒之功效；

异叶败酱 *Patrinia heterophylla*，本种根含挥发油，根茎和根供药用，药名“墓头回”，能燥湿、止血；

变叶树参 *Dendropanax proteus*，本种为民间草药，根、茎有祛除风湿、活血通络之功效；

积雪草 *Centella asiatica*，全草入药，清热利湿、消肿解毒。

5.2.3 饲料植物

当前我国饲料资源供求关系出现精料短缺、蛋白质饲料短缺、绿色饲料紧缺和总量不足的“三缺一不足”现象（熊康宁等，2019），而野生饲料植物来源广，具有重要的开发研究意义。在实际生产生活中，饲用植物用得最多的就是禾本科植物，其大多为优良的野生牧草，牛、马、羊均喜欢食用。

九连山保护区饲料植物有 36 科 85 属 120 种，其中蕨类植物 3 科 4 属 4 种，被子植物 33 科 81 属 133 种，种类集中分布在禾本科 Poaceae（37 种，下同）、豆科 Fabaceae（19）、桑科 Moraceae（5）、苋科 Amaranthaceae（5 种）、天南星科 Araceae（4）、荨麻科 Urticaceae（4）、杨柳科 Salicaceae（4）。选取部分列举如下：

浮萍 *Lemna minor*，为良好的猪饲料、鸭饲料；

大薸 *Pistia stratiotes*，是产量高、培植容易、质地柔软、营养价值高、适口性好的猪饲料；

芜萍 *Wolffia arrhiza*，为草鱼、鲤鱼等幼鱼的优良饵料，也是鸭、鹅喜食的饲料；

野慈姑 *Sagittaria trifolia*，植株可作鱼、家畜、家禽的饲料；

雨久花 *Monochoria korsakowii*，全草可作家畜、家禽饲料；

野蕉 *Musa balbisiana*，假茎可作猪饲料；

凤眼莲 *Eichhornia crassipes*，全草为家畜、家禽饲料；

野古草 *Arundinella hirta*，幼嫩植株可作饲料；

野燕麦 *Avena fatua*，为粮食的代用品及牛、马的青饲料；

虎尾草 *Chloris virgata*，为各种牲畜食用的牧草；

牛筋草 *Eleusine indica*，根系极发达，秆叶强韧，全株可作饲料；

知风草 *Eragrostis ferruginea*，根系发达，固土力强，为优良饲料；

画眉草 *Eragrostis pilosa*，为优良饲料；

芒 *Miscanthus sinensis*，可作饲料；

铺地黍 *Panicum repens*，繁殖力特强，根系发达，可为高产牧草，但亦是难除杂草之一；

早熟禾 *Poa annua*，为重要的牧草资源；

狗尾草 *Setaria viridis*，秆、叶可作饲料；

野大豆 *Glycine soja*，全株为家畜喜食的饲料，可栽作牧草、绿肥；

胡枝子 *Lespedeza bicolor*，嫩枝、叶可作饲料及绿肥；

鸡眼草 *Kummerowia striata*，可作饲料和绿肥；

异叶榕 *Ficus heteromorpha*，叶可作猪饲料；

托叶楼梯草 *Elatostema nasutum*，叶可作猪饲料；

荨麻 *Urtica fissa*，叶和嫩枝煮后可作饲料；

圆叶节节菜 *Rotala rotundifolia*，常用作猪饲料；

北美独行菜 *Lepidium virginicum*，全草可作饲料；

酸模 *Rumex acetosa*，嫩茎、叶可作蔬菜及饲料；

莲子草 *Alternanthera sessilis*，嫩叶作为野菜食用，又可作饲料；

皱果苋 *Amaranthus viridis*，嫩茎叶可作野菜食用，也可作饲料；

马齿苋 *Portulaca oleracea*，嫩茎叶可作蔬菜，味酸，也是很好的饲料；

牡蒿 *Artemisia japonica*，嫩叶作菜蔬，又作家畜饲料；

攀倒甑 *Patrinia villosa*，民间常以嫩苗作蔬菜食用，也作猪饲料用。

5.2.4 纤维植物

植物纤维对于植物具有支撑作用，大多存在于植物茎部。纤维植物一般是指植物体内具有大量纤维组织的一类植物，其中应用最为广泛的是造纸业，经过深加工后还可作为工业原料，或制作生活用品，如制造生活中的纺织品、篮子、绳索或床垫等。

九连山保护区纤维植物共有 43 科 80 属 109 种，种类集中分布在禾本科 Poaceae（11 种，下同）、锦葵科 Malvaceae（10）、桑科 Moraceae（9）、豆科 Fabaceae（7）、瑞香科 Thymelaeaceae（7）、大麻科 Cannabaceae（5）、荨麻科 Urticaceae（5）。代表性物种如下：

小叶买麻藤 *Gnetum parvifolium*，用其皮部纤维作编制绳索的原料，质地坚韧，性能良好；

五味子 *Schisandra chinensis*，茎皮纤维柔韧，可制绳索；

瓜馥木 *Fissistigma oldhamii*，茎皮纤维可编麻绳、麻袋和造纸；

棕榈 *Trachycarpus fortunei*，其棕皮纤维（叶鞘纤维），可制绳索、编蓑衣等；

芭蕉 *Musa basjoo*，叶纤维为芭蕉布（称蕉葛）的原料，亦为造纸原料；

香蒲 *Typha orientalis*，叶片用于编织、造纸等；

灯芯草 *Juncus effusus*，茎皮纤维可作编织和造纸原料；

野古草 *Arundinella hirta*，作造纸原料；

芒 *Miscanthus sinensis*，秆纤维用途较广，可作造纸原料等；

芦苇 *Phragmites australis*，秆为造纸原料或作编席织帘及建棚材料；

斑茅 *Saccharum arundinaceum*，秆可编席和造纸；

毛柱铁线莲 *Clematis meyeniana*，茎皮纤维可作造纸、搓绳等的原料；

藤黄檀 *Dalbergia hancei*，茎皮含单宁，纤维供编织；

厚果崖豆藤 *Millettia pachycarpa*，茎皮纤维可供利用；

胡颓子 *Elaeagnus pungens*，茎皮纤维可造纸和人造纤维板；

刺榆 *Hemiptelea davidii*，树皮纤维可作人造棉、绳索、麻袋的原料；

糙叶树 *Aphananthe aspera*，枝皮纤维供制人造棉、绳索用；

山黄麻 *Trema tomentosa*，韧皮纤维可作人造棉、麻绳和造纸原料；

异叶榕 *Ficus heteromorpha*，茎皮纤维供造纸；

粗叶榕 *Ficus hirta*，茎皮纤维可制麻绳、麻袋；

构 *Broussonetia papyrifera*，本属中多数种类树皮为造纸原料；

鸡桑 *Morus australis*，韧皮纤维可以造纸；

青叶苎麻 *Boehmeria nivea* var. *tenacissima*，其茎皮纤维细长，强韧，洁白，有光泽，拉力强，耐水湿，富弹力和绝缘性，可织成夏布、橡胶工业的衬布，用途广泛；

紫麻 *Oreocnide frutescens*，茎皮纤维细长坚韧，可供制绳索、麻袅和人造棉；

石岩枫 *Mallotus repandus*，茎皮纤维可编绳用；

青榨槭 *Acer davidii*，树皮纤维较长，又含丹宁，可作工业原料；

苘麻 *Abutilon theophrasti*，本种皮层纤维可作为麻类的代用品，供织麻布、搓绳索和加工成人造棉供织物和垫充料；

甜麻 *Corchorus aestuans*，纤维可作为黄麻代用品，用作编织及造纸原料；

马松子 *Melochia corchorifolia*，本种的茎皮富含纤维，可与黄麻混纺以制麻袋；

地桃花 *Urena lobata*，茎皮富含坚韧的纤维，供纺织和搓绳索，常用为麻类的代用品；

长柱瑞香 *Daphne championii*，茎皮纤维为打字蜡纸、复写纸等高级用纸的原料，又可作人造棉；

毛瑞香 *Daphne kiusiana* var. *atrocaulis*、白瑞香 *Daphne papyracea*，韧皮纤维发达，可作高级文化纸和人造棉的原料；

结香 *Edgeworthia chrysantha*，茎皮纤维可作高级纸及人造棉的原料；

了哥王 *Wikstroemia indica*，茎皮纤维可作造纸原料；

细叶水团花 *Adina rubella*，茎纤维为绳索、麻袋、人造棉和纸张等原料；

络石 *Trachelospermum jasminoides*，茎皮纤维拉力强，可制绳索、造纸及人造棉；

牡荆 *Vitex negundo* var. *cannabifolia*，茎皮可造纸及制人造棉；

铁冬青 *Ilex rotunda*，枝叶作造纸糊料的原料；

宜昌荚蒾 *Viburnum erosum*，茎皮纤维可制绳索及造纸，枝条供编织用。

5.2.5 材用植物

材用植物是指以收获木材为目的的树种，种子植物中有许多树种是名贵或重要木材。木材类产品是国家建设和人民生活不可或缺的生产资料和生活资料，被广泛运用于工农业生产、建筑装修、家具制造、制浆造纸以及国防等各个方面。我国人口较多，木材类产品需求潜在的市场巨大；需求量的增大，加上我国森林资源分布极不平衡等特点，木材产量和后备森林资源远远不能满足多方面需求，使得野生木材资源显得极为珍贵。因此，保护好森林资源和加强生态环境建设，是解决好木材类产品供求矛盾的关键。

九连山保护区材用类植物资源有 53 科 118 属 186 种，其中裸子植物 6 科 18 属 22 种，被子植物 47 科 100 属 165 种，种类集中分布在樟科 Lauraceae（19 种，下同）、壳斗科 Fagaceae（18）、禾本科 Poaceae（14）、柏科 Cupressaceae（11）、豆科 Fabaceae（10）、蔷薇科 Rosaceae（8）、木兰科 Magnoliaceae（6）、松科 Pinaceae（5）、杨柳科 Salicaceae（6）、榆科 Ulmaceae（6）、茜草科 Rubiaceae（5）。代表性物种如下：

雪松 *Cedrus deodara*，边材白色，心材褐色，纹理通直，材质坚实、致密而均匀；

马尾松 *Pinus massoniana*，心边材区别不明显，淡黄褐色，纹理直，结构粗，供建筑、枕木、矿柱、家具及木纤维工业（人造丝浆及造纸）原料等用，可作建筑、桥梁、造船、家具及器具等用材；

台湾松 *Pinus taiwanensis*，材质较马尾松为佳，质坚实，富树脂，稍耐久用；

黑松 *Pinus thunbergii*，木材富树脂，较坚韧，结构较细，纹理直，耐久用，可作建筑、矿柱、器具、板料及薪炭等用材；

柳杉 *Cryptomeria japonica* var. *sinensis*，边材黄白色，心材淡红褐色，材质较轻软，纹理直，结构细，耐腐力强，易加工，可作房屋建筑、电杆、器具、家具及造纸原料等用材；

杉木 *Cunninghamia lanceolata*，木材优良、用途广，为长江以南温暖地区最重要的速生用材树种；

侧柏 *Platycladus orientalis*，木材淡黄褐色，富树脂，材质细密，可作建筑、器具、家具、农具及文具等用材；

三尖杉 *Cephalotaxus fortunei*，木材黄褐色，纹理细致，材质坚实，韧性强，有弹性，可作建筑、桥梁、舟车、农具、家具及器具等用材；

鹅掌楸 *Liriodendron chinense*，木材淡红褐色，纹理直，结构细，质轻软，易加工，少变形，干燥后少开裂，无虫蛀，是建筑、造船、家具、细木工的优良用材，亦可制胶合板；

木莲 *Manglietia fordiana*，木材可作板料、细工用材；

深山含笑 *Michelia maudiae*，木材纹理直，结构细，易加工，可作家具、板料、绘图版、细木工用材；

樟 *Cinnamomum camphora*，木材为造船、橱箱和建筑等用材；

山胡椒 *Lindera glauca*，木材可做家具；

黄丹木姜子 *Litsea elongata*，木材可供建筑及家具等用；

润楠 *Machilus nanmu*，本属多优良用材树种，供建筑、贵重家具和细工用；

刨花润楠 *Machilus pauhoi*，本种的边材易腐，心材较坚实，稍带红色，弦切面的纹理美观，为散孔材，木射线纤细，放大镜下可见，木材供建筑、制家具等用，刨成薄片，称“刨花”；

闽楠 *Phoebe bournei*，木材纹理直，结构细密，为建筑、高级家具等良好木材；

檫木 *Sassafras tzumu*，本种木材浅黄色，材质优良，细致，耐久，用于造船、水车及上等家具；

簕竹 *Bambusa blumeana*，本竹种常栽植为防护林；

水竹 *Phyllostachys heteroclada*，竹材韧性好，竹竿粗直，节较平，宜编制各种生活及生产用具；

苦竹 *Pleioblastus amarus*， 本种篾性一般，当地用以编篮筐，竿材还能作伞柄或菜园的支架以及旗杆、帐杆等用；

泡花树 *Meliosma cuneifolia*，木材红褐色，纹理略斜，结构细，质轻，为良材之一；

红柴枝 *Meliosma oldhamii*，木材坚硬，可作车辆用材；

网脉山龙眼 *Helicia reticulata*，木材坚韧，淡黄色，适宜做农具；

蕈树 *Altingia chinensis*，供建筑及制家具用，在森林里亦常被砍倒作放养香菇的母树；

合欢 *Albizia julibrissin*，心材黄灰褐色，边材黄白色，耐久，多用于制家具；

光叶石楠 *Photinia glabra*，木材坚硬致密，可作器具、船舶、车辆等用材；

枳椇 *Hovenia acerba*，木材细致坚硬，为建筑和制细木工用具的良好用材；

大果榆 *Ulmus macrocarpa*，边材淡黄色，心材黄褐色，木材重硬，纹理直，结构粗，有光泽，韧性强，弯挠性能良好，耐磨损，可供车辆、农具、家具、器具等地用；

山黄麻 *Trema tomentosa*，木材供建筑、器具及薪炭用；

甜槠 *Castanopsis eyrei*，木材淡棕黄色或黄白色，环孔材，年轮近圆形，仅有细木射线；

罴蒴锥 *Castanopsis fissa*，材质坚实，是优良的建筑及家具材；

鹿角锥 *Castanopsis lamontii*，木材灰黄色至淡棕黄色，坚硬度中等，干时少爆裂，颇耐腐；

柯 *Lithocarpus glaber*，树皮褐黑色，不开裂，材质颇坚重，纹理直，不甚耐腐，适作家具、农具等用材；

桤木 *Alnus cremastogyne*，木材较松，宜作薪炭及燃料；

日本杜英 *Elaeocarpus japonicus*，本种木材可制家具，又是放养香菇的理想木材；

黄牛木 *Cratoxylum cochinchinense*，本种材质坚硬，纹理精致，供雕刻用；

五月茶 *Antidesma bunius*，木材淡棕红色，纹理直至斜，结构细，材质软，适于作箱板用料；

楝 *Melia azedarach*，边材黄白色，心材黄色至红褐色，纹理粗而美，质轻软，有光泽，施工易，是家具、建筑、农具、舟车、乐器等用材；

罗浮柿 *Diospyros morrisiana*，木材可制家具；

木荷 *Schima superba*，木材供建筑、造船及制作家具等用；

羊舌树 *Symplocos glauca*，木材供建筑、家具、文具及板料用；

狗骨柴 *Diplospora dubia*，木材致密强韧，加工容易，可作器具及雕刻细工用材；

团花 *Neolamarckia cadamba*，本种为著名速生树种，木材供建筑和制板用；

山牡荆 *Vitex quinata*，适于作桁、桶、门、窗、天花板、文具、胶合板等用材；

铁冬青 *Ilex rotunda*，木材作细工用材。

5.2.6 观赏植物

观赏植物是指具有一定的观赏价值，能够用于室内或室外布置以美化环境和丰富人们生活的一类植物（邢福武，2009）。随着城市化进程的加快，人们对园林美化观赏植物的种类和配置的美学要求也越来越高，观赏植物资源的开发与利用可为解决园林植物景观单一的现状提供科学参考，或用于水土保持和沙土固定。

九连山保护区的观赏植物有 77 科 128 属 184 种，其中蕨类植物 5 科 5 属 6 种，裸子植物 6 科 16 属 19 种，被子植物 66 科 107 属 159 种，种类集中分布在蔷薇科 Rosaceae（13 种，下同）、柏科 Cupressaceae（10）、豆科 Fabaceae（8）、禾本科 Poaceae（7）、木兰科 Magnoliaceae（7）、天门冬科 Asparagaceae（7）、杜鹃花科 Ericaceae（6）、瑞香科 Thymelaeaceae（5）、松科 Pinaceae（4）、杨柳科 Salicaceae（5），代表性物种如下：

羽节紫萁 *Plenasium banksiifolium*、扇叶铁线蕨 *Adiantum flabellulatum*、苏铁蕨 *Brainea insignis*、银杏 *Ginkgo biloba*、雪松 *Cedrus deodara*、马尾松 *Pinus massoniana*、罗汉松 *Podocarpus macrophyllus*、福建柏 *Fokienia hodginsii*、刺柏 *Juniperus formosana*、乐昌含笑 *Michelia chapensis*、深山含笑 *Michelia maudiae*、鹰爪花 *Artabotrys hexapetalus*、檫木 *Sassafras tzumu*、一把伞南星 *Arisaema erubescens*、野慈姑 *Sagittaria trifolia*、薯莨 *Dioscorea cirrhosa*、黄花鹤顶兰 *Phaius flavus*、蜘蛛抱蛋 *Aspidistra elatior*、禾叶山麦冬 *Liriope graminifolia*、棕竹 *Rhapis excelsa*、野蕉 *Musa balbisiana*、十大功劳 *Mahonia fortunei*、胡枝子 *Lespedeza bicolor*、台湾林檎 *Malus doumeri*、豆梨 *Pyrus calleryana*、石斑木 *Rhaphiolepis indica*、粉团蔷薇 *Rosa multiflora* var. *cathayensis*、麻叶绣线菊 *Spiraea cantoniensis*、蔓胡颓子 *Elaeagnus glabra*、马甲子 *Paliurus ramosissimus*、紫背天葵 *Begonia fimbristipula*、七星莲 *Viola diffusa*、三角叶堇菜 *Viola triangulifolia*、五月茶 *Antidesma bunius*、青榨槭 *Acer davidii*、楝 *Melia azedarach*、长柱瑞香 *Daphne championii*、落葵 *Basella alba*、喜树 *Camptotheca acuminata*、陀螺果 *Melliodendron xylocarpum*、弯蒴杜鹃 *Rhododendron henryi*、猴头杜鹃 *Rhododendron simiarum*、喜马拉雅珊瑚 *Aucuba himalaica*、风箱树 *Cephalanthus tetrandrus*、长花厚壳树 *Ehretia longiflora*、白蜡树 *Fraxinus chinensis*、冬青 *Ilex chinensis*、大花忍冬 *Lonicera macrantha*、常春藤 *Hedera nepalensis* var. *sinensis*。

第6章
动物多样性

6.1 两栖类

6.1.1 调查方法和范围

2015—2016 年，采用典型生境线样线法展开两栖动物调查，每晚 19:30 开始调查，至 0:30 结束。每种采集 2~4 个标本，并录制叫声，拍摄生态照片；调查主要在春夏季进行，秋冬季完成 1 次调查。

记录内容：①采集标本，一般每个地点每种限采 4 个标本，个别物种可采集 10 个标本；蝌蚪可采集 20 尾标本；②采集肌肉样品，保存在 90% 的乙醇溶液中，作为 DNA 材料；③ 录制鸣声；④拍摄生态照片。

调查范围主要集中在虾公塘保护站和大丘田保护站，这两个区域的调查路线基本都完成了 3~4 次的重复调查，而花露保护站、黄牛石保护站和润洞保护站各只进行了一次局部调查。

6.1.2 分类系统及珍稀保护动物确定依据

（1）分类系统

Amphibian species of the world 6.2（世界两栖动物）（Frost，2024）。

（2）珍稀濒危和保护动物

IUCN 受胁等级：IUCN 全称为 International Union for Conservation of Nature，即世界自然保护联盟。IUCN 制定的物种红色名录（IUCN red list of threatened species）是全球尺度下对物种珍稀濒危程度加以分级评估。其根据物种分布面积和占有面积、种群受胁状况等标准，划分了多个等级，包括野外灭绝（EW）、极危（CR）、濒危（EN）、易危（VU）、近危（NT）和无危（LC）等，其中极危、濒危和易危被定义为受胁物种（iucnredlist web, 2021）。《中国物种红色名录》（蒋志刚等，2016）和《IUCN Red List》（IUCN，2021）的濒危等级认定都是依据 IUCN 的评估标准。

国家重点保护野生动物依据《国家重点保护野生动物名录》（国家林业和草原局、农业农村部，2021）。

6.1.3 调查结果

调查共记录两栖类 2 目 8 科 22 属 32 种（表 6-1）。其中，有尾目 CAUDATA 仅 1 科 1 属 1 种；其余 31 种为无尾目 ANURA，分属 7 科，蛙科 Ranidae 多样性最高，有 5 属 8 种，角蟾科 Megophryidae 为 5 属 6 种，

表6-1　九连山保护区国家级自然保护区两栖类及其分布

序号	多样性编目	虾公塘	大丘田	花露	润洞	黄牛石
一、	**有尾目 CAUDATA (Fischer von Waldheim, 1813)**					
1.	**蝾螈科 Salamandridae (Goldfuss, 1820)**					
(1)	黑斑肥螈 *Pachytriton* cf. *brevipes* (Sauvage, 1876)	√				
二、	**无尾目 ANURA (Fischer von Waldheim, 1813)**					
2.	**角蟾科 Megophryidae (Bonaparte, 1850)**					
(2)	崇安髭蟾 *Leptobrachium liui* (Pope, 1947)	√	√			√
(3)	福建掌突蟾 *Leptobrachella liui* (Fei and Ye, 1990)	√	√			
(4)	东方短腿蟾 *Brachytarsophrys orientalis* (Li, Lyu, Wang, and Wang, 2020)		√			
(5)	莽山角蟾 *Xenophrys mangshanensis* (Fei and Ye, 1990)	√	√	√	√	√
(6)	九连山角蟾 *Boulenophrys jiulianensis* (Wang, Zeng, Lyu and Wang, 2019)	√	√			√
(7)	雨神角蟾 *Boulenophrys ombrophila* (Messenger and Dahn, 2019)		√			√
3.	**蟾蜍科 Bufonidae (Gray, 1825)**					
(8)	黑眶蟾蜍 *Duttaphrynus melanostictus* (Schneider, 1799)	√	√	√	√	√
(9)	中华蟾蜍 *Bufo gargarizans* (Cantor, 1842)	√	√	√	√	√
4.	**雨蛙科 Hylidae (Rafinesque, 1815)**					
(10)	中国雨蛙 *Hyla chinensis* (Günther, 1858)			√	√	√
(11)	三港雨蛙 *Hyla sanchiangensis* (Pope, 1929)					√
5.	**蛙科 Ranidae (Batsch, 1796)**					
(12)	长肢林蛙 *Rana longicrus* (Stejneger, 1898)	√	√	√	√	√
(13)	沼水蛙 *Hylarana guentheri* (Boulenger, 1882)	√	√	√	√	√
(14)	阔褶水蛙 *Hylarana latouchii* (Boulenger, 1899)	√	√	√	√	√
(15)	粤琴蛙 *Nidirana guangdongensis* (Lyu, Wan, and Wang, 2020)	√	√	√	√	√
(16)	梅氏臭蛙 *Odorrana melli* (Vogt, 1922)	√	√	√	√	√
(17)	龙头山臭蛙 *Odorrana leporipes* (Werner, 1930)	√	√	√	√	√
(18)	车八岭竹叶蛙 *Odorrana confusa* (Song, Zhang, Qi, Lyu, Zeng and Wang, 2023)	√	√	√	√	√
(19)	华南湍蛙 *Amolops ricketti* (Boulenger, 1899)	√	√	√	√	√
6.	**叉舌蛙科 Dicroglossidae (Anderson, 1871)**					
(20)	泽陆蛙 *Fejervarya multistriata* (Hallowell, 1861)	√	√	√	√	√
(21)	虎纹蛙 *Hoplobatrachus chinensis* (Osbeck, 1765)		√	√	√	√
(22)	福建大头蛙 *Limnonectes fujianensis* (Ye and Fei, 1994)	√	√	√	√	√
(23)	棘胸蛙 *Quasipaa spinosa* (David, 1875)	√	√	√	√	√
(24)	小棘蛙 *Quasipaa exilispinosa* (Liu and Hu, 1975)	√	√			

（续）

序号	多样性编目	虾公塘	大丘田	花露	润洞	黄牛石
7.	**树蛙科 Rhacophoridae [Hoffman, 1932 (1858)]**					
(25)	斑腿泛树蛙 *Polypedates megacephalus* (Hallowell, 1861)	√	√	√	√	√
(26)	大树蛙 *Rhacophorus dennysi* (Blanford, 1881)	√	√	√	√	√
(27)	布氏泛树蛙 *Polypedates braueri* (Volt, 1911)					
(28)	红吸盘棱皮树蛙 *Theloderma rhododiscus* (Liu and Hu, 1962)	√	√			
8.	**姬蛙科 Microhylidae [Günther, 1858 (1843)]**					
(29)	小弧斑姬蛙 *Microhyla heymonsi* (Vogt, 1911)	√	√	√	√	√
(30)	粗皮姬蛙 *Microhyla butleri* (Boulenger, 1900)	√	√	√	√	√
(31)	饰纹姬蛙 *Microhyla fissipes* (Boulenger, 1884)	√	√	√	√	√
(32)	花姬蛙 *Microhyla pulchra* (Hallowell, 1861)	√	√	√	√	√

叉舌蛙科 Dicroglossidae 为 4 属 5 种，姬蛙科 Microhylidae 有 1 属 4 种，树蛙科 Rhacophoridae 有 3 属 4 种，蟾蜍科 Bufonidae 有 2 属 2 种，雨蛙科 Hylidae 有 1 属 2 种。姬蛙属 Microhyla 物种最多，有 4 种；其次是臭蛙属 *Odorrana*，有 3 种，布角蟾属 *Boulenophrys*、雨蛙属 *Hyla*、水蛙属 *Hylarana* 和棘胸蛙属 *Quasipaa*，各有 2 种；其余 16 属均只有 1 种。

6.1.3.1 新种

本次调查共发现 2 个新种，均属于角蟾科，简述如下。

（1）九连山角蟾 *Boulenophrys jiulianensis* (Wang, Zeng, Lyu & Wang, 2019)

目前，该种（图 6-1）已知的分布区只有江西九连山国家级自然保护区和广东省南昆山自然保护区。3~7 月是其繁殖期。

（2）东方短腿蟾 *Brachytarsophrys orientalis* (Li, Lyu, Wang, and Wang, 2020)

目前，该种已知的分布区包括江西九连山国家级自然保护区、福建梅花山国家级自然保护区和南靖虎伯寮国家级自然保护区。

6.1.3.2 中国特有种

九连山共有 16 种为中国特有种，占 51.6%。分别是黑斑肥螈 *Pachytriton brevipes*、小棘蛙 *Quasipaa exilispinosa*、福建大头蛙 *Limnonectes fujianensis*、龙头山臭蛙 *Odorrana ceporipes*、车八岭竹叶蛙 *Odorrana confuse*、梅氏臭蛙 *Odorrana melli*、粤琴蛙 *Nidirana guangdongensis*、阔褶水蛙 *Hylarana latouchii*、长肢林蛙 *Rana longicrus*、三港雨蛙 *Hyla sanchiangensis*、崇安髭蟾 *Leptobrachium liui*、福建掌突蟾 *Leptobrachella liui*、莽山角蟾 *Xenophrys mangshanensis*、九连山角蟾 *Boulenophrys jiulianensis*、雨神角蟾 *Boulenophrys ombrophila* 和东方短腿蟾 *Brachytarsophrys orientalis*。

6.1.3.3 珍稀濒危和保护物种

虎纹蛙 *Hoplobatrachus chinensis* 是国家二级保护野生动物。

长肢林蛙、棘胸蛙和小棘蛙是 IUCN 易危（VU）物种。另外，虎纹蛙、棘胸蛙和小棘蛙都是中国物种红色名录易危（VU）物种。

A 和 B：正模标本 SYS a002112 活体背侧面观和腹面观；C 和 D：手部和脚部腹面观

图6-1　九连山角蟾（彩图见附录10）

6.2 爬行类

6.2.1 调查方法

（1）调查路线

爬行类调查在夜晚和白天分别进行，与两栖类调查线路相同。

（2）调查方法

采用典型生境样线法调查，主要是溯溪和沿路调查。

记录内容：分调查记录和标本记录。调查记录表需记录种类、数量、海拔、活动状况、环境因子、受胁因素等数据。每种限采标本 4 个，均采集肝脏样品，保存在 95% 的乙醇溶液中，作为 DNA 材料。标本记录表记录内容包括年龄（成幼）、雌雄、基本测量数据、采集地生境信息等内容。同时，拍摄生态照片（图 6-2）。

6.2.2 分类系统及珍稀保护动物确定依据

（1）分类系统

爬行动物数据库（http://www.reptile-database.org）。

图6-2　东方短腿蟾背侧面观（彩图见附录10）

（2）珍稀濒危和保护动物

同两栖类。

6.2.3 调查结果

6.2.3.1 物种组成

为期一年的调查，共记录了爬行纲动物 2 目 17 科 43 属 66 种。

龟鳖目 TESTUDOFORMES 共记录 3 科 4 属 4 种，即平胸龟 *Platysternon megacephalum*、乌龟 *Chinemys reevesii*、眼斑水龟 *Sacalia bealei*、中华鳖 *Pelodiscus sinensis*。在大丘田溪流有很多龟笼，当地人捕捉平胸龟贩卖。另外，调查发现有一只东方短腿蟾雌性个体疑似被平胸龟捕食，只剩身体半边，间接证实保护区内确实有野生平胸龟存在，且有一定规模的种群。

有鳞目 SQUAMATA 蜥蜴亚目 LACERTILIA 共记录 4 科 7 属 14 种。其中，石龙子科 Scincidae 有 4 属 7 种，蜥蜴科 Lacertidae 有 1 属 3 种，壁虎科 Gekkonidae 有 1 属 3 种，鬣蜥科 Agamidae 有 1 属 1 种。

有鳞目 SQUAMATA 蛇亚目 SERPENTES 共记录 10 科 32 属 47 种。其中，游蛇科 Colubridae 共记录 8 属 17 种，水游蛇科 Natricidae 共记录 8 属 11 种，眼镜蛇科 Elapidae 共记录 4 属 5 种，蝰科 Viperidae 共记录 5 属 5 种，斜鳞蛇科 Pseudoxenodontidae 共记录 1 属 3 种，水蛇科 Homalopsidae 共记录 2 属 2 种，闪鳞蛇科 Xenopeltidae、闪皮蛇科 Xenodermatidae、钝头蛇科 Pareatidae 和两头蛇科 Calamariidae 各记录 1 属 1 种。

链蛇属 *Lycodon* 和鼠蛇属 *Ptyas*，均记录 4 种，多样性最高；其次为壁虎属 *Gekko*、蜓蜥属 *Sphenomorphus*、草蜥属 *Takydromus*、腹链蛇属 *Amphiesma* 和斜鳞蛇属 *Pseudoxenodon*，均记录 3 种；再次为石龙子属 *Plestiodon*、环蛇属 *Bungarus*、林蛇属 *Boiga*、锦蛇属 *Elaphe*、小头蛇属 *Oligodon*、东亚腹链蛇属 *Hebius* 和环游蛇属 *Trimerodytes*，均记录 2 种；其余的属均只记录 1 种。

6.2.3.2 新记录物种

共有 2 个江西省新记录种，分别是梅氏壁虎 *Gekko melli* 和北部湾蜓蜥 *Sphenomorphus tonkinensis*，文章均已发表。

6.2.3.3 珍稀濒危物种和受保护物种

（1）IUCN 受胁物种

极危等级（CR）1 种，平胸龟；濒危等级（EN）2 种，乌龟和眼斑水龟；易危（VU）3 种，中华鳖、尖吻蝮 *Deinagkistrodon acutus* 和眼镜王蛇 *Ophiophagus hannah*。

（2）《中国物种红色名录》受胁物种

极危等级（CR）2 种：平胸龟和眼斑水龟；濒危等级（EN）10 种：乌龟、中华鳖、崇安草蜥 *Takydromus sylvaticus*、尖吻蝮、金环蛇 *Bungarus fasciatus*、银环蛇 *Bungarus multicinctus*、眼镜王蛇、王锦蛇 *Elaphe carinata*、黑眉锦蛇 *Elaphe taeniura* 和滑鼠蛇 *Ptyas mucosus*；易危（VU）10 种：梅氏壁虎 *Gekko melli*、白头蝰 *Azemiops kharini*、中国水蛇 *Myrrophis chinensis*、铅色水蛇 *Hypsiscopus murphyi*、舟山眼镜蛇 *Naja atra*、灰鼠蛇 *Ptyas* korros、乌梢蛇 *Ptyas dhumnades*、玉斑锦蛇 *Euprepiophis mandarinus*、乌华游蛇 *Trimerodytes percarinata*、环纹华游蛇 *Trimerodytes aequifasciata*。

（3）国家重点保护野生动物

国家二级保护野生动物 4 种，为平胸龟、乌龟、眼斑水龟和眼镜王蛇。

6.2.3.4 中国特有种

7 种为中国特有种，即梅氏壁虎 *Gekko melli*、蓝尾石龙子 *Plestiodon elegans*、崇安草蜥、古氏草蜥 *Takydromus kuehnei*、中国小头蛇 *Oligodon chinensis*、颈棱蛇 *Pseudoagkistrodon rudis*、山溪后棱蛇 *Opisthotropis latouchii*。

表6-2 九连山保护区国家级自然保护区爬行类组成

序号	多样性编目	分布辖区	国家重点保护级别	IUCN受胁等级	中国物种红色名录受胁等级
一、	**龟鳖目 TESTUDINES**				
1.	**平胸龟科 Platysternidae**				
(1)	平胸龟 *Platysternon megacephalum* (Gray, 1831)	大丘田	二级	CR	CR
2.	**地龟科 Geoemydidae**				
(2)	乌龟 *Mauremys reevesii* (Gray, 1831)	大丘田	二级	EN	EN
(3)	眼斑水龟 *Sacalia bealei* (Gray,1831)	大丘田	二级	EN	CR
3.	**鳖科 Trionychidae**				
(4)	中华鳖 *Pelodiscus sinensis* (Wiegmann, 1835)	保护区全境		VU	EN
二、	**有鳞目 SQUAMATA 蜥蜴亚目 Lacertilia**				
4.	**壁虎科 Gekkonidae**				
(5)	多疣壁虎 *Gekko japonicas* (Duméril and Bibron, 1836)	虾公塘			
(6)	梅氏壁虎 *Gekko melli* (Vogt, 1922)	保护区全境			VU
(7)	蹼趾壁虎 *Gekko subpalmatus* (Guenther, 1864)	虾公塘			
5.	**鬣蜥科 Agamidae**				
(8)	丽棘蜥 *Acanthosaura lepidogaster* (Cuvier, 1829)	保护区全境			
6.	**石龙子科 Scincidae**				
(9)	光蜥 *Ateuchosaurus chinensis* (Gray, 1845)	保护区全境			

序号	多样性编目	分布辖区	国家重点保护级别	IUCN 受胁等级	中国物种红色名录受胁等级
(10)	蓝尾石龙子 *Plestiodon elegans* (Boulenger, 1887)	保护区全境			
(11)	中国石龙子 *Plestiodon chinensis* (Gray, 1838)	保护区全境			
(12)	中国棱蜥 *Tropidophorus sinicus* (Boettger, 1886)	保护区全境			
(13)	股鳞蜓蜥 *Sphenomorphus incognitus* (Thompson, 1912)	保护区全境			
(14)	铜蜓蜥 *Sphenomorphus indicus* (Gray, 1853)	保护区全境			
(15)	北部湾蜓蜥 *Sphenomorphus tonkinensis* (Nguyen et al., 2011)	大丘田、虾公塘、黄牛石			
7.	**蜥蜴科 Lacertidae**				
(16)	古氏草蜥 *Takydromus kuehnei* (Van Denburgh, 1909)	大丘田			
(17)	崇安草蜥 *Takydromus sylvaticus* (Pope, 1928)	大丘田			EN
(18)	北草蜥 *Takydromus septentrionalis* (Günther, 1864)	保护区全境			
三、	**有鳞目 SQUAMATA 蛇亚目 SERPENTES**				
8.	**闪鳞蛇科 Xenopeltidae**				
(19)	海南闪鳞蛇 *Xenopeltis hainanensis* (Hu and Zhao, 1972)	保护区全境			
9.	**闪皮蛇科 Xenodermatidae**				
(20)	棕脊蛇 *Achalinus rufescens* (Boulenger, 1888)	虾公塘、黄牛石			
10.	**钝头蛇科 Pareatidae**				
(21)	台湾钝头蛇 *Pareas formosensis* (Van Denhurgh, 1909)	大丘田、虾公塘、黄牛石			
11.	**蝰科 Viperidae**				
(22)	白头蝰 *Azemiops kharini* (Orlov, Ryabov, Nguyen, 2013)	大丘田、虾公塘、黄牛石			VU
(23)	原矛头蝮 *Protobothrops mucrosquamatus* (Cantor, 1839)	保护区全境			
(24)	尖吻蝮 *Deinagkistrodon acutus* (Guenther, 1888)	保护区全境		VU	EN
(25)	福建竹叶青 *Viridovipera stejnegeri* (Schmidt, 1925)	保护区全境			
(26)	白唇竹叶青 *Trimeresurus albolabris* (Gray, 1842)	保护区全境			
12.	**水蛇科 Homalopsidae**				
(27)	中国水蛇 *Myrrophis chinensis* (Gray, 1842)	保护区全境			VU
(28)	铅色水蛇 *Hypsiscopus murphyi* (Bernstein, Voris, Stuart, Phimmachak, Seateun, Sivongxay, Neang, Karns, Andrews, Osterhage, Phipps & Ruane, 2022)	保护区全境			VU
13.	**眼镜蛇科 Elapidae**				
(29)	银环蛇 *Bungarus multicinctus* (Blyth, 1861)	保护区全境			EN

（续）

序号	多样性编目	分布辖区	国家重点保护级别	IUCN受胁等级	中国物种红色名录受胁等级
(30)	舟山眼镜蛇 *Naja atra* (Cantor, 1842)	保护区全境			VU
(31)	眼镜王蛇 *Ophiophagus hannah* (Cantor, 1836)	保护区全境	二级	VU	EN
(32)	环纹华珊瑚蛇 *Sinomicrurus annularis* (Günther, 1864)	保护区全境			
(33)	福建华珊瑚蛇 *Sinomicrurus kelloggi* (Pope,1928)	保护区全境			
14.	**游蛇科 Colubridae**				
(34)	繁花林蛇 *Boiga multomaculata* (Reinwardt,1872)	黄牛石			
(35)	王锦蛇 *Elaphe carinata* (Gunther,1864)	保护区全境			EN
(36)	黑眉锦蛇 *Elaphe taeniura* (Cope,1861)	保护区全境			EN
(37)	灰腹绿锦蛇 *Gonyosoma frenata* (Gray, 1853)	保护区全境			
(38)	刘氏白环蛇 *Lycodon Liuchengchai* (Zhang, Jiang, Vogel and Rao, 2011)	大丘田			
(39)	台湾小头蛇 *Oligodon formosanus* (Guenther, 1872)	保护区全境			
(40)	灰鼠蛇 *Ptyas korros* (Schlegel,1837)	保护区全境			VU
(41)	滑鼠蛇 *Ptyas mucosus* (Linnaeus,1758)	保护区全境			EN
(42)	乌梢蛇 *Ptyas dhumnades* (Cantor,1842)	黄牛石			VU
(43)	翠青蛇 *Ptyas major* (Günther, 1858)	保护区全境			
(44)	绞花林蛇 *Boiga kraepelini* (Stejneger, 1902)	保护区全境			
(45)	赤链蛇 *Lycodon rufozonatus* (Cantor, 1842)	保护区全境			
(46)	黄链蛇 *Lycodon flavozonatus* (Pope, 1928)	保护区全境			
(47)	黑背白环蛇 *Lycodon ruhstrati* (Fischer, 1886)	保护区全境			
(48)	紫灰锦蛇黑线亚种 *Oreocryptophis porphyracea nigrofasciata* (Cantor, 1839)	保护区全境			
(49)	玉斑锦蛇 *Euprepiophis mandarinus* (Cantor, 1842)	大丘田、黄牛石			VU
(50)	中国小头蛇 *Oligodon chinensis* (Günther, 1888)	保护区全境			
15.	**两头蛇科 Calamariidae**				
(51)	钝尾两头蛇 *Calamaria septentrionalis* (Boulenger, 1890)	黄牛石			
16.	**水游蛇科 Natricidae**				
(52)	锈链腹链蛇 *Amphiesma craspedogaster* (Boulenger1899)	保护区全境			
(53)	白眉腹链蛇 *Amphiesma boulengeri* (Gressitt, 1937)	保护区全境			
(54)	坡普腹链蛇 *Hebius popei* (Schmidt, 1925)	保护区全境			

（续）

序号	多样性编目	分布辖区	国家重点保护级别	IUCN 受胁等级	中国物种红色名录受胁等级
(55)	黄斑渔游蛇 *Xenochrophis flavipunctatus* (Hallowell 1860)	保护区全境			
(56)	草腹链蛇 *Amphiesma stolatum* (Linnaeus, 1758)	保护区全境			
(57)	棕黑腹链蛇 *Hebius sauteri* (Boulenger, 1909)	虾公塘			
(58)	海勒颈槽蛇 *Rhabdophis helleri* (Schmidt, 1925)	保护区全境			
(59)	颈棱蛇 *Macropisthodon rudis* (Boulenger, 1906)	虾公塘			
(60)	山溪后棱蛇 *Opisthotropis latouchii* (Boulenger, 1899)	保护区全境			
(61)	乌华游蛇 *Trimerodytes percarinata* (Boulenger, 1899)	保护区全境			VU
(62)	环纹华游蛇 *Trimerodytes aequifasciata* (Barbour, 1908)	虾公塘、大丘田			VU
17.	**斜鳞蛇科 Pseudoxenodontidae**				
(63)	横纹斜鳞蛇 *Pseudoxenodon bambusicola* (Vogt, 1922)	保护区全境			
(64)	纹尾斜鳞蛇 *Pseudoxenodon stejnegeri* (Harbor, 1908)	保护区全境			
(65)	崇安斜鳞蛇 *Pseudoxenodon karlschmidti* (Pope, 1928)	黄牛石、虾公塘			

6.3 鸟类

6.3.1 调查方法

（1）调查时间及频次

调查时间和强度：调查主要在白天进行；夜晚做补充调查，主要调查夜行性鸟类。共完成 4 次系统调查，分别在 2015 年 4 月、10 月和 12 月，2016 年 1 月。另外，在开展两爬调查时对鸟类也进行了补充调查，分别在 2015 年 6 月、8 月、9 月和 2016 年 3 月。

（2）调查区域

同两栖类。

（3）调查方法

采用样带法调查。样带涵盖了区内的所有生境类型。调查行走速度为 1.5~2km/h。调查成员每人配备一架双筒望远镜、一支录音笔和一部长焦镜头数码单反相机。用双筒望远镜观测所看见的鸟类，并拍摄照片和录制其鸣声，通过记录的体形特征、鸣声和飞行姿势等现场确定鸟种。同时填写记录表，记录鸟的种类、数量、海拔、活动状况、生境以及时间等数据，已经记录过的和从后往前飞的种类不纳入计数。并在调查当晚对当天记录进行核实、校对。

6.3.2 分类系统、珍稀保护动物及中国特有种确定依据

（1）分类系统

鸟类分类系统采用《中国鸟类分类与分布名录（第四版）》（郑光美，2023）。

（2）珍稀濒危等级和保护等级认定

同两栖类。

（3）中国特有种

中国特有鸟类参考《中国鸟类分类与分布名录（第四版）》（郑光美，2023）。

6.3.3 调查结果

6.3.3.1 鸟类组成

在2015—2016年的调查的基础上，整合近年保护区的工作人员的整理和观察记录，江西九连山国家级自然保护区共记录鸟类18目64科178属280种，见表6-3。

雀形目PASSERIFORMES共有39科94属160种，占科总数的52.8%，占属总数的57.1%，鸟种总数的56.9%。

非雀形目鸟类17目25科84属120种，占科总数的39.1%，占属总数的47.2%，鸟种总数的42.9%。其中，鹰形目ACCIPITRIFORMES有1科12属18种，鸻形目CHARADRIIFORMES 4科8属12种，鸮形目STRIGIFORMES 2科7属11种，鹈形目PELECANIFORMES 1科8属11种，鹃形目CUCULIFORMES 1科7属11种，啄木鸟目PICIFORMES 2科8属10种，佛法僧目CORACIIFORMES 3科6属8种，鹤形目GRUIFORMES 1科6属8种，鸡形目GALLIFORMES 1科7属7种，鸽形目COLUMBIFORMES 1科4属6种，夜鹰目CAPRIMULGIFORMES 2科3属5种，雁形目ANSERIFORMES 1科2属4种，隼形目FALCONIFORMES 1科 1属4种，䴙䴘目PODICIPEDIFORMES 1科2属2种，鲣鸟目SULIFORMES、咬鹃目TROGONIFORMES和犀鸟目BUCEROTIFORMES均单科单属单种。

各科多样性方面，鹟科Muscicapidae多样性最高，记录19属30种；鹰科Accipitridae次之，记录12属18种；鹭科Ardeidae、杜鹃科Cuculidae均记录7属11种；柳莺科Phylloscopidae 2属11种；记录10种的科2个，即鸱鸮科Strigidae 6属10种，鸫科Turdidae 3属10种；鹡鸰科Motacillidae 3属9种；记录8种的科4个，即啄木鸟科Picidae 7属8种，秧鸡科Rallidae 6属8种，鹎科Pycnonotidae 5属8种，鹀科Emberizidae 1属8种；记录7种的科2个，即雉科Phasianidae 7属7种，噪鹛科Leiothrichidae 3属7种；记录6种的科6个，即鸠鸽科Columbidae、燕雀科Fringillidae 5属6种，鹬科Scolopacidae、翠鸟科Alcedinidae、树莺科Cettiidae 4属6种，扇尾莺科Cisticolidae 3属6种；记录5种科2个，即鸦科Corvidae 5属5种，山椒鸟科Campephagidae 2属5种；记录4种的科4个，即燕科Hirundinidae、椋鸟科Sturnidae 4属4种，鸭科Anatidae 2属4种，隼科Falconidae 1属4种；记录3种的科8个，即山雀科Paridae、林鹛科Timaliidae 3属3种，鸻科Charadriidae、雨燕科Apodidae、苇莺科Acrocephalidae均2属3种，卷尾科Dicruridae、伯劳科Laniidae和啄花鸟科Dicaeidae均1属3种；记录2种的科8个，即䴙䴘科Podicipedidae、绣眼鸟科Zosteropidae 2属2种，三趾鹑科Turnicidae、夜鹰科Caprimulgidae、拟啄木鸟科Megalaimidae、蝗莺科Locustellidae、雀科Passeridae、梅花雀科Estrildidae均1属2种；其余22科，即鸬鹚科Phalacrocoracidae、彩鹬科Rostratulidae、草鸮科Tytonidae、咬鹃科Trogonidae、蜂虎科Meropidae、佛法僧科Coraciidae、戴胜科Upupidae、八色鸫科Pittidae、百灵科Alaudidae、叶鹎科Chloropseidae、黄鹂科Oriolidae、钩嘴鵙科Tephrodornithidae、河乌科Cinclidae、玉鹟科Stenostiridae、王鹟科Monarchidae、鳞胸鹪鹛科Pnoepygidae、幽鹛科Pellorneidae、雀鹛科Alcippeidae、莺雀科Vireonidae、长尾山雀科Aegithalidae、鸦雀科Paradoxornithidae、花蜜鸟科Nectariniidae，均为1属1种。

在属方面，柳莺属*Phylloscopus*多样性最高，有9种。其次是鹀属*Emberiza*，记录了8种；鸫属*Turdus*、鹰属*Accipiter*，分别记录了7种和6种。此外，记录5种的属3个（姬鹟属*Ficedula*和鹨属*Anthus*），记录4种的属5个，记录3种属10个，记录2种属29个，记录1种的属117个，详见表6-3。

表6-3 九连山保护区鸟类组成

序号	中文名	学名	英文名	国家重点保护级别	IUCN受胁等级	居留期	区系
一、	**鸡形目**	**GALLIFORMES**					
（一）	**雉科**	**Phasianidae**					
1.	中华鹧鸪	*Francolinus pintadeanus*	Chinese Francolin			留鸟	东
2.	白眉山鹧鸪	*Arborophila gingica*	White-necklaced Hill Partridge	二		留鸟	东
3.	鹌鹑	*Coturnix japonica*	Japanese Quail			留鸟	广
4.	灰胸竹鸡	*Bambusicola thoracicus*	Chinese Bamboo Partridge			留鸟	东
5.	黄腹角雉	*Tragopan caboti*	Cabot's Tragopan	一	VU	留鸟	东
6.	白鹇	*Lophura nycthemera*	Silver Pheasant	二		留鸟	东
7.	环颈雉	*Phasianus colchicus*	Common Pheasant			留鸟	北
二、	**雁形目**	**ANSERIFORMES**					
（二）	**鸭科**	**Anatidae**					
8.	鸳鸯	*Aix galericulata*	Mandarin Duck	二		冬候鸟	北
9.	绿头鸭	*Anas platyrhynchos*	Mallard			冬候鸟	北
10.	斑嘴鸭	*Anas zonorhyncha*	Eastern Spot-billed Duck			冬候鸟	广
11.	绿翅鸭	*Anas crecca*	Green-winged Teal			冬候鸟	广
三、	**䴙䴘目**	**PODICIPEDIFORMES**					
（三）	**䴙䴘科**	**Podicipedidae**					
12.	小䴙䴘	*Tachybaptus ruficollis*	Little Grebe			留鸟	广
13.	凤头䴙䴘	*Podiceps cristatus*	Great Crested Grebe			冬候鸟	广
四、	**鸽形目**	**COLUMBIFORMES**					
（四）	**鸠鸽科**	**Columbidae**					
14.	山斑鸠	*Streptopelia orientalis*	Oriental Turtle Dove			留鸟	广
15.	火斑鸠	*Streptopelia tranquebarica*	Red Turtle Dove			留鸟	广
16.	珠颈斑鸠	*Streptopelia chinensis*	Spotted Dove			留鸟	东
17.	斑尾鹃鸠	*Macropygia unchall*	Barred Cuckoo Dove	二		留鸟	东
18.	绿翅金鸠	*Chalcophaps indica*	Emerald Dove			留鸟	东
19.	红翅绿鸠	*Treron sieboldii*	White-bellied Green Pigeon	二		留鸟	东
五、	**夜鹰目**	**CAPRIMULGIFORMES**					
（五）	**夜鹰科**	**Caprimulgidae**					
20.	普通夜鹰	*Caprimulgus indicus*	Grey Nightjar			夏候鸟	广
21.	林夜鹰	*Caprimulgus affinis*	Savanna Nightjar			留鸟	广
（六）	**雨燕科**	**Apodidae**					
22.	白喉针尾雨燕	*Hirundapus caudacutus*	White-throated Needletail			旅鸟	广
23.	白腰雨燕	*Apus pacificus*	Fork-tailed Swift			夏候鸟	广
24.	小白腰雨燕	*Apus nipalensis*	House Swift			留鸟	广

（续）

序号	中文名	学名	英文名	国家重点保护级别	IUCN受胁等级	居留期	区系
六、	**鹃形目**	**CUCULIFORMES**					
（七）	**杜鹃科**	**Cuculidae**					
25.	褐翅鸦鹃	*Centropus sinensis*	Greater Coucal	二		留鸟	东
26.	小鸦鹃	*Centropus bengalensis*	Lesser Coucal	二		留鸟	广
27.	红翅凤头鹃	*Clamator coromandus*	Chestnut-winged Cuckoo			夏候鸟	东
28.	噪鹃	*Eudynamys scolopaceus*	Common Koel			夏候鸟	广
29.	八声杜鹃	*Cacomantis merulinus*	Plaintive Cuckoo			夏候鸟	东
30.	乌鹃	*Surniculus lugubris*	Drongo Cuckoo			夏候鸟	东
31.	大鹰鹃	*Hierococcyx sparverioides*	Large Hawk Cuckoo			夏候鸟	东
32.	小杜鹃	*Cuculus poliocephalus*	Lesser Cuckoo			夏候鸟	广
33.	四声杜鹃	*Cuculus micropterus*	Indian Cuckoo			夏候鸟	广
34.	中杜鹃	*Cuculus saturatus*	Himalayan Cuckoo			夏候鸟	广
35.	大杜鹃	*Cuculus canorus*	Common Cuckoo			夏候鸟	广
七、	**鹤形目**	**GRUIFORMES**					
（八）	**秧鸡科**	**Rallidae**					
36.	白喉斑秧鸡	*Rallina eurizonoides*	Slaty-legged Crake			夏候鸟	东
37.	灰胸秧鸡	*Gallirallus striata*	Slaty-breasted Banded Rail			夏候鸟	北
38.	普通秧鸡	*Rallus indicus*	Brown-cheeked Rail			冬候鸟	北
39.	红脚田鸡	*Zapornia akool*	Brown Crake			留鸟	东
40.	红胸田鸡	*Zapornia fusca*	Ruddy-breasted Crake			夏候鸟	广
41.	斑胁田鸡	*Zapornia paykullii*	Band-bellied Crake	二	NT	旅鸟	广
42.	白胸苦恶鸟	*Amaurornis phoenicurus*	White-breasted Waterhen			留鸟	东
43.	黑水鸡	*Gallinula chloropus*	Common Moorhen			留鸟	广
八、	**鸻形目**	**CHARADRIIFORMES**					
（九）	**鸻科**	**Charadriidae**					
44.	凤头麦鸡	*Vanellus vanellus*	Northern Lapwing			冬候鸟	北
45.	灰头麦鸡☆	*Vanellus cinereus*	Grey-headed Lapwing			夏候鸟	北
46.	东方鸻	*Charadrius veredus*	Oriental Plover			旅鸟	北
（十）	**彩鹬科**	**Rostratulidae**					
47.	彩鹬	*Rostratula benghalensis*	Greater Painted Snipe			留鸟	北
（十一）	**鹬科**	**Scolopacidae**					
48.	针尾沙锥	*Gallinago stenura*	Pintail Snipe			旅鸟	北
49.	丘鹬	*Scolopax rusticola*	Eurasian Woodcock		LC	冬候鸟	广
50.	扇尾沙锥	*Gallinago gallinago*	Common Snipe			冬候鸟	北
51.	白腰草鹬	*Tringa ochropus*	Green Sandpiper			留鸟	北
52.	林鹬	*Tringa glareola*	Wood Sandpiper			旅鸟	北
53.	矶鹬	*Actitis hypoleucos*	Common Sandpiper			冬候鸟	北

（续）

序号	中文名	学名	英文名	国家重点保护级别	IUCN 受胁等级	居留期	区系
（十二）	**三趾鹑科**	**Turnicidae**					
54.	黄脚三趾鹑	*Turnix tanki*	Yellow-legged Buttonquail			留鸟	广
55.	棕三趾鹑	*Turnix suscitator*	Barred Buttonquail			留鸟	东
九、	**鲣鸟目**	**SULIFORMES**					
（十三）	**鸬鹚科**	**Phalacrocoracidae**					
56.	普通鸬鹚	*Phalacrocorax carbo*	Great Cormorant			冬候鸟	广
十、	**鹈形目**	**PELECANIFORMES**					
（十四）	**鹭科**	**Ardeidae**					
57.	黄斑苇鳽	*Ixobrychus sinensis*	Yellow Bittern			夏候鸟	广
58.	紫背苇鳽☆	*Ixobrychus eurhythmus*	Von Schrenck's Bittern			夏候鸟	广
59.	栗苇鳽	*Ixobrychus cinnamomeus*	Cinnamon Bittern			夏候鸟	广
60.	海南鳽	*Gorsachius magnificus*	White-eared Night Heron	一	EN	留鸟	东
61.	夜鹭	*Nycticorax nycticorax*	Black-crowned Night Heron			夏候鸟	广
62.	绿鹭	*Butorides striata*	Striated Heron			留鸟	广
63.	池鹭	*Ardeola bacchus*	Chinese Pond Heron			留鸟	广
64.	牛背鹭	*Bubulcus ibis*	Cattle Egret			夏候鸟	广
65.	草鹭	*Ardea purpurea*	Purple Heron			留鸟	广
66.	中白鹭☆	*Ardea intermedia*	Intermediate Egret			夏候鸟	广
67.	白鹭	*Egretta garzetta*	Little Egret			夏候鸟	广
十一、	**鹰形目**	**ACCIPITRIFORMES**					
（十五）	**鹰科**	**Accipitridae**					
68.	凤头蜂鹰☆	*Pernis ptilorhynchus*	Oriental Honey Buzzard	二		旅鸟	北
69.	黑翅鸢	*Elanus caeruleus*	Black-winged Kite	二		留鸟	东
70.	黑冠鹃隼	*Aviceda leuphotes*	Black Baza	二		夏候鸟	东
71.	蛇雕	*Spilornis cheela*	Crested Serpent Eagle	二		留鸟	东
72.	鹰雕	*Nisaetus nipalensis*	Mountain Hawk-Eagle	二		留鸟	广
73.	林雕	*Ictinaetus malaiensis*	Black Eagle	二		留鸟	东
74.	白腹隼雕	*Aquila fasciata*	Bonelli's Eagle	二	LC	留鸟	东
75.	凤头鹰	*Accipiter trivirgatus*	Crested Goshawk	二		留鸟	东
76.	赤腹鹰	*Accipiter soloensis*	Chinese Sparrowhawk	二		夏候鸟	东
77.	日本松雀鹰	*Accipiter gularis*	Japanese Sparrowhawk	二		冬候鸟	广
78.	松雀鹰	*Accipiter virgatus*	Besra	二		留鸟	广
79.	雀鹰	*Accipiter nisus*	Eurasian Sparrowhawk	二		留鸟	广
80.	苍鹰☆	*Accipiter gentilis*	Northern Goshawk	二		冬候鸟	北
81.	白尾鹞	*Circus cyaneus*	Hen Harrier	二		冬候鸟	北
82.	鹊鹞	*Circus melanoleucos*	Pied Harrier	二		冬候鸟	北
83.	黑鸢	*Milvus migrans*	Black Kite	二		留鸟	广

（续）

序号	中文名	学名	英文名	国家重点保护级别	IUCN受胁等级	居留期	区系
84.	灰脸鵟鹰	*Butastur indicus*	Grey-faced Buzzard	二		冬候鸟	北
85.	普通鵟	*Buteo japonicus*	Eastern Buzzard	二		冬候鸟	北
十二	**鸮形目**	**STRIGIFORMES**					
（十六）	**鸱鸮科**	**Strigidae**					
86.	黄嘴角鸮	*Otus spilocephalus*	Mountain Scops Owl	二		留鸟	东
87.	领角鸮	*Otus lettia*	Collared Scops Owl	二		留鸟	广
88.	红角鸮	*Otus sunia*	Oriental Scops Owl	二		留鸟	东
89.	雕鸮	*Bubo bubo*	Eurasian Eagle-owl	二		留鸟	北
90.	褐林鸮	*Strix leptogrammica*	Brown Wood Owl	二		留鸟	东
91.	领鸺鹠	*Glaucidium brodiei*	Collared Owlet	二		留鸟	东
92.	斑头鸺鹠	*Glaucidium cuculoides*	Asian Barred Owlet	二		留鸟	东
93.	鹰鸮	*Ninox scutulata*	Brown Boobook	二		留鸟	东
94.	长耳鸮	*Asio otus*	Long-eared Owl	二		冬候鸟	北
95.	短耳鸮	*Asio flammeus*	Short-eared Owl	二		冬候鸟	广
（十七）	**草鸮科**	**Tytonidae**					
96.	草鸮	*Tyto longimembris*	Eastern Grass Owl	二		留鸟	广
十三	**咬鹃目**	**TROGONIFORMES**					
（十八）	**咬鹃科**	**Trogonidae**					
97.	红头咬鹃	*Harpactes erythrocephalus*	Red-headed Trogon	二		留鸟	东
十四	**犀鸟目**	**BUCEROTIFORMES**					
（十九）	**戴胜科**	**Upupidae**					
98.	戴胜	*Upupa epops*	Common Hoopoe			留鸟	广
十五	**佛法僧目**	**CORACIIFORMES**					
（二十）	**蜂虎科**	**Meropidae**					
99.	蓝喉蜂虎	*Merops viridis*	Blue-throated Bee-eater	二		夏候鸟	东
（二十一）	**佛法僧科**	**Coraciidae**					
100.	三宝鸟	*Eurystomus orientalis*	Dollarbird			夏候鸟	广
（二十二）	**翠鸟科**	**Alcedinidae**					
101.	白胸翡翠	*Halcyon smyrnensis*	White-throated Kingfisher	二		留鸟	东
102.	蓝翡翠	*Halcyon pileata*	Black-capped Kingfisher			留鸟	东
103.	普通翠鸟	*Alcedo atthis*	Common Kingfisher			留鸟	广
104.	斑头大翠鸟	*Alcedo hercules*	Blyth's Kingfisher	二		留鸟	东
105.	冠鱼狗	*Megaceryle lugubris*	Crested Kingfisher			留鸟	广
106.	斑鱼狗	*Ceryle rudis*	Pied Kingfisher			留鸟	广
十六	**啄木鸟目**	**PICIFORMES**					
（二十三）	**拟啄木鸟科**	**Megalaimidae**					
107.	大拟啄木鸟	*Psilopogon virens*	Great Barbet			留鸟	东

（续）

序号	中文名	学名	英文名	国家重点保护级别	IUCN 受胁等级	居留期	区系
108.	黑眉拟啄木鸟	*Psilopogon faber*	Chinese Barbet			留鸟	东
（二十四）	**啄木鸟科**	**Picidae**					
109.	蚁䴕	*Jynx torquilla*	Eurasian Wryneck			冬候鸟	北
110.	斑姬啄木鸟	*Picumnus innominatus*	Speckled Piculet			留鸟	东
111.	星头啄木鸟	*Dendrocopos canicapillus*	Grey-capped Pygmy Woodpecker			留鸟	东
112.	大斑啄木鸟	*Dendrocopos major*	Great Spotted Woodpecker			留鸟	北
113.	灰头绿啄木鸟	*Picus canus*	Grey-headed Woodpecker			留鸟	广
114.	竹啄木鸟	*Gecinulus grantia*	Pale-headed Woodpecker			留鸟	东
115.	黄嘴栗啄木鸟	*Blythipicus pyrrhotis*	Bay Woodpecker			留鸟	东
116.	栗啄木鸟	*Micropternus brachyurus*	Rufous Woodpecker			留鸟	东
十七、	**隼形目**	**FALCONIFORMES**					
（二十五）	**隼科**	**Falconidae**					
117.	红隼	*Falco tinnunculus*	Common Kestrel	二		留鸟	广
118.	红脚隼☆	*Falco amurensis*	Amur Falcon	二		旅鸟	北
119.	燕隼☆	*Falco subbuteo*	Eurasian Hobby	二		夏候鸟	东
120.	游隼☆	*Falco peregrinus*	Peregrine Falcon	二		留鸟	东
十八、	**雀形目**	**PASSERIFORMES**					
（二十六）	**八色鸫科**	**Pittidae**					
121.	仙八色鸫	*Pitta nympha*	Fairy Pitta	二	VU	夏候鸟	东
（二十七）	**黄鹂科**	**Oriolidae**					
122.	黑枕黄鹂	*Oriolus chinensis*	Black-naped Oriole			夏候鸟	东
（二十八）	**莺雀科**	**Vireonidae**					
123.	白腹凤鹛	*Erpornis zantholeuca*	White-bellied Erpornis			留鸟	东
（二十九）	**山椒鸟科**	**Campephagidae**					
124.	暗灰鹃䴗☆	*Lalage melaschistos*	Black-winged Cuckoo-shrike			夏候鸟	东
125.	小灰山椒鸟	*Pericrocotus cantonensis*	Swinhoe's Minivet			夏候鸟	东
126.	灰山椒鸟☆	*Pericrocotus divaricatus*	Ashy Minivet			旅鸟	东
127.	灰喉山椒鸟	*Pericrocotus solaris*	Grey-chinned Minivet			留鸟	东
128.	赤红山椒鸟	*Pericrocotus flammeus*	Scarlet Minivet			留鸟	东
（三十）	**钩嘴䴗科**	**Tephrodornithidae**					
129.	钩嘴林䴗	*Tephrodornis virgatus*	Large Woodshrike			留鸟	东
（三十一）	**卷尾科**	**Dicruridae**					
130.	黑卷尾	*Dicrurus macrocercus*	Black Drongo			夏候鸟	东
130.	灰卷尾	*Dicrurus leucophaeus*	Ashy Drongo			夏候鸟	东
132.	发冠卷尾	*Dicrurus hottentottus*	Hair-crested Drongo			夏候鸟	东
（三十二）	**王鹟科**	**Monarchidae**					
133.	寿带	*Terpsiphone incei*	Amur Paradise-Flycatcher			夏候鸟	东

（续）

序号	中文名	学名	英文名	国家重点保护级别	IUCN受胁等级	居留期	区系
（三十三）	**伯劳科**	**Laniidae**					
134.	牛头伯劳☆	*Lanius bucephalus*	Bull-headed Shrike			冬候鸟	北
135.	红尾伯劳	*Lanius cristatus*	Brown Shrike			夏候鸟	北
136.	棕背伯劳	*Lanius schach*	Long-tailed Shrike			留鸟	东
（三十四）	**鸦科**	**Corvidae**					
137.	松鸦	*Garrulus glandarius*	Eurasian Jay			留鸟	北
138.	红嘴蓝鹊	*Urocissa erythroryncha*	Red-billed Blue Magpie			留鸟	东
139.	灰树鹊	*Dendrocitta formosae*	Grey Treepie			留鸟	东
140.	喜鹊	*Pica pica*	Common Magpie			留鸟	北
141.	大嘴乌鸦	*Corvus macrorhynchos*	Large-billed Crow			留鸟	广
（三十五）	**山雀科**	**Paridae**					
142.	黄腹山雀	*Pardaliparus venustulus*	Yellow-bellied Tit			留鸟	东
143.	大山雀	*Parus cinereus*	Cinereous Tit			留鸟	广
144.	黄颊山雀☆	*Machlolophus spilonotus*	Yellow-cheeked Tit			留鸟	东
（三十六）	**百灵科**	**Alaudidae**					
145.	小云雀	*Alauda gulgula*	Oriental Skylark			留鸟	广
（三十七）	**扇尾莺科**	**Cisticolidae**					
146.	棕扇尾莺	*Cisticola juncidis*	Zitting Cisticola			留鸟	广
147.	金头扇尾莺☆	*Cisticola exilis*	Golden-headed Cisticola			留鸟	东
148.	黑喉山鹪莺	*Prinia atrogularis*	Black-throated Prinia			留鸟	东
149.	黄腹山鹪莺	*Prinia flaviventris*	Yellow-bellied Prinia			留鸟	东
150.	纯色山鹪莺	*Prinia inornata*	Plain Prinia			留鸟	广
151.	长尾缝叶莺	*Orthotomus sutorius*	Common Tailorbird			留鸟	东
（三十八）	**苇莺科**	**Acrocephalidae**					
152.	东方大苇莺	*Acrocephalus orientalis*	Oriental Reed Warbler			夏候鸟	北
153.	黑眉苇莺	*Acrocephalus bistrigiceps*	Black-browed Reed Warbler			旅鸟	北
154.	厚嘴苇莺☆	*Arundinax aedon*	Thick-billed Warbler			旅鸟	北
（三十九）	**蝗莺科**	**Locustellidae**					
155.	高山短翅蝗莺	*Locustella mandelli*	Russet Bush Warbler			留鸟	东
156.	矛斑蝗莺☆	*Locustella lanceolata*	Lanceolated Warbler			旅鸟	北
（四十）	**燕科**	**Hirundinidae**					
157.	崖沙燕☆	*Riparia riparia*	Sand Martin			旅鸟	北
158.	家燕	*Hirundo rustica*	Barn Swallow			夏候鸟	北
159.	烟腹毛脚燕	*Delichon dasypus*	Asian House Martin			留鸟	广
160.	金腰燕	*Cecropis daurica*	Red-rumped Swallow			夏候鸟	广
（四十一）	**鹎科**	**Pycnonotidae**					
161.	领雀嘴鹎	*Spizixos semitorques*	Collared Finchbill			留鸟	东

（续）

序号	中文名	学名	英文名	国家重点保护级别	IUCN受胁等级	居留期	区系
162.	红耳鹎	*Pycnonotus jocosus*	Red-whiskered Bulbul			留鸟	东
163.	黄臀鹎	*Pycnonotus xanthorrhous*	Brown-breasted Bulbul			留鸟	东
164.	白头鹎	*Pycnonotus sinensis*	Light-vented Bulbul			留鸟	东
165.	白喉红臀鹎	*Pycnonotus aurigaster*	Sooty-headed Bulbul			留鸟	东
166.	绿翅短脚鹎	*Ixos mcclellandii*	Mountain Bulbul			留鸟	东
167.	栗背短脚鹎	*Hemixos castanonotus*	Chestnut Bulbul			留鸟	东
168.	黑短脚鹎	*Hypsipetes leucocephalus*	Black Bulbul			留鸟	东
（四十二）	**柳莺科**	**Phylloscopidae**					
169.	褐柳莺	*Phylloscopus fuscatus*	Dusky Warbler			冬候鸟	北
170.	巨嘴柳莺	*Phylloscopus schwarzi*	Radde's Warbler			旅鸟	北
171.	黄腰柳莺	*Phylloscopus proregulus*	Pallas's Leaf Warbler			冬候鸟	北
172.	黄眉柳莺	*Phylloscopus inornatus*	Yellow-browed Warbler			冬候鸟	北
173.	极北柳莺	*Phylloscopus borealis*	Arctic Warbler			旅鸟	北
174.	淡脚柳莺	*Phylloscopus tenellipes*	Pale-legged Leaf Warbler		LC	旅鸟	广
175.	冕柳莺	*Phylloscopus coronatus*	Eastern Crowned Warbler		LC	留鸟	广
176.	华南冠纹柳莺	*Phylloscopus goodsoni*	Hartert's Leaf Warbler		LC	夏候鸟	东
177.	黑眉柳莺	*Phylloscopus ricketti*	Sulphur-breasted Warbler			夏候鸟	东
178.	白眶鹟莺☆	*Seicercus affinis*	White-spectacled Warbler			冬候鸟	东
179.	栗头鹟莺	*Seicercus castaniceps*	Chestnut-crowned Warbler			冬候鸟	东
（四十三）	**树莺科**	**Cettiidae**					
180.	棕脸鹟莺	*Abroscopus albogularis*	Rufous-faced Warbler			留鸟	东
181.	远东树莺☆	*Horornis canturians*	Manchurian Bush Warbler			冬候鸟	北
182.	强脚树莺	*Horornis fortipes*	Brownish-flanked Bush Warbler			留鸟	东
183.	鳞头树莺	*Urosphena squameiceps*	Asian Stubtail			冬候鸟	北
184.	淡脚树莺☆	*Urosphena pallidipes*	Pale-footed Bush Warbler			旅鸟	北
185.	栗头织叶莺	*Phyllergates cucullatus*				留鸟	
（四十四）	**长尾山雀科**	**Aegithalidae**					
186.	红头长尾山雀	*Aegithalos concinnus*	Black-throated Bushtit			留鸟	东
（四十五）	**莺鹛科**	Sylviidae					
187.	棕头鸦雀	*Sinosuthora webbiana*	Vinous-throated Parrotbill			留鸟	广
（四十六）	**绣眼鸟科**	**Zosteropidae**					
188.	栗耳凤鹛	*Yuhina castaniceps*	Striated Yuhina			留鸟	东
189.	暗绿绣眼鸟	*Zosterops japonicus*	Japanese White-eye			留鸟	东
（四十七）	**林鹛科**	**Timaliidae**					
190.	华南斑胸钩嘴鹛	*Erythrogenys swinhoei*	Grey-sided Scimitar Babbler			留鸟	东
191.	棕颈钩嘴鹛	*Pomatorhinus ruficollis*	Streak-breasted Scimitar Babbler			留鸟	东

（续）

序号	中文名	学名	英文名	国家重点保护级别	IUCN受胁等级	居留期	区系
192.	红头穗鹛	*Cyanoderma ruficeps*	Rufous-capped Babbler			留鸟	东
（四十八）	**鳞胸鹪鹛科**	**Pnoepygidae**					
193.	小鳞胸鹪鹛	*Pnoepyga pusilla*	Pygmy Cupwing		LC	留鸟	东
（四十九）	**幽鹛科**	**Pellorneidae**					
194.	褐顶雀鹛	*Schoeniparus brunneus*	Dusky Fulvetta		LC	留鸟	东
（五十）	**雀鹛科**	**Alcippeidae**					
195.	淡眉雀鹛	*Alcippe hueti*	Huet's Fulvetta		LC	留鸟	东
（五十一）	**噪鹛科**	**Leiothrichidae**					
196.	画眉	*Garrulax canorus*	Hwamei	二		留鸟	东
197.	黑脸噪鹛	*Garrulax perspicillatus*	Masked Laughingthrush			留鸟	东
198.	小黑领噪鹛	*Garrulax monileger*	Lesser Necklaced Laughingthrush			留鸟	东
199.	黑领噪鹛	*Garrulax pectoralis*	Greater Necklaced Laughingthrush			留鸟	东
200.	白颊噪鹛	*Garrulax sannio*	White-browed Laughingthrush			留鸟	东
201.	矛纹草鹛	*Pterorhinus lanceolatus*	Chinese Babax		LC	留鸟	东
202.	红嘴相思鸟	*Leiothrix lutea*	Red-billed Leiothrix	二		留鸟	东
（五十二）	**河乌科**	**Cinclidae**					
203.	褐河乌	*Cinclus pallasii*	Brown Dipper			留鸟	广
（五十三）	**椋鸟科**	**Sturnidae**					
204.	八哥	*Acridotheres cristatellus*	Crested Myna			留鸟	东
205.	丝光椋鸟	*Spodiopsar sericeus*	Silky Starling			留鸟	东
206.	黑领椋鸟	*Gracupica nigricollis*	Black-collared Starling			留鸟	东
207.	灰背椋鸟	*Sturnia sinensis*	White-shouldered Starling			夏候鸟	东
（五十四）	**鸫科**	**Turdidae**					
208.	橙头地鸫☆	*Geokichla citrina*	Orange-headed Thrush			旅鸟	东
209.	白眉地鸫	*Geokichla sibirica*	Siberian Thrush			旅鸟	广
210.	虎斑地鸫	*Zoothera aurea*	White's Thrush			冬候鸟	广
211.	灰背鸫	*Turdus hortulorum*	Grey-backed Thrush			冬候鸟	北
212.	乌灰鸫☆	*Turdus cardis*	Japanese Thrush			冬候鸟	北
213.	乌鸫	*Turdus mandarinus*	Chinese Blackbird			留鸟	广
214.	白眉鸫☆	*Turdus obscurus*	Eyebrowed Thrush			冬候鸟	北
215.	白腹鸫	*Turdus pallidus*	Pale Thrush			冬候鸟	北
216.	斑鸫	*Turdus eunomus*	Dusky Thrush			冬候鸟	北
217.	红尾斑鸫☆	*Turdus naumanni*	Naumann's Thrush			冬候鸟	北
（五十五）	**鹟科**	**Muscicapidae**					
218.	红尾歌鸲	*Larvivora sibilans*	Rufous-tailed Robin			冬候鸟	北

（续）

序号	中文名	学名	英文名	国家重点保护级别	IUCN受胁等级	居留期	区系
219.	红喉歌鸲	*Calliope calliope*	Siberian Rubythroat	二		冬候鸟	北
220.	蓝喉歌鸲	*Luscinia svecica*	Bluethroat	二		冬候鸟	北
221.	红胁蓝尾鸲	*Tarsiger cyanurus*	Orange-flanked Bluetail			冬候鸟	北
222.	白喉短翅鸫	*Brachypteryx leucophris*	Lesser Shortwing			留鸟	东
223.	鹊鸲	*Copsychus saularis*	Oriental Magpie Robin			留鸟	东
224.	北红尾鸲	*Phoenicurus auroreus*	Daurian Redstart			冬候鸟	北
225.	红尾水鸲	*Rhyacornis fuliginosa*	Plumbeous Water Redstart			留鸟	广
226.	白顶溪鸲	*Chaimarrornis leucocephalus*	White-capped Water Redstart			冬候鸟	广
227.	紫啸鸫	*Myophonus caeruleus*	Blue Whistling Thrush			留鸟	东
228.	灰背燕尾	*Enicurus schistaceus*	Slaty-backed Forktail			留鸟	东
229.	白额燕尾	*Enicurus leschenaulti*	White-crowned Forktail			留鸟	东
230.	黑喉石䳭	*Saxicola maurus*	Siberian Stonechat			冬候鸟	广
231.	灰林䳭☆	*Saxicola ferreus*	Grey Bushchat			留鸟	广
232.	蓝矶鸫	*Monticola solitarius*	Blue Rock Thrush			留鸟	广
233.	栗腹矶鸫☆	*Monticola rufiventris*	Chestnut-bellied Rock Thrush			留鸟	东
234.	灰纹鹟	*Muscicapa griseisticta*	Grey-streaked Flycatcher			旅鸟	北
235.	乌鹟	*Muscicapa sibirica*	Dark-sided Flycatcher			旅鸟	北
236.	北灰鹟	*Muscicapa dauurica*	Asian Brown Flycatcher			旅鸟	广
237.	褐胸鹟	*Muscicapa muttui*	Brown-breasted Flycatcher			夏候鸟	东
238.	白眉姬鹟☆	*Ficedula zanthopygia*	Yellow-rumped Flycatcher			旅鸟	北
239.	黄眉姬鹟	*Ficedula narcissina*	Narcissus Flycatcher			旅鸟	北
240.	绿背姬鹟	*Ficedula elisae*	Green-backed Flycatcher			旅鸟	北
241.	鸲姬鹟	*Ficedula mugimaki*	Mugimaki Flycatcher			旅鸟	北
242.	红喉姬鹟	*Ficedula albicilla*	Taiga Flycatcher			旅鸟	北
243.	白腹蓝鹟	*Cyanoptila cyanomelana*	Blue-and-white Flycatcher			旅鸟	北
244.	铜蓝鹟	*Eumyias thalassinus*	Verditer Flycatcher			冬候鸟	东
245.	海南蓝仙鹟	*Cyornis hainanus*	Hainan Blue Flycatcher			夏候鸟	东
246.	中华仙鹟☆	*Cyornis glaycicomans*	Chinese Blue Flycatcher			旅鸟	东
247.	棕腹大仙鹟	*Niltava davidi*	Fujian Niltava	二		夏候鸟	东
（五十六）	**玉鹟科**	**Stenostiridae**					
248.	方尾鹟	*Culicicapa ceylonensis*	Grey-headed Canary-flycatcher		LC	旅鸟	东
（五十七）	**叶鹎科**	**Chloropseidae**					
249.	橙腹叶鹎	*Chloropsis hardwickii*	Orange-bellied Leafbird			留鸟	东
（五十八）	**啄花鸟科**	**Dicaeidae**					
250.	纯色啄花鸟	*Dicaeum concolor*	Plain Flowerpecker			留鸟	东
251.	红胸啄花鸟	*Dicaeum ignipectus*	Fire-breasted Flowerpecker			留鸟	东

（续）

序号	中文名	学名	英文名	国家重点保护级别	IUCN受胁等级	居留期	区系
252.	朱背啄花鸟	*Dicaeum cruentatum*	Scarlet-backed Flowerpecker			留鸟	东
（五十九）	**花蜜鸟科**	**Nectariniidae**					
253.	叉尾太阳鸟	*Aethopyga christinae*	Fork-tailed Sunbird			留鸟	东
（六十）	**梅花雀科**	**Estrildidae**					
254.	白腰文鸟	*Lonchura striata*	White-rumped Munia			留鸟	东
255.	斑文鸟	*Lonchura punctulata*	Scaly-breasted Munia			留鸟	东
（六十一）	**雀科**	**Passeridae**					
256.	山麻雀	*Passer cinnamomeus*	Russet Sparrow			留鸟	广
257.	麻雀	*Passer montanus*	Eurasian Tree Sparrow			旅鸟	广
（六十二）	**鹡鸰科**	**Motacillidae**					
258.	山鹡鸰	*Dendronanthus indicus*	Forest Wagtail			夏候鸟	广
259.	黄鹡鸰	*Motacilla tschutschensis*	Eastern Yellow Wagtail			旅鸟	北
260.	灰鹡鸰	*Motacilla cinerea*	Grey Wagtail			冬候鸟	广
260.	白鹡鸰	*Motacilla alba*	White Wagtail			留鸟	广
260.	田鹨	*Anthus richardi*	Richard's Pipit			冬候鸟	广
263.	树鹨	*Anthus hodgsoni*	Olive-backed Pipit			冬候鸟	北
264.	红喉鹨	*Anthus cervinus*	Red-throated Pipit			冬候鸟	北
265.	黄腹鹨☆	*Anthus rubescens*	Buff-bellied Pipit			冬候鸟	北
266.	山鹨☆	*Anthus sylvanus*	Upland Pipit			留鸟	东
（六十三）	**燕雀科**	**Fringillidae**					
267.	燕雀	*Fringilla montifringilla*	Brambling			冬候鸟	北
268.	黑尾蜡嘴雀	*Eophona migratoria*	Chinese Grosbeak			冬候鸟	北
269.	黑头蜡嘴雀	*Eophona personata*	Japanese Grosbeak		LC	冬候鸟	广
270.	普通朱雀	*Carpodacus erythrinus*	Common Rosefinch			冬候鸟	东
271.	金翅雀	*Chloris sinica*	Grey-capped Greenfinch			留鸟	北
272.	黄雀	*Spinus spinus*	Eurasian Siskin			冬候鸟	北
（六十四）	**鹀科**	**Emberizidae**					
273.	白眉鹀	*Emberiza tristrami*	Tristram's Bunting			冬候鸟	北
274.	栗耳鹀	*Emberiza fucata*	Chestnut-eared Bunting			冬候鸟	广
275.	小鹀	*Emberiza pusilla*	Little Bunting			冬候鸟	北
276.	黄眉鹀	*Emberiza chrysophrys*	Yellow-browed Bunting			冬候鸟	北
277.	黄喉鹀	*Emberiza elegans*	Yellow-throated Bunting			冬候鸟	北
278.	黄胸鹀	*Emberiza aureola*	Yellow-breasted Bunting	一	CR	旅鸟	北
279.	栗鹀	*Emberiza rutila*	Chestnut Bunting			冬候鸟	北
280.	灰头鹀	*Emberiza spodocephala*	Black-faced Bunting			冬候鸟	北

注：中文名带“☆”者，为九连山新记录的鸟种，共计29种。

6.3.3.2 九连山鸟类的生态类群

九连山共包含 6 个生态类群，图 6-3 所示。

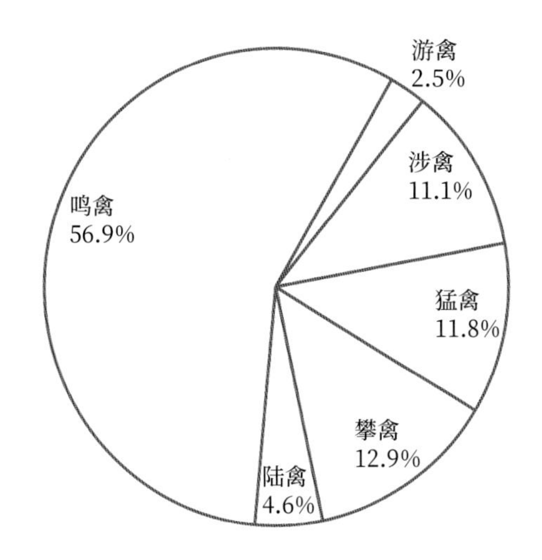

图 6-3　九连山鸟类 6 个生态类群物种组成比例

游禽：包括鸊鷉目、鲣鸟目和雁形目，共记录 7 种，占 2.5%；

涉禽：包括鹈形目、鹤形目和鸻形目，共记录 31 种，占 11.1%；

猛禽：包括鹰形目、隼形目和鸮形目，共记录 33 种，占 11.8%；

攀禽：包括鹃形目、夜鹰目、咬鹃目、佛法僧目、犀鸟目和啄木鸟目，共记 36 种，占 12.9%；

陆禽：包括鸡形目和鸽形目，共记录 13 种，占 4.6%；

鸣禽：仅包含雀形目，160 种，占 57.1%。

按林鸟（包括农田和村落鸟类及猛禽）、水鸟二大生态类群分，则九连山鸟类林鸟非常丰富，共有 244 种，占 87.1%；水鸟仅有 36 种，仅占 12.9%。

虽然九连山溪流和河流水系发达，但适合游禽生活的大型水体环境很少，因此，九连山游禽是 6 个生态类型中多样性最低的类群，仅记录 3 科 7 种。

雉科、鸫科、鸦科为地面觅食鸟类；莺科、鹟科、画眉科为树栖或灌丛鸟类，啄木鸟科主要于高大乔木上觅食，鹭科、秧鸡科和鹡鸰科为湿地或农田鸟类，反映了该区生境的复杂多样。

杜鹃科和画眉科是本区繁殖鸟的代表。丰富的杜鹃科鸟类说明本区是重要的鸟类繁殖地，可为杜鹃科鸟类提供更多借巢繁殖的机会。

鹰科和鸱鸮科为猛禽，是食物链顶端鸟类，其丰富多样性反映了本区生态系统完整性。

6.3.3.3 九连山鸟类居留类型和区系分析

（1）居留类型

九连山鸟类中，白鹭 *Egretta garzetta*、池鹭 *Ardeola bacchus*、牛背鹭 *Bubulcus ibis*、黑冠鹃隼 *Aviceda leuphotes*、红隼 *Falco tinnunculus* 等鸟类的居留情况较为复杂，有部分种群是留鸟，部分种群是冬候鸟或夏候鸟，也有部分种群是过境鸟，本文按其主要居留进行统计，如白鹭虽然有留鸟，也有过境鸟和越冬鸟，但在九连山主要是留鸟，因此按留鸟进行统计。据此，九连山记录的 280 种鸟类中，留鸟（Resident）142 种，占总数的 50.7%；冬候鸟（WP）60 种、过境鸟（P）32 种，合计 92 种，占 32.9%；夏候鸟（SP）46 种，占 16.4%。

九连山繁殖鸟（留鸟 + 夏候鸟）共有 188 种，占总数的 67.1%。因此，九连山是中国东南部鸟类的重要繁殖地，也是各种居留类型鸟类的重要的聚集地。

（2）中国特有种

九连山记录的中国特有鸟类5种，分别是白眉山鹧鸪 *Arborophila gingica*、灰胸竹鸡 *Bambusicola thoracicus*、黄腹角雉 *Tragopan caboti*、黄腹山雀 *Pardaliparus venustulus* 和华南冠纹柳莺 *Phylloscopus goodsoni*，均为当地留鸟和繁殖鸟。

6.3.3.4 九连山的珍稀濒危鸟类

（1）国家级重点保护野生动物

共有54种，其中国家一级保护野生鸟类3种，分别是海南鳽 *Gorsachius magnificus*、黄腹角雉和黄胸鹀 *Emberiza aureola*；国家二级保护野生鸟类51种，分别是鸳鸯 *Aix galericulata*、白鹇 *Lophura nycthemera*、白眉山鹧鸪、斑尾鹃鸠 *Macropygia unchall*、红翅绿鸠 *Treron sieboldii*、小鸦鹃 *Centropus bengalensis*、褐翅鸦鹃 *Centropus sinensis*、斑胁田鸡 *Zapornia paykullii*、黑冠鹃隼、凤头蜂鹰 *Pernis ptilorhynchus*、黑翅鸢 *Elanus caeruleus*、蛇雕 *Spilornis cheela*、鹰雕 *Nisaetus nipalensis*、林雕 *Ictinaetus malaiensis*、白腹隼雕 *Aquila fasciata*、凤头鹰 *Accipiter trivirgatus*、赤腹鹰 *Accipiter soloensis*、松雀鹰 *Accipiter virgatus*、日本松雀鹰 *Accipiter gularis*、雀鹰 *Accipiter nisus*、苍鹰 *Accipiter gentilis*、白尾鹞 *Circus cyaneus*、鹊鹞 *Circus melanoleucos*、黑鸢 *Milvus migrans*、灰脸𫛭鹰 *Butastur indicus*、普通𫛭 *Buteo japonicus*、红隼、红脚隼 *Falco amurensis*、燕隼 *Falco subbuteo*、游隼 *Falco peregrinus*、草鸮 *Tyto longimembris*、领角鸮 *Otus lettia*、红角鸮 *Otus sunia*、黄嘴角鸮 *Otus spilocephalus*、鹰鸮 *Ninox scutulata*、褐林鸮 *Strix leptogrammica*、领鸺鹠 *Glaucidium brodiei*、斑头鸺鹠 *Glaucidium cuculoides*、长耳鸮 *Asio otus*、短耳鸮 *Asio flammeus*、雕鸮 *Bubo bubo*、红头咬鹃 *Harpactes erythrocephalus*、斑头大翠鸟 *Alcedo hercules*、白胸翡翠 *Halcyon smyrnensis*、蓝喉蜂虎 *Merops viridis*、仙八色鸫 *Pitta nympha*、画眉 *Garrulax canorus*、红嘴相思鸟 *Leiothrix lutea*、蓝喉歌鸲 *Luscinia svecica*、红喉歌鸲 *Calliope calliope*、棕腹大仙鹟 *Niltava davidi*。

（2）IUCN受胁物种

极危（CR）等级1种，黄胸鹀；濒危（EN）1种，为海南鳽；易危（VU）2种，分别是黄腹角雉、仙八色鸫。

（3）中国物种红色名录受胁物种

濒危（EN）3种，为海南鳽、黄腹角雉和黄胸鹀；易危（VU）4种，为白眉山鹧鸪、斑头大翠鸟、白喉斑秧鸡 *Rallina eurizonoides* 和仙八色鸫。

6.4 哺乳类

6.4.1 研究简史

九连山自然保护区野生动物调查起步较晚。1978年著名生态学家林英率队到九连山考察，并对野生动物进行了初步考察。1981年，林英主持九连山自然保护区综合考察，江西大学龙迪宗、邹多录等人参加了野生动物的考察。2000—2001年，江西省科学院戴年华、罗晓理、任本根等2次到九连山考察野生动物，并对九连山自然保护区多次动物考察资料进行整理，确认哺乳动物57种。2014年11月至2015年7月，江西九连山国家级自然保护区管理局袁景西等人在保护区核心区域共设置31个红外相机监测点，对区域内大中型兽类进行摸底调查，可鉴定的兽类分4目8科12种。

2015年7月至2016年7月，广州大学吴毅教授受保护区委托，率队到九连山开展了3次哺乳动物多样性调查，除了重点开展小型兽类（翼手目 CHIROPTERA、啮齿目 RODENTIA）调查外，还在九连山（主要有鹅公坑、石背丘2条样线）安放红外相机对大中型兽类进行了调查，调查获得兽类标本或者照片4目12科33种。

6.4.2 调查研究方法和分类系统依据

6.4.2.1 调查研究方法

大中型兽类（偶蹄类、食肉类等）以及白天活动的小型兽类的调查采用样线法，通过直接观察或寻找活动痕迹（主要为足迹、粪便、皮毛、抓痕）并在附近视野开阔的地方架设红外相机。相机架设期间，定期（2~6 月）更换相机内存卡和电池。

地栖小型兽类（食虫类、啮齿类）等采用布笼（夹）法进行调查，飞行性小型兽类（翼手类）则利用网捕法进行调查。调查时，笼（夹）距 5 m 左右，行距 20 m 左右，在遇有鼠洞的地方置笼（夹）位置有所偏移，诱饵为玉米粒、花生粒。每天安放鼠笼 60~80 个、鼠夹 20~60 个，埋设小桶（陷阱）10~20 个。翌日清晨检查捕获情况并取回标本，并视具体捕获情况将采集工具置于原位或稍做调整，每一采集地不少于 2 个工作日。

通过《中国哺乳动物图鉴》（盛和林，2005）和《中国哺乳动物彩色图鉴》（潘清华等，2007）中的图片，在野外调查期间对当地村民进行问卷访问，了解调查地区过去和现在可能存在的物种和现状。根据村民描述的形态和习性，经过多人反复核实，确定物种分布与否、分布时间、种群大小等。

6.4.2.2 种类鉴定方法

将采集回来的标本进行称重和测量，测量指标为头躯长（HB）、尾长（T）、耳长（E）、后足长（HF）、前臂长（FA）、胫骨长（Tib）（杨奇森等，2007；Bates et al., 1997）。依据《中国兽类野外手册》（Smith 等，2009）、《中国哺乳动物图鉴》（盛和林，2005）及部分模式标本描述的文献进行物种鉴定，中文及学名的确定以《中国哺乳动物多样性及地理分布》（蒋志刚等，2015）为准。

6.4.2.3 分类系统和动物区系依据

主要依据《中国哺乳动物图鉴》（盛和林，2005）、《中国兽类野外手册》（Smith 等，2009）、《中国哺乳动物彩色图鉴》（潘清华等，2007）。

动物区系类型依据《中国动物地理》（张荣祖，2011）。

6.4.2.4 珍稀濒危动物依据

主要依据《中国哺乳动物多样性及地理分布》（蒋志刚，2015）中写到的《IUCN 濒危物种红色名录》和《中国哺乳类红色名录》。

6.4.3 物种多样性

6.4.3.1 野外调查

2015—2016 年对江西九连山自然保护区进行了 3 次野外调查，着重调查小型兽类（翼手目 CHIROPTERA、啮齿目 RODENTIA、食虫目 INSECTIVORA），2015 年 7 月进行的第一次调查中，经鉴定，翼手目 3 科 9 属 20 种，啮齿目 1 科 2 属 2 种；2016 年 1 月进行的第二次调查中，经鉴定，翼手目 2 科 3 属 3 种，啮齿目 2 科 3 属 3 种，食虫目 1 科 1 属 1 种；2016 年 7 月进行的第三次调查中，经鉴定，其中翼手目 3 科 7 属 12 种，啮齿目 1 科 2 属 2 种。

6.4.3.2 基于红外相机对九连山兽类初步调查

3 次调查中，共调查 9 条样线，分别是大水坑样线、鹅公坑样线、花露样线、石背丘样线、石背样线、天池样线、犀牛坑样线、虾公塘顶样线、小河子样线，贯穿整个自然保护区的核心区。调查累计 5291 捕获日（13 台相机被盗），共获得有动物的照片 5856 张，独立有效照片 1245 张，其中兽类独立有效照片 542 张（43.5%）。共鉴定出 3 目 7 科 9 种兽类，其中小灵猫 *Viverricula indica* 为国家一级保护野生动物。从种类来看，食肉目 CARNIVORA 种数最多（5 种），占总种数的 55.6%；偶蹄目 ARTIODACTYLA（2 种）和啮齿目（2 种），占总种数的 22.2%。从区系上看，以东洋界种类占绝对优势 (6 种)，占总种数的 66.7%；古北界种类 3 种，占总种数的 33.3%。调查结果显示，相对丰富度较高的 3 种兽类依次是红腿长吻松鼠 *Dremomys pyrrhomerus*、黄鼬 *Mustela sibirica*、小麂 *Muntiacus reevesi*。照片数量总和占兽类照片总数的 75.6%，相对丰富度指数分别是 59.04%、7.75%、7.01%，说明这些种类在保护区内较为常见。但是相机位点数出现率最高的前 3 种并不是上述的 3 种，而是红腿长吻松鼠、果子狸 *Paguma larvata*、野猪 *Sus scrofa*，它们的相机点数分别为 67.57%、37.84%、29.73%。另外，红外相机共拍摄到人类活动照片 191 张以及无法辨认种类（全为啮齿目）的照片 389 张。

6.4.3.3 问卷调查

根据刘信中等（2002）设计了 33 种保护区原有兽类的问卷。调查访问 24 人次，可识别物种有 27 种，如穿山甲 *Manis pentadactyla*、华南兔 *Lepus sinensis*、果子狸等。

6.4.3.4 物种组成

通过实地标本采集、访问调查、文献材料查阅和红外相机拍摄情况，确认江西九连山国家级自然保护区现有兽类 7 目 20 科 47 属 64 种（附录 7），占江西省 109 种兽类的 58.7%、全国兽类物种数 645 种（潘清华等，2007）的 9.9%。其中，翼手目为保护区的最大目，有 3 科 14 属 19 种，占保护区兽类物种数的 29.7%；其次是啮齿目，4 科 11 属 18 种，占 28.1%。

6.4.3.5 区系组成和分布型

（1）区系组成

据中国动物地理区划（张荣祖，2011），江西九连山国家级自然保护区位于东洋界华中区东部丘陵平原亚区。根据张荣祖（2011）的划分标准，九连山国家级自然保护区分布的 64 种兽类，古北界物种有 5 种，分别为狗獾 *Meles leucurus*、黄鼬、貉 *Nyctereutes procyconides*、赤狐 *Vulpes vulpes*、野猪；东洋界有 35 种，包括臭鼩 *Suncus murinus*、中菊头蝠 *Rhinolophus affinis*、穿山甲 *Manis pentadactyla*、果子狸等；广布种 4 种，分别是水獭 *Lutra lutra*、黄喉貂 *Martes flavigula*、小家鼠 *Mus musculus*、褐家鼠 *Rattus norvegicus*，分别占 7.81%、54.69% 和 7.81%。东洋界成分占绝对优势，有部分古北界物种和少量广布种。

（2）分布型

江西九连山国家级自然保护区有 5 个分布型。属于全北型有 1 种，赤狐；属于古北型有 7 种，分别是中华山蝠 *Nyctalus plancyi*、水獭、狗獾、黄鼬、野猪、小家鼠、褐家鼠；属于季风区型有 2 种，分别是伏翼 *Pipistrelles* sp.、貉；属于南中国型有 13 种，分别是东北刺猬 *Erinaceus amurensis*、华南缺齿鼹 *Mogera insularis*、灰麝鼩 *Crocidura attenuata*、小菊头蝠 *Rhinolophus pusillus*、大足鼠耳蝠 *Myotis rickettia*、渡濑氏鼠耳蝠 *Myotis rufoniger*、爪哇伏翼 *Pipistrellus javanicus*、华南兔 *Lepus sinensis*、鼬獾 *Melogale moschata*、黄腹鼬 *Mustela kathiah*、毛冠鹿 *Elaphodus cephalophus*、小麂 *Muntiacus reevesi*、红腿长吻松鼠；属于东洋型有 35 种，分别是臭鼩、中菊头蝠、大菊头蝠 *Rhinolophus luctu*、大耳菊头蝠 *Rhinolophus macrotis*、皮氏菊头蝠 *Rhinolophus pearsonii*、中华菊头蝠 *Rhinolophus sinicus*、大蹄蝠 *Hipposideros armiger*、中蹄蝠 *Hipposideros larvatus*、无尾蹄蝠 *Coelops frithii*、褐扁颅蝠 *Trlonycteris robustula*、毛翼管鼻蝠 *Harpiocephalus harpia*、穿山甲 *Manis pentadactyla* 、果子狸、斑林狸 *Prionodon pardicolor*、大灵猫 *Viverra zibetha*、小灵猫、食蟹獴 *Herpestes urva*、猪獾 *Arctonyx collaris*、黄喉貂、豹猫 *Prionailurus bengalensis*、金猫 *Pardofelis temminckii*、马来水鹿 *Cervus equinus*、赤麂 *Muntiacus muntjak*、鬣羚 *Capricornis sumatraensis*、中华鬣羚 *Capricornis milneedwardsi*、赤腹松鼠 *Callosciurus erythraeus*、红腿长吻松鼠、隐纹花松鼠 *Tamiops swinhoei maritimus*、中华竹鼠 *Rhizomys sinensis*、白腹巨鼠 *Leopoldamys edwardsi*、社鼠 *Niviventer niviventer*、针毛鼠 *Niviventer fulvescens*、黄胸鼠

Rattus tanezum、大足鼠 *Rattus nitidus* 、豪猪 *Hystrix brachyura*。

江西九连山国家级自然保护区哺乳动物东洋型成分占绝对优势，有 35 种，构成了保护区兽类区系的主体，占有分布兽类的 54.69%；其次是南中国型，有 13 种，占 20.31%；古北型 7 种，占 10.94%；最少的是季风区型和全北型，分别只有 2 种和 1 种，各占 3.13% 和 1.56%。

6.4.3.6 珍稀濒危物种

保护区内分布的 64 种兽类中，属于国家重点保护野生动物有 11 种，占保护区有分布兽类的 17.19%，所占比例较高，说明保护区兽类种类虽不多，但珍稀性突出，保护价值大。其中有 4 种为国家一级保护野生动物，分别是穿山甲、大灵猫、小灵猫和金猫。国家二级保护野生动物有 7 种，分别是斑林狸、水獭、黄喉貂、豹猫、马来水鹿、毛冠鹿和中华鬣羚。

保护区内分布的 64 种兽类中，属 IUCN 受胁物种的有 2 种，分别是属于濒危（EN）物种的穿山甲和属于易危（VU）物种的马来水鹿。

列入《中国哺乳类红色名录》32 种，占总数的 50.00%。其中，极危（CR）物种 2 种，为穿山甲和金猫；濒危（EN）物种 1 种，为水獭；易危（VU）物种 11 种；近危（NT）18 种。

6.4.4 讨论

6.4.4.1 本研究与前人研究数据调查比较

（1）本次野外调查与前人整理的资料数据比较

2015—2016 年的 3 次调查，着重调查了小型兽类（翼手目、啮齿目、食虫目），由于加大了翼手目的调查力度，本次调查在原有书中记载 7 种翼手目的基础上，增加了 12 种蝙蝠，使得九连山的蝙蝠名录增至 19 种（张昌友等，2016）。新增的种类为皮氏菊头蝠、大菊头蝠、大耳菊头蝠、无尾蹄蝠、大蹄蝠、中蹄蝠、渡濑氏鼠耳蝠、华南水鼠耳蝠、褐扁颅蝠、管鼻蝠 *Murina* sp.、毛翼管鼻蝠、泰坦尼亚彩蝠 *Kerivoula titania*。啮齿目和食虫目方面，在原有基础上各新增 1 种，红腿长吻松鼠和灰麝鼩。

（2）红外相机与前人整理的资料数据比较

本调查共鉴定出兽类 3 目 7 科 9 种。与袁景西等（2016）报道的 4 目 8 科 12 种相比较，种类数少了 3 种。啮齿目方面，本调查拍摄到红腿长吻松鼠和隐纹花鼠，而袁景西等（2016）则拍摄到赤腹松鼠 *Callosciurus erythraeus* 和倭松鼠 *Tamiops maritimus*，但是松鼠个体小，毛色可能与附近的颜色相似，以及拍摄到的照片不清楚，所以可能辨认的时候出现误判。另外，鼠类和食肉目的活动时间均在晚上，特别是鼠类，行动速度快，红外相机难以捕抓到准确的身影；鼬科 Mustelidae 的几个种类，如果红外相机只捕抓到它们的背影，也很难辨认出其确切的种。

与附近山脉南岭比较，蔡玉生等（2016）报道了南岭兽类多样性的红外相机监测情况，一共有 4 目 13 科 20 属 23 种。值得注意的是，蔡玉生等（2016）是从 2012 年 11 月开始放置红外相机的，而九连山红外相机放置的时间比较短，后期应该增加监测时间和监测范围。

（3）问卷调查与书籍中大型兽类哺乳动物种类比较

根据刘信中等（2002）设计了 33 种保护区原有兽类的问卷，但可能是时间比较久远，环境变化大，有些珍稀兽类可能已经灭绝，如穿山甲、水鹿、中华鬣羚。

（4）有 5 种蝙蝠为近 5 年江西省发表的兽类新记录

①无尾蹄蝠（徐忠鲜等，2013）。2012 年 2 月在江西井冈山自然保护区采集到 3 只体型较小的蝙蝠，主要特征：前臂长 37.80~39.35 mm，颅全长 18.16~18.41 mm；耳壳半透明呈圆形漏斗状；无尾椎骨，股间膜内凹呈“ ∧ ”形；背毛基部黑褐色，毛尖赤褐色，翼膜浅褐色。

②褐扁颅蝠（张秋萍等，2014）。2013 年 8 月在江西井冈山采集到 1 只体型很小的雌性蝙蝠，主要特征：体重仅为 4.7 g，前臂长 25.21 mm；面部无特化鼻叶，鼻吻部较短，鼻孔似心形；耳短小，耳廓内侧有少量毛，耳屏短而钝，但顶端略尖；通体毛色为黑褐色，毛尖光亮，腹毛毛色较背毛浅；头颅骨扁平，颅高约为颅宽的 1/2；核型中染色体数（2n）为 32，常染色体臂数（FN）为 52。

③泰坦尼亚彩蝠（李锋等，2015）。2013 年 7 月和 8 月，在江西井冈山国家级自然保护区石溪村和朱砂冲林场使用竖琴网分别采集到 7 号（6 雄 1 雌）和 5 号（全雌）森林性蝙蝠标本。标本体型较小，前臂长 30.16~33.85 mm，颅全长 13.90~14.76 mm；无鼻叶，耳廓呈漏斗状，耳屏略呈披针形；脑颅骨略显扁平，齿式为 2.1.3.3/3.1.3.3= 38；核型中染色体数目（2n）为 32，常染色体臂比指数（FN）为 52 泰坦尼亚彩蝠（李锋等，2015；该种现已更名为暗褐彩蝠 *Kerivoula furva*）。

④毛翼管鼻蝠（陈柏承等，2015）。于 2013 年在江西井冈山用蝙蝠竖琴网采集到 9 只蝙蝠标本，主要特征：体型中型，鼻部前端呈短管状，背部毛基黄褐色，毛尖褐栗色，头骨和牙齿均粗壮；超声波为 FM 型，飞行状态下主频率 51.3~59.0 kHz。

⑤渡濑氏鼠耳蝠 *Myotis rufoniger*（党飞红等，2017）。在江西省井冈山（7 只）和萍乡市芦溪县羊狮幕（1 只）共捕获鼠耳蝠标本 8 只，主要特征：中等体型，体色艳丽呈橙棕色，尾膜起始于踝关节且呈褐色，掌间具三角形褐色大型的斑块；耳廓端部边缘、五趾与爪、尾末端均呈黑色；吻端较尖长，鼻孔边缘呈黑色，前臂长 46.34 mm。

6.4.4.2 学名修正

在总结九连山兽类名录时，参照《中国哺乳动物多样性及地理分布》（蒋志刚等，2015），发现刘信中等（2002）一书中，存在着学名或者中文名的错误，更正结果如下：

① 食虫目猬科 Erinaceidae 中，原普通刺猬 *Erinaceus europaeus dealbatus* 应改为东北刺猬 *Erinaceus amurensis*；

② 食虫目鼹科 Talpidae 中，华南缺齿鼹的学名 *Mogera latouchei* 改为 *Mogera insularis*；

③ 翼手目蝙蝠科 Vesperitilionidea 中，山蝠 *Nyctalus noctula* 改为中华山蝠 *Nyctalus plancyi*；

④ 食肉目鼬科中，狗獾的学名 *Meles meles chinensis* 改为 *Meles leucurus*；

⑤ 食肉目猫科 Felidae 中，豹猫的学名 *Felis bengalensis* 改为 *Prionailurus bengalensis*；

⑥ 食肉目猫科中，金猫 *Felis temmincki* 改为 *Pardofelis temminckii*；

⑦ 偶蹄目鹿科 Cervidae 中，水鹿 *Cervus unicolor dejeani* 改为马来水鹿 *Cervus equinus*；

⑧ 啮齿目中，竹鼠科 Rhizomyidae 改为鼹型鼠科 Spalacidae；

⑨ 啮齿目鼠科 Muridae 中，社鼠的中文名改为北社鼠；

⑩ 啮齿目鼠科中，黄胸鼠的学名 *Rattus flavipectus* 改为 *Rattus tanezumi*；

⑪ 啮齿目豪猪科 Hystricidae 中，豪猪的中文名改为中国豪猪。

⑫ 偶蹄目牛科 Bovidae 中，鬣羚的中文名和学名 *Capricornis sumatraensis argyrochaetes* 改为中华鬣羚 *Capricornis milneedwardsii*；

⑬ 啮齿目松鼠科 Sciuridae 中，隐纹花松鼠亚种 *Tamiops swinhoei maritimus* 提升为种，即倭花鼠 *Tamiops maritimus*；

6.4.4.3 疑问物种的讨论

在刘信中等（2002）一书中，有些记载的物种参考蒋志刚等（2015）发现分布区并不在江西省，如红腿长吻松鼠、隐纹花松鼠、板齿鼠 *Bandicota indica*、白腹鼠 *Niviventer andersomi* 以及青毛鼠 *Rattus bowersi*。而且，叶复华等（2017）所提出的江西九连山自然保护区蝙蝠名录也存在部分错误，如文中所提艾

氏管鼻蝠 *Murina eleryi* 经鉴定为菲氏管鼻蝠 *Murina feae*（吴梦柳等，2017），中管鼻蝠经鉴定为哈氏管鼻蝠 *Murina harrisoni*。

另外也有一些物种，可以作为江西省的新记录，如中蹄蝠和渡濑氏鼠耳蝠。

6.4.5 小结

①九连山调查记录兽类 7 目 20 科 47 属 64 种，其中斑林狸、大灵猫、小灵猫、黄喉貂等国家重点保护野生动物均有分布，但种群数量已经十分稀少。

②九连山兽类科属多样性高，单种属多达 41 个，占总属数量的 87.23%；分布类型多样，东洋型、南中国型和古北型种类在此汇集；列入红色名录物种比例较高，达到 50.00%。

③九连山兽类组成复杂，与扩散能力弱、对环境依赖程度较高的两栖动物和爬行动物相比，热带分布为主的东洋型种类占绝对优势，比例高达 54.69%，以食肉目猫科、翼手目菊头蝠科等动物为代表；南中国型的比例相对较低，仅为 20.31%，东北刺猬、华南兔、小麂等为该分布型的代表。古北型哺乳动物在九连山以小家鼠、野猪等为代表，比例也达到 10.94%。此外，季风性种类如貉，亦分布于九连山。分布型复杂反映了九连山以热带亚热带成分为主、南北方动物交错渗透的过渡性地带特征。

④由于加大了翼手目的调查力度，本次调查在本保护区原有记载 7 种蝙蝠的基础上，增加了大菊头蝠、大耳菊头蝠、大蹄蝠和褐扁颅蝠等 12 种，使九连山的蝙蝠名录增至 19 种，大大增加了该保护区哺乳动物物种多样性的丰富程度。

⑤ 12 种本保护区兽类新记录中，渡濑氏鼠耳蝠（党飞红等，2017）、褐扁颅蝠（张秋萍等，2014）、毛翼管鼻蝠（陈柏承等，2015）、泰坦尼亚彩蝠（李锋等，2015）和无尾蹄蝠（徐忠鲜等，2013）等 5 种为近 5 年发表的江西省兽类新记录，本保护区的发现增加了上述种类在江西省分布的范围。此外，中蹄蝠是江西省尚未发表的兽类新记录。

6.5 昆虫多样性

江西九连山国家级自然保护区地处南岭山脉东段，位于中亚热带与南亚热带的过渡地带，保存着较大面积的原生性较强的亚热带常绿林，偶有板状根、气生根等热带雨林才有的独特景观。这里生物多样性极其丰富，成为生物专家关注的热点地区之一。

昆虫是地球上物种最丰富的类群。按当前分类系统，昆虫，指广义昆虫纲 (Insecta s. l.)，又称六足总纲 (Hexapoda)，分为原尾纲 (Protura)、弹尾纲 (Collembola)、双尾纲 (Diplura)、昆虫纲 (Insecta s. str.)(狭义) 等 4 个纲。本次九连山保护区昆虫本底资源调查种类包括了原尾纲、弹尾纲和昆虫纲。双尾纲收集了部分标本，但尚未完成鉴定，因此暂不纳入本书。

6.5.1 研究简史

1949 年以前，江西九连山昆虫方面的研究无乎空白，未曾有昆虫专家来九连山采集过标本。1920—1923 年，德国著名昆虫收藏家 Höne 及其助手到达九连山附近的广东省连平县（原文地图标注 “Linping”）采集，但也并未涉足江西九连山。20 世纪 50 年代，随着江西九连山垦殖场的建立，基础设施特别是道路交通的改善，为昆虫专家深入九连山腹地开展考察采集活动提供了便利条件。1957 年，中国科学院动物研究所张宝林先生等人是最早一批来九连山考察采集的昆虫专家。1975 年划建九连山天然林保护区后，先后有中国科学院动物研究所、中国科学院上海昆虫研究所、广东省昆虫研究所、江西农业大学、原江西大学、中山大学、南京农业大学、河北大学、赣南师范大学、南昌大学、南京师范大学、安徽师范大学、南开大学、郑州轻工业大学、华南农业大学、中国农业大学、上海师范大学、华南师范大学、西北农林科技大学、西南大学、浙江大学、浙江农林大学、沈阳师范大学等 30 多所科研院所的昆虫专家多次到九连山考察，并取得了一批考察成果，研究成果散布在各类学术期刊或专著之中。

1999—2001 年，在江西省野生动植物保护管理局的帮助下，九连山保护区邀请 12 个高校、科研院所 60 多位专家到九连山开展综合科学考察。2002 年，丁冬荪等人在《江西九连山自然保护区科学考察与森林生态系统研究》中对九连山保护区历年昆虫调查资料进行收集整理，报道九连山昆虫有 19 目 292 科 987 属 1404 种，约占当时全国昆虫种数的 3.5%，占江西省昆虫种数的 21.23%。

2011—2013 年，九连山保护区胡华林等人在九连山开展蝴蝶本底资源调查，采集并鉴定出蝴蝶 285 种，其中九连山新记录种 75 个，江西省新记录种 26 个，发现蝴蝶新亚种 1 个（布窗弄蝶离斑亚种 *Coladenia buchananii separafasciata*），整理出九连山 356 种蝴蝶的名录，并以《江西九连山国家级自然保护区蝴蝶》图书的形式公开出版。2021 年，江西农业大学曾菊平等人在《九连山森林生态研究 —— 动物昆虫专题》一书中汇总了九连山昆虫调查数据和文献资料，统计出九连山昆虫 18 目 215 科 1171 属 1781 种。历年在九连山保护区发现的昆虫新种 22 个，昆虫新记录种 92 个，其中包括中国新记录种 5 个，中国大陆新记录种 3 个，江西省新记录种 84 个。

2015 年以来，九连山保护区专业技术人员先后实施了九连山保护区蛾类补充调查、九连山保护区蝴蝶多样性监测、九连山保护区舟蛾科昆虫多样性调查、九连山保护区钩蛾科昆虫多样性调查、九连山保护区灯蛾科昆虫多样性调查等项目，积累了鳞翅目昆虫调查数据。2020—2023 年，广东省科学院动物研究所组织全国昆虫专家来南岭山脉开展考察活动，九连山作为南岭东段昆虫考察重要样点，吸引了大批昆虫专家前来考察，新种、新记录种、分类修订等考察与研究成果将会陆续面世。

6.5.2 调查方法

（1）野外调查

采用样线和样点相结合方式。白天沿公路、巡护步道、溪流、沟谷、山脊、林缘开阔处进行路线调查，在不同海拔不同生境设置若干采样点。晚上在虾公塘、大丘田、润洞、黄牛石、横坑水、坪坑、上湖、下湖等处设置灯诱点。使用网捕法、马氏网法、振落法、诱捕法、陷阱法、阻挡法、枯枝落叶层采集法、翻石木法、树皮剥离法、灯诱法等方式采集标本。

（2）内业整理

鳞翅目 LEPIDOPTERA、蜻蜓目 ODONATA 和鞘翅目 COLEOPTERA 昆虫及时展翅或整姿，然后放在有除湿机和樟脑丸的房间内阴干。其他目昆虫视情况用针插、酒精浸泡等方式处理。针插制作好的标本先拍照再按科分别装入标本盒内。标本鉴定工作由各类群专家负责。

（3）资料整理

搜集所有与九连山相关的昆虫分类学文献，采用最近大多数学者认可的分类系统对九连山昆虫名录进行编排，对以前名录的种中文名错字、学名拼写错误、同种异名、错误鉴定、属级变动等情况进行修订处理。对一些分布区明显偏北方，且近 20 年无采集或观察记录的种类（如丝带凤蝶华东型 *Sericinus montelus* f. *montelus*）进行删除处理。

每个种的地理分布点以《中国动物志》、地方昆虫志等文献为基础，结合全球生物多样性信息网站 (www.gbif.org) 上的地理分布图，判定具体区系种。古北种是指分布在古北界或主要分布在古北界且小范围跨界扩散的种类；东洋种是指分布在东洋界或主要分布在东洋界且小范围跨界扩散的种类；广布种是指广泛分布于两个或两个以上界的种类。种的区系划分以种为单位，种以下的亚种、变型都不考虑区划，仅服从种的区系划分。

6.5.3 调查结果

6.5.3.1 昆虫种类组成

经系统搜集整理国内外昆虫文献资料和同行专家提供的信息，并结合本次调查数据，九连山保护区现有鉴定出的昆虫 3 纲 18 目 186 科 1251 属 1972 种（表 6-4）。在九连山保护区昆虫 18 个目中，鳞翅目 (LEPIDOPTERA) 的属数和种数最多，分别是 666 属和 1134 种，占比达到 53.24% 和 57.51%，超过总数的一半，占九连山昆虫的绝对优势。半翅目 (HEMIPTERA) 的科数最多，达到 43 个，占比 23.12%，其次是鳞翅目，再次是鞘翅目 (COLEOPTERA)。现今的半翅目类群包括原来的同翅目 (HOMOPTERA) 和半翅目，类群物种数量大幅度增长，可能是造成半翅目科数最多的原因。从科级层面上统计，九连山保护区昆虫在属数上，目夜蛾科的属数最多，达到 105 属（图 6-4）；其次是尺蛾科，有 67 属；再次是草螟蛾，有 66 属。种数最多的科是目夜蛾科，达到 172 种（图 6-5）；其次是蛱蝶科，有 146 种；再次是草螟科，有 118 种。排名前三的都是鳞翅目昆虫，一方面是由于全世界鳞翅目昆虫种类仅次于鞘翅目，是第二大目；另一方面是研究鳞翅目昆虫的专家相对较多，鉴定相对容易，调查比较全面。鞘翅目作为世界昆虫种类第一大目，但九连山保护区鞘翅目昆虫科属种的数量都不突出，与鳞翅目差距较大，主要是因为鞘翅目昆虫分类专家较少，鉴定困难，或者有的鉴定结果还没及时反馈。

表6-4 九连山保护区昆虫种类组成

广义昆虫纲	目	科数	属数	种数	科数占比 (%)	属数占比 (%)	种数占比 (%)
原尾纲 PROTURA	蚖目 ACERENTOMATA	2	6	11	1.08	0.48	0.56
弹尾纲 COLLEMBOLA	原蛛目 PODUROMORPHA	1	1	1	0.54	0.08	0.05
	愈腹蛛目 SYMPHYPLEONA	1	1	1	0.54	0.08	0.05
昆虫纲 INSECTA	衣鱼目 ZYGENTOMA	1	2	2	0.54	0.16	0.10
	蜚蠊目 BLATTARIA	7	16	33	3.76	1.28	1.67
	螳螂目 MANTODEA	2	5	8	1.08	0.40	0.41
	䗛目 PHASMATODEA	1	2	2	0.54	0.16	0.10
	直翅目 ORTHOPTERA	8	47	69	4.30	3.76	3.50
	蜻蜓目 ODONATA	9	40	59	4.84	3.20	2.99
	半翅目 HEMIPTERA	43	160	210	23.12	12.79	10.65
	缨翅目 THYSANOPTERA	2	4	5	1.08	0.32	0.25
	广翅目 MEGALOPTERA	1	4	8	0.54	0.32	0.41
	脉翅目 NEUROPTERA	2	4	5	1.08	0.32	0.25
	鞘翅目 COLEOPTERA	36	243	345	19.35	19.42	17.49
	毛翅目 TRICHOPTERA	6	12	17	3.23	0.96	0.86
	鳞翅目 LEPIDOPTERA	37	666	1134	19.89	53.24	57.51
	双翅目 DIPTERA	13	16	30	6.99	1.28	1.52
	膜翅目 HYMENOPTERA	14	22	32	7.53	1.76	1.62
合计	18	186	1251	1972	100.00	100.00	100.00

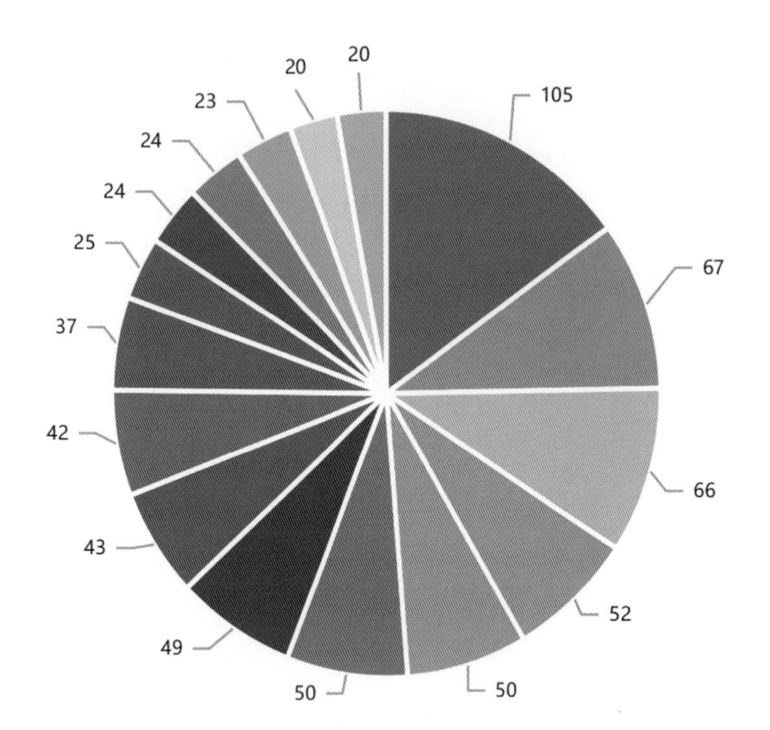

图例从0点方向起，顺时针对应：

- 目夜蛾科 Erebidae
- 尺蛾科Geometridae
- 草螟科 Crambidae
- 蛱蝶科 Nymphalidae
- 天牛科 Cerambycidae
- 夜蛾科Noctuidae
- 灰蝶科 Lycaenidae
- 舟蛾科Notodontidae
- 弄蝶科 Hesperiidae
- 叶甲科 Chrysomelidae
- 蝽科 Pentatomidae
- 象甲科 Curculionidae
- 钩蛾科 Drepanidae
- 金龟科 Scarabaeidae
- 蚜科 Aphididae
- 天蛾科Sphingidae

图6-4　九连山保护区昆虫各科属数组成（彩图见附录13）

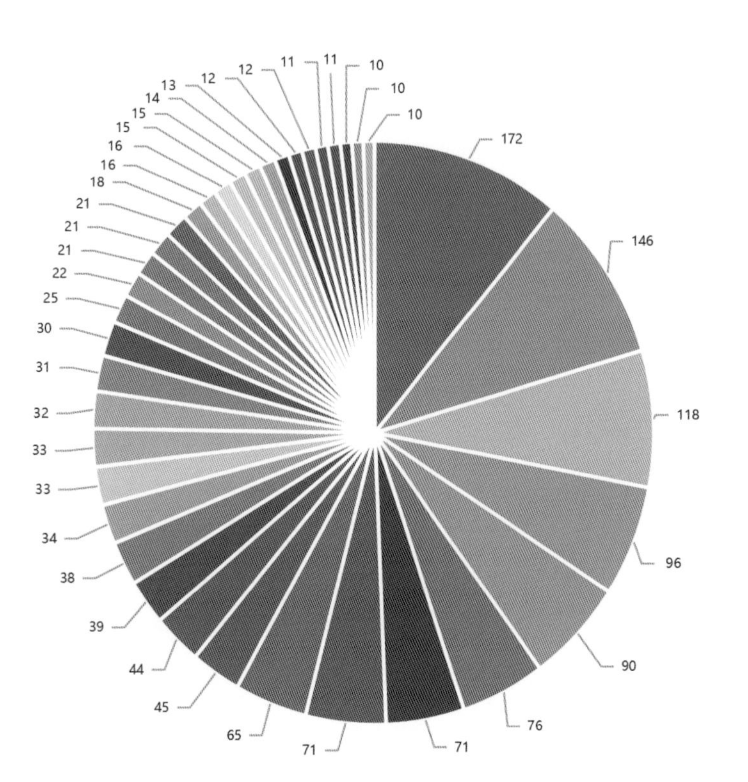

图例从0点方向起，顺时针对应：

- 目夜蛾科 Erebidae
- 蛱蝶科 Nymphalidae
- 草螟科 Crambidae
- 尺蛾科Geometridae
- 弄蝶科 Hesperiidae
- 舟蛾科Notodontidae
- 天牛科 Cerambycidae
- 灰蝶科 Lycaenidae
- 夜蛾科Noctuidae
- 钩蛾科 Drepanidae
- 叶甲科 Chrysomelidae
- 天蛾科Sphingidae
- 金龟科 Scarabaeidae
- 凤蝶科 Papilionidae
- 象甲科 Curculionidae
- 吉丁虫科 Buprestidae
- 螽斯科 Tettigoniidae
- 蝽科 Pentatomidae
- 蚜科 Aphididae
- 蜻科 Libellulidae
- 瓢虫科 Coccinellidae
- 瘤蛾科Nolidae
- 螟蛾科 Pyralidae
- 粉蝶科 Pieridae
- 卷蛾科 Tortricidae
- 牙甲科 Hydrophilidae
- 刺蛾科 Limacodidae
- 枯叶蛾科Lasiocampidae
- 白蚁科 Termitidae
- 猎蝽科 Reduviidae
- 蚋科Simuliidae
- 叶蝉科 Cicadellidae
- 斑腿蝗科 Catantopidae
- 盾蚧科 Diaspididae
- 鼻白蚁科 Rhinotermitidae
- 斑蛾科 Zygaenidae
- 大蚕蛾科Saturniidae
- 缘蝽科 Coreidae

图6-5　九连山保护区昆虫各科（种数值10以上）种数组成（彩图见附录13）

6.5.3.2 昆虫区系

世界动物地理区划，通常分六大动物地理区，即古北界、新北界、东洋界、非洲界、新热带界、澳洲界。近年来，随着对南极的了解逐渐增多，有人认为可把南极单独划界。昆虫地理基本沿用了六大动物地理区划。古北界包括欧洲、撒哈拉沙漠以北的非洲、小亚细亚、中东、伊朗、阿富汗、俄罗斯、蒙古国、中国北部、朝鲜、日本。东洋界包括印度、中国南部、菲律宾、东南亚、印尼西部、新几内亚岛及附近岛屿。非洲界包括撒哈拉沙漠以南的非洲大陆、阿拉伯半岛南部、马达加斯加岛及附近岛屿。新北界包括墨西哥以北的北美洲。新热带界包括中美洲、南美洲、墨西哥南部和西印度群岛。澳洲界包括澳大利亚、新西兰、塔斯马尼亚及附近太平洋上的岛屿。

我国地跨古北和东洋两界，西部以喜马拉雅山脉为分界线，向东延伸至秦岭，这一观点基本被大多数学者接受。秦岭以东因没有天然屏障阻隔两界昆虫南北迁移，一些东洋种通过此区域一路北扩至华北、东北，甚至朝鲜、日本、俄罗斯远东地区。类似地，一些古北种通过此区域一路南下至华南。所以在华中和华东形成了两界昆虫大混杂情形，因此秦岭以东古北和东洋两界的分界线一直存在争议。另外，这也造成了一些东亚种在界定广布种、东洋种和古北种的问题上产生困扰。为了统一标准便于操作，本书在统计东洋种、古北种和广布种时，以文献资料和全球生物多样性信息为依据，把在欧洲、中亚、西亚广泛分布，甚至扩散至南岭山脉的种类归为古北种，延伸至中越边界、云南、海南的种类归为广布种；把在南亚、东南亚及华南广泛分布，向北扩散至华北的种类归为东洋种，延伸至东北及朝鲜半岛、日本的种类归为广布种；把仅分布于华中、华东、台湾的种类归为东洋种；把分布于朝鲜半岛、日本及华东的种类归为古北种。

九连山保护区东洋种的典型代表主要有石屏格蚖 *Gracilentulus shipingensis*、三珠近异蚖 *Paraniscntomon triglobulum*、短垫拟异蚖 *Pseudanisentomo pedanempodium*、印度象白蚁 *Nasutitermes moratus*、海南土白蚁 *Odontotermes hainanensis*、阔斑弯翅蠊 *Panesthia cognata*、丽眼斑螳 *Creobroter gemmata*、垂臀华异蝽 *Sinophasma brevipenne*、斑角蔗蝗 *Hieroglyphus annulicornis*、突眼蚱 *Ergatettix dorsiferus*、龙眼鸡 *Pyrops candelaria*、巨叉畸螽 *Teratura megafurcula*、深山闽春蜓 *Fukienogomphus prometheus*、吕宋灰蜻 *Orthetrum luzonicum*、青黑长腹扇蟌 *Coeliccia cyanomelas*、暗翅蝉 *Scieroptera splendidula*、白边大叶蝉 *Kolla paulula*、紫丽盾蝽 *Chrysocoris stollii*、条蜂缘蝽 *Riptortus linearis*、污翅斑鱼蛉 *Neochauliodes fraternus*、光端缺翅虎甲 *Tricondyla macrodera*、老挝星吉丁 *Chrysobothris laesensis*、稻红瓢虫 *Micraspis discolor*、尖角土潜 *Gonocephalum subspinosum*、小黑新锹甲 *Neolucanus chempioni*、中华蜣螂 *Copris sinicus*、蒙瘤犀金龟 *Trichogomphus mongol*、扁角天牛 *Sarmydus antennatus*、桑黄米萤叶甲 *Mimastra cyanura*、泰国长小蠹 *Platypus levannongi*、华贵瘤石蛾 *Goera altofissura*、白背斑蠹蛾 *Xyleutes persona*、点带草蛾 *Ethmia lineatonotella*、洋桃小卷蛾 *Gatesclakeana idia*、黑脉厚须螟 *Arctioblepsis rubida*、艳瘦翅野螟 *Ischnurges gratiosalis*、重阳木帆锦斑蛾 *Histia rhodope*、媚绿刺蛾 *Parasa repanda*、白横迷钩蛾 *Microblepsis cupreogrisea*、马来丸尺蛾 *Plutodes malaysiana*、台湾银斑舟蛾 *Tarsolepis taiwana*、叉纹砌石夜蛾 *Gabala roseoretis*、脉黄毒蛾 *Euproctis albovenosa*、淡色孔灯蛾 *Baroa vatala*、中越甘土苔蛾 *Gandhara interrogativa*、瞳夜蛾 *Ommatophora luminosa*、油茶枯叶蛾 *Lebeda nobilia*、丝光带蛾 *Pseudojana incandesceus*、华尾大蚕蛾 *Actias sinensis*、赭绒缺角天蛾 *Acosmeryx sericeus*、碎斑青凤蝶 *Graphium chironides*、鹤顶粉蝶 *Hebomoia glaucippe*、长纹黛眼蝶 *Lethe europa*、钩翅眼蛱蝶 *Junonia iphita*、珍贵妩灰蝶 *Udara dilecta*、窗斑大弄蝶 *Capila translucida*、中华木蜂 *Xylocopa sinensis* 等。

九连山保护区古北种主要有绿圆䖴 *Sminthurus viridis*、栖北散白蚁 *Reticulitermes speratus*、中华真地鳖 *Eupolyphaga sinensis*、线痣灰蜻 *Orthetrum lineostigma*、大青叶蝉 *Cicadella viridis*、长绿飞虱 *Saccharosydne procerus*、艾叶小长管蚜 *Macrosiphoniella yomogifoliae*、朝鲜毛球蚧 *Didesmococcus koreanus*、华螳蝎蝽 *Ranatra chinensis*、绿盲蝽 *Apolygus lucorum*、黄缘青步甲 *Chlaenius spoliatus*、四斑露尾甲 *Librodor japonicus*、十二斑菌瓢虫 *Vibidia duodecimguttata*、大黑鳃金龟 *Holotrichia castanea*、椎天牛 *Spondylis buprestoides*、湖栖

长角石蛾 *Oecetis lacustris*、多斑巢蛾 *Yponomeuta polystictus*、纵纹小卷蛾 *Phaecadophora fimbriata*、枯叶螟 *Tamraca torridalis*、迷刺蛾 *Chibiraga banghaasi*、浓白钩蛾 *Ditrigona conflesaria*、枯斑翠尺蛾 *Eucyclodes difficta*、杨扇舟蛾 *Clostera anachoreta*、素毒蛾 *Laelia coenosa*、青豹蛱蝶 *Argynnis sagana*、柳紫闪蛱蝶 *Apatura ilia*、柃木蚋 *Simulium suzukii* 等。

九连山保护区广布种主要有樱花古蚖 *Eosentomon sakura*、黑姚 *Podura aquatica*、衣鱼 *Lepisma saccharina*、家白蚁 *Coptotermes formosanus*、东方蜚蠊 *Blatta orientalis*、广斧螳 *Hierodula patellifera*、中华剑角蝗 *Acrida cinerea*、红蜻 *Crocothemis servilia*、斑衣蜡蝉 *Lycorma delicatula*、柑橘呆木虱 *Diaphorina citri*、烟草粉虱 *Bemisia tabaci*、大豆蚜 *Aphis glycines*、龟蜡蚧 *Ceroplastes floridensis*、麻皮蝽 *Erthesina fullo*、烟蓟马 *Thrips tabaci*、大草蛉 *Chrysopa pallens*、异色瓢虫 *Harmonia axyridis*、谷蠹 *Rhyzopertha dominica*、星天牛 *Anoplophora chinensis*、豌豆象 *Bruchus pisorum*、二化螟 *Chilo suppressalis*、瓜绢野螟 *Diaphania indica*、棉大造桥虫 *Ascotis selenaria*、白毒蛾 *Arctornia l-nigrum*、梨纹黄夜蛾 *Xanthodes transversa*、半目大蚕蛾 *Antheraea yamamai*、金凤蝶 *Papilio machaon*、宽边黄粉蝶 *Eurema hecabe*、金斑蝶 *Danaus chrysippus*、暮眼蝶 *Melanitis leda*、豌豆潜叶蝇 *Phytomyza horticola*、舍蝇 *Musca domestica*、黄腰胡蜂 *Vespa affinis* 等。

九连山保护区昆虫以东洋界种类占绝对优势，达到 1531 种，占昆虫总种数的 77.64%；其次是广布种，254 种，约占 13%；古北种最少，187 种，占比在 10% 以下（表 6-5）。贾凤龙等（2014）报道井冈山地区昆虫东洋种占比 70.3%，古北种占比 10.8%，广布种占比 18.9%，与上述数据对比，九连山保护区东洋种占比更高，这是因为九连山比井冈山纬度更低，地理位置更靠南方，更接近东洋界的典型区域。

表6-5　九连山保护区昆虫区系成分组成

广义昆虫纲	类群（目）	东洋种	古北种	广布种	合计
原尾纲 PROTURA	蚖目 ACERENTOMATA	10	0	1	11
弹尾纲 COLLEMBOLA	原姚目 PODUROMORPHA	0	0	1	1
	愈腹姚目 SYMPHYPLEONA	0	1	0	1
昆虫纲 INSECTA	衣鱼目 ZYGENTOMA	0	0	2	2
	蜚蠊目 BLATTARIA	29	2	2	33
	螳螂目 MANTODEA	3	0	5	8
	䗛目 PHASMATODEA	2	0	0	2
	直翅目 ORTHOPTERA	59	0	10	69
	蜻蜓目 ODONATA	46	6	7	59
	半翅目 HEMIPTERA	119	28	63	210
	缨翅目 THYSANOPTERA	3	0	2	5
	广翅目 MEGALOPTERA	8	0	0	8
	脉翅目 NEUROPTERA	3	0	2	5
	鞘翅目 COLEOPTERA	243	47	55	345
	毛翅目 TRICHOPTERA	15	1	1	17
	鳞翅目 LEPIDOPTERA	955	91	88	1134
	双翅目 DIPTERA	17	6	7	30
	膜翅目 HYMENOPTERA	19	5	8	32
	合计	1531	187	254	1972
	占比（%）	77.64	9.48	12.88	

6.5.3.3 九连山保护区珍稀昆虫

6.5.3.3.1 列为国家重点保护野生动物的昆虫

2021 年 2 月，国家林业和草原局、农业农村部联合发布了最新版的《国家重点保护野生动物名录》，列入节肢动物门昆虫纲 75 种，其中国家一级保护野生动物有中华蛩蠊 *Calloisiana sinensis*、陈氏西蛩蠊 *Cryllob-lattella cheni*、金斑喙凤蝶 *Teinopalpus aureus* 等 3 种，国家二级保护野生动物有伟铗虯 *Atlasjapyx atlas*、丽叶䗛 *Phyllium pulchrifolium*、扭尾曦春蜓 *Heliogomphus retroflexus*、中华缺翅虫 *Zorotypus sinensis* 等 72 种。

九连山保护区国家一级保护野生昆虫有金斑喙凤蝶 *Teinopalpus aureus* 1 种。国家二级保护野生昆虫有金裳凤蝶 *Troides aeacus*、阳彩臂金龟 *Cheirotonus jansoni*、硕步甲 *Carabus davidis*、戴叉犀金龟 *Trypoxylus da-vidis* 4 种。

6.5.3.3.2 列入《中国物种红色名录》的昆虫

《中国物种红色名录》是全国 100 多位动植物分类学家和生态保护专家根据世界自然保护联盟制订的红色名录等级标准，对所有哺乳类、鸟类、两栖爬行类和部分鱼类，以及部分昆虫、软体动物等无脊椎动物和维管束植物开展评估的结果，并确定了濒危物种的濒危状况等级。

九连山保护区列入《中国物种红色名录》（2005 年）的昆虫共 19 种，其中鳞翅目蝴蝶 14 种、蛾类 2 种、鞘翅目甲虫 3 种。金裳凤蝶 *Troides aeacus* 评估等级：近危（NT）；宽尾凤蝶 *Agehana elwesi* 评估等级：易危（VU）；金斑喙凤蝶 *Teinopalpus aureus* 评估等级：濒危（EN）；鹤顶粉蝶 *Hebomoia glaucippe* 评估等级：近危（NT）；宽带黛眼蝶 *Lethe helena* 评估等级：近危（NT）；泰妲黛眼蝶 *Lethe titania* 评估等级：近危（NT）；拟四眼矍眼蝶 *Ypthima imitans* 评估等级：易危（VU）；密纹矍眼蝶 *Ypthima multistriata* 评估等级：易危（VU）；珀翠蛱蝶 *Euthalia pratti* 评估等级：近危（NT）；卡环蛱蝶 *Neptis cartica* 评估等级：近危（NT）；大斑尾蚬蝶 *Dodona egeon* 评估等级：近危（NT）；大伞弄蝶 *Burara miracula* 评估等级：近危（NT）；线纹大弄蝶 *Capila lineata* 评估等级：易危（VU）；台湾星弄蝶 *Celaenorrhinus horishanus* 评估等级：近危（NT）；乌桕大蚕蛾 *Attacus atlas* 评估等级：近危（NT）；半目大蚕蛾 *Antheraea yamamai* 评估等级：近危（NT）；阳彩臂金龟 *Cheirotonus jansoni* 评估等级：易危（VU）；硕步甲 *Carabus davidis* 评估等级：近危（NT）；戴叉犀金龟 *Xyloscaptes davidis* 评估等级：易危（VU）。

6.5.3.3.3 列为“三有”保护野生动物的昆虫

九连山保护区列入《有重要生态、科学、社会价值的陆生野生动物名录》(2023 年第 17 号) 的昆虫有 2 种，即眼纹斑叩甲 *Cryptalaus larvatus* 和大伞弄蝶 *Burara miracula*。

在个体较小、数量庞大、种类繁多的昆虫类群中，那些列为国家重点保护野生动物的、列入《中国物种红色名录》的、列为“三有”保护野生动物的物种获得了人们关注，但还有很多稀有的昆虫物种不为人们所知。例如，布窗弄蝶离斑亚种，自从 2015 年发现后，一直很少见，且目前仅知它在江西九连山和福建龙栖山两地有分布。

6.5.3.3.4 观赏性昆虫

除了上述的珍稀昆虫外，九连山保护区还有一批观赏性较强的昆虫。例如，长尾大蚕蛾 *Actias dubernardi*、绿尾大蚕蛾 *Actias selene ningpoana*、青球箩纹蛾 *Brahmaea hearseyi*、鬼脸天蛾 *Acherontia lachesis*、杧果天蛾 *Amplypterus panopus*、樗蚕 *Samia cynthia*、黑脉厚须螟 *Arctioblepsis rubida*、庸肖毛翅夜蛾 *Thyas juno*、藤豹大蚕蛾 *Loepa anthera*、广东晶钩蛾 *Deroca hyaline latizona*、巴黎翠凤蝶 *Papilio paris*、穹翠凤蝶 *Papilio dialis*、网丝蛱蝶 *Cyrestis thyodamas*、枯叶蛱蝶 *Kallima inachus*、华西箭环蝶 *Stichophthalma suffusa*、赤基色蟌 *Archineura incarnata*、龙眼鸡 *Pyrops candelaria*、双叉犀金龟 *Trypoxylus dichotomus* 等。这些昆虫或颜色艳丽，或外形独特，十分吸引眼球，能为自然教育活动提供很好的素材。

6.5.3.3.5 本次考察发现的昆虫新种、新记录

本次九连山保护区考察发现昆虫新种 1 个（中越甘土苔蛾 *Gandhara interrogativa*），发现昆虫新记录种 65 个，其中江西省新记录种 34 个，九连山新记录种 31 个。江西省新记录种有黄颈赭钩蛾 *Paralbara muscularia*、俄黄钩蛾 *Tridrepana arikana*、赛线钩蛾 *Nordstromia semililacina*、单眼豆斑钩蛾 *Auzata ocellata*、直缘卑钩蛾 *Betalbara violacea*、白横迷钩蛾 *Microblepsis cupreogrisea*、锯线钩蛾 *Strepsigonia diluta*、福钩蛾 *Phalacra strigata*、钝山钩蛾 *Oreta obtusa*、南昆窗山钩蛾 *Spectroreta thumba*、间蕊舟蛾 *Dudusa distincta*、窦舟蛾 *Zaranga pannosa*、黄钩翅舟蛾 *Gangarides flavescens*、带纹钩翅舟蛾 *Gangarides vittipalpis*、康梭舟蛾 *Netria viridescens continentalis*、曲细翅舟蛾（曲波舟蛾）*Gargetta curvaria*、泰枝舟蛾 *Ramesa siamica*、葩胯舟蛾 *Syntypistis parcevirens*、古田山胯舟蛾 *Syntypistis gutianshana*、木荷胯舟蛾 *Syntypistis pallidifascia*、灰拟纷舟蛾 *Disparia grisescens*、安新林舟蛾 *Neodrymonia anna*、火新林舟蛾 *Neodrymonia ignicoruscens*、连点新林舟蛾 *Neodrymonia moorei seriatopunctata*、笼异齿舟蛾 *Hexafrenum longinae*、天舟蛾 *Snellentia divaricata*、麻掌舟蛾 *Phalera maculifera*、拟宽掌舟蛾 *Phalera schintlmeisteri*、黄条掌舟蛾 *Phalera huangtiao*、叉纹砌石夜蛾 *Gabala roseoretis*、柚巾夜蛾 *Dysgonia palumba*、瞳夜蛾 *Ommatophora luminosa*、银钩青凤蝶 *Graphium eurypylus*、豹斑双尾灰蝶 *Tajuria maculata* 等 34 种。九连山新记录种有洋麻圆钩蛾 *Cyclidia substigmaria*、一点镰钩蛾台湾亚种 *Drepana pallida nigromaculata*、半豆斑钩蛾 *Auzata semipavonaria*、丁铃钩蛾 *Macrocilix mysticata*、浓白钩蛾 *Ditrigona conflesaria*、窗带钩蛾 *Leucoblepsis fenestraria*、缺刻山钩蛾 *Cyclura olga*、赛点舟蛾 *Stigmatophorina sericea*、台湾银斑舟蛾 *Tarsolepis taiwana* 、竹窄翅舟蛾 *Niganda griseicollis*、灰舟蛾 *Cnethodonta girsescens*、铜绿胯舟蛾 *Syntypistis cupreonitens*、青胯舟蛾 *Syntypistis cyanea*、巨垠舟蛾 *Acmeshachia gigantea*、曲纷舟蛾 *Fentonia excurvata*、赣闽威舟蛾 *Wilemanus hamata*、大半齿舟蛾 *Semidonta basalis*、弱拟纷舟蛾 *Disparia diluta*、朴娜舟蛾 *Norracoides basinotata*、干华舟蛾 *Spatalina ferruginosa*、雪花掌舟蛾 *Phalera nieveomaculata*、昏掌舟蛾 *Phalera obscura*、肾巾夜蛾 *Dysgonia praetermissa*、白肾夜蛾 *Edessena gentiusalis*、蓝条夜蛾 *Ischyja manlia*、铃斑翅夜蛾 *Serrodes campana*、单析夜蛾 *Sypnoides simplex*、分夜蛾 *Trigonodes hyppasia*、枯球箩纹蛾 *Brahmaea wallichii*、德铿灰蝶 *Allotinus drumila*、赭灰蝶 *Ussuriana michaelis* 等 31 种。

6.5.3.3.6 在九连山保护区发现的昆虫新属、新种（新亚种）

历年来，昆虫分类专家在九连山保护区发现新属 1 个、新种（含亚种）40 个。需要注意的是，本书没有收录双斜线黄钩蛾中华亚种 *Tridrepana flava sinica* 和海南大弄蝶华东亚种 *Capila hainana sinorientalis* 这两个亚种。因为有研究表明双斜线黄钩蛾中华亚种是双斜线黄钩蛾指名亚种 *Tridrepana flava flava* 的同种异名（宋文惠等，2011）。类似地，研究发现海南大弄蝶华东亚种是窗斑大弄蝶 *Capila translucida* 的同种异名（薛国喜，2023），更准确地说，海南大弄蝶其实就是窗斑大弄蝶的雌蝶，所以这两个亚种都不予收录。

（1）在九连山保护区发现的新属

棘白蚁属 *Pilotermes* He, 1987

Pilotermes He, 1987, Contr. Shanghai Inst. Entomol., Vol. 7: 169-176.

分类地位：昆虫纲 Insecta 蜚蠊目 Blattaria 白蚁科 Termitidae。模式种：江西棘白蚁 *Pilotermes jiangxiensis* He, 1987。地理分布：东洋界。

（2）在九连山保护区发现的新种（含亚种）

① 短鼻象白蚁 *Nasutitermes curtinasus* He, 1987

Nasutitermes curtinasts He, 1987, Contr. Shanghai Inst. Enton., Vol. 7: 169-176.

分类地位：昆虫纲蜚蠊目白蚁科象白蚁属 *Nasutitermes*。模式标本：兵蚁 5 头，工蚁 22 头，江西九连山，1986-V-9，刘祖尧、罗志义、郑建中采。地理分布：江西九连山。

② 江西棘白蚁 *Pilotermes jiangxiensis* He, 1987

Pilotermes jiangxiensis He, 1987, Contr. Shanghai Inst. Enton., Vol. 7: 169-176.

分类地位：昆虫纲蜚蠊目白蚁科棘白蚁属 *Pilotermes*。模式标本：大兵蚁 10 头，小兵蚁 8 头，工蚁 17 头，

江西九连山，1986-IV-29，郑建中、罗志义、刘祖尧采。地理分布：江西九连山。

③ 江西皮蝻 *Phraortes jiangxiensis* Chen & Xu, 2008

Phraortes jiangxiensis Chen & Xu, 2008, In Phasmatodea of China. China Forestry Publishing House. 1-476: 87.

分类地位：昆虫纲蝻目 Phasmatodea 长角棒蝻科 Lonchodidae 皮蝻属 *Phraortes*。模式标本：正模♂，江西九连山，2005-VI-3，陈超采。地理分布：江西九连山。

④ 九连山蹦蝗 *Sinopodisma jiulianshana* Huang, 1982

Sinopodisma jiulianshana Huang, 1982, Two new species of *Sinopodisma* Chang (Orthoptera: Catantopinae). Zoological Research, 3(4), 431-435.

分类地位：昆虫纲直翅目 Orthoptera 斑腿蝗科 Catantopidae 蹦蝗属 *Sinopodisma*。模式标本：正模♂，配模♀，江西九连山，1979-IX-30，虞佩玉采。地理分布：江西（九连山、于都、莲花、吉安、新建）。

⑤ 九连山凸额蝗 *Traulia jiulianshanensis* Xiangyu, Wang & Liu, 1997

Traulia jiulianshanensis Xiangyu, Wang & Liu, 1997, A new species of *Traulia* Stål from the south region of Jiangxi Province, China (Orthoptera: Catantopidae). Journal of Shandong University, 32(4), 457-460.

分类地位：昆虫纲直翅目斑腿蝗科凸额蝗属 *Traulia*。模式标本：正模♂，副模 1♂，江西九连山，1993-VIII-18，王裕文、向余劲攻采。地理分布：江西、湖南。

⑥ 短背拟大磨蚱 *Macromotettixoides brachynota* Zheng & Shi, 2009

Macromotettixoides brachynota Zheng & Shi, 2009, Five new species of Tetrigoidea from Jiangxi province of China (Orthoptera). Acta Zootaxonomica Sinica, 34(3), 572-577.

分类地位：昆虫纲直翅目蚱科 Tetrigidae 拟大磨蚱属 *Macromotettixoides*。模式标本：正模♀，副模 2♀♀，江西九连山，2008-VII-23，石福明、裘明采。地理分布：江西九连山。

⑦ 黑胫版纳蚱 *Bannatettix nigritibialis* Zheng & shi, 2009

Bannatettix nigritibialis Zheng & Shi, 2009, Five new species of Tetrigoidea from Jiangxi province of China (Orthoptera). Acta Zootaxonomica Sinica, 34(3), 572-577.

分类地位：昆虫纲直翅目蚱科版纳蚱属 *Bannatettix*。模式标本：正模♀，副模 1♂，江西九连山，2008-VII-22，石福明、裘明采。地理分布：江西九连山。

⑧ 九连山狭蚱 *Xistra jiuliangshanensis* Zheng & Shi, 2009

Xistra jiuliangshanensis Zheng & Shi, 2009, Five new species of Tetrigoidea from Jiangxi province of China (Orthoptera). Acta Zootaxonomica Sinica, 34(3), 572-577.

分类地位：昆虫纲直翅目蚱科狭蚱属 (*Xistra*)。模式标本：正模♂，江西九连山，2008-VII-27，石福明、裘明采；副模 1♀，江西九连山，2008-VII-23，石福明、裘明采。地理分布：江西九连山。

⑨ 江西玛蚱 *Mazarredia jiangxiensis* Zheng & Shi, 2009

Mazarredia jiangxiensis Zheng & Shi, 2009, Five new species of Tetrigoidea from Jiangxi province of China (Orthoptera). Acta Zootaxonomica Sinica, 34(3), 572-577.

分类地位：昆虫纲直翅目蚱科玛蚱属 *Mazarredia*。模式标本：正模♂，副模 1♂，江西九连山，2008-VII-23，石福明、裘明采。地理分布：江西九连山。

⑩ 波背波蚱 *Bolivaritettix unduladorsalis* Zheng & Shi, 2009

Bolivaritettix unduladorsalis Zheng & Shi, 2009, Five new species of Tetrigoidea from Jiangxi province of China (Orthoptera). Acta Zootaxonomica Sinica, 34(3), 572-577.

分类地位：昆虫纲直翅目蚱科波蚱属 *Bolivaritettix*。模式标本：正模♀，副模 1♀，江西九连山，2008-VII-23，石福明、裘明采。地理分布：江西九连山。

⑪ 江西钩冠角蝉 *Hypsolyrium jiangxiensis* Yuan & Xu, 1991

Hypsolyrium jiangxiensis Yuan, Gao & Xu, 1991, Researches on variation and taxonomy of the genus *Hypsolyrium* Schmidt (Homoptera: Membracidae). Entomotaxonomia, 13(3): 179-192.

分类地位：昆虫纲半翅目 Hemiptera 角蝉科 Membracidae 钩冠角蝉属 *Hypsolyrium*。模式标本：正模♀，配模♂，副模 3♀♀、3♂♂，江西九连山，日期和采集人不详。地理分布：江西九连山。

⑫ 针茎多脉叶蝉 *Polyamia acicularis* Dai, Xing & Li, 2010

Polyamia acicularis Dai, Xing & Li, 2010, A new species of the genus *Polyamia* (Hemiptera, Cicadellidae, Deltocephalinae) from China. Sichuan Journal of Zoology, 29(5), 570–571.

分类地位：昆虫纲半翅目叶蝉科 Cicadellidae 多脉叶蝉属 *Polyamia*。模式标本：正模♂，江西九连山，2008-VII-19，孟泽洪采。地理分布：江西九连山，泰国。

⑬ 黑头斑鱼蛉 *Neochauliodes nigris* Liu & Yang, 2005

Neochauliodes nigris Liu & Yang, 2005, Notes on the genus *Neochauliodes* from Guangxi, China (Megaloptera: Corydalidae). Zootaxa 1045: 1-24.

分类地位：昆虫纲广翅目 Megaloptera 齿蛉科 Corydalidae 斑鱼蛉属 *Neochauliodes*。模式标本：正模♂，贵州梵净山，1988-VII-3，杨星科采。副模标本：1♀，江西九连山，1975-VI-8，章有为采；等等。地理分布：贵州、湖南、江西、浙江、福建、广东、广西；日本。

备注：《中国动物志昆虫纲•第五十一卷：广翅目》第 297 页把江西龙南九连山误写为“江西尤南九连山”。

⑭ 东方星齿蛉 *Protohermes orientalis* Liu, Hayashi & Yang, 2007

Protohermes orientalis Liu, Hayashi & Yang, 2007, Systematics of the *Protohermes costalis* species-group (Megaloptera: Corydalidae). Zootaxa 1439:1-46.

分类地位：昆虫纲广翅目齿蛉科星齿蛉属 *Protohermes*。模式标本：正模♂，福建龙栖山，1999-V-11，姚建采；副模 6♂♂10♀♀，江西九连山，1986-VII，刘祖尧采；等等。地理分布：福建、江西、广西。

备注：《中国动物志昆虫纲•第五十一卷：广翅目》第 175 页把江西龙南九连山误写为“江西尤南九连山”。

⑮ 兴民四齿隐翅虫 *Nazeris xingmini* Lin & Hu, 2021

Nazeris xingmini Lin & Hu, 2021, The *Nazeris* fauna of the Nanling Mountain Range, China (Coleoptera, Staphylinidae, Paederinae). ZooKeys, 1059: 117-133.

分类地位：昆虫纲鞘翅目 Coleoptera 隐翅虫科 Staphylinidae 四齿隐翅虫属 *Nazeris*。模式标本：正模♂，广东车八岭，2020-VIII-19，汤亮采。副模 2♀♀，江西九连山，2020-VIII-16，汤亮采；等等。地理分布：广东、江西。

⑯ 美华四齿隐翅虫 *Nazeris meihuaae* Lin & Hu, 2021

Nazeris meihuaae Lin & Hu, 2021, The *Nazeris* fauna of the Nanling Mountain Range, China (Coleoptera, Staphylinidae, Paederinae). ZooKeys, 1059: 117-133.

分类地位：昆虫纲鞘翅目隐翅虫科四齿隐翅虫属 *Nazeris*。模式标本：正模♂，广东车八岭，2020-VIII-20，汤亮采。副模 6♂♂3♀♀，江西九连山，2020-VIII-18，汤亮采；1♂2♀♀，江西九连山，2020-VIII-17，汤亮采；5♂♂1♀，江西九连山，2021-V-10，周成林、李翀采；3♀♀，江西九连山，2021-V-12，周成林、李翀采；1♂，江西九连山，2021-V-12，周成林、李翀采；等等。地理分布：广东、江西。

⑰ 龙南角吉丁 *Habroloma longnanicum* Peng, Li, WU, et al., 2024

Habroloma longnanicum Peng, Li, WU, et al., 2024, A survey of the family Buprestidae (Coleoptera) of Jiulianshan National Nature Reserve in Jiangxi Province with descriptions of three new species. Entomotaxonomia, 46(1): 33-46.

分类地位：昆虫纲鞘翅目吉丁虫科 Buprestidae 角吉丁属 *Habroloma*。模式标本：正模♂，江西九连山，

2023-IX-6-9，彭忠亮等人采。地理分布：江西九连山。

⑱ 九连山角吉丁 *Habroloma jiulianshanense* Peng, Li, WU, et al., 2024

Habroloma jiulianshanense Peng, Li, WU, et al., 2024, A survey of the family Buprestidae (Coleoptera) of Jiulianshan National Nature Reserve in Jiangxi Province with descriptions of three new species. Entomotaxonomia, 46(1): 33-46.

分类地位：昆虫纲鞘翅目吉丁虫科角吉丁属。模式标本：正模♀，江西九连山，2023-IX-6-9，彭忠亮等人采。地理分布：江西九连山。

⑲ 小角吉丁 *Habroloma tenuisculum* Peng, Li, WU, et al., 2024

Habroloma tenuisculum Peng, Li, WU, et al., 2024, A survey of the family Buprestidae (Coleoptera) of Jiulianshan National Nature Reserve in Jiangxi Province with descriptions of three new species. Entomotaxonomia, 46(1): 33-46.

分类地位：昆虫纲鞘翅目吉丁虫科角吉丁属。模式标本：正模♂，江西九连山，2023-IX-6-9，彭忠亮等人采。地理分布：江西九连山。

⑳ 隆脊角胫象 *Shirahoshizo lineonus* Chen, 1991

Shirahoshizo lineonus Chen, 1991, A study of the weevil genus *Shirahoshizo* Morimoto (Coleoptera: Cureulionidae) from China. Entomotaxonomia, 13(3): 211-217.

分类地位：昆虫纲鞘翅目象甲科 Curculionidae 角胫象属 (*Shirahoshizo*。模式标本：正模♂，江西九连山，1975-VI-15，章有为采。地理分布：江西九连山。

备注：原始文献英文标题中象甲科学名有误，“Cureulionidae”应当为 Curculionidae。

㉑ 九连山小蠹 *Scolytus jiulianshanensis* Zhang, Li & Smith, 2021

Scolytus jiulianshanensis Zhang, Li & Smith, 2021. *Scolytus jiulianshanensis*, a new species of bark beetle (Coleoptera: Curculionidae: Scolytinae) from elm in China. Zootaxa 5057(2): 295-300.

分类地位：昆虫纲鞘翅目象甲科小蠹属 *Scolytus*。模式标本：正模♂，配模♀，江西九连山，2020-VII-1，张凌、赖盛昌等人采；8♂♂8♀♀，江西九连山，2020-VII-1，张凌、赖盛昌等人采。地理分布：江西九连山。

㉒ 毕氏异胫长小蠹 *Crossotarsus beaveri* Lai & Wang, 2021

Crossotarsus beaveri Lai & Wang, 2021, A new species, a new combination, and a new record of *Crossotarsus* Chapuis, 1865 (Coleoptera, Curculionidae, Platypodinae) from China. ZooKeys 1028: 68-82.

分类地位：昆虫纲鞘翅目象甲科异胫长小蠹属 *Crossotarsus*。模式标本：正模♂，配模♀，江西九连山，2020-VII-2，赖盛昌采；副模，6♂♂6♀♀，江西九连山，，2020-VII-2，赖盛昌采；等等。地理分布：江西、福建。

㉓ 九连山卡细蛾 *Cameraria jiulianshanica* Bai, 2015

Cameraria jiulianshanica Bai, 2015, Three new species, two newly recorded species and one newly recorded genus of Lithocolletinae (Lepidoptera: Gacillariidae) from China. Zootaxa, 4032(2): 229-235.

分类地位：昆虫纲鳞翅目 Lepidoptera 细蛾科 Gracillariidae 卡细蛾属 *Cameraria*。模式标本：正模♂，江西九连山，2013-I-18，戴小华采。地理分布：江西。

㉔ 双尾卡细蛾 *Cameraria diplodura* Bai, 2015

Cameraria diplodura Bai, 2015, Three new species, two newly recorded species and one newly recorded genus of Lithocolletinae (Lepidoptera: Gacillariidae) from China. Zootaxa, 4032(2): 229-235.

分类地位：昆虫纲鳞翅目细蛾科卡细蛾属。模式标本：正模♂，江西九连山，2012-III-30，徐家生采。地理分布：江西。

㉕ 钩突茎卡细蛾 *Cameraria rhynchophysa* Bai, 2015

Cameraria rhynchophysa Bai, 2015, Three new species, two newly recorded species and one newly recorded genus of Lithocolletinae (Lepidoptera: Gacillariidae) from China. Zootaxa, 4032(2): 229-235.

分类地位：昆虫纲鳞翅目细蛾科卡细蛾属。模式标本：正模♂，江西九连山，2013-I-18，徐家生、戴小华采。地理分布：江西。

㉖ 光摇祝蛾 *Lecithocera glabrata* (Wu & Liu), 1993

Quassitagma glabrata Wu & Liu, 1993, Lepidoptera: Lecithoceridae. In: Huang, F.S. (Ed). Insect of Wuling Mountains Area, Southwestern China: 445-447.

分类地位：昆虫纲鳞翅目祝蛾科 Lecithoceridae 摇祝蛾属 *Lecithocera*。模式标本：正模♂，江西九连山，1977-V-20；配模♀，贵州雷公山，1988-VII-2；副模 3♂♂，江西九连山，1977-V-20-24，福建梅花山，1988-VII-19，葛晓松采。地理分布：江西、福建、贵州。

㉗ 异形圆斑小卷蛾 *Fudemopsis heteroclita* Liu & Bai, 1982

Fudemopsis heteroclita Liu & Bai, 1982, On Chinese Eudemopsis (Lepidoptera: Tortricidae) with descriptions of five new species. Sinozoologia, 2: 45-49.

分类地位：昆虫纲鳞翅目卷蛾科 Tortricidae 圆斑小卷蛾属 *Fudemopsis*。模式标本：正模♂，江西大余，1976-VI-26，刘友樵采；配模♀，江西大余，1976-VI-18，刘友樵采；副模，1♂6♀♀，江西大余，1976-VI，江西九连山，1977-V，江西井冈山，1978-VI，浙江杭州，1978-IX-15，沈光普采。地理分布：江西、福建、浙江、安徽、湖北、湖南、广东、广西、贵州。

㉘ 黑翅褐纹卷蛾 *Phalonidia julianiensis* Liu & Ge, 1991

Phalonidia julianiensis Liu & Ge, 1991, A study of the genus *Phalonidia* (Cochylidae) of China with descriptions of three new species. Sinozoologia, 8: 349-357.

分类地位：昆虫纲鳞翅目卷蛾科褐纹卷蛾属 *Phalonidia*。模式标本：正模♀，江西九连山，1977-V-25，刘友樵采；副模♀，江西井冈山，1978-VI-9，刘友樵采。地理分布：江西。

㉙ 长尾小卷蛾 *Sorolopha longurus* Liu & Bai, 1982

Sorolopha longurus Liu & Bai, 1982, Three new species of *Sorolophae* Diakonoff, 1973 from China (Lepidoptera: Tortricidae). Entomotaxonomia, 4(3): 167-171.

分类地位：昆虫纲鳞翅目卷蛾科尾小卷蛾属 *Sorolopha*。模式标本：正模♂，江西九连山，1977-V-20，宋士美采。地理分布：江西、福建、云南、海南；印度、印度尼西亚、泰国。

备注：于海丽和李后魂（2009）把长尾小卷蛾和 *Sorolopha micheliacola* 均处理为 *Sorolopha camarotis* 的同种异名，本书暂不接受此观点。

㉚ 闪豆斑钩蛾 *Auzata amaryssa* Chu & Wang, 1988

Auzata amaryssa Chu & Wang, 1988, On the Chinese Drepaninae (Lepidoptera: Drepanidae) genera Auzata Walker, 1862 and Macrocilix Butler, 1866. Acta Entomologica Sinica, 31(4): 414-422.

分类地位：昆虫纲鳞翅目钩蛾科 Drepanidae 豆斑钩蛾属 *Auzata*。模式标本：正模♀，福建崇安，1960-VII-6，张毅然采；配模♂，江西陡水，1975-VII-3，宋士美采；副模 1♀，江西九连山，1975-VII-30，宋士美采；1♂，福建三港，1979-VIII-17，宋士美采。地理分布：江西、福建、湖南、云南。

㉛ 童线钩蛾 *Nordstromia heba* (Chu & Wang, 1988)

Nordstroemia heba Chu & Wang, 1988, On the Chinese Drepaninae (Lepidoptera: Drepanidae) genus *Nordstroemia* Bryk, 1943. Acta Entomologica, 31(3): 309-318.

分类地位：昆虫纲鳞翅目钩蛾科线钩蛾属 *Nordstromia*。模式标本：正模♂，江西九连山，1957-VII-27，张宝林采。地理分布：江西九连山。

㉜ 窗山钩蛾 *Spectroreta fenestra* Chu & Wang, 1987

Spectroreta fenestra Chu & Wang, 1987, Studies on the taxonomy and zoogeography of the Chinese Oretinae

(Lepidoptera: Drepanidae). Acta Entomologica Sinica, 30(3): 291-303.

分类地位：昆虫纲鳞翅目钩蛾科窗山钩蛾属 *Spectroreta*。模式标本：正模♀，江西九连山，1975-VI-7，张宝林采；副模♀，江西井冈山，1975-VII-3，张宝林采。地理分布：江西。

备注：宋文惠等（2012）把窗山钩蛾 *Spectroreta fenestrat* 处理为透窗山钩蛾 *S. hyalodisca* 的同种异名，此种存疑。

㉝ 川冠尺蛾江西亚种 *Lophophelma erionoma kiangsiensis* (Chu, 1981)

Terpna erionoma kiangsiensis Chu, 1981, in Zhu et al., Iconographia heterocerorum Sinicorum, I: 773.

分类地位：昆虫纲鳞翅目尺蛾科 Geometridae 冠尺蛾属 *Lophophelma*。模式标本：正模♂，江西陡水，1975-VII-3，宋士美采；配模♀，江西九连山，1975-VII-25，宋士美采；副模 1♀，江西九连山，1975-VII-30，宋士美采；等等。地理分布：江西、浙江。

㉞ 淡黄白毒蛾 *Arctornis bubalina* Chao, 1987

Arctornis bubalina Chao, 1987, Two new species of the genus Arctornis (Lepidoptera: Lymantriidae). Sinozoologia, 5: 150.

分类地位：昆虫纲鳞翅目目夜蛾科 Erebidae 白毒蛾属 *Arctornis*。模式标本：正模♂，广西凭祥，1976-VI-13，采集人不详；副模 1♂，1975-VI-28，采集人不详。地理分布：广西凭祥、江西九连山。

㉟ 中越甘土苔蛾 *Gandhara interrogativa* Volynkin, Černý, Huang & Hu, 2023

Gandhara interrogativa Volynkin, Černý, Huang & Hu, 2023, Taxonomic review of the Oriental genus Gandhara Moore with descriptions of four new species (Lepidoptera: Erebidae: Arctiinae: Lithosiini). Zootaxa, 5374(3): 390-408.

分类地位：昆虫纲鳞翅目目夜蛾科甘土苔蛾属 *Gandhara*。模式标本：正模♂，越南北部范西潘山，1995-IV-20-30，辛贾耶夫采；副模 2♂♂7♀♀，越南北部范西潘山，1995-IV-20-30，辛贾耶夫采；副模 2♂♂1♀，中国江西九连山，2022-IX-17，胡华林采。地理分布：越南北部、中国南部（江西）。

㊱ 布窗弄蝶离斑亚种 *Coladenia buchananii separafasciata* Xue, Inayoshi & Hu, 2015

Coladenia buchananii separafasciata Xue, Inayoshi & Hu, 2015, A new subspecies and a new synonym of the genus Coladenia (Hesperiidae, Pyrginae) from China. Zookeys, 518: 129-138.

分类地位：昆虫纲鳞翅目弄蝶科 Hesperiidae 窗弄蝶属 *Coladenia*。模式标本：正模♂，江西九连山，2013-V-7，胡华林采；副模 1♂，江西九连山，2013-V-2，胡华林采；1♀，福建龙栖山，1991-5-20，李红星（音译）采。地理分布：江西南部、福建西部。

㊲ 九连山绳蚋 *Simulium jiulianshanense* Chen, Kang & Zhang, 2007

Simulium jiulianshanense Chen, Kang & Zhang, 2007, A new species of *Simulium (Gomphostilbia)* from Jiangxi Province China (Diptera: Simuliidae). Acta Parasitologica et Medica Entomologica, 14(3): 185-187.

分类地位：昆虫纲双翅目蚋科 Simuliidae 绳蚋属 *Simulium*。模式标本：4 蛹 4 幼虫，性别未知，江西九连山，2005-VII-29，康哲采。地理分布：江西。

㊳ 九连虻 *Tabanus jiulianensis* Wang, 1985

Tabanus jiulianensis Wang, 1985, A new species of *Tabanus* from Jiangxi, China (Diptera: Tabanidae). Acta Entomologica Sinica, 1985, 28(2): 225-226.

分类地位：昆虫纲双翅目 Diptera 虻科 Tabanidae 虻属 *Tabanus*。模式标本：正模♀，江西九连山，1975-VI-14，章有为采。地理分布：江西九连山。

㊴ 白环浮姬蜂 *Phobetes albiannularis* Sheng & Ding, 2012

Phobetes albiannularis Sheng & Ding, 2012, Species of the genus Phobetes Förster (Hymenoptera, Ichneumonidae, Ctenopelmatinae) from China with a key to species known in China. Acta Zootaxonomica Sinica, 37(1): 160-164.

分类地位：昆虫纲膜翅目 Hymenoptera 姬蜂科 Ichneumonidae 浮姬蜂属 *Phobetes*。模式标本：正模♀，江西九连山，2011-VI-6；副模 2♀♀4♂♂，2011-VI-6~20，采集人未注明。地理分布：江西九连山。

㊵ 江西狭姬蝽 *Stenonabis jiangxiensis* Ren, 2003

Stenonabis jiangxiensis Ren, 2003, A new species of the genus Stenonabis Reuter (Hemiptera, Nabidae) from China. Acta Scientiarum Naturalium Universitatis Nankaiensis, 36(4): 105-107.

分类地位：昆虫纲半翅目 Hemiptera 姬蝽科 Nabidae 狭姬蝽属 *Stenonabis*。模式标本：正模♂，江西官山，2002-VIII-7，丁建华采；副模 1♀，江西九连山，2002-VIII-16，张万良、丁建华采。地理分布：江西。

6.5.4 总结

经系统搜集整理文献资料和本次调查所获标本鉴定，江西九连山国家级自然保护区昆虫（广义）已知 3 纲 18 目 186 科 1251 属 1972 种。其中鳞翅目属数和种数最多，超过总数的一半。昆虫区系以东洋界种类占绝对优势，达到 1531 种，占昆虫总种数的 77.64%；其次是广布种，254 种，约占 13%；古北种最少，187 种，占比在 10% 以下。

九连山保护区本次昆虫调查共发现新种 1 个，昆虫新记录种 65 个，其中江西省新记录种 34 个、九连山新记录种 31 个。

九连山保护区国家一级保护野生昆虫有金斑喙凤蝶 *Teinopalpus aureus* 1 种，国家二级保护野生昆虫有金裳凤蝶 *Troides aeacus*、阳彩臂金龟 *Cheirotonus jansoni*、硕步甲 *Carabus davidis*、戴叉犀金龟 *Trypoxylus davidis* 4 种。列入《中国物种红色名录》（2005 年）的昆虫共 19 种，其中鳞翅目蝴蝶 14 种、蛾类 2 种、鞘翅目甲虫 3 种。列为“三有”动物的昆虫有 2 种。另有一批观赏价值较高的昆虫。

历年来，昆虫分类专家在九连山保护区共发现新属 1 个，新种（含亚种）40 个。

第7章
大型真菌多样性

江西九连山国家级自然保护区处于中亚热带湿润常绿阔叶林地带与南亚热带季风常绿阔叶林地带的过渡区，植物区系属于华南植物区系的北缘，是泛热带及热带亚洲植物区系与北温带植物区系过渡的交汇地带，核心区森林覆盖率达98.2%，并保存有较大面积的原生性常绿阔叶林。由于其地理环境独特，区内的生物种类丰富多彩，适宜菌类生长，大型真菌资源丰富。

7.1 研究简史

1999—2001年，由江西省野生动植物保护管理局牵头，九连山保护区邀请12个高校、科研院所60多位专家到九连山开展综合科学考察。南昌大学何宗智等人在九连山保护区开展真菌资源调查研究，并在《江西九连山自然保护区科学考察与森林生态系统研究》中对九连山保护区大型真菌调查资料进行整理，报道九连山大型真菌23科124种。

2003—2005年，江西农业大学张林平等人先后多次在九连山国家级自然保护区内开展大型真菌调查研究，通过分类鉴定，确认了子囊菌门2目5科7属10种，担子菌门10目40科84属182种，共计12目45科91属192种。其中食用菌64种，药用真菌21种，食药两用菌18种，毒菌16种，木腐菌95种，菌根菌41种。

2014年，九连山保护区加入中国森林生态系统定位研究网络，成为我国森林生态系统第89号生态定位研究站。为了掌握九连山大型真菌资源本底，保护区与江西农业大学、北京林业大学等研究团队精密合作，通过对保护区内不同植被类型的大型真菌开展了长达8年的调查研究。特别是2019年以来通过局级项目的实施，九连山保护区专业技术人员先后实施了九连山保护区大型真菌多样性调查、九连山大型真菌种类及分布情况调查和九连山大型真菌——多孔菌目种类及分布情况调查等项目，积累了大量的大型真菌调查数据。截至目前，共鉴定九连山大型真菌79科162属286种（见附录9）。

7.2 调查方法

7.2.1 野外调查

在整个九连山区域内采用踏查和样地调查方式采集标本，调查范围包括保护区不同植被类型区域和不同海拔高度区域，样地调查是在九连山生态定位研究站中设置的 3 个 1 hm^2 样地内开展，拍摄所有采集的大型真菌子实体现场照片，将标本的生境、习性以及基质等相关信息详细的记录，最后把完整的标本带回实验室做进一步研究。对采集的菌类依据彩色照片、形态分类学结构特征和生活习性，结合制作孢子印和显微观察等方法，并查阅有关资料进行鉴定；采用近代真菌学家普遍认可和采用的分类系统，编制保护区主要大型真菌名录，部分种类根据传统的分类习惯做了少许修正。

7.2.2 干标本制作

采集带回实验室的新鲜子实体，取一部分制作硅胶干标本用于基因测序，其余直接烘干制成干标本保藏。

硅胶标本：用卫生纸包住 2 cm 大小的子实体，装入自封袋中，加入适量变色硅胶后封口。

鉴定方法：广泛查阅大型真菌相关的彩色图谱及分类学专著，利用观察宏观特征和显微结构相结合的方法，对采集标本进行鉴定，正确界定科名、属名和种名，并对其经济应用价值和生态习性等进行归纳统计。本研究以分离得到的纯菌株为材料，采用 CTAB 法提取总 DNA。

7.3 调查结果

本次调查共采集大型真菌标本 670 余份鉴定 286 个种，其中食用菌 75 种，药用菌 64 种，食药两用菌 24 种，毒菌 38 种。

（1）优势科

九连山保护区内大型真菌的优势科（种数为 10 种以上）有牛肝菌科 Boletaceae 等 6 科，该 6 科仅占总科数的 7.6%，但所包含种数却达 134 种，占整个保护区大型真菌总种数的 46.8%。可以看出，保护区大型真菌优势科明显。

（2）优势属

九连山保护区大型真菌共有 162 属，其中子囊菌有 13 属，担子菌有 149 属。据统计，优势属（种数为 5 种以上）有鹅膏菌属 *Amanita* 等 6 个属，均为世界分布属，这 6 个属含有大型真菌 55 种，占总种数的 19.2%；其中鹅膏菌属中最多有 19 个种，占总种数的 6.6%；仅含 1 种的属有 99 属，占总种数的 61.1%。

（3）新种

在九连山保护区调查中发现 2 种大型真菌新物种——华南二叉韧革菌 *Dichostereum austrosinense* 和厚囊原毛平革菌 *Phanerochaete metuloidea*，分别在国际生物分类权威期刊《Mycokeys》《Mycosphere》上发表。

华南二叉韧革菌属于担子菌门 BASIDIOMYCOTA 红菇目 RUSSULALES 隔孢伏革菌科 Peniophoraceae，该种的子实体与分布于加勒比海地区的 *Dichostereum peniophoroides* 相似，但是后者的囊状体更宽（7~22 μm），担孢子以及孢子的纹饰更大 (Boidin et al.，1980)。

厚囊原毛平革菌属于担子菌门多孔菌目 APHYLLOPHORALES 原毛平革菌科 Phanerochaete，该种的子实体特征是拥有厚壁的囊状体和很长的担子。*Phanerochaete livescens* 和 *Phanerochaete metuloidea* sp. *nov*. 很相似，都有厚壁的囊状体，但是前者子实体蜡质赭色，担子更小（19~28μm × 4~6 μm），且分布在北温带。

7.4 总结与讨论

7.4.1 对科学研究和自然教育的作用

九连山保护区的真菌资源丰富，有的是保护区新记录、省新记录，有的是我国罕见种，更有的是新种，它们都将为今后进一步开展真菌学及其生物学特性研究提供宝贵场所和基本资料，同时也丰富自然教育中的内容。

7.4.2 在人民生活中的意义

九连山保护区大型真菌现已查明有食用菌 75 种，药用菌 64 种，食药两用菌 24 种，毒菌 38 种。早在 20 世纪 80 年代被誉为中国南方最大的香菇市场之一的江西省龙南县杨村香菇市场就在九连山地区，1988 年起步以来，经过几年来的建设，规模不断发展壮大，90 年代鼎盛时期每年来此经营香菇的商人达 10 万人次。特别是香菇，自古就有“北有庆元，南有杨村”之誉。杨村香菇又名“太平香菇”，盛产于菇木资源丰富的杨村、九连山地区，有平菇、信菇、花菇、冬菇等十几个品种。太平香菇以其菇厚柄短、色鲜味香、质纯肉脆等特点，深受国内外消费者的青睐，有“菇不到杨村不香”之说。太平香菇鼎盛时期，香菇年销售量达几千吨，销售额达上亿元，其中 80% 以上远销日本、韩国、东南亚和中东。1992 年香菇总交易量达 300 万 kg，成交额突破亿元大关，成为继浙江庆元之后的我国南方第二大香菇专业市场，其椴木香菇成交量居南方各香菇专业市场之首，对当地经济起到了一定的促进作用。

如今当地居民也有种植木耳、香菇、灵芝和羊肚菌等，但大多数的栽培种都从外地引种栽培，在 2023 年九连山保护区联合江西省农业科学院开展了野生食用菌种质资源普查，希望能将当地野生优良菌种加以分离驯化，让食用菌具有更大的适应性和生活力，从而提高生产。

由于当地人民不认识毒菌菇而误食中毒的事件时有发生，并且存在食毒菌菇只是诱发拉肚子、头晕等轻微中毒现象而不引起重视的情况，进行野生大型真菌调查，搞清楚种类、分辨食用菌和毒菌，进行科学宣传，提高识别毒菌的能力，有利于当地居民减少或免受真菌毒害。

7.4.3 大型真菌资源保护

本研究通过多年对九连山保护区大型真菌进行跟踪调查，由结果分析可知，大型真菌物种群落可能随时发生种类变化，许多前期已报道物种现在难以发现。因此，笔者推测大型真菌的物种分布受环境影响较大，许多种类可能随时间或环境改变而消失，但随着环境的变化也新增了不少种类，因此加强真菌资源物种调查及开展真菌资源保护的任务显得十分艰巨。

第8章 旅游资源

8.1 自然旅游资源

九连山拥有风景秀丽的自然旅游资源，是江西省龙南市发展旅游业的重头戏，也是面向粤、港、澳旅游的第一站。这里有奇峰秀山、峡谷峭壁、酒壶耳和狼牙齿等地文资源，丹霞飞瀑、丹霞天池、龙门瀑布等水文资源，藤缠树、树抱石、板状根、千年红豆杉林等野生植物资源，春、夏、秋、冬多景的森林资源，黄腹角雉、白颈长尾雉、金斑喙凤蝶等观赏性野生动物及百鸟争鸣的动物资源。

8.2 人文旅游资源

除了丰富的自然旅游资源外，九连山保护区人文底蕴深厚，蕴藏着丰富的人文旅游资源。在九连山保护区周边主要有古官道、铁索飞渡、九连山墩头红色教育基地、客家围屋遗址、客家饮食文化等人文景观资源。在享受轻松惬意自然景观的同时，通过罂粟花梯田、土匪洞、防空哨等遗址可领略九连山往昔的沉重历史；黄牛石的传说、虾公塘的来历、梅花落地的故事、文家军埋藏83万两黄金的传说，则给九连山披上了神秘的色彩；老庙、古桥、客家风情等更是为九连山增添了不少古韵。

8.3 景观资源

（1）湿地景观

九连山保护区的湿地主要是指散布在林间沟谷的清泉、溪间小河、沿河的瀑布、深潭、低洼地、沼泽，以及沿岸的森林、灌丛构成的河岸带等。在实验区的沟谷旁还有水田为主的人工湿地。从景观生态学的角度，这些湿地是森林景观背景中的“小斑块”和细长的“走廊”。它点缀着这片常绿阔叶林，使层次结构更复杂、生物多样性更丰富。保护区内的天然湿地总面积不大，不到保护区总面积的 1%，然而，这些湿地不仅生物多样性丰富，而且风景秀丽。潺潺流水、清泉飞泻、瀑布深潭等，与高大茂密的森林相映衬，引人入胜，具有极高的观赏性。发源于保护区主峰黄牛石的大丘田河，在海拔 600 m 以下约 5 km 河段水流较稳定，两岸是人迹罕见的高大常绿阔叶林，景观十分秀美。区内还有龙门瀑布、一线泉、三叠泉、大丘田丹霞蛟龙、龙门大瀑布等众多河泉飞瀑，虽然流量不大，没有大川壮瀑之气势，却是九连山精巧灵秀的神韵魅力所在。

（2）地文景观

黄牛石主峰位于虾公塘内，与广东省相连，海拔 1434 m，黄牛石把高山风貌与美丽传说融为一体，既有泰山之雄伟，又有华山之险峻，更有黄山之幽秀。九连山的峡谷峭壁以南天门最为壮观。一岩体似刀劈，一溪水自上而下穿越其中，大树老藤分布其上，构筑出九连山一幅神奇与幽险之画卷。酒壶耳因一巨大基岩突起形似酒壶的耳而得名，狼牙齿以其山体走势起伏大而险峻著称。

（3）生物景观

生物景观主要为动植物景观。植物景观主要包括原生性亚热带常绿阔叶林景观、壮观的板状根、迷人的附生寄生植物、藤缠树、树抱石、石包树、古藤、老树及年逾千年的南方红豆杉林等。九连山四季景观各异，春季百花盛开、争奇斗艳、鸟语花香；夏季万木葱绿，空气湿润而清新；秋冬季时山林间硕果累累，秋季色叶植物呈现出色彩斑斓的美丽景观。动物景观主要是九连山丰富的鸟类资源，其炫丽羽毛让人陶醉，成群的鸟类翱翔天空时，景象更是壮观。

（4）人文景观

人文景观包括保护区内的土匪洞、防空哨等遗址，王守仁的指挥所、老庙、古桥、客家风情等。同时，生态定位研究站、气象站、保护站等也为九连山保护区增添了几许人文色彩。

（5）天象景观

九连山保护区独特的地形和多变、湿润的气候，形成了壮观的云雾霞光，最迷人之处在于时而似万马奔腾、时而浓雾空濛、时而薄雾如纱的云海之上，一轮红日斜挂，犹如仙境一般。

第9章 社会经济状况

9.1 保护区社会经济状况

九连山保护区位于龙南市九连山镇，九连山镇前身为九连山林场。为理顺国有农垦企业管理体制，促进农垦融入地方，强化农垦社会管理，经省江西省人民政府批准，2016 年 6 月正式将九连山林场调整为九连山镇。九连山镇下辖古坑、润洞和墩头 3 个村民委员会，33 个村小组，总面积 20986.0 hm^2。

九连山保护区涉及九连山镇的墩头、润洞 2 个村民委员会。保护区总面积 13411.6 hm^2，约占龙南市国土总面积的 8.2%。其中 1352.0 hm^2 山林权归属保护区所有；不具有权属的土地面积 12059.6 hm^2，包括国有 4560.4 hm^2，集体 7499.2 hm^2。

九连山保护区内共有人口 4487 人，其中建档立卡贫困人口 613 人，人口密度为 33.4 人 /km^2，分别居住在墩头、扶犁坑、润洞、坪坑、上花露、下花露、鹅公坑 7 个自然村。其中缓冲区内居住有 46 户 184 人，其余人口均居住在实验区，均为汉族居民。主要以从事农业生产为主，林业生产为辅，经济收入较低。

9.2 周边地区社会经济概况

九连山保护区所在的龙南市总人口 33 万人，据 2023 年统计公报，全县实现生产总值 2200877 万元。其中，第一产业实现增加值 169025 万元，第二产业实现增加值 998576 万元，第三产业实现增加值 1033276 万元。2023 年城镇居民人均可支配收入达 40891 元，农村居民人均可支配收入达 18019 元。

9.3 产业结构

九连山保护区及其所在的九连山镇内居民大多数从事农林业生产，近年来，随着天然林资源保护工程的实施，过去以林木资源为主要经济收入的居民也逐渐以外出务工为主要经济收入，留守的居民以蔬菜种植、特色水产（鲟鱼）养殖和农家乐为主要谋生手段。

9.4 保护区土地资源与利用

九连山保护区土地总面积 13411.6 hm^2，其中国有土地 5912.4 hm^2（其中属保护区所有的 1352.0 hm^2、属九连山镇所有的 4560.4 hm^2），占 44.1%；集体土地 7499.2 hm^2，占 55.9%。保护区林地面积 12755.2 hm^2，其中属保护区所有 1341.0 hm^2，占 10.5%；属九连山镇国有 4121.6 hm^2，占 32.3%；属九连山镇集体所有 7292.6 hm^2，占 57.2%。

据 2016 年林地变更暨森林资源数据更新成果显示：保护区总面积 13411.6 hm^2，其中林地 12755.2 hm^2，占 95.1%；非林地 656.4 hm^2，占 4.9%，包括水域 44.0 hm^2、耕地 578.3 hm^2、住宅用地 14.8 hm^2、交通运输用地 11.3 hm^2、其他土地 8.0 hm^2。

九连山保护区林地面积占总面积的 95.1%，综合利用率达到了 99.73%，剩下的 0.27% 为利用难度很大的林地。农地占总面积的 4.8%，其中 35% 左右还在耕种，65% 左右已撂荒（弃耕）。水域及其他土地占总面积的 0.7%。

第10章
自然保护区管理

10.1 基础设施

九连山保护区现有基础设施如下：

①管理局办公用房1处，面积1020.0 m^2，管理局附属用房272.6 m^2。4个保护管理站中3个保护管理站建有管理用房，房屋面积合计1003.6 m^2。

②林区公路：干线公路47 km，主要为通向润洞、横坑水和黄牛石等主要居民点的公路；支线公路10 km；巡护公路45 km。

③交通工具：公务用车1辆，管护用车1辆，摩托车5辆。

④通信工具：程控电话9台，对讲机6台，通信线路113 km，保护区管理局及各保护管理站均通有移动信号和宽带网，林区移动通信信号覆盖度约为30%。

⑤管理设施：第一，森林防火方面，高压细水雾车载灭火水枪1台、风力灭火机5台、油锯4把、割灌机1台、二，号工具150把、头盔50个、防火瞭望塔1处、防火视频监控10处；第二，林业有害生物防治方面，喷雾器5个；第三，森林生态研究方面，自动气象站2个、测流堰2个、双筒望远镜6个、GPS 5台、无人机2架、全站仪1台等。

10.2 机构设置

（1）管理机构

九连山国家级自然保护区管理局下设办公室、科研管理科、资源保护科（挂设森林防火办公室）、社区事务科、花露保护管理站、大丘田保护管理站、润洞保护管理站、黄牛石保护管理站和虾公塘生态定位研究站。

（2）管理人员

根据江西省机构编制委员会赣编办文〔2014〕50号文件，保护区现有人员编制为55人，目前在编人员

48 人。其中局领导 3 人、办公室 11 人、科研管理科 5 人、资源保护科 6 人（社区事务科 3 人）、花露保护站 6 人、大丘田保护站 4 人、润洞保护站 4 人、黄牛石保护站 4 人、虾公塘生态定位研究站 5 人。

10.3 保护管理

在保护管理方面，九连山保护区加强组织管理，建立了一套严格和完整的管理体系。下设 5 个保护管理站，实行局、站二级管理体制。从管理局局长到各管护站工作人员，明确岗位职责、签订岗位目标责任书，严格考核。同时联合九连山派出所在花露和黄牛石 2 个保护管理站设立了警务室，实现了九连山保护区区域警务工作常态化，进一步加强了保护区与当地森林公安的警务合作。

在基础设施建设方面，按照总体规划的要求，于 2009 年在龙南县城新建了九连山保护区管理局办公大楼和科研宣教中心，在保护区内新建了 3 处保护管理站用房、1 处防火瞭望塔。按照国家级自然保护区的要求，在润洞、花露和黄牛石新建了 3 座大型保护区区碑，完善了保护区界碑和界桩 272 块。新建并维修巡护道路、防火隔离带、巡护道路等，购置了巡护、防火监控、扑火设备及交通工具，建立起了完善的管护体系，使管护人员能够就近监管辖区内自然资源的变化状况和人为活动情况，方便了保护区工作人员及时发现对自然资源的危害行为和苗头，并能及时采取应急措施，防止人为对辖区生态的干扰、破坏。

在社区共管方面，与九连山镇联合成立了社区共管委员会，制定了《共管委员会章程》，通过共管委员会平台，加强与当地政府沟通，形成保护区、社区共建机制，促进保护区工作的开展。

10.4 科学研究

九连山保护区成立以来与中国科学院、中国林业科学研究院、北京林业大学、中山大学、广州大学、江西农业大学、中国猫科动物联盟等国内外 70 多家科研院所、高等院校、非政府组织建立了长期的合作与交流，开展了森林生态、固定样地、大型动物、两栖爬行、金斑喙凤蝶、海南虎斑鳽、土壤调查等监测研究。

2014 年九连山森林生态定位研究站被国家林业局正式批准为国家第 89 号森林生态站，分别建立了 2 个全自动化气象站和水文监测站，成为全省首家全自动化气象、水文定点监测因子最全的自然保护区。

第11章 自然保护区评价

11.1 保护管理历史沿革

1975年，原赣州地区林垦局以赣林营字第08号（75）文决定建立九连山树木保护区。

1976年，以赣林营字第10号（76）文将九连山树木保护区更名为虾公塘天然林保护区，且明确了保护区面积为9179亩（612 hm^2）。正科级建制，编制10人，赣州地区营林事业费开支经费，接受赣州地区林垦局和九连山综合垦殖场双重管理。

1981年，江西省人民政府在赣政发〔1981〕22号文《批转省农委、省农林垦殖厅关于江西省自然保护区区划和建设问题的报告》中，批准建立九连山保护区，保护区面积扩大为61000多亩（4196 hm^2）。定编60人，管理机构为保护区管理处（县团级），为全额拨款事业单位，由江西省农林垦殖厅管理。

1992年，江西省机构编制委员会以赣编办发〔1992〕第86号文，将保护区编制调减为51人。

2001年，龙南市人民政府以龙府批〔2001〕15号文件，同意将国营九连山营林林场的大丘田、下湖分场和林场下辖的墩头、花露、坪坑等行政村的9215.6 hm^2 林地划入保护区，保护区面积扩大为13411.6 hm^2。

2003年，国办发〔2003〕54号文《国务院办公厅关于发布河北衡水湖等29处新建国家级自然保护区的通知》，批准九连山保护区为国家级自然保护区，成立江西九连山国家级自然保护区管理局，定编55人，为县（处）级全额拨款公益性事业单位，隶属于江西省林业厅（现江西省林业局）。

11.2 保护区范围及功能区划评价

九连山保护区位于江西赣州市龙南市境内，地处江西最南端赣粤交界处的南岭腹地九连山北坡，保护区西和北与全南县、南与广东省连平县、东与龙南县九连山镇毗邻，总面积13411.6 hm^2，南北长约17.5 km，东西宽约15 km。根据《自然保护区类型与级别划分原则》（GB/T 14529—93），九连山国家级保护区为中型森林类型自然保护区，属“生态系统类”中的“森林生态系统类型”自然保护区。

九连山国家级自然保护区功能区区划分为核心区、缓冲区和实验区。核心区面积 4283.5 hm^2，占保护区总面积的 31.9%；缓冲区面积 1445.2 hm^2，占保护区总面积的 10.8%；实验区面积 7682.9 hm^2，占保护区总面积的 57.3%。核心区包括各种原生性生态系统，集中分布着各类珍稀动植物，主要植被包括亚热带常绿阔叶林、亚热带低山丘陵针叶林、亚热带常绿与落叶混交林、山顶矮林及山地草甸等，在保持保护区生态系统自然性、完整性、物种的多样性等方面发挥着巨大作用，是该区域生物物种的遗传基因库。缓冲区包括原生性森林生态系统类型、次生生态系统和人工生态系统，旨在缓解外界压力，防止人为活动对核心区的影响，可以从事非破坏性、有组织的科学研究、教学实习及标本采集、实验观察等，同时可以安排必要的监测项目和野外巡护与保护设施建设。实验区植被主要包括亚热带常绿阔叶林、亚热带低山丘陵针叶林、亚热带常绿与落叶混交林、山顶矮林、山地草甸、毛竹林、人工杉木林等，可以从事国家法律、法规允许的范围内适度集中建设和安排生物保护、资源恢复、科学实验、教学实习、参观考察、宣传教育、社区共建、生态旅游、绿色产业、野生动植物人工繁育及其他资源的合理利用等项目。

11.3 主要保护对象动态变化评价

保护区内的主要保护对象为南方红豆杉、伯乐树、金毛狗、黄腹角雉、白颈长尾雉、金斑喙凤蝶、穿山甲、白鹇等国家重点保护、珍稀濒危、特有动植物物种资源及其生物多样性，以及南岭山地低纬度低海拔典型的亚热带常绿阔叶林原生林和次生林生态系统。

保护区分布有野生高等植物 260 科 990 属 2573 种，大型真菌 79 科 162 属 286 种。其中苔藓植物 68 科 147 属 306 种、蕨类植物 28 科 83 属 280 种、裸子植物 5 科 7 属 8 种、被子植物 159 科 753 属 1979 种。其中具有药用价值的药用植物资源 714 种，可食用的野菜植物资源 172 种，观赏植物 184 种。此外还有不少珍稀种类，根据 2021 年颁布的《国家重点保护野生植物名录》，国家一级保护野生植物有南方红豆杉，国家二级保护野生植物有长柄石杉、福建观音座莲、金毛狗、七叶一枝花、华重楼、独花兰、多花兰等 69 种；列入《IUCN 濒危物种红色名录》（2022）的物种有铁皮石斛、碟斗青冈、伯乐树、银钟花等 29 种。而最近的调查发现，这些珍稀特有植物物种在保护区内保护完好，受人为干扰程度较小，生长状况良好。

保护区内共有脊椎动物 479 种，其中兽类 7 目 20 科 47 属 64 种、鸟类 18 目 64 科 178 属 280 种、爬行类 2 目 18 科 43 属 66 种、两栖类 2 目 8 科 22 属 32 种、鱼类 4 目 13 科 37 种；昆虫有 18 目 186 科 1972 种；贝类 30 种，其中淡水贝类 8 科 18 种、陆生贝类 7 科 9 种、甲壳动物 3 种。其中属于国家重点保护野生动物有 75 种，国家一级保护野生动物有穿山甲、大灵猫、小灵猫、金猫、黄腹角雉、金斑喙凤蝶等 8 种；国家二级保护野生动物有豹猫、黄喉貂 *Martes flavigula*、水獭、白鹇、鸳鸯、虎纹蛙、硕步甲、阳彩臂金龟等 67 种。

11.4 管理有效性评价

11.4.1 人员机构

保护区的管理机构是江西九连山国家级自然保护区管理局，是江西省林业局直属处级事业单位，下设办公室、资源保护科、科研管理科、社区事务科4个职能科室，以及花露、大丘田、润洞、黄牛石4个保护管理站及虾公塘生态定位站。根据赣编办文〔2014〕50号文件，九连山保护区编制55人，现有在职人员48人，其中管理人员23人、科研人员21人、工勤人员4人。各管理站除专职管护人员以外，还聘用了8名护林员，已经形成具有一定保护经验的保护管理队伍。

11.4.2 科研监测

①保护区与中国科学院、中国林业科学研究院、北京林业大学、中山大学、广州大学、江西农业大学、中国猫科动物联盟等国内外70多家科研院所、高等院校、非政府组织建立了长期的合作与交流，开展了森林生态、固定样地、大型动物、两栖爬行、金斑喙凤蝶、海南虎斑鳽、土壤调查等监测研究，取得了第一手资料。

②制定和出台了《江西九连山国家级自然保护区科研项目管理办法》《科研工作先进工作者评选办法》，支持和鼓励管理局职工申报科研项目，实行了科研工作项目化管理。迄今为止，共编辑出版《九连山蝴蝶》等书籍10本，发表两栖动物新种2种，发现九连山植物新记录12种（其中2种为江西省兰科植物新记录）、昆虫新记录17种（其中江西省蝶类新记录1种）、两栖爬行类分布新记录7种、爬行动物新记录3种、鸟类新记录2种；九连山森林生态定位研究站专业技术人员共发表SCI论文5篇，发现昆虫新种7种、植物新种5种、大型真菌新种2种。

③开展生态定位研究站建设。2014年1月，九连山森林生态定位研究站被国家林业局正式批准为国家第89号森林生态站，并在此基础上，科学编制了《九连山生态定位研究站可行性研究报告》。

④建立了2个全自动化气象站和水文监测站，继开展大气负氧离子等21个气象因子实时监测后，率先实时对水的流量、流速、水温、活性氧含量、ORP值等9个因子进行监测，成为全省首家全自动化气象、水文定点监测因子最全的自然保护区，实现了生态数据的远程监测和远程传输。

11.4.3 宣传教育

①在大丘田开辟了生态教育小径，对社会大众开展森林体验教育。

②举办了“自然保护杯”全县中小学演讲和作文比赛、九连山保护区“爱鸟周”青少年书画大赛、生态文明进校园活动、“‘九连山杯’谷雨诗会”“太平堡龙船盛会”、以中小学生“保护大自然宣传生态文明建设”为主题的生态夏令营、“生态九连山”摄影展等各项主题活动。

11.4.4 社区共建

①建立社区共管制度。与九连山镇联合成立了社区共管委员会，制定了《共管委员会章程》，形成了一套保护区、社区共建机制，每年邀请九连山镇、九连山派出所、九连山学校、辖区内墩头村及润洞村干部等召开社区共管工作座谈会。

②建立联系户制度。通过联系户，深入社区群众及时了解社情民意，帮助解决实际问题。共协助建立新农村建设点3个，维修了桥梁1座，资助修建通村小组公路2条，惠及区内林农300多人。

③帮扶社区群众拓宽林农增收渠道。保护区积极指导林农进行毛竹低产林改造，建立了2个面积200余亩的县级示范林；扶持社区发展有机蔬菜，种植面积达600亩；扶持林农养殖蜜蜂300箱；帮助和支持九连山林中宝紫心红薯农民专业合作社成功申报省级示范合作社。

11.5 社会效益评价

11.5.1 重要的科普教育基地

九连山保护区有着得天独厚的自然地理条件、区位优势和丰富的生物多样性，通过宣教中心、宣传牌、网站、微信公众号等宣教平台向广大民众介绍这些优势，能够使广大民众增长自然保护相关知识，了解自然保护工作的意义，了解保护区的重要作用。

11.5.2 科学研究的理想对象

九连山国家级自然保护区作为九连山地区生态系统保存完好的区域，保存有较大面积的原生性常绿阔叶林，生物多样性丰富。分布有不少中生代孑遗植物和国家重点保护野生动植物，具有典型性和独特性。九连山的科研价值，不仅仅表现在生物多样性、物种和森林生态环境方面，还包括可能揭示自然界中生代以来生物演化发展历史、古地理与古环境变化历史等地球科学方面。

11.5.3 促进生态文明建设

保护区内拥有丰富的生物资源和自然人文景观资源，不但能满足人们向往、回归大自然的愿望，还是对人们进行自然保护、环境保护宣传教育和科普教育的理想场所。保护区的一草一木、一山一水及所有的保护设施，都是对公众进行环保教育的很好材料和课堂，有利于促进身心健康和精神文明建设，有利于激发人们对大自然的热爱。

11.6 经济效益评价

11.6.1 资源植物的种植经营

保护区内野生食用植物、药用植物及其他资源植物种类繁多，蕴藏量大。通过保护区的建设和总体规划的实施，将使可再生资源得到更好的发展和更加科学合理的利用，结合退耕还林，开展多种经营，从而实现可再生资源的直接经济效益。

11.6.2 生态旅游效益

保护区具有优美的自然环境和丰富的景观资源，是开展生态旅游的极佳场所。

11.7 生态效益评价

11.7.1 保护物种多样性

九连山保护区地处江西赣州市龙南市境内，位于江西最南端赣粤交界处的南岭腹地九连山北坡，是南岭东部的核心部位。九连山保护区中的野生植物资源丰富，有已知具有药用价值的药用植物资源 1500 多种，可食用的野菜植物资源 150 多种，观赏植物资源有 1700 余种，其中还有不少珍稀种类，在科学研究上具有重要价值，是天然的物种资源宝库。

11.7.2 保持水土，调节气温

森林具有水土保持的作用，森林植被可拦截降水，降低其对地表的冲蚀，减少地表径流。有关资料显示，同强度降水时，每公顷荒地土壤流失量 75.6 t，而林地仅 0.05 t，流失的每吨土壤中所含的氮、磷、钾等营养元素相当于 20 kg 化肥。

保护区内的大片森林对于调节气温也有着十分显著的作用，森林庞大起伏的树冠，拦阻了太阳辐射带来的光和热，有 20%~25% 的热量被反射回空中，约 35% 的热量被树冠吸收，树木本身旺盛的蒸腾作用也消耗了大量的热能，所以森林环境可以改变局部地区的小气候。据测定，在骄阳似火的夏天，有林荫的地方要比空旷地气温低 3~5℃。

11.7.3 提高生态系统稳定性

保护区的常绿阔叶林植物组成成分多样，层次结构复杂，外貌终年常绿，在功能上具有自调节、自更新、自施肥、自完善的特点。因此，九连山保护区的天然林具有极好的涵养水源、平抑洪峰、保持水土、净化水质等功能，对维护周边地区的国土生态安全发挥了重要作用。

11.8 综合价值评价

11.8.1 多样性

九连山保护区内植被类型复杂多样，从海拔 1000 m 以上的山地到海拔 280 m 的盆地，都有各种不同的植物类型分布，主要植被类型包括 9 个植被型，其中常绿阔叶林、针叶林、竹林、山顶矮林、灌木草丛以及湿地植被含 46 个群系、88 个群丛。九连山保护区已查明的野生高等植物有 2573 种，大型真菌有 286 种；已查明的脊椎动物有 479 种，其中两栖类 32 种、爬行类 66 种、鸟类 280 种、兽类 64 种、鱼类 37 种；已查明的昆虫有 1972 种。因此，九连山保护区是江西省生物多样性保护关键区域之一，也是南岭山地生物物种最丰富的区域之一。

11.8.2 稀有性

由于特殊的自然历史地理条件，南岭山地是中外闻名的野生动植物“避难所”，而位于南岭山地腹心地带的九连山保护区更是保存有大量珍稀物种的种质基因库。九连山保护区保存的珍稀动植物种类繁多，其中属于国家重点保护野生动物的有 75 种，国家一级保护野生动物有穿山甲、大灵猫、小灵猫、金猫、黄腹角雉、金斑喙凤蝶等 8 种；国家二级保护野生动物有豹猫、黄喉貂 *Martes flavigula*、水獭、白鹇、鸳鸯、虎纹蛙、硕步甲、阳彩臂金龟等 67 种。

11.8.3 典型性

九连山保护区位于南岭山脉东段的腹心地带，人为干扰较少。早在 1994 年公布的《中国生物多样性保

护行动计划》中，九连山保护区就已列入《中国优先保护生态系统名录》，列为“森林生态系统优先保护区”。因此，九连山保护区的常绿阔叶林不仅属“全国或生物地理区的最好代表”，而且属“全球同类型自然生态系统中的最好代表”。

11.8.4 脆弱性

九连山保护区优良的生境条件完全取决于保存有完好的天然常绿阔叶林，这些原生性常阔叶林属于地带性顶极植被，这种自然生态系统是成熟的，具有较大的抗干扰性。但一旦遭到较大的破坏，如皆伐作业，则极难恢复。南岭山地气温高，降水丰沛，暴雨多，其常绿阔叶林一旦被破坏，极易发生强烈的水土侵蚀。

11.8.5 科研教育价值

九连山保护区作为九连山地区生态系统保存完好的区域，保存有较大面积的原生性常绿阔叶林和丰富的生物物种，素有“生物基因库”“动植物避难所”之称，是南岭东部的一座绿色“宝库”，受到了国内外科研人员的广泛关注，同时也是进行科学研究、科普教育及教育实习的理想基地。

11.8.6 潜在价值

目前世界上许多物种，过去一度广泛分布，由于环境的变化或人为的干扰，现在处于濒临灭绝的状态，它们只残留于自然保护区中。自然保护区的建立和管理，将有助于这些生物的保护及繁衍。九连山现已发现的大多数物种目前都未能明确它们的价值，随着科学技术水平提高以及人们认识的深入，将有可能揭示出这些物种的经济、科研和生态意义。因此，九连山保护区保存的丰富物种和完整的生态系统具有很高的潜在保护价值。

11.8.7 建议

为促进九连山国家级自然保护区科学、平稳、有序的可持续发展，特提出如下几点建议：① 加强保护区的科学管理，对保护区进行更合理、更详尽的功能分区，不同功能区采取不同的管理策略，不同的活动严格限制在不同的功能区；② 在人员配置上不仅限于林业专业，增加各个专业的人才，改进设备、设施，吸引人才；③ 进行合理的资源开发，使保护区成为以保护为主，保护、科研、教学、经营、旅游相结合的具有多功能作用的保护区；④ 完善自然保护区保护与管理的法规，严格处理违法乱纪、损害国家利益、对自然保护区造成不良影响的违法行为；⑤ 搞好社团关系，带动地方经济，尽可能地减少附近居民对保护区的不利影响；⑥ 加大宣传力度，提高公众的保护意识。

参考文献

鲍士旦, 1999. 土壤农化分析 [M]. 北京：中国农业出版社.

卜文俊, 郑乐怡, 2001. 中国动物志 昆虫纲 第二十四卷 半翅目毛唇花蝽科 细角花蝽科 花蝽科 [M]. 北京 : 科学出版社.

卜云, 高艳, 栾云霞, 等, 2012. 低等六足动物系统学研究进展 [J]. 生命科学, 24(2): 130-138.

蔡波, 王跃招, 陈跃英, 等, 2015. 中国爬行纲动物分类厘定 [J]. 生物多样性, 23(3): 365-382.

蔡祖聪, 马毅杰, 1988. 土壤有机质与土壤阳离子交换量的关系 [J]. 土壤学进展 (3): 10-15.

陈德牛, 1987. 中国经济动物志 : 陆生软体动物 [M]. 北京 : 科学出版社.

陈功锡, 廖文波, 熊利芝, 等, 2015. 湘西药用植物资源开发与可持续利用 [M]. 西安交通大学出版社.

陈林, 董安强, 王发国, 等, 2010. 广东南岭国家级自然保护区疏齿木荷 + 福建柏群落结构与物种多样性研究 [J]. 热带亚热带植物学报, 18(1): 59-67.

陈林, 尹新新, 龚粤宁, 等, 2013. 广东南岭国家级自然保护区蕨类植物区系分析 [J]. 湖北民族学院学报（自然科学版）, 31(4): 361-366.

陈世骧, 等, 1986. 中国动物志 昆虫纲 鞘翅目铁甲科 [M]. 北京 : 科学出版社.

陈树椿, 何允恒, 2008. 中国蛸目昆虫 [M]. 北京 : 中国林业出版社.

陈晓熹, 2018. 广东青云山自然保护区森林群落结构及植物多样性特征 [D]. 广州 : 华南农业大学.

陈一心, 1999. 中国动物志 昆虫纲 第十六卷 鳞翅目夜蛾科 [M]. 北京 : 科学出版社.

陈拥军, 宋宇, 王静, 等, 2003. 江西省资溪县马头山蕨类植物区系 [J]. 广西植物, 23(6): 505-510.

陈元清, 1991. 中国角胫象属（鞘翅目 : 象虫科）[J]. 昆虫分类学报, 13(3): 211-217.

戴仁怀, 邢济春, 李子忠, 2010. 中国多脉叶蝉属一新种记述（半翅目叶蝉科角顶叶蝉亚科）[J]. 四川动物, 29(5): 570-571.

邓佳佳, 熊源新, 刘伟才, 等, 2008. 贵州省岩下大鲵自然保护区苔藓植物区系调查 [J]. 山地农业生物学报, 27(2): 123-126, 133.

邓志芳, 张迪, 张毅, 等, 2019. 广东中山香山自然保护区蕨类植物区系分析 [J]. 林业与环境科学, 35(3): 92-97.

丁冬荪, 曾志杰, 李莉华, 等, 2002. 九连山自然保护区昆虫名录 [M]// 刘信中, 肖忠优, 马建华. 江西九连山自然保护区科学考察与森林生态系统研究. 北京 : 中国林业出版社.

董世林, 1994. 植物资源学 [M]. 哈尔滨 : 东北林业大学出版社 : 29-36.

董仕勇, 2007. 海南鹦哥岭自然保护区蕨类植物区系 [J]. 云南植物研究, 29(3): 277-285.

凡强, 2004. 海南岛五指山地区植物区系的研究 [D]. 广州 : 中山大学.

范滋德, 1997. 中国动物志 昆虫纲 第六卷 双翅目丽蝇科 [M]. 北京 : 科学出版社.

范宗骥, 黄忠良, 2015. 广东鼎湖山自然保护区苔藓植物区系初步分析 [J]. 广东农业科学, 42(1): 150-156.

方承莱, 2000. 中国动物志 昆虫纲 第十九卷 鳞翅目灯蛾科 [M]. 北京 : 科学出版社.

费梁, 胡淑琴, 叶昌媛, 等, 2006. 中国动物志两栖纲 : 上卷 [M]. 北京 : 科学出版社 : 1-471.

费梁，胡淑琴，叶昌媛，等，2009a. 中国动物志两栖纲：中卷 [M]. 北京：科学出版社：1-958.
费梁，胡淑琴，叶昌媛，等，2009b. 中国动物志两栖纲：下卷 [M]. 北京：科学出版社：959-1848.
费梁，叶昌媛，江建平，2011. 中国两栖动物彩色图鉴 [M]. 成都，四川科学技术出版社：1-519.
费梁，叶昌媛，江建平，2012. 中国两栖动物及其分布彩色图鉴 [M]. 成都：四川科学技术出版社：1-619.
高谦，1994. 中国苔藓志：第 1 卷 [M]. 北京：科学出版社.
高谦，1996. 中国苔藓志：第 2 卷 [M]. 北京：科学出版社.
高谦，2003. 中国苔藓志：第 9 卷 [M]. 北京：科学出版社.
高谦，吴玉环，2008. 中国苔藓志：第 10 卷 [M]. 北京：科学出版社.
高谦，吴玉环，2010. 中国苔纲和角苔纲植物属志 [M]. 北京：中国林业出版社.
关贯勋，谭耀匡，2003. 中国动物志 鸟纲 第七卷 [M]. 北京：科学出版社.
郭柯，方精云，王国宏，等，2020. 中国植被分类系统修订方案 [J]. 植物生态学报，44(2):111-127.
郭水良，曹同，2001. 长白山主要生态系统地面藓类植物的生态位研究 [J]. 生态学报，21(2): 231-236.
郭英荣，江波，王英永，等，2010. 江西阳际峰自然保护区综合科学考察报告 [J]. 北京：科学出版社，1-245.
韩红香，薛大勇，2011. 中国动物志 昆虫纲 第五十四卷 鳞翅目尺蛾科尺蛾亚科 [M]. 北京：科学出版社.
韩运发，1997. 中国经济昆虫志 第五十五册：缨翅目 [M]. 北京：科学出版社.
何凤侠，2010. 九连山国家级自然保护区螟蛾总科区系研究 [D]. 广州：中山大学.
何建源，林建丽，刘初钿，等，2004. 武夷山自然保护区蕨类植物物种多样性与区系研究 [J]. 福建林业科技，31(4): 40-45.
何俊华，陈学新，马云 2000. 中国动物志 昆虫纲 第十八卷 膜翅目茧蜂科（一）[M]. 北京：科学出版社，.
何俊华，陈学新，马云，1996. 中国经济昆虫志 第五十一册 膜翅目姬蜂科 [M]. 北京：科学出版社.
何秀松，1987. 九连山象蜡亚科的一新属两新种（等翅目：蜡科）[J]. 昆虫学研究集刊，7: 169-176.
胡华林，廖华盛，付庆林，等，2016. 九连山发现 3 种夜蛾（鳞翅目：夜蛾科）江西分布新记录 [J]. 南方林业科学，44(4): 41-43.
胡华林，刘志金，廖承开，等，2009. 九连山自然保护区昆虫名录（增补 I ）[J]. 江西林业科技，198(6): 27-30.
胡华林，宋育英，汪学俭，2014. 桐木荫眼蝶一新异名（鳞翅目：蛱蝶科）[J]. 山地农业生物学报，33(1): 53-54.
胡华林，宋育英，王辉，2024. 江西省钩蛾科 7 个新记录种 [J]. 南方林业科学，52(3): 71-78.
胡华林，宋育英，吴勇，等，2024. 江西省舟蛾科（鳞翅目：夜蛾总科））昆虫新记录 15 种 [J]. 山东林业科技，272(3): 16-27.
胡华林，王辉，吴勇，等，2022. 九连山保护区发现江西省蝶类(鳞翅目：粉蝶科 蛱蝶科)新记录3 种 [J]. 生物灾害科学，45(2): 188-193.
胡华林，吴勇，宋育英，等，2023. 江西九连山小舟蛾属（鳞翅目：舟蛾科）记述 [J]. 生物灾害科学，46(2): 178-184.
胡人亮，王幼芳，2005. 中国苔藓志：第 7 卷 [M]. 北京：科学出版社.
胡舜士，1993. 南极洲植物概况与研究展望 [J]. 植物学报，35(11): 868-876.
花保祯，周尧，方德齐，等，1990. 中国木蠹蛾志 [M]. 杨凌：天则出版社.
华立中，奈良一，塞缪尔森，等，2009. 中国天牛（1406 种）彩色图鉴 [M]. 广州：中山大学出版社.
黄春梅，1982. 蹦蝗属二新种的记述 [J]. 动物学研究，3(4): 431-435.
黄复生，朱世模，平正明，等，2000. 中国动物志 昆虫纲 第十七卷 等翅目 [M]. 北京：科学出版社.
黄复生，1993. 西南武陵山地区昆虫 [M]. 北京：科学出版社.
黄继红，马克平，陈彬，2014. 中国特有种子植物的多样性及其地理分布 [M]. 北京：高等教育出版社.
黄玉茜，2005. 四川苔类植物的初步研究 I ——金佛山苔类植物研究 [D]. 济南：山东师范大学.
黄忠良，欧阳学军，2015. 广东鼎湖山国家级自然保护区综合科学考察报告 [M]. 广州：广东科技出版社.

季梦成，陈拥军，王静，2002. 马头山自然保护区苔藓植物区系研究 [J]. 山地学报，20(4): 401-410.
季梦成，谢庆红，刘仲苓，等，1998. 江西九连山自然保护区叶附生苔研究 [J]. 武汉植物学研究，16(1): 33-38.
寄玲，谢宜飞，李中阳，等，2022. 江西省野生维管植物名录 [J]. 生物多样性，30(6): 40-47.
贾鹏，熊源新，王美会，等，2011. 广西那佐自然保护区苔藓植物的组成与区系 [J]. 贵州农业科学，39(6): 34-38.
贾晓敏，2010. 内蒙古大青山和南部山地及丘陵苔藓植物区系研究 [D]. 呼和浩特：内蒙古大学.
贾渝，何思，2008. 中国生物物种名录：第 1 卷（苔藓植物）[M]. 北京：科学出版社.
贾渝，吴鹏程，罗健馨，1995. 广西九万山藓类植物区系分析及其对划分热带、亚热带分界线的意义 [J]. 植物分类学报，33(5): 461-468.
贾渝，吴鹏程，汪楣芝，2001. 深圳梧桐山苔藓植物区系 [J]. 贵州科学，19(4): 16-22.
江西森林编委会，1986. 江西森林 [M]. 北京：中国林业出版社，南昌江西科学技术出版社.
蒋书楠，陈力，2001. 中国动物志 昆虫纲 第二十一卷 鞘翅目天牛科花天牛亚科 [M]. 北京：科学出版社.
赖盛昌，2019. 基于形态和分子特征的江西长小蠹亚科系统分类学研究 [D]. 南昌：江西农业大学.
乐新贵，洪宏志，王英永，2009. 江西省爬行纲动物新纪录：崇安地蜥 Platyplacopus sylvaticus[J]. 四川动物，28(4): 599-600.
冷科明，杨莲芳，王建国，等，2000. 江西省毛翅目昆虫名录 [J]. 江西植保，23(1): 12-16.
黎兴江，2000. 中国苔藓志：第 3 卷 [M]. 北京：科学出版社.
黎兴江，2006. 中国苔藓志：第 4 卷 [M]. 北京：科学出版社.
李德国，2008. 丽水市蓝果树野生资源调查及育苗造林技术 [J]. 现代农业科技，(24): 88-89.
李德铢，陈之端，王红，等，2018. 中国维管植物科属词典 [M]. 北京：科学出版社.
李鸿昌，夏凯龄，等，2006. 中国动物志 昆虫纲 第四十三卷 直翅目蝗总科斑腿蝗科 [M]. 北京：科学出版社.
李薇，朱丽萍，汪春燕，等，2018. 深圳市内伶仃岛山蒲桃 + 红鳞蒲桃 - 小果柿群落结构及其物种多样性特征 [J]. 生态科学，37(2): 173-181.
梁铬球，郑哲民，1998. 中国动物志 昆虫纲 第十二卷 直翅目蚱总科 [M]. 北京：科学出版社.
梁国华，洪雅琦，李翠珍，等，2022. 鼎湖山自然保护区野生种子植物区系特征 [J]. 西南林业大学学报（自然科学），42(3): 42-51.
梁跃龙，金志芳，廖海红，等，2021. 江西九连山种子植物名录 [M]. 北京：中国林业出版社.
廖承开，林宝珠，张昌友，2011. 江西九连山国家级自然保护区鸟类新记录 [J]. 江西林业科技 (2): 44-45
廖文波，王英永，贾凤龙，等，2008. 中国三清山生物多样性彩色图谱 [M]. 北京：科学出版社.
廖文波，王英永，李贞，等，2014. 中国井冈山地区生物多样性综合科学考察 [M]. 北京：科学出版社.
林宝珠，胡华林，朱祥福，2011. 江西九连山国家级自然保护区蜻蜓资源调查补报 [J]. 江西林业科技，39(4): 41-43.
林波，刘庆，吴彦，等，2004. 森林凋落物研究进展 [J]. 生态学杂志 (1): 60-64.
林乃铨，1994. 中国赤眼蜂分类（膜翅目：小蜂总科）[M]. 福州：福建科学技术出版社.
林鹏，2001. 福建梁野山自然保护区综合科学考察报告 [M]. 厦门：厦门大学出版社：1-96
刘鸿雁，2005. 缙云山森林群落次生演替中土壤特性动态变化及其影响因素研究 [D]. 长沙：西南农业大学.
刘荣，石伟，杨志旺，等，2017. 桃红岭梅花鹿自然保护区苔藓植物区系 [J]. 南昌大学学报（理科版），41(1): 83-89.
刘信中，2002. 江西九连山自然保护区科学考察与森林生态系统研究 [M]. 北京：中国林业出版社.
刘信中，叶居新，等，2001. 江西武夷山自然保护区科学考察集 [M]. 北京：中国林业出版社.
刘友樵，白九维，1982. 中国尾小卷蛾亚族三新种 [J]. 昆虫分类学报，4(3): 167-171.
刘友樵，白九维，1982. 中国圆斑小卷蛾属（Eudemopsis）研究及新种记述 [J]. 动物学集刊，2: 45-54.
刘友樵，葛晓松，1991. 中国褐纹蛾属研究及新种记述 [J]. 动物学集刊，8: 349-358.
刘友樵，李广武，2002. 中国动物志 昆虫纲 第二十七卷 鳞翅目卷蛾科 [M]. 北京：科学出版社.

刘友樵 , 武春生 , 2006. 中国动物志 昆虫纲 第四十七卷 鳞翅目枯叶蛾科 [M]. 北京 : 科学出版社 .

陆树刚 , 2004. 中国蕨类植物区系 [M]// 中国植物志编辑委员会 . 中国植物志 : 第 1 卷 . 北京科学出版社 : 78-92.

吕佳 , 赖盛昌 , 田尚 , 等 , 2018. 江西材小蠹族 Xyleborini (Coleoptera: Scolytinae) 分类研究 [J]. 环境昆虫学报 , 40(4): 840-852.

马克平 , 高贤明 , 于顺利 , 1995. 东灵山地区植物区系的基本特征与若干山区植物区系的关系 [J]. 植物研究 , 15(4): 501-514.

彭少麟 , 廖文波 , 王英永 , 等 , 2008. 中国三清山生物多样性综合科学考察 [M]. 北京 : 科学出版社 .

钱慧蓉 , 杨国栋 , 陈林 , 2018. 四川东拉山大峡谷种子植物区系及植物资源研究 [J]. 南京林业大学学报(自然科学版), 42(2): 52-58.

曲利明 , 2013. 中国鸟类图鉴（上、中、下）[M]. 福州 : 海峡书局 .

任树芝 , 1998. 中国动物志昆虫纲第十三卷半翅目异翅亚目姬蝽科 [M]. 北京 : 科学出版社 .

任树芝 , 2003. 中国狭姬蝽属一新种（半翅目 : 姬蝽科)[J]. 南开大学学报（自然科学版）, 36(4): 105-107.

任顺祥 , 王兴民 , 庞虹 , 等 , 2009. 中国瓢虫原色图鉴 [M]. 北京 : 科学出版社 .

沈猷慧 , 沈端文 , 莫小阳 , 2008. 中国肥螈属（两栖纲 : 蝾螈科）一新种——弓斑肥螈 Pachytriton archospotus sp. Nov[J]. 动物学报 , 54(4): 645-652.

盛茂领 , 丁冬荪 , 2012. 浮姬蜂属二新种（膜翅目 姬蜂科）并附中国已知种检索表 [J]. Acta Zootaxonomica Sinica, 37(1): 160-164.

石宽 , 2014. 江西九连山自然保护区植被覆盖动态遥感监测 [D]. 北京 : 北京林业大学 .

宋青 , 彭志 , 王金虎 , 等 , 2008. 苏州光福自然保护区木荷林群落学特征 [J]. 南京林业大学学报（自然科学版）, (2): 23-28.

苏志尧 , 刘蔚秋 , 廖文波 , 等 , 1996. 广西被子植物科的区系地理成分分析 [J]. 中山大学学报（自然科学版）, 35(S2): 70- 75.

孙儒泳 , 2002. 基础生态学 [M]. 北京 : 高等教育出版社 .

孙向阳 , 2004. 土壤学 [M]. 北京 : 中国林业出版社 .

谭娟杰 , 王书永 , 周红章 , 2005. 中国动物志 昆虫纲 第四十卷 鞘翅目肖叶甲科肖叶甲亚科 [M]. 北京 : 科学出版社 .

田立新 , 杨莲芳 , 李佑文 , 1996. 中国经济昆虫志 第四十九册 毛翅目（一）: 小石蛾科 角石蛾科 纹石蛾科 长角石蛾科 [M]. 北京 : 科学出版社 .

汪殿蓓 , 暨淑仪 , 陈飞鹏 , 2001. 植物群落物种多样性研究综述 [J]. 生态学杂志 , (4): 55-60.

汪松 , 解焱 , 2004. 中国物种红色名录 : 第一卷 红色名录 [M]. 北京 : 高等教育出版社 .

汪松 , 解焱 , 2009. 中国物种红色名录 : 第二卷 脊椎动物下册 [M]. 北京 : 高等教育出版社 .

王荷生 , 张镱锂 , 1994. 中国种子植物特有科属的分布型 [J]. 地理学报 (5): 403-417.

王俊 , 王泳腾 , 段洋波 , 等 , 2020. 广东南岭国家级自然保护区华南五针松种内和种间关系研究 [J]. 北京林业大学学报 , 42(5): 25-32.

王天齐 , 1993. 中国螳螂目分类概要 [M]. 上海 : 上海科学技术文献出版社 .

王向川 , 徐玉霖 , 郭萍 , 等 , 2012. 子午岭自然保护区藓类植物区系与邻近区系关系的比较 [J]. 延安大学学报（自然科学版）, 31(1): 102-108.

王英永 , 杨剑焕 , 杜卿 , 等 , 2010. 江西阳际峰陆生脊椎动物彩色图谱 [M]. 北京 : 科学出版社 . 1-182.

王云泉 , 田磊 , 仲磊 , 等 , 2015. 东白山自然保护区木荷 - 马尾松群落结构及物种多样性分析 [J]. 浙江大学学报（理学版）, 42(1): 38-46.

王宗庆 , 2006. 中国姬蠊科分类与系统发育研究 [D]. 北京 : 中国农业科学院 .

王遵明 , 1985. 江西省虻属一新种（双翅目 : 虻科)[J]. 昆虫学报 , 28(2): 225-226.

吴德邻, 1996. 红水河上游地区植物调查研究报告集 [M]. 北京 : 科学出版社 .
吴鹏程, 2002. 中国苔藓志 : 第 6 卷 [M]. 北京 : 科学出版社 .
吴鹏程, 贾渝, 2002. 中国苔藓志 : 第 5 卷 [M]. 北京 : 科学出版社 .
吴鹏程, 贾渝, 2004. 中国苔藓志 : 第 8 卷 [M]. 北京 : 科学出版社 .
吴小刚, 吴勇, 梁跃龙, 2016. 江西九连山自然保护区蛇类新记录 [J]. 南方林业科学, 44(5): 65.
吴兆洪, 秦仁昌, 1991. 中国蕨类植物科属志 [M]. 北京 : 科学出版社 .
吴征镒, 2003.《世界种子植物科的分布区类型系统》的修订 [J]. 云南植物研究, 25(5): 535-538.
吴征镒, 孙航, 周浙昆, 等, 2010. 中国种子植物区系地理 [M]. 北京 : 科学出版社 .
吴征镒, 王荷生, 1983. 中国自然地理 : 植物地理（上册）[M]. 北京 : 科学出版社 .
吴征镒, 周浙昆, 孙航, 等, 2006. 种子植物分布区类型及其起源与分化 [M]. 昆明 : 云南科技出版社 .
武春生, 方承莱, 2003. 中国动物志 昆虫纲 第七十六卷 鳞翅目刺蛾科 [M]. 北京 : 科学出版社 .
武春生, 方承莱, 2003. 中国动物志 昆虫纲 第三十一卷 鳞翅目舟蛾科 [M]. 北京 : 科学出版社 .
武春生, 徐堉峰, 2017. 中国蝴蝶图鉴 [M]. 福州 : 海峡书局 .
武春生, 2001. 中国动物志 昆虫纲 第二十五卷 鳞翅目凤蝶科凤蝶亚科 锯凤蝶亚科 绢蝶亚科 [M]. 北京 : 科学出版社 .
武春生, 1997. 中国动物志 昆虫纲 第七卷 鳞翅目祝蛾科 [M]. 北京 : 科学出版社 .
武春生, 2010. 中国动物志 昆虫纲 第五十二卷 鳞翅目粉蝶科 [M]. 北京 : 科学出版社 .
夏凯龄, 等, 1994. 中国动物志 昆虫纲 第四卷 直翅目蝗总科癞蝗科 瘤锥蝗科 锥头蝗科 [M]. 北京 : 科学出版社 .
向余劲攻, 王裕文, 刘子炎, 1997. 赣南地区凸额蝗属一新种 [J]. 山东大学学报（自然科学版）, 32(4): 457-460.
邢福武, 2009. 中国景观植物 : 上册 [M]. 武汉 : 华中科技大学出版社 .
邢福武, 陈红锋, 王发国, 等, 2013. 南岭植物物种多样性编目 [M]. 武汉 : 华中科技大学出版社 .
熊康宁, 郭文, 陆娜娜, 等, 2019. 石漠化地区饲用植物资源概况及其开发应用分析 [J]. 广西植物, 39(1): 71-78.
徐国良, 曾晓辉, 2021. 江西九连山自然保护区蕨类植物资源调查和分析 [J]. 热带作物学报, 42(10): 3025-3032.
徐国良, 曾晓辉, 2021. 九连山自然保护区苔藓植物区系研究 [J]. 热带作物学报, 42(7): 2094.
徐国良, 赖辉莲, 张昌友, 2022. 江西省及九连山保护区蕨类植物新记录 [J]. 生物灾害科学, 45(4): 489-493.
许新宇, 关昶翔, 兰思仁, 2021. 武夷山中亚热带常绿阔叶林乔木物种组成及多样性 : 2002—2015[J]. 分子植物育种 : 1-9.
薛大勇, 朱弘复, 1999. 中国动物志昆虫纲第十五卷鳞翅目尺蛾科花尺蛾亚科 [M]. 北京 : 科学出版社 .
薛国喜, 胡华林, 2013. 江西省弄蝶四新纪录（鳞翅目 : 弄蝶总科）（英文)[J]. 四川动物, 32(1): 122-124.
严雄梁, 季梦成, 吴璐璐, 2010. 江西省阳际峰自然保护区苔藓植物区系研究 [J]. 浙江大学学报（农业与生命科学版）, 36(3): 348-354.
杨定, 刘星月, 2010. 中国动物志 昆虫纲 第五十一卷 广翅目 [M]. 北京 : 科学出版社 .
杨剑焕, 洪元华, 赵健, 等, 2013. 5 种江西省两栖动物新纪录 [J]. 动物学杂志, 48(1): 129-133.
杨剑焕, 李韵, 张天度, 等, 2011. 3 种广东省两栖爬行动物新纪录 [J]. 动物学杂志, 46(1): 124-127.
杨丽琼, 2004. 云南屏边大围山自然保护区藓类植物区系研究 [D]. 上海 : 华东师范大学 .
杨相甫, 王太霞, 李景原, 等, 2002. 河南太行山蕨类植物区系的研究 [J]. 广西植物, 22(1): 35-39.
杨星科, 1997. 长江三峡库区昆虫 : 上下册 [M]. 重庆 : 重庆出版社 .
杨星科, 杨集昆, 李文柱, 2005. 中国动物志 昆虫纲 第三十九卷脉翅目草蛉科 [M]. 北京 : 科学出版社 .
叶永忠, 袁志良, 尤扬, 等, 2004. 小秦岭自然保护区苔藓植物区系分析 [J]. 西北植物学报, 24(8): 1472-1475.
尹琏, 费嘉伦, 林超英, 2008. 香港及华南鸟类（第八版）[R]. 香港 : 政府新闻处 .
尹文英, 1999. 中国动物志 节肢动物门原尾纲 [M]. 北京 : 科学出版社 .
印象初, 夏凯龄, 等, 2003. 中国动物志 昆虫纲 第三十二卷 直翅目蝗总科槌角蝗科 剑角蝗科 [M]. 北京 : 科学出版社 .

应俊生，张志松，1984. 中国植物区系中的特有现象——特有属的研究 [J]. 植物分类学报，22(4): 259-268.
袁锋，高明媛，徐秋园，1991. 钩冠角蝉属的变异及分类研究 [J]. 昆虫分类学报，13(3): 179-192.
袁锋，袁向群，薛国喜，2016. 中国动物志昆虫纲第五十五卷鳞翅目弄蝶科 [M]. 北京：科学出版社 .
袁景西，胡华林，薛国喜，2015. 江西九连山国家级自然保护区蝴蝶 [M]. 哈尔滨：黑龙江科学技术出版社 .
袁景西，张昌友，谢文华，等，2016. 利用红外相机技术对九连山国家级自然保护区兽类和鸟类资源的初步调查 [J]. 兽类学报，36 (3): 367-372.
约翰·马敬能，卡伦·菲利普斯，2000. 中国鸟类野外手册 [M]. 长沙：湖南教育出版社 .
曾菊平，金志芳，陈伏生，2021. 九连山森林生态研究—动物昆虫专题 [M]. 南昌：江西科学技术出版社 .
张城，王绍强，于贵瑞，等，2006. 中国东部地区典型森林类型土壤有机碳储量分析 [J]. 资源科学 (2): 97-103.
张光富，陈瑞冰，钱士心，2005. 安徽祁门地区蕨类植物区系研究 [J]. 植物研究，25(4): 489-494.
张豪华，叶强，鲍子禹，等，2023. 深圳大鹏半岛国家地质公园土壤理化性质分析与生态评价 [J]. 林业与环境科学，39(1): 71-80.
张浩淼，2019. 中国蜻蜓大图鉴 [M]. 重庆：重庆大学出版社 .
张宏达，1980. 华夏植物区系的起源与发展 [J]. 中山大学学报（自然科学版）(1): 89-98.
张宏达，1994a. 地球植物区系分区提纲 [J]. 中山大学学报（自然科学版），33(3): 73-80.
张宏达，1994b. 再论华夏植物区系的起源 [J]. 中山大学学报（自然科学版），33(2): 1-9.
张宏达，江润祥，毕培曦，1988. 尼泊尔植物区系的起源及其亲缘关系 [J]. 中山大学学报（自然科学版）(2): 1-12.
张婕，上官铁梁，郭东罡，2008. 五台山蕨类植物区系及其分布特征研究 [J]. 山西大学学报（自然科学版），31(S1): 130- 134.
张凯，陈伟岸，罗文启，等，2017. 海南五指山国家级自然保护区石松类和蕨类植物区系研究 [J]. 热带作物学报，38(4):618-629.
张孟闻，宗愉，马积藩，1998. 中国动物志：爬行纲 第一卷 [M]. 北京：科学出版社 .
张荣祖，1999. 中国动物地理 [M]. 北京：科学出版社 .
张晓丽，武宇红，赵静，等，2006. 邢台西部太行山区种子植物区系及与其他山区区系的关系 [J]. 广西植物，26(5): 535- 540.
张信坚，邱建勋，胡玮珊，等，2016. 江西信丰细迳坑自然保护区观光木群落研究 [J]. 亚热带植物科学，45(4): 343-350.
张兴，马志卿，冯俊涛，等，2015. 植物源农药研究进展 [J]. 中国生物防治学报，31(5): 685-698.
章士美，等，1996. 中国农林昆虫地理分布 [M]. 北京：中国农业出版社 .
赵尔宓，2006. 中国蛇类 [M]. 合肥：安徽科学技术出版社 .
赵尔宓，黄美华，宗俞，等，1998. 中国动物志：爬行纲 第三卷 [M]. 北京：科学出版社 .
赵尔宓，赵肯堂，周开亚，等，1999. 中国动物志：爬行纲 第二卷 [M]. 北京：科学出版社 .
赵建铭，梁恩义，史永善，等，2001. 中国动物志 昆虫纲 第二十三卷 双翅目寄蝇科（一）[M]. 北京：科学出版社 .
赵健，汪志如，杜卿，等，2012. 江西省鸟类新纪录——云南柳莺、绿背姬鹟 [J]. 四川动物，31(3):447.
赵正阶，2001. 中国鸟类志（上、下卷）[M]. 长春：吉林科学技术出版社 .
赵仲苓，1987. 白毒蛾属二新种（鳞翅目：毒蛾科)[J]. 动物学集刊，5: 149-150.
赵仲苓，2003. 中国动物志 昆虫纲 第三十卷 鳞翅目毒蛾科 [M]. 北京：科学出版社 .
赵仲苓，2004. 中国动物志 昆虫纲 第三十六 卷鳞翅目波纹蛾科 [M]. 北京：科学出版社 .
郑光美，2005. 中国鸟类分类与分布名录 [M]. 北京：科学出版社 .
郑光美，2011. 中国鸟类分类与分布名录（第二版）[M]. 北京：科学出版社 .
郑景云，尹云鹤，李炳元，2010. 中国气候区划新方案 [J]. 地理学报，65(1): 3-12.

郑乐怡，吕楠，刘国卿，等，2004. 中国动物志 昆虫纲 第三十三卷 半翅目盲蝽科盲蝽亚科 [M]. 北京：科学出版社 .
郑哲民，石福明，2009. 江西省蚱总科五新种记述（直翅目）[J]. 动物分类学报，34(3): 572-577.
郑哲民，夏凯龄，1998. 中国动物志昆虫纲第十卷直翅目蝗总科斑翅蝗科网翅蝗科 [M]. 北京：科学出版社 .
郑作新，2000. 中国鸟类种和亚种分类名录大全 [M]. 北京：科学出版社 .
郑作新，等，1978. 中国动物志 鸟纲 第四卷 [M]. 北京：科学出版社 .
郑作新，等，1979. 中国动物志 鸟纲 第二卷 [M]. 北京：科学出版社 .
郑作新，冼耀华，关贯勋，1991. 中国动物志 鸟纲 第六卷 [M]. 北京：科学出版社 .
中国科学院青藏高原科考队，1992. 横断山昆虫（第一册、第二册）[M]. 北京：科学出版社 .
中国科学院植物研究所，2022. 中国植物物种名录（2022 版）[EB/OL].(5-20)[2024-5-1]doi:10.12282/plantdata.0061. https://datapid.cn/CSTR:34735.11.plantdata.0061, 2022.
中国科学院中国植物志编辑委员会，1983. 中国植物志：第 52 卷 第 2 分册 [M]. 北京：科学出版社：148.
中国科学院中国植物志编辑委员会，1993. 中国植物志：各卷 [M]. 北京：科学出版社 .
中国科学院中国自然地理编委，1979. 中国自然地理：动物地理 [M]. 北京：科学出版社 .
中国生态系统研究网络科学委员会，2007. 陆地生态系统生物观测规范 [M]. 北京：中国环境科学出版社 .
中国植被编辑委员会，1980. 中国植被 [M]. 北京：科学出版社 .
钟昌富，1986. 井冈山自然保护区爬行动物初步调查 [J]. 江西大学学报（自然科学版），10(2): 71-75.
钟昌富，2004. 江西省爬行动物地理区划 [J]. 四川动物，23(3): 222-229.
周瑾婷，2019. 华东黄山山脉、天目山脉植物多样性及群落特征研究 [D]. 杭州：浙江大学 .
周兰平，何祖霞，陈辉敏，等，2010. 江西省齐云山自然保护区的蕨类植物区系 [J]. 华南农业大学学报，31(2): 89-94.
周浙昆，ARATA M, 2005. 一些东亚特有种子植物的化石历史及其植物地理学意义 [J]. 云南植物研究 (5): 3-24.
周志春，2020. 中国木荷 [M]. 北京：科学出版社 .
朱弘复，王林瑶，韩红香，2004. 中国动物志昆虫纲第三十八卷鳞翅目蝙蝠蛾科蛱蛾科 [M]. 北京：科学出版社 .
朱弘复，王林瑶，1991. 中国动物志 昆虫纲 第三卷 鳞翅目圆钩蛾科钩蛾科 [M]. 北京：科学出版社 .
朱弘复，王林瑶，1997. 中国动物志 昆虫纲 第十一卷 鳞翅目天蛾科 [M]. 北京：科学出版社 .
朱弘复，王林瑶，1996. 中国动物志 昆虫纲 第五卷 蚕蛾科大蚕蛾科网蛾科 [M]. 北京：科学出版社 .
朱弘复，王林瑶，1988. 中国钩蛾亚科（鳞翅目：钩蛾科）豆斑钩蛾属及铃钩蛾属 [J]. 昆虫学报，31(4): 414-422.
朱弘复，王林瑶，1988. 中国钩蛾亚科线钩蛾属（鳞翅目：钩蛾科）[J]. 昆虫学报，31(3): 309-317.
朱弘复，王林瑶，1987. 中国山钩蛾亚科分类及地理分布（鳞翅目：钩蛾科）[J]. 昆虫学报，30(3): 291-303.
朱弘复，1981. 尺蛾科 [M]// 中国科学院动物研究所 . 中国蛾类图鉴 . 北京：科学出版社：114.
邹多录，1983. 江西九连山地区两栖动物的调查 [J]. 江西大学学报（自然科学版），2: 5-10.
左家哺，傅德志，彭代文，1996. 植物区系的数值分析 [M]. 合肥：中国科学出版社 .
ANANJEVA N B, GUO X G, WANG Y Z, 2011. Taxonomic Diversity of Agamid Lizards (Reptilia, Sauria, Acrodonta, Agamidae）from China: A Comparative Analysis[J]. Asian Herpetological Research, 2(3): 117-128.
ANDERSON S, 1994. Area and endemism[J]. Quarterly Review of Biology, 69: 451-471.
BAI H Y, XU J S, DAI X H, 2015. Three new species, two newly recorded species and one newly recorded genus of Lithocolletinae (Lepidoptera: Gracillariidae）from China[J]. Zootaxa, 4032(2): 229-235.
BICKFORD D, LOHMAN D J, SODHI N S, et al, 2007. Cryptic species as a window on diversity and conservation[J]. Trends in Ecology&Evolution, 22: 148-155.
BOULENGER G A, 1887. An account of the reptiles and batrachians obtained in Tenasserim by M. L. Fea, of the Genova Civic Muse-um[R]. Annali del Museo Civico de Storia Naturale di Genova.
BOULENGER G A, 1893. Catalogue of the snakes in the British Museum (Natural History). voume I[M]. London: Taylor

and Francis.

BOULENGER G A, 1990. On the reptiles, batrachians and fishes collected by the late MR.John Whithead in the interior of Hainan[M]. London: Proceedings of the Zoological Society.

BOULENGER, G A, 1908. A revision of the oriental pelobatid batrachians (genus Megalophrys)[J]. Proceedings of the Zoological Society of London, 78(2): 407-430..

BOURRET R, 1935. Notes herpétologiques sur l' Indochine française[R]. Extrait du bulletin Général de L' instruction publique, Janvier.

BRAZIL M, 2009. Birds of East Asia (Helm Field Guides)[M]. London: Chhristoper Helm Publisher.

CAREY G J, CHALMERS M L, DISKIN D A, et al, 2001. The Avifauna of Hong Kong. Hong Kong: Hong Kong Bird Watching Society.

DAS I, 2010. A field guide to the reptiles of South-East Asia[M]. London: New Holland Publishers.

DELORME M, DUBOIS A, GROSJEAN S, et al, 2006. Une nouvelle ergotaxinomie des Megophryidae (Amphibia, Anura) [J]. Alytes, 24: 6-21.

FROST D R, 2016. Amphibian Species of the World Version 6.0, an Online Reference: American Museum of Natural History, New York, USA[EB/OL]. (2-10)[2024-4-1] http://research.amnh. org/vz/herpetology/amphibia/.

FUNK W C, CAMINER M, RON S R, 2012. High levels of cryptic species diversity uncovered in Amazonian frogs[J]. Proceedings of the Royal Society B: Biological Sciences, 279: 1806-1814.

GILL F , DONSKER D, 2016. IOC World Bird List (version 6.1)[EB/OL]. (1-29)[2024-5-1] http://www.Worldbirdnames. org/.

GOSNER K L, 1960. A simplified table for staging anuran embryos and larvae with notes on identification[J]. Herpetologica, 16: 183-190.

GRISMER L L, WOOD P L Jr, ANUAR S, et al, 2013. Integrative taxonomy uncovers high levels of cryptic species diversity in Hemiphyllodactylus Bleeker, 1860 (Squamata: Gekkonidae) and the description of a new species from Peninsular Ma-laysia[J]. Zoological Journal of the Linnean Society, 169: 849-880.

HABEL J, ASSMANN T, 2010. Relict species: phylogeography and conservation biology[M]. New York: Springer Verlag. Hanken J, 1999. Why are there so many new amphibian species when amphibians are declining?[J] Trends in Ecology&Evolution, 14: 7-8.

HOYO J, ELLIOTT A, SARGATAL J, et al, 1992. Handbook of the Birds of the World (Volume 1)[M]. Barcelona: Lynx Edicions.

HU S J, COTTON A M, CONDAMINE F L, 2018. Revision of Pazala Moore, 1888: The Graphium (Pazala) mandarinus (Oberthür, 1879) Group, with treatments of known taxa and descriptions of new species and new subspecies (Lepidoptera: Papilionidae). Zootaxa, 4441(3): 401-446.

IUCN Species Survival Commission, 2014. IUCN Redlist of Threatened Species[EB/OL]. (9-1)[2024-5-1]http://www. redlist. org/.

IUCN, 2016. Convention on International Trade in Endangered Species of Wild Fauna Flora (Appendices Ⅰ, Ⅱ and Ⅲ)[R].

JIANG J, ZHOU K, 2005. Phylogenetic relationships among Chinese ranids inferred from sequence data set of 12S and 16S rDNA[J]. The Herpetological Journal, 15: 1-8.

KANG Z, ZHANG C L, CHEN H B, 2007. A species of Simulium (Gomphostilbia) from Jiangxi province China (Diptera: Simuliidae)[J]. Acta Parasitologica et Medica Entomologica, 14(3): 185-187.

KOU Y X, CHENG S M, TIAN S, et al, 2016. The antiquity of Cyclocarya paliurus (Juglandaceae) provides new insights into the evo-lution of relict plants in subtropical China since the Late Early Miocene[J]. Journal of Biogeography, 43:

351-360.

LA TOUCHE J D D, 1922. Descriptions of new forms of Chinese brids[J]. Bulletin of the British Ornithologists' Club, 43: 20- 23.

LAI SC, ZHANG L, LI Y, WANG J G, 2021. A new species, a new combination, and a new record of Crossotarsus Chapuis, 1865(Coleoptera, Curculionidae, Platypodinae) from China[J]. Zookeys, 1028: 69-83.

LANG S Y, 2012. The Nymphalidae of China (Part Ⅰ)[M]. Pardubice: Tshikolovets Publications.

LI C, WANG Y Z, 2008. Taxonomic review of Megophrys and Xenophrys, and a proposal for Chinese species (Megophryidae, Anu-ra)[J]. Acta Zootaxonomica Sinica, 33.

LI Y L, JIN M J, ZHAO J, et al, 2014. Description of two new species of the genus Megophrys (Amphibia: Anura: Megophryidae) from Heishiding Nature Reserve, Fengkai, Guangdong, China, based on molecular and morphological data[J]. Zootaxa, 3795 (4): 449-471.

LIN C X, XU G L, JIN Z F, et al, 2022. Molecular, chromosomal, and morphological evidence reveals a new allotetraploid fern spe-cies of Asplenium (Aspleniaceae) from southern Jiangxi, China[J]. PhytoKeys, 99: 113-127.

LIN X B, HU J Y, 2021. The Nazeris fauna of the Nanling Mountain Range, China (Coleoptera, Staphylinidae, Paederinae)[J]. Zookeys, 1059: 117-133.

LIU XY, HAYASHI F, YANG D, 2007. Systematics of the Protohermes coatalis species-group (Megaloptera: Corydalidae)[J]. Zootaxa, 1439: 1-46.

LIU XY, YANG D, 2005. Notes on the genus Neochauliodes from Guangxi, China (Megaloptera: Corydalidae)[J]. Zootaxa, 1045: 1-24.

LOMOLINO M V, RIDDLE B R, BROWN J H, 2006. Sinauer Associate[M]. Sunderland: Biogeography.

MAHONY S, 2009. A new species of Japalura (Reptilia: Agamidae) from northeast India with a discussion of the similar species Japalura sagittifera Smith, 1940 and Japalura planidorsata Jerdon, 1870[J]. Zootaxa, 2212, 41-61.

MAHONY S, 2011. Two new species of Megophrys Kuhl&van Hasselt (Amphibia: Megophryidae), from western Thailand and southern Cambodia[J]. Zootaxa, 2734: 23-39.

MANTHEY U, WOLFGANG D, HOU M, et al, 2012. Discovered in historical collections: Two new Japalura species (Squamata: Sauria: Agamidae) from Yulong Snow Mountains, Lijiang Prefecture, Yunnan, PR China[J]. Zootaxa, 3200: 27-48.

MARTENS J, 2000. Phylloscopus yunnanensis La Touche, 1922, Alstrom laubsänger[J]. Atlas der Verbreitung Palaearktischer Vögel, Vol, 19: 1-3.

MO Y M, ZHANG W, ZHOU S C, et al, 2013. A new species of the genus Gracixalus (Amphibia: Anura: Rhacophoridae) from South-ern Guangxi, China[J]. Zootaxa, 3616(1): 61-72.

MOHONY S, 2010. Systematic and taxomonic revaluation of four little known Asian agamid species, Calotes kingdonwardi Smith, 1935, Japalura kaulbacki Smith, 1937, Salea kakhienensis Anderson, 1879 and the monotypic genus Mictopholis Smith, 1935 (Reptilia: Agamidae)[J]. Zootaxa, 2514: 1-23.

NGO V T, GRISMER, L L, PHAM H T, et al, 2014. A new species of Hemiphyllodactylus Bleeker, 1860 (Squamata: Gekkonidae) from Ba Na-Nui Chua Nature Reserve, Central Vietnam[J]. Zootaxa, 3760(4): 539-552.

NGUYEN T Q, LE M D, PHAM C T, et al, 2013. A new species of Gracixalus (Amphibia: Anura: Rhacophoridae) from northern Viet-nam[J]. Organisms Diversity&Evolution, 13: 203-214.

NGUYEN T Q, SCHMITZ A, NGUYEN T T, et al, 2011. Review of the Genus Sphenomorphus Fitzinger, 1843 (Squamata: Sauria: Scinci-dae) in Vietnam, with Description of a New Species from Northern Vietnam and Southern China and the First Record of Sphenomorphus mimicus Taylor, 1962 from Vietnam[J]. Journal of Herpetology, 45(2): 145-154.

OTA H, 1989a. A new species of Japalura (Agamidae: Lacertilia: Reptilia), from Taiwan[J]. Copeia(3): 569-576.

OTA H, 1989b. Japalura brevipes Gressitt (Agamidae: Reptilia), a valid species from high altitude area of Taiwan[J]. Herpetologica, 45(1): 55-60.

OTA H, 1991. Taxonomic Redefinition of Japalura swinhonis Günther (Agamidae: Squamata), with a description of a new subspecies of J. polygonata from Taiwan[J]. Herpetologica, 47(3): 280-294.

OTA H, 2000. Japalura szechwanensis, a junior synonym of J. fasciata[J]. Journal of Herpetology, 34(4): 611-614.

OTA H, CHEN S L, SHANG G, 1998. Japalura luei: a new agamid lizard from Taiwan (Reptilia: Squamata)[J]. Copeia, (3): 649- 656.

PENG ZL, LI HZ, WU ZR, et al, 2024. A survey of the family Buprestidae (Coleoptera) of Jiulianshan Nature Reserve in Jiangxi Province with descriptions of three new species[J]. Entomotaxonomia, 46(1): 33-46.

PFENNINGER M, SCHWENK K, 2007. Cryptic animal species are homogeneously distributed among taxa and biogeographical regions[J]. BMC Evolutionary Biology, 7: 121.

POPE C H, 1928. Seven new reptiles from Fukien Province, China[J]. American Museum Novitat, 320: 1-6.

POPE C H, 1929. Notes on reptiles from Fukien and other Chinese provinces[J]. Bulletin of the American Museum of Natural History, 58(8): 17-20, 335-487.

POPE C H, 1935. The reptiles of China. Turtles, crocodilians, snakes, lizards. Natural History of central Asia, X[J]. New York: Ameri-can Museum of Natural History. 1-27, 604.

PRPCTOR J, LEE Y F, LANGLEY A M, et al, 1988. Ecological Studies on Gunung Silam, A Small Ultrabasic Mountain in Sabah, Malay-sia. I. Environment, Forest Structure and Floristics[J]. Journal of Ecology, 76(2): 320-340.

PYRON R A, WIENS J J, 2011. A large-scale phylogeny of Amphibia including over 2,800 species, and a revised classification of ex-tant frogs, salamanders, and caecilians[J]. Molecular Phylogenetics and Evolution, 61: 543-583.

RAO D Q, YANG D T, 1997. The variation in karyotypes of Brachytarsophrys from China with a discussion of the classification of the genus[J]. Asiatic Herpetological Research, 7: 103-107.

RASMUSSEN P C, ANDERTON J C, 2012. Birds of South Asia, The Ripley Guide (2nd Edition)[J]. Barcelona: Lynx Edicions, 956.

ROBSON C, 2011. A Field Guide to the Birds of South-East Asia[M]. London: New Holland Publisher: 544.

SCHINTLMEISTER A, PINRATANA A, 2007. Moths of Thailand 5. Notodontidae [M]. Bangkok: Brothers of Saint Gabriel.

SCHINTLMEISTER A, 2008. Palaearctic Macrolepidoptera 1 Notodontidae[M]. Stenstrup: Apollo Books.

SCHINTLMEISTER A, 2013. World catalogue of insects Volume 11 Notodontidae & Oenosandridae (Lepidoptera)[M]. Bosteon:Brill.

SMITH H M, 1943. The fauna of British India, Ceylon and Burma, Including the whole of the Indo-Chinese sub-Region. London: Reptilia and Amphibia. Vol. III. Serpentes[M]. London: Taylor and Francis: 583

SONG W H, XUE D Y, HAN H X, 2011. A taxonomic revision of Tridrepana Swinhoe, 1895 in China, with descriptions of three new species (Lepidopter: Drepanidae）[J]. Zootaxa, 3021: 39-62.

SONG W H, XUE D Y, HAN H X, 2012. Revision of Chinese Oretinae (Lepidoptera, Drepanidae)[J]. Zootaxa, 3445: 1-36.

STUART B L, INGER R F, VORIS H K, 2006. High level of cryptic species diversity revealed by sympatric lineages of Southeast Asian forest frogs[J]. Biology Letters, 2: 470-474.

STUART S N, CHANSON J S, COX N A, et al, 2004. Status and trends of amphibian declines and extinctions worldwide[J]. Science, 306: 1783-1786.

SUNG Y K, YANG J H, WANG Y Y, 2014. A New Species of Leptolalax (Anura: Megophryidae）from Southern China[J].

Asian Herpeto-logical Research, 5(2): 80-90.
TAKHTAJAN A, 1978. The floristic regions of the world[M]. Leningrad: Academy of Sciences of the U.S.S.R.
TANG C Q, MATSUI T, OHASHI H, et al, 2018. Identifying long-term stable refugia for relict plant species in East Asia[J]. Nature Com-munications, 9: 4488.
TAYLOR E H, 1963. The lizards of Thailand[J]. The University of Kansas science bulletin, 44: 687-1077.
TIAN S, LEI S Q, HU W, et al, 2015. Repeated range expansions and inter-postglacial recolonization routes of Sargentodoxa cuneata (Oliv.) Rehd. et Wils. (Lardizabalaceae) in subtropical China revealed by chloroplast phylogeography[J]. Molecular Phy-logentics and Evolution, 85: 238-246.
UETZ P, HOŠEK J, 2016. The Reptile Database[EB/OL]. (2-10)[2024-5-1] http://www.reptile-database.org.
VOGEL G, DAVID P, PAUWELS O S G, et al, 2009. A revision of Lycodon ruhstrati (Fischer 1886) auctorum (Squamata Colubridae), with the description of a new species from Thailand and a new subspecies from the Asian mainland[J]. Tropical Zoology, 22: 131-182.
VOLYNKIN A V, ČERNÝ K, HUANG S Y, et al, 2023. Taxonomic review of the Oriental genus Gandhara Moore with descriptions of four new species (Lepidoptera: Erebidae: Arctiinae: Lithosiini)[J]. Zootaxa, 5374(3): 390-408.
WANG K, JIANG K, PAN G, et al, 2015. A new species of Japalura (Squamata: Sauria: Agamidae) from Upper Lancang (Mekong) Valley of Eastern Tibet, China[J]. Asian Herpetological Research, 6(3): 159-168
WANG M, KISHIDA Y, EDA K, 2018. Moths of Guangdong Nanling National Nature Reserve supplement [M]. Hongkong: Hong Kong Lepidopterists' Society Limited.
WANG M, KISHIDA Y, 2011. Moths of Guangdong Nanling National Nature Reserve[M]. Keltern: Goeck & Evers.
WANG X Y, GUOW J, YU W H, et al, 2016. First record and phylogenetic position of Myotis indochinensis (Chiroptera, Vespertilionidae) from China[J]. Mammalia, 81(6).
WANG Y Y, YANG J H, LIU Y, 2013. New Distribution Records for Sphenomorphus tonkinensis (Lacertilia: Scincidae) with Notes on Its Variation and Diagnostic Characters[J]. Asian Herpetological Research, 4(2): 147-150
WANG Y Y, ZHANG T D, ZHAO J, et al, 2012. Description of a new species of the genus Xenophrys Günther, 1864 (Amphibia: Anura: Megophryidae) from Mount Jinggang, China, based on molecular and morphological data[J]. Zootaxa, 3546: 53-67.
WANG Y Y, ZHAO J, YANG J H, et al, 2014. Morphology, molecular genetics, and bioacoustic support two new sympatric Xenophrys (Amphibia: Anura: Megophryidae) species in Southeast China[J]. PLoS ONE, 9(4): e93075
WEIGOLD H, 1922. Muscicapa elisae n. sp[J]. Falco, 18(1): 1-2.
WILKINS M R, SEDDON N, SAFRAN R J, 2013. Evolutionary divergence in acoustic signals: causes and consequences[J]. Trends in ecolo-gy&evolution, 28: 156-166.
XUE G X, INAYOSHI Y, HU H L, et al, 2015. A new subspecies and a new synonym of the genus Coladenia (Hesperiidae, Pyrginae) from China[J]. Zookeys, 129-138.
XUE G X, INAYOSHI Y, LI M, et al, 2024. Some taxonomic notes on Capila translucida (Leech, 1894) and C. hainana Crowley, 1900 (Hesperiidae, Pyrginae)[J]. Zootaxa, 5410(3): 384-391.
YANG J H, WANG Y Y, 2010. Range extension of Takydromus sylvaticus (Pope, 1928) with notes on morphological variation and sexual dimorphism[J]. Herpetology Notes, 3: 279-283
YU H L, LI H H, 2009. Review of the genus Sorolopha Lower (Lepidoptera: Tortricidae, Olethreutinae) from Mainland China, with descriptions of two new species[J]. Zootaxa, 2062: 1-14.
ZHANG L, LI Y, SMITH M, et al, 2021. Scolytus jiulianshanensis, a new species of bark beetle (Coleoptera: Curculionidae: Scolytinae) from elm in China[J]. Zootaxa, 5057(2): 295-300.

ZHANG Y Y, WANG N, ZHANG J, et al, 2006. Acoustic difference of narcissus flycatcher complex[J]. Acta Zoologica Sinica, 52(4): 648-654.

ZHANG Y, ZHANG D, LI W, et al, 2020. Characteristics and utilization of plant diversity and resources in Central Asia[J]. Regional Sustainability, 1(1): 1-10.

ZHAO E M, ADLER K, 1993. Herpetology of China[M]. Oxford, Ohio: Society for the Study of Amphibians and Reptiles: 1-522.

ZHAO J, YANG J H, CHEN G L, et al, 2014. Description of a New Species of the Genus Brachytarsophrys Tian and Hu, 1983 (Amphibia: Anura: Megophryidae）from Southern China Based on Molecular and Morphological Data. Asian Herpetological Re-search, 5(3): 150-160.

ZHENG G M, SONG J, ZHANG Z, et al, 2000. A new species of flycatcher(Ficedula)from China(Aves. Passeriformes: Muscicapidae)[J]. Journal Beijing Normal University (Nature Science), 36(3): 405-409.

ZHOU T, CHEN B M, LIU G, et al, 2015. Biodiversity of Jinggangshan Mountain: The Importance of Topography and Geographical Location in Supporting Higher Biodiversity[J]. PLoS ONE, 10(3): e0120208.

ZHUANG H, WANG C, WANG Y, et al, 2021. Native useful vascular plants of China: A checklist and use patterns[J]. Plant diversity, 43(2): 134-141.

ZOU D L, 1985. Amphibians and their Faunistic Distribution of Jinggangshan[J]. Journal of Jiangxi University, (9)1: 51-55.

附录1　江西九连山国家级自然保护区珍稀濒危保护植物名录

序号	科	种	国家重点保护野生植物名录	IUCN红色名录	CITES附录	中国生物多样性红色名录
一、	**苔藓植物 Bryophyta**					
1	白发藓科 Leucobryaceae	桧叶白发藓 *Leucobryum juniperoideum*	二			
二、	**蕨类植物 Pteridophyta**					
2	石松科 Lycopodiaceae	长柄石杉 *Huperzia javanica*	二			
3	石松科 Lycopodiaceae	华南马尾杉 *Phlegmariurus austrosinicus*	二			
4	石松科 Lycopodiaceae	福氏马尾杉 *Phlegmariurus fordii*	二			
5	石松科 Lycopodiaceae	闽浙马尾杉 *Phlegmariurus mingcheensis*	二			
6	合囊蕨科 Marattiaceae	福建观音座莲 *Angiopteris fokiensis*	二			
7	金毛狗科 Cibotiaceae	金毛狗 *Cibotium barometz*	二		II	
8	乌毛蕨科 Blechnaceae	苏铁蕨 *Brainea insignis*	二			
三、	**裸子植物 Gymnospermae**					
9	柏科 Cupressaceae	福建柏 *Fokienia hodginsii*	二			
10	红豆杉科 Taxaceae	南方红豆杉 *Taxus wallichiana* var. *mairei*	一			
四、	**被子植物 Angiospermae**					
11	马兜铃科 Aristolochiaceae	金耳环 *Asarum insigne*	二			
12	木兰科 Magnoliaceae	天目玉兰 *Yulania amoena*				VU
13	樟科 Lauraceae	天竺桂 *Cinnamomum japonicum*	二			
14	樟科 Lauraceae	润楠 *Machilus nanmu*	二			
15	樟科 Lauraceae	闽楠 *Phoebe bournei*	二	NT		
16	水鳖科 Hydrocharitaceae	龙舌草 *Ottelia alismoides*	二			
17	霉草科 Triuridaceae	多枝霉草 *Sciaphila ramosa*				EN
18	藜芦科 Melanthiaceae	球药隔重楼 *Paris fargesii*	二			
19	藜芦科 Melanthiaceae	七叶一枝花 *Paris polyphylla*	二	VU		
20	藜芦科 Melanthiaceae	华重楼 *Paris polyphylla* var. *chinensis*	二			
21	兰科 Orchidaceae	金线兰 *Anoectochilus roxburghii*	二		II	
22	兰科 Orchidaceae	浙江金线兰 *Anoectochilus zhejiangensis*	二	EN	II	EN
23	兰科 Orchidaceae	单唇无叶兰 *Aphyllorchis simplex*			II	
24	兰科 Orchidaceae	竹叶兰 *Arundina graminifolia*			II	
25	兰科 Orchidaceae	白及 *Bletilla striata*	二		II	
26	兰科 Orchidaceae	瘤唇卷瓣兰 *Bulbophyllum japonicum*			II	
27	兰科 Orchidaceae	广东石豆兰 *Bulbophyllum kwangtungense*			II	

（续）

序号	科	种	国家重点保护野生植物名录	IUCN 红色名录	CITES 附录	中国生物多样性红色名录
28	兰科 Orchidaceae	齿瓣石豆兰 *Bulbophyllum levinei*			II	
29	兰科 Orchidaceae	泽泻虾脊兰 *Calanthe alismatifolia*			II	
30	兰科 Orchidaceae	银带虾脊兰 *Calanthe argenteostriata*			II	
31	兰科 Orchidaceae	钩距虾脊兰 *Calanthe graciliflora*			II	
32	兰科 Orchidaceae	独花兰 *Changnienia amoena*	二	EN	II	
33	兰科 Orchidaceae	广东异型兰 *Chiloschista guangdongensis*			II	
34	兰科 Orchidaceae	金唇兰 *Chrysoglossum ornatum*			II	
35	兰科 Orchidaceae	大序隔距兰 *Cleisostoma paniculatum*			II	
36	兰科 Orchidaceae	流苏贝母兰 *Coelogyne fimbriata*			II	
37	兰科 Orchidaceae	吻兰 *Collabium chinense*			II	
38	兰科 Orchidaceae	台湾吻兰 *Collabium formosanum*			II	
39	兰科 Orchidaceae	杜鹃兰 *Cremastra appendiculata*	二		II	VU
40	兰科 Orchidaceae	建兰 *Cymbidium ensifolium*	二		II	
41	兰科 Orchidaceae	蕙兰 *Cymbidium faberi*	二		II	
42	兰科 Orchidaceae	多花兰 *Cymbidium floribundum*	二		II	
43	兰科 Orchidaceae	春兰 *Cymbidium goeringii*	二		II	
44	兰科 Orchidaceae	寒兰 *Cymbidium kanran*	二		II	
45	兰科 Orchidaceae	兔耳兰 *Cymbidium lancifolium*			II	
46	兰科 Orchidaceae	墨兰 *Cymbidium sinense*	二		II	
47	兰科 Orchidaceae	钩状石斛 *Dendrobium aduncum*	二		II	
48	兰科 Orchidaceae	密花石斛 *Dendrobium densiflorum*	二		II	
49	兰科 Orchidaceae	重唇石斛 *Dendrobium hercoglossum*	二		II	
50	兰科 Orchidaceae	美花石斛 *Dendrobium loddigesii*	二		II	VU
51	兰科 Orchidaceae	广东石斛 *Dendrobium kwangtungense*	二		II	CR
52	兰科 Orchidaceae	罗河石斛 *Dendrobium lohohense*	二	EN	II	
53	兰科 Orchidaceae	细茎石斛 *Dendrobium moniliforme*	二		II	
54	兰科 Orchidaceae	铁皮石斛 *Dendrobium officinale*	二	CR		
55	兰科 Orchidaceae	单葶草石斛 *Dendrobium porphyrochilum*	二		II	
56	兰科 Orchidaceae	始兴石斛 *Dendrobium shixingense*	二		II	
57	兰科 Orchidaceae	单叶厚唇兰 *Epigeneium fargesii*			II	
58	兰科 Orchidaceae	虎舌兰 *Epipogium roseum*			II	
59	兰科 Orchidaceae	钳唇兰 *Erythrodes blumei*			II	
60	兰科 Orchidaceae	紫花美冠兰 *Eulophia spectabilis*			II	
61	兰科 Orchidaceae	无叶美冠兰 *Eulophia zollingeri*			II	
62	兰科 Orchidaceae	山珊瑚 *Galeola faberi*			II	
63	兰科 Orchidaceae	毛萼山珊瑚 *Galeola lindleyana*			II	
64	兰科 Orchidaceae	黄松盆距兰 *Gastrochilus japonicus*			II	

（续）

序号	科	种	国家重点保护野生植物名录	IUCN红色名录	CITES附录	中国生物多样性红色名录
65	兰科 Orchidaceae	天麻 *Gastrodia elata*	二	VU	II	
66	兰科 Orchidaceae	北插天天麻 *Gastrodia peichatieniana*			II	
67	兰科 Orchidaceae	大花斑叶兰 *Goodyera biflora*			II	
68	兰科 Orchidaceae	多叶斑叶兰 *Goodyera foliosa*			II	
69	兰科 Orchidaceae	光萼斑叶兰 *Goodyera henryi*			II	
70	兰科 Orchidaceae	小斑叶兰 *Goodyera repens*			II	
71	兰科 Orchidaceae	斑叶兰 *Goodyera schlechtendaliana*			II	
72	兰科 Orchidaceae	毛莛玉凤花 *Habenaria ciliolaris*			II	
73	兰科 Orchidaceae	鹅毛玉凤花 *Habenaria dentata*			II	
74	兰科 Orchidaceae	线瓣玉凤花 *Habenaria fordii*		VU	II	
75	兰科 Orchidaceae	裂瓣玉凤花 *Habenaria petelotii*			II	
76	兰科 Orchidaceae	橙黄玉凤花 *Habenaria rhodocheila*			II	
77	兰科 Orchidaceae	十字兰 *Habenaria schindleri*			II	
78	兰科 Orchidaceae	全唇盂兰 *Lecanorchis nigricans*			II	
79	兰科 Orchidaceae	镰翅羊耳蒜 *Liparis bootanensis*			II	
80	兰科 Orchidaceae	长苞羊耳蒜 *Liparis inaperta*			II	
81	兰科 Orchidaceae	见血青 *Liparis nervosa*			II	
82	兰科 Orchidaceae	香花羊耳蒜 *Liparis odorata*			II	
83	兰科 Orchidaceae	长唇羊耳蒜 *Liparis pauliana*			II	
84	兰科 Orchidaceae	柄叶羊耳蒜 *Liparis petiolata*			II	
85	兰科 Orchidaceae	葱叶兰 *Microtis unifolia*			II	
86	兰科 Orchidaceae	广布芋兰 *Nervilia aragoana*			II	
87	兰科 Orchidaceae	毛叶芋兰 *Nervilia plicata*			II	
88	兰科 Orchidaceae	狭叶鸢尾兰 *Oberonia caulescens*			II	
89	兰科 Orchidaceae	狭穗阔蕊兰 *Peristylus densus*			II	
90	兰科 Orchidaceae	黄花鹤顶兰 *Phaius flavus*			II	
91	兰科 Orchidaceae	鹤顶兰 *Phaius tancarvilleae*			II	
92	兰科 Orchidaceae	细叶石仙桃 *Pholidota cantonensis*			II	
93	兰科 Orchidaceae	石仙桃 *Pholidota chinensis*		NT	II	
94	兰科 Orchidaceae	小舌唇兰 *Platanthera minor*			II	
95	兰科 Orchidaceae	台湾独蒜兰 *Pleione formosana*	二	VU	II	
96	兰科 Orchidaceae	白肋菱兰 *Rhomboda tokioi*			II	VU
97	兰科 Orchidaceae	苞舌兰 *Spathoglottis pubescens*			II	
98	兰科 Orchidaceae	绶草 *Spiranthes sinensis*			II	
99	兰科 Orchidaceae	心叶带唇兰 *Tainia cordifolia*			II	
100	兰科 Orchidaceae	带唇兰 *Tainia dunnii*			II	NT
101	兰科 Orchidaceae	白花线柱兰 *Zeuxine parvifolia*			II	

（续）

序号	科	种	国家重点保护野生植物名录	IUCN 红色名录	CITES 附录	中国生物多样性红色名录
102	兰科 Orchidaceae	线柱兰 *Zeuxine strateumatica*			II	
103	禾本科 Poaceae	赤竹 *Sasa longiligulata*				CR
104	防己科 Menispermaceae	青牛胆 *Tinospora sagittata*				EN
105	毛茛科 Ranunculaceae	黄连 *Coptis chinensis*	二			
106	毛茛科 Ranunculaceae	短萼黄连 *Coptis chinensis* var. *brevisepala*	二			
107	毛茛科 Ranunculaceae	尖叶唐松草 *Thalictrum acutifolium*				NT
108	毛茛科 Ranunculaceae	华东唐松草 *Thalictrum fortunei*				NT
109	毛茛科 Ranunculaceae	爪哇唐松草 *Thalictrum javanicum*				VU
110	莲科 Nelumbonaceae	莲 *Nelumbo nucifera*	二			
111	蕈树科 Altingiaceae	半枫荷 *Semiliquidambar cathayensis*				VU
112	豆科 Fabaceae	山豆根 *Euchresta japonica*	二			
113	豆科 Fabaceae	野大豆 *Glycine soja*	二			
114	豆科 Fabaceae	长脐红豆 *Ormosia balansae*	二			
115	豆科 Fabaceae	光叶红豆 *Ormosia glaberrima*	二			
116	豆科 Fabaceae	花榈木 *Ormosia henryi*	二			
117	豆科 Fabaceae	红豆树 *Ormosia hosiei*	二	NT		
118	豆科 Fabaceae	韧荚红豆 *Ormosia indurata*	二			
119	豆科 Fabaceae	软荚红豆 *Ormosia semicastrata*	二			
120	豆科 Fabaceae	苍叶红豆 *Ormosia semicastrata* f. *pallida*	二			
121	豆科 Fabaceae	木荚红豆 *Ormosia xylocarpa*	二			
122	蔷薇科 Rosaceae	倒卵叶石楠 *Photinia lasiogyna*		VU		
123	蔷薇科 Rosaceae	广东蔷薇 *Rosa kwangtungensis*	二			VU
124	蔷薇科 Rosaceae	掌叶覆盆子 *Rubus chingii*				VU
125	蔷薇科 Rosaceae	小柱悬钩子 *Rubus columellaris*				NT
126	蔷薇科 Rosaceae	光果悬钩子 *Rubus glabricarpus*				NT
127	蔷薇科 Rosaceae	白叶莓 *Rubus innominatus*				NT
128	蔷薇科 Rosaceae	水榆花楸 *Sorbus alnifolia*				NT
129	蔷薇科 Rosaceae	美脉花楸 *Sorbus caloneura*				NT
130	蔷薇科 Rosaceae	绣球绣线菊 *Spiraea blumei*				NT
131	蔷薇科 Rosaceae	麻叶绣线菊 *Spiraea cantoniensis*				NT
132	鼠李科 Rhamnaceae	皱叶鼠李 *Rhamnus rugulosa*				NT
133	鼠李科 Rhamnaceae	钩刺雀梅藤 *Sageretia hamosa*				EN
134	桑科 Moraceae	白桂木 *Artocarpus hypargyreus*		VU		
135	桑科 Moraceae	长穗桑 *Morus wittiorum*	二			
136	壳斗科 Fagaceae	水青冈 *Fagus longipetiolata*		VU		
137	壳斗科 Fagaceae	碟斗青冈 *Quercus disciformis*		EN		
138	壳斗科 Fagaceae	华南青冈 *Quercus edithiae*		EN		

（续）

序号	科	种	国家重点保护野生植物名录	IUCN红色名录	CITES附录	中国生物多样性红色名录
139	壳斗科 Fagaceae	木姜叶青冈 *Quercus litseoides*		VU		
140	葫芦科 Cucurbitaceae	罗汉果 *Siraitia grosvenorii*				NT
141	葫芦科 Cucurbitaceae	大苞赤瓟 *Thladiantha cordifolia*				NT
142	堇菜科 Violaceae	小尖堇菜 *Viola mucronulifera*				VU
143	杨柳科 Salicaceae	长梗柳 *Salix dunnii*				VU
144	无患子科 Sapindaceae	伞花木 *Eurycorymbus cavaleriei*	二	NT		
145	芸香科 Rutaceae	金柑 *Citrus japonica*	二			EN
146	芸香科 Rutaceae	岭南花椒 *Zanthoxylum austrosinense*				NT
147	芸香科 Rutaceae	朵花椒 *Zanthoxylum molle*				VU
148	芸香科 Rutaceae	大叶臭花椒 *Zanthoxylum myriacanthum*				VU
149	楝科 Meliaceae	红椿 *Toona ciliata*	二			
150	锦葵科 Malvaceae	密花梭罗 *Reevesia pycnantha*				VU
151	叠珠树科 Akaniaceae	伯乐树 *Bretschneidera sinensis*	二	EN		
152	蓼科 Polygonaceae	金荞麦 *Fagopyrum dibotrys*	二			
153	凤仙花科 Balsaminaceae	丰满凤仙花 *Impatiens obesa*		EN		
154	山茶科 Theaceae	茶 *Camellia sinensis*	二	DD		
155	山茶科 Theaceae	小果核果茶 *Pyrenaria microcarpa*				NT
156	山茶科 Theaceae	紫茎 *Stewartia sinensis*				NT
157	安息香科 Styracaceae	银钟花 *Perkinsiodendron macgregorii*		VU		
158	安息香科 Styracaceae	木瓜红 *Rehderodendron macrocarpum*		NT		VU
159	安息香科 Styracaceae	赛山梅 *Styrax confusus*				NT
160	安息香科 Styracaceae	白花龙 *Styrax faberi*				CR
161	猕猴桃科 Actinidiaceae	金花猕猴桃 *Actinidia chrysantha*	二	VU		
162	猕猴桃科 Actinidiaceae	小叶猕猴桃 *Actinidia lanceolata*				
163	杜鹃花科 Ericaceae	大云锦杜鹃 *Rhododendron faithiae*				
164	杜鹃花科 Ericaceae	弯蒴杜鹃 *Rhododendron henryi*				
165	杜鹃花科 Ericaceae	井冈山杜鹃 *Rhododendron jingangshanicum*	二			
166	杜鹃花科 Ericaceae	南烛 *Vaccinium bracteatum*				
167	唇形科 Lamiaceae	铁线鼠尾草 *Salvia adiantifolia*				
168	泡桐科 Paulowniaceae	台湾泡桐 *Paulownia kawakamii*		CR		
169	冬青科 Aquifoliaceae	蒲桃叶冬青 *Ilex syzygiophylla*		EN		
170	海桐科 Pittosporaceae	少花海桐 *Pittosporum pauciflorum*		VU		
171	五加科 Araliaceae	黄毛楤木 *Aralia chinensis*		VU		
172	五加科 Araliaceae	马蹄参 *Diplopanax stachyanthus*		VU		

附录2　江西九连山国家级自然保护区苔藓植物名录

根据野外考察、标本采集和鉴定，编录本名录。统计表明，九连山地区苔藓植物共有68科147属306种（含种下等级），其中苔纲27科45属77种，藓类41科102属229种，未发现角苔类植物。苔类植物科按《中国苔藓志》(第9~10卷）排列，藓类植物科按《中国苔藓志》(第1~8卷）的系统排列，科内的属、种按学名字母顺序排列。

苔纲 HEPATIAE

裸蒴苔科 Haplomitriaceae

圆叶裸蒴苔 *Haplomitrium mnioides* (Lindb.) Schust.

剪叶苔科 Herbertaceae

剪叶苔 *Herbertus adunce* (Dicks.) S.F.Gray

长角剪叶苔 *Herbertus dicranus* (Tayl.) Steph.

纤细剪叶苔 *Herbertus fragilis* (Steph.) Herz.

睫毛苔科 Blepharostomaceae

睫毛苔 *Blepharostoma trichophyllum* (L.) Dum.

绒苔科 Trichocoleaceae

绒苔 *Trichocolea tomentella* (Ehrh.) Dum.

囊绒苔 *Trichocoleopsis sacculata* (Mitt.) Odam.

指叶苔科 Lepidoziaceae

双齿鞭苔 *Bazzaania bidentula* (Steph.) Steph.

日本鞭苔 *Bazzaania japonica* (Lac.) Lindb.

三裂鞭苔 *Bazzaania tridens* (Reinw. *et al.*) Trev.

指叶苔 *Lepidozia reptans* (L.) Dum.

护蒴苔科 Calypogeiaceae

刺叶护蒴苔 *Calypogeia arguta* Nee. *et* Mont.

护蒴苔 *Calypogeia fissa* Raddi
芽胞护蒴苔 *Calypogeia muelleriana* (Schiffn.) K. Mull.
纯叶护蒴苔 *Calypogeia neesiana* (Mass. *et* Car.) K. Mull.

大萼苔科 Cephaloziaceae

大萼苔 *Cephalozia bicuspidate* (L.) Dum.
拳叶苔 *Nowellia curvifolia* (Dicks.) Mitt.
塔叶苔 *Schiffneria hyaline* Steph.

拟大萼苔科 Cephaloziellaceae

小叶拟大萼苔 *Cephaloziella microphylla* (Steph.) Douin

裂叶苔科 Lophoziaceae

全缘广萼苔 *Chandonanthus birmensis* Steph.
齿边广萼苔 *Chandonanthus hirtellus* (Web.) Mitt.

叶苔科 Jungermanniaceae

叶苔 *Jungermannia atrovirens* Dum.
变色叶苔 *Jungermannia hasskarliana*（Nees）Steph
厚角杯囊苔 *Notoscyphus collenchymatosus* Gao

全萼苔科 Gymnomitriaceae

东亚钱袋苔 *Marsupella yakushimensis* (Horik.) Hatt.

合叶苔科 Scapaniaceae

刺边合叶苔 *Scapania ciliata* Lac.
细齿合叶苔 *Scapania parvitexta* Steph.
舌叶合叶苔多齿亚种 *Scapania ligulata* subsp. *stephanii* K. Mull.

齿萼苔科 Lophocoleaceae

齿萼苔 *Chiloscyphus cuspidatum* (Nees) Engel *et* Schust.
芽胞裂萼苔 *Chiloscyphus minor* (Nees) Engel *et* Schust.
淡色裂萼苔 *Chiloscyphus polyanthos* (L.) Corda
泛生裂萼苔 *Chiloscyphus profundus* (Nees) Engel *et* Schust.
四齿异萼苔 *Heteroscyphus argutus* (Reinw. *et al.*) Schiffn.
双齿异萼苔 *Heteroscyphus coalitus* (Hook.) Schiffn.

羽苔科 Plagiochilaceae

大羽苔 *Plagiochila asplenioides* (L.) Dumortier
卵叶羽苔 *Plagiochila ovalifolia* Mitt.
刺叶羽苔 *Plagiochila sciophila* Nee.

延叶羽苔 *Plagiochila semidecurrens* (Lehm. *et* Lindenb.) Lehm. *et* Lindenb.

扁萼苔科 Radulaceae

尖舌扁萼苔 *Radula acuminata* Steph.

大瓣扁萼苔 *Radula cavifolia* Hampe

光萼苔科 Porellaceae

尖叶光萼苔 *Porella caespitans* (Steph.) Hatt.

密叶光萼苔 *Porella densifolia* (Steph.) Hatt.

日本光萼苔 *Porella japonica* (Sande Lac.) Mitt.

光萼苔 *Porella pinnata* L.

耳叶苔科 Frullaniaceae

列胞耳叶苔 *Frullania moniliata* (Reinw. *et al.*) Mont.

盔瓣耳叶苔 *Frullania muscicola* Steph.

细鳞苔科 Lejeuneaceae

列胞疣鳞苔 *Cololejeunea ocellata* (Horik.) Bened.

白边疣鳞苔 *Cololejeunea oshimensis* (Horik.) Bened.

刺叶疣鳞苔 *Cololejeunea spinosa* (Horik.) Hatt.

拟棉毛疣鳞苔 *Cololejeunea pseudofloccosa* (Horik.) Bened.

日本角鳞苔 *Drepanolejeunea erecta* (Steph.) Mizut.

黄色细鳞苔 *Lejeunea flava* (Sw.) Nee.

细齿残叶苔 *Leptocolea denticulata* (Horik.) Chen *et* Wu

狭叶残叶苔 *Leptocolea oblonga* (Herzog) Chen *et* Wu

尖叶薄鳞苔 *Leptolejunea elliptica* (Lehm. *et* lindenb.) Schiffn.

褐冠鳞苔 *Lopholejeunea subfusca* (Nee.) Steph.

台湾片鳞苔 *Pedinolejeunea formosana* (Mizt.) Chen *et* Wu

喜马拉雅片鳞苔 *Pedinolejeunea himalayensis* (Pande *et* Misra) Chen *et* Wu

喜马拉雅片鳞苔齿瓣变种 *Pedinolejeunea himalayensis* var. *dentate* Chen *et* Wu

皱萼苔 *Ptychanthus striatus* (Lehm. *et* Lindenb.) Nee.

叶生针鳞苔 *Rhaphidolejeunea foliicola* (Horik.) Chen

溪苔科 Pelliaceae

溪苔 *Pellia epiphylla* (L.) Cord.

南溪苔科 Makinoaceae

南溪苔 *Makinoa crispata* (Steph.) Miyake

绿片苔科 Aneuraceae

宽片叶苔 *Riccardia latifrons* (Lindb.) Lindb.

带叶苔科 Pallaviciniaceae

带叶苔 *Pallavicinia lyellii* (Hook.) Gray

长刺带叶苔 *Pallavicinia subctiliata* (Aust.) Steph.

叉苔科 Metzgeriaceae

叉苔 *Metzgeria furcata* (L.) Dum.

魏氏苔科 Wiesnerellaceae

毛地钱 *Dumortiera hirsuta* (Sw.) Nees.

蛇苔科 Conocephalaceae

蛇苔 *Conocephalum conicum* (L.) Dum.

小蛇苔 *Conocephalum joponicum* (Thunb.) Grolle

石地钱科 Aytoniaceae

紫背苔 *Plagiochasma rupestre* (Forst.) Steph.

石地钱 *Reboulia hemisphaerica* (L.) Raddi

地钱科 Marchantiaceae

地钱 *Marchantia polymorpha* L.

楔瓣地钱东亚亚种 *Marchantia emargiata* subsp. *tosana* (Steph.) Bischl.

粗疣鳞地钱 *Marchantia papillata* subsp. *grossbarba* (Steph.) Bischl.

钱苔科 Ricciaceae

浮苔 *Ricciocarpos natans* L.

藓纲 MUSCI

泥炭藓科 Sphagnaceae

泥炭藓 *Sphagnum palustre* L.

暖地泥炭藓 *Sphagnum junghunianum* Doz. *et* Molk.

加萨泥炭藓 *Sphagnum khasianum* Mitt.

秃叶泥炭藓 *Sphagnum obtusiculum* Lindb. *ex* Warnst.

牛毛藓科 Ditrichaceae

牛毛藓 *Ditrichum heteromallum* (Hedw.) Britt.

黄牛毛藓 *Ditrichum Pallidum* (Hedw.) Hamp.

曲尾藓科 Dicranaceae

白氏藓 *Brothera leana* (Sull.) C. Muell.

长叶曲柄藓 *Campylopus atro-virens* De Not.

黄叶曲柄藓 *Campylopus aureus* Bosch. *et* Lac.

丛毛曲柄藓 *Campylopus comosus* (Reid. *et* Hornsch.) Bosch *et* Sande Lac.

毛叶曲柄藓 *Campylopus ericoides* (Griff.) Jaeg.

曲柄藓 *Campylopus flexuosus* (Hedw.) Brid.

脆枝曲柄藓 *Campylopus fragilis* (Brid) B. S. G.

日本曲柄藓 *Campylopus japonicus* Broth.

黄曲柄藓 *Campylopus schmidii* (C. Muell.) Jaeg.

节茎曲柄藓 *Campylopus umbellatus* (Arnoth) Par.

假狗芽藓 *Cynodontium fallax* Limp.

南亚小曲尾藓 *Dicranella coarctata* (C.Muell.) Bosch. & Lac.

多形小曲尾藓 *Dicranella heteromalla* (Hedw.) Schimp.

青毛藓 *Dicranodontium denudatum* (Brid.) Broth.

卷毛藓 *Dicranoweisia crispula* (Hedw.) Lindb. *ex* Mild.

绒叶曲尾藓 *Dicranum fulvum* Hook.

日本曲尾藓 *Dicranella japonicum* Mitt.

多蒴曲尾藓 *Dicranella majus* Turn.

曲尾藓 *Dicranella scoparium* Hedw.

密叶苞领藓 *Holonitrium densifolium* (Wils.) Wijk. *et* Marg.

长蒴藓 *Trematodon longicollis* Michx.

白发藓科 Leucobryaceae

弯叶白发藓 *Leucobryum aduncum* Dozy *et* Molk.

狭叶白发藓 *Leucobryum bowringii* Mitt.

暖地白发藓 *Leucobryum canadum* (P. Beauv.)Wilx.

爪哇白发藓 *Leucobryum javens* (Brid.) Mitt.

桧叶白发藓 *Leucobryum juniperoideum* (Brid.) C. Muell.

凤尾藓科 Fissidentaceae

南京凤尾藓 *Fissidens adelphinus* Besch.

小凤尾藓 *Fissidens bryoides* Hedw.

卷叶凤尾藓 *Fissidens dubius* P. Beauv.

裸萼凤尾藓 *Fissidens gymnogynus* Besch.

大凤尾藓 *Fissidens nobilis* Griff.

羽叶凤尾藓 *Fissidens plagiochiloides* Besch.

鳞叶凤尾藓 *Fissidens taxifolius* Hedw.

黄叶凤尾藓 *Fissidens zippelianus* Doz. *Et* Molk.

花叶藓科 Calymperaceae

齿边花叶藓 *Calymperes sccratum* A. Braun *ex* C. Muell.

网藓 *Syrrhopodon gardneri* (Hook.) Schuaegr.

日本网藓 *Syrrhopodon japonicus* (Bsech.) Broth.

丛藓科 Pottiaceae

扭叶丛本藓 *Anoectangium stracheyanum* Mitt.

尖叶扭口藓 *Barbula constricta* Mitt.

扭口藓 *Barbula unguiculata* Hedw.

橙色净口藓 *Gymnostomum aurantiacum* (Mittl) Par.

净口藓 *Gymnostomumcalcareum* Nee. *et* Hornsch.

卷叶湿地藓 *Hyophila involuta* (Hook.) Jaeg.

湿地藓 *Hyophila javanica* (Nees *et* Blume) Brid.

狭叶拟合睫藓 *Pseudosymblepharis angustata* (Mitt.) Chan

长叶纽藓 *Tortella tortuosa* (L.) Limpr.

泛生墙藓 *Tortella muralis* Hedw.

毛口藓 *Trichostomum brachydontium* Bruch.

卷叶毛口藓 *Trichostomum hattorianum* Tan *et* Iwats.

短柄小石藓 *Weissia breviseta* (Ther.) Chen

小石藓 *Weissia controversa* Hedw.

皱叶小石藓 *Weissia crispa* (Hedw.) Mitt.

东亚小石藓 *Weissia exserta* (Broth.) Chen.

缩叶藓科 Ptychomitriaceae

齿边缩叶藓 *Ptychomitrium dentatum* (Mitt.) Jaeg.

狭叶缩叶藓 *Ptychomitrium tinearifotium* Reim. *et* Sak.

威氏缩叶藓 *Ptychomitrium wilsonii* Sull. *et* Lesq.

紫萼藓科 Grimmiaceae

黑色紫萼藓 *Grimmia atrata* Miel. *ex* Homoch.

卷叶紫萼藓 *Grimmia incurve* Schwaegr.

毛尖紫萼藓 *Grimmia pitifera* P. Beauv.

长叶砂藓 *Racomitrium fasciculare* (Hedw.) Brid.

异枝砂藓 *Racomitrium heterostichum* (Hedw.) Brid.

葫芦藓科 Funariaceae

葫芦藓 *Funaria hygrometrica* Hedw.

红蒴立碗藓 *Physomitrium eurystomum* Sendtn.

真藓科 Bryaceae

短月藓 *Brachymenium nepalense* Hook.

真藓 *Bryum argenteum* Hedw.

比拉真藓 *Bryum billarderi* Schwaegr.

细叶真藓 *Bryum capillare* L. *ex* Hedw.

刺叶真藓 *Bryum lonchocaulon* C. Muell.

拟纤枝真藓 *Bryum petelotii* Thér. & Henry

垂蒴真藓 *Bryum uliginosum* (Brid.) B. S. G.

长蒴丝瓜藓 *Pohlia elongata* Hedw.

暖地大叶藓 *Rhodobryum giganteum* (Schwaegr.)

提灯藓科 Mniaceae

异叶提灯藓 *Mnium heterophyllum* (Hedw.) Schwaegr.

长叶提灯藓 *Mnium lycopodioides* Schwaegr.

具缘提灯藓 *Mnium marginatum* (Vith.) P. Beauv.

尖叶匍灯藓 *Plagiomnium acutum* (Lindb.) T. Kop.

日本匍灯藓 *Plagiomnium japonicum* (Lindb.) T. Kop

侧枝匍灯藓 *Plagiomnium maximoviczii* (Lindb.) T. kop.

钝叶匍灯藓 *Plagiomnium rostratum* (Schrad.) T. kop.

大叶匐灯藓 *Plagiomnium succulentum* (Mitt.) T. kop.

疣灯藓 *Trachycystis microphylla* (Doz. *et* Molk.) Lindb.

桧藓科 Rhizogoniaceae

大桧藓 *Rhizogonium dozyanum* Lac.

珠藓科 Bartramiaceae

亮叶珠藓 *Bartramia halleriana* Hedw.

直叶珠藓 *Bartramia ithyphylla* Brid.

赖氏泽藓 *Philonotis laii* T. J. Kop.

泽藓 *Philonotis fontana* (Hedw.) Brid.

细叶泽藓 *Philonotis thwaitesii* Mitt.

东亚泽藓 *Philonotis turneriana* (Schwaegr.) Mitt.

树生藓科 Erpodiaceae

东亚苔叶藓 *Aulacopilum japonicum* Broth. *et* Card.

钟帽藓 *Venturiella sinensis* (Vent.) C. Muell.

高领藓科 Glyphomitriaceae

尖叶高领藓 *Glyphomitrium acuminatum* Broth.

木灵藓科 Orthotrichaceae

福氏蓑藓 *Macromitrium ferriei* Card. *et* Ther.

缺齿蓑藓 *Macromitrium gymnostomum* Sull. *et* Lesq.

钝叶蓑藓 *Macromitrium japonicum* Dozy. *et* Molk.

丛生木灵藓 *Orthotrichum consobrinum* Cardot.

南亚火藓 *Schlotheimia grevilleana* Mitt.

小火藓 *Schlotheimia Pungens* Bartr.

卷柏藓科 Racopilaceae

毛尖卷柏藓 *Racopilum aristatum* Mitt.

虎尾藓科 Hedwigiaceae

虎尾藓 *Hedwigia ciliata* (Hedw.) Ehrh. *ex* P. Beauv.

隐蒴藓科 Cryphaeaceae

毛枝藓 *Pilotrichopsis dentata* (Mill.) Besch.

白齿藓科 Leucodontaceae

白齿藓 *Leucodon sciuroides* (Hedw.) Schwaegr.

扭叶藓科 Trachypodaceae

扭叶藓 *Trachypus bicolor* Reinw. *et* Homsch.

蕨藓科 Pterobryaceae

急尖耳平藓 *Calyptothecium hookeri* (Mill.) Broth.

蔓藓科 Meteoriaceae

大灰气藓 *Aerobryopsis subdivergens* (Broth.) Broth.

灰气藓 *Aerobryopsis walichii* (Brid.) Fleisch.

气藓 *Aerobryum speciosum* (Doz. et. Molk.) Doz. *et* Molk.

悬藓 *Barbella compressiramea* (Renauld & Cardot) M. Fleisch.

垂藓 *Chrysocladium retrorsum* (Mitt.) Fleisch.

橙色丝带藓 *Floribundaria aurea* (Mitt.) Broth.

丝带藓 *Floribundaria floribunda* (Doz. *et* Molk.) Fleisch.

四川丝带藓 *Floribundaria setchuanica* Broth.

反叶粗蔓藓 *Metchuanica reclinata* (C. Muell.) Fleisch.

川滇蔓藓 *Meteorium buchananii* (Brid.) Broth.

粗枝蔓藓 *Meteorium helminithocladum* (C. Muell.) Fleisch.

细枝蔓藓 *Meteorium papillarioides* Nog.

南亚新悬藓 *Neobarbella comes* (Griff.) Nog.

新丝藓 *Neodicladiella pendula* (Sull.) Buck

黄松萝藓 *Papillaria fuscescens* (Hook.) Jaeg.

寮国假悬藓 *Pseudobarbella laosiensis* Nog.

南亚假悬藓 *Pseudobarbella leviere* (Ren. *Et* Card.) Nog.

平藓科 Neckeraceae

扁枝藓 *Homalia trichomanoides* (Hedw.)B.S.G.

拟扁枝藓 *Homaliadelphus targionianus* (Mitt.) Dix. *et* P. Vard.

小树平藓 *Homaliodendron exiguum* (Bosch. *et* Lac.) Fleisch.

刀叶树平藓 *Homaliodendron scalpellifolium* (Mitt.) Fleisch.

平藓 *Neckera pennata* Hedw.

截叶拟平藓 *Neckeropsis lepineana* (Mont.) Fleisch.

匙叶木藓 *Thamnobryum subseriatum* (Mitt. *et* S. Lac.) Tan

船叶藓科 Lembophyllaceae

异猫尾藓 *Isothecium subdiversiforme* Broth.

万年藓科 Climaciaceae

东亚万年藓 *Climacium japonicum* Lindb.

油藓科 Hookeriaceae

尖叶油藓 *Hookeria acutifolia* Hook. *et* Grev.

厚角黄藓 *Distichophyllum collenchymatosum* Cardot

孔雀藓科 Hypopterygiaceae

短肋雉尾藓 *Cyathophorella hookeriana* (Griff.) Fleisch.

拟东亚孔雀藓 *Hypopterygium fauriei* Besch.

鳞藓科 Thelliaceae

小粗疣藓 *Fauriella tenerrima* Broth.

薄罗藓科 Leskeaceae

中华细枝藓 *Lindbergia sinensis* (C. Muell.) Broth.

异齿藓 *Regmatodon declinatus* (Hook.) Brid.

羽藓科 Thuidiaceae

尖叶牛舌藓 *Anomodon giraldii* C. Muell.

小牛舌藓 *Anomodon minor* (Hedw.) fuernr.

牛舌藓 *Anomodon viticulosus* (Hedw.) Hook. *et* Tayl.

狭叶麻羽藓 *Claopodium aciculums* (Broth.) Broth.

狭叶小羽藓 *Haplocladium angustifolium* (Hamp. *et* C. Muell.) Broth.

拟多枝藓 *Haplohymenium pseudotriste* (C. Muell.) Broth.

暗绿多枝藓 *Haplohymenium triste* (Ces.) Kindb.

羊角藓 *Herpetineuron toccoae* (Sull. *et* Lesp.) Card.

大羽藓 *Thuidium cymbifolium* (Doz. *et* Molk.) Doz. *et* Molk.

灰羽藓 *Thuidium pristocalyx* (C. Muell) Jaeg.

短肋羽藓 *Thuidium kanedae* Sak.

短枝羽藓 *Thuidium submicropteris* Card.

羽藓 *Thuidium tamariscinum* (Hedw.) B. S. G.

柳叶藓科 Amblystegiaceae

柳叶藓 *Amblystegium serpens* (Hedw.) B. S. G.

青藓科 Brachytheciaceae

多褶青藓 *Brachythecium buchananii* (Hook.) Jaeg.

羽枝青藓 *Brachythecium plumosum* (Hedw.) B. S. G.

长肋青藓 *Brachythecium populeum* (Hedw.) B. S. G.

弯叶青藓 *Brachythecium reflexum* (Starde) B. S. G.

纤细青藓 *Brachythecium rhynchostegielloides* Card.

尖叶美喙藓 *Eurhynchium eustegium* (Besch.) Dix.

密叶美喙藓 *Eurhynchium savatieri* Schimp. *ex* Besch.

无疣同蒴藓 *Homalothecium laevisetum* Lac.

白色同蒴藓 *Homalothecium leucodonticaule* (C. Muell.) Broth.

鼠尾藓 *Myuroclada maximowiczii* (Borszcz.) Steere *et* Schof.

淡枝长喙藓 *Rhynchostegium pallenticaule* C. Muell.

绢藓科 Entodontaceae

亮叶绢藓 *Entodon aeruginosus* C. Muell.

密叶绢藓 *Entodon compressus* (Hedw.) C. Muell.

长柄绢藓 *Entodon macropodus* Besch.

绿叶绢藓 *Entodon viridulus* Card.

赤茎藓 *Pleurozium schreberi* (Brid.) Mitt.

棉藓科 Entodontaceae

圆条棉藓 *Plagiothecium cavifolium* (Brid.) Iwats.

棉藓 *Plagiothecium denticulatum* (Hedw.) Schimp.

光泽棉藓 *Plagiothecium laetum* Bruch & Schimp.

扁平棉藓 *Plagiothecium neckeroideum* B. S. G.

垂蒴棉藓 *Plagiothecium nemorale* (Mitt.) Jaeg.

锦藓科 Sematophyllaceae

赤茎小锦藓 *Brotherella erythrocaulis* (Mitt.) Fleisch.

拟弯叶小锦藓 *Brotherella falcatula* Broth.

东亚小锦藓 *Brotherella fauriei* (Card.) Broth.

垂蒴小锦藓 *Brotherella nictans* (Mitt.) Broth.

矮锦藓 *Sematophyllum subhumile* (C. Muell.) Fleisch.

灰藓科 Hypnaceae

平叶偏蒴藓 *Ectropothecium zollingeri* (Müll. Hal.) A. Jaeger

尖叶灰藓 *Hypnum callichroum* Brid.

灰藓 *Hypnum cupressforme* Hedw.

弯叶灰藓 *Hypnum hamulosum* Brunch. *et* Schimp.

黄灰藓 *Hypnum pallescens* (Hedw.) P. Beauv.

大灰藓 *Hypnum plumaeforme* Wils.

卷叶灰藓 *Hypnum revolutum* (Mitt.) Lindb.

淡色同叶藓 *Isopterygium albescens* (Hook.) Jaeg.

鳞叶藓 *Taxiphyllum taxirameum* (Mitt.) M. Fleisch.

东亚拟鳞叶藓 *Pseudotaxiphyllum pohliaecarpum* (Sull.et Lesq.) Iwats.

密叶拟鳞叶藓 *Pseudotaxiphyllum densum* (Card.) Iwats.

暖地明叶藓 *Vesicularia ferrier* (Card. *et* Ther.) Broth.

长尖明叶藓 *Vesicularia reticulata* (Dozy *et* Molk.) Broth.

塔藓科 Hylocomiaceae

拟垂枝藓 *Rhytidiadelphus triquetrus* (Hedw.) Warnst.

短颈藓科 Diphysciaceae

东亚短颈藓 *Diphyscium fulvifolium* Mitt.

金发藓科 Polytrichaceae

仙鹤藓 *Atrichum undulatum* (Hedw.) P. Beauv.

卷叶小金发藓 *Pogonatum cirratum* subsp. *fuscatum* (Mitt.) Hyvonen

暖地小金发藓 *Pogonatum fastigiatum* Mitt.

东亚小金发藓 *Pogonatum inflexum* (Lindb.) Sande Lac.

苞叶小金发藓 *Pogonatum spinulosum* Mitt.

疣小金发藓 *Pogonatum urnigerum* (Hedw.) P. Baeuv.

金发藓 *Polytrichum commune* Hedw.

附录3 江西九连山国家级自然保护区蕨类植物名录

根据野外考察及现有标本的采集鉴定情况，结合相关资料记载进行统计，结果表明九连山保护区共有蕨类植物28科83属280种（含种下等级）。名录中科按PPG I系统进行排序，属、种依据学名字母顺序排列，科前数字为系统科的排列序号，所有凭证标本藏于中山大学植物标本馆（SYS）。每个物种依据中文名、学名、采集号或引证文献进行记录，如长柄石杉 *Huperzia javanica* (Sw.) Fraser-Jenk. JLS-466、闽浙马尾杉 *Phlegmariurus mingcheensis* Ching 刘信中等（2002）。

1. 石松科 Lycopodiaceae

长柄石杉 *Huperzia javanica* (Sw.) Fraser-Jenk. JLS-466

藤石松 *Lycopodiastrum casuarinoides* (Spring) Holub *ex* R. D. Dixit JLS-162，JLS-1190，JLS-1739

石松 *Lycopodium japonicum* Thunb. *ex* Murray JLS-1283，JLS-1452

垂穗石松 *Palhinhaea cernua* (L.) Vasc. *et* Franco 刘信中等（2002）

华南马尾杉 *Phlegmariurus austrosinicus* (Ching) Li Bing Zhang 刘信中等（2002）

福氏马尾杉 *Phlegmariurus fordii* (Baker) Ching JLS-1001

闽浙马尾杉 *Phlegmariurus mingcheensis* Ching 刘信中等（2002）

3. 卷柏科 Selaginellaceae

薄叶卷柏 *Selaginella delicatula* (Desv.) Alston JLS-11，JLS-936，JLS-995，JLS-1997

深绿卷柏 *Selaginella doederleinii* Hieron. JLS-14

异穗卷柏 *Selaginella heterostachys* Baker 刘信中等（2002）

兖州卷柏 *Selaginella involvens* (Sw.) Spring JLS-24

细叶卷柏 *Selaginella labordei* Hieron. *ex* Christ 徐国良等（2021）

耳基卷柏 *Selaginella limbata* Alston 徐国良等（2021）

江南卷柏 *Selaginella moellendorffii* Hieron. JLS-1155-2

伏地卷柏 *Selaginella nipponica* Franch. & Sav. 刘信中等（2002）

黑顶卷柏 *Selaginella picta* A. Braun *ex* Baker 刘信中等（2002）

疏叶卷柏 *Selaginella remotifolia* Spring 刘信中等（2002）

卷柏 *Selaginella tamariscina* (P. Beauv.) Spring 刘信中等（2002）

毛枝卷柏 *Selaginella trichoclada* Alston 徐国良等（2021）

翠云草 *Selaginella uncinata* (Desv.) Spring　徐国良等（2021）

剑叶卷柏 *Selaginella xipholepis* Baker　刘信中等（2002）

4. 木贼科 Equisetaceae

节节草 *Equisetum ramosissimum* Desf.　JLS-138，JLS-2032

笔管草 *Equisetum ramosissimum* subsp. *debile* (Roxb. *ex* Vaucher) Á. Löve & D. Löve　JLS-125

6. 瓶尔小草科 Ophioglossaceae

薄叶阴地蕨 *Sceptridium daucifolium* (Wall. *ex* Hook. & Grev.) Y. X. Lin　徐国良等（2021）

华东阴地蕨 *Sceptridium japonicum* (Prantl) Y. X. Lin　徐国良等（2021）

心叶瓶尔小草 *Ophioglossum reticulatum* L.　徐国良等（2021）

7. 合囊蕨科 Marattiaceae

福建观音座莲 *Angiopteris fokiensis* Hieron.　JLS-867，JLS-955，JLS-1022

8. 紫萁科 Osmundaceae

羽节紫萁 *Plenasium banksiifolium* (C. Presl) C. Presl　JLS-266

紫萁 *Osmunda japonica* Thunb.　JLS-2049

华南紫萁 *Plenasium vachellii* (Hook.) C. Presl　JLS-267

9. 膜蕨科 Hymenophyllaceae

翅柄假脉蕨 *Crepidomanes latealatum* (Bosch) Copel.　刘信中等（2002）

团扇蕨 *Crepidomanes minutum* (Blume) K. Iwats.　徐国良等（2021）

单叶假脉蕨 *Didymoglossum sublimbatum* (Müller Berol.) Ebihara & K. Iwatsuki　JLS-1747

蕗蕨 *Hymenophyllum badium* Hook. & Grev.　JLS-1878

华东膜蕨 *Hymenophyllum barbatum* (Bosch) Baker　JLS-1786

瓶蕨 *Vandenboschia auriculata* (Blume) Copel.　JLS-1255

管苞瓶蕨 *Vandenboschia kalamocarpa* Ebihara　刘信中等（2002）

南海瓶蕨 *Vandenboschia striata* (D. Don) Ebihara　刘信中等（2002）

12. 里白科 Gleicheniaceae

大芒萁 *Dicranopteris ampla* Ching & P. S. Chiu　刘信中等（2002）

芒萁 *Dicranopteris pedata* (Houtt.) Nakaike　刘信中等（2002）

中华里白 *Diplopterygium chinense* (Rosenst.) De Vol　JLS-1008

里白 *Diplopterygium glaucum* (Thunb. *ex* Houtt.) Nakai　JLS-1710

13. 海金沙科 Lygodiaceae

海金沙 *Lygodium japonicum* (Thunb.) Sw.　JLS-1630

小叶海金沙 *Lygodium microphyllum* (Cav.) R. Br.　刘信中等（2002）

16. 槐叶苹科 Salviniaceae

满江红 *Azolla pinnata subsp. asiatica* R. M. K. Saunders & K. Fowler 刘信中等（2002）

槐叶苹 *Salvinia natans* (L.) All. 刘信中等（2002）

17. 苹科 Marsileaceae

苹 *Marsilea quadrifolia* L. 刘信中等（2002）

21. 瘤足蕨科 Plagiogyriaceae

瘤足蕨 *Plagiogyria adnata* (Blume) Bedd. JLS-1198，JLS-1252，JLS-1467

华中瘤足蕨 *Plagiogyria euphlebia* (Kunze) Mett. JLS-1769，JLS-1798

镰羽瘤足蕨 *Plagiogyria falcata* Copel. JLS-1325

华东瘤足蕨 *Plagiogyria japonica* Nakai JLS-28，JLS-900，JLS-905，JLS-1254

22. 金毛狗科 Cibotiaceae

金毛狗 *Cibotium barometz* (L.) J. Sm. JLS-887，JLS-927，JLS-1017

25. 桫椤科 Cyatheaceae

粗齿黑桫椤 *Gymnosphaera denticulata* (Baker) Copel. 刘信中等（2002）

29. 鳞始蕨科 Lindsaeaceae

钱氏鳞始蕨 *Lindsaea chienii* Ching JLS-1299

爪哇鳞始蕨 *Lindsaea javanensis* Blume 刘信中等（2002）

团叶鳞始蕨 *Lindsaea orbiculata* (Lam.) Mett. *ex* Kuhn JLS-1192

乌蕨 *Odontosoria chinensis* J. Sm. JLS-342，JLS-857，JLS-1078，JLS-1608

30. 凤尾蕨科 Pteridaceae

铁线蕨 *Adiantum capillus-veneris* L. 刘信中等（2002）

扇叶铁线蕨 *Adiantum flabellulatum* L. 刘信中等（2002）

假鞭叶铁线蕨 *Adiantum malesianum* Ghatak 徐国良等（2021）

粉背蕨 *Aleuritopteris anceps* (Blanf.) Panigrahi JLS-305

银粉背蕨 *Aleuritopteris argentea* (S. G. Gmel.) Fée 徐国良等（2021）

车前蕨 *Antrophyum henryi* Hieron. 徐国良等（2021）

长柄车前蕨 *Antrophyum obovatum* Baker 刘信中等（2002）

毛轴碎米蕨 *Cheilanthes chusana* Hook. JLS-1349

旱蕨 *Cheilanthes nitidula* Hook. 刘信中等（2002）

碎米蕨 *Cheilanthes opposita* Kaulf. JLS-530，JLS-1360

薄叶碎米蕨 *Cheilanthes tenuifolia* Hook. 刘信中等（2002）

峨眉凤了蕨 *Coniogramme emeiensis* Ching & K. H. Shing JLS-1209

普通凤了蕨 *Coniogramme intermedia* Hieron. JLS-480，JLS-1591，JLS-1655

凤了蕨 *Coniogramme japonica* (Thunb.) Diels 刘信中等（2002）

剑叶书带蕨 *Haplopteris amboinensis* (Fée) X. C. Zhang 徐国良等（2021）

书带蕨 *Haplopteris flexuosa* (Fée) E. H. Crane JLS-1267，JLS-1390，JLS-1488，JLS-1492，JLS-1517

野雉尾金粉蕨 *Onychium japonicum* (Thunb.) Kunze JLS-2033

栗柄金粉蕨 *Onychium japonicum* var. *lucidum* (Don) Christ 刘信中等（2002）

粉叶蕨 *Pityrogramma calomelanos* (L.) Link 徐国良等（2021）

红秆凤尾蕨 *Pteris amoena* Blume 徐国良等（2021）

华南凤尾蕨 *Pteris austrosinica* (Ching) Ching 刘信中等（2002）

欧洲凤尾蕨 *Pteris cretica* L. 刘信中等（2002）

刺齿半边旗 *Pteris dispar* Kunze 刘信中等（2002）

疏羽半边旗 *Pteris dissitifolia* Baker 徐国良等（2021）

剑叶凤尾蕨 *Pteris ensiformis* Burm. 刘信中等（2002）

少羽凤尾蕨 *Pteris ensiformis* var. *merrillii* (C. Chr.) S. H. Wu 刘信中等（2002）

傅氏凤尾蕨 *Pteris fauriei* Hieron. JLS-956，JLS-1794，JLS-2006

百越凤尾蕨 *Pteris fauriei* var. *chinensis* Ching & S. H. Wu 徐国良等（2021）

中华凤尾蕨 *Pteris inaequalis* Baker 刘信中等（2002）

全缘凤尾蕨 *Pteris insignis* Mett. *ex* Kuhn JLS-340，JLS-888，JLS-1037

平羽凤尾蕨 *Pteris kiuschiuensis* Hieron. 徐国良等（2021）

井栏边草 *Pteris multifida* Poir. 刘信中等（2002）

斜羽凤尾蕨 *Pteris oshimensis* Hieron. 徐国良等（2021）

半边旗 *Pteris semipinnata* L. JLS-1537

溪边凤尾蕨 *Pteris terminalis* Wall. JLS-999

蜈蚣凤尾蕨 *Pteris vittata* L. JLS-2121

西南凤尾蕨 *Pteris wallichiana* J. Agardh JLS-209

31. 碗蕨科 Dennstaedtiaceae

细毛碗蕨 *Dennstaedtia hirsuta* (Sw.) Mett. *ex* Miq. 徐国良等（2021）

碗蕨 *Dennstaedtia scabra* (Wall.) Moore JLS-906，JLS-2013

光叶碗蕨 *Dennstaedtia scabra* var. *glabrescens* (Ching) C. Chr. 刘信中等（2002）

栗蕨 *Histiopteris incisa* (Thunb.) J. Sm. JLS-676，JLS-1384

姬蕨 *Hypolepis pallida* (Blume) Hook. JLS-1315

华南鳞盖蕨 *Microlepia hancei* Prantl 刘信中等（2002）

虎克鳞盖蕨 *Microlepia hookeriana* (Wall.) C. Presl 徐国良等（2021）

边缘鳞盖蕨 *Microlepia marginata* (Houtt.) C. Chr. JLS-1217，JLS-1296，JLS-1614

二回边缘鳞盖蕨 *Microlepia marginata* var. *bipinnata* Makino 刘信中等（2002）

毛叶边缘鳞盖蕨 *Microlepia marginata* var. *villosa* (C. Presl) Y. C. Wu 刘信中等（2002）

团羽鳞盖蕨 *Microlepia obtusiloba* Hayata 徐国良等（2021）

粗毛鳞盖蕨 *Microlepia strigosa* (Thunb.) C. Presl 刘信中等（2002）

稀子蕨 *Monachosorum henryi* Christ JLS-1862

蕨 *Pteridium aquilinum* var. *latiusculum* (Desv.) Underw. *ex* A. Heller 刘信中等（2002）

毛轴蕨 *Pteridium revolutum* (Blume) Nakai 徐国良等（2021）

32. 冷蕨科 Cystopteridaceae

亮毛蕨 *Acystopteris japonica* (Luerss.) Nakai 徐国良等（2021）

37. 铁角蕨科 Aspleniaceae

华南铁角蕨 *Asplenium austrochinense* Ching 刘信中等（2002）

毛轴铁角蕨 *Asplenium crinicaule* Hance JLS-1010，JLS-1964

剑叶铁角蕨 *Asplenium ensiforme* Wall. *ex* Hook. & Grev. JLS-1401，JLS-1487

江南铁角蕨 *Asplenium holosorum* Christ 徐国良等（2021）

胎生铁角蕨 *Asplenium indicum* Sledge JLS-943，JLS-2152

九连山铁角蕨 *Asplenium jiulianshanense* K.W.Xu & G.L.Xu 徐国良，许可旺 XKW681

江苏铁角蕨 *Asplenium kiangsuense* Ching *ex* Y. X. Jing 徐国良等（2021）

倒挂铁角蕨 *Asplenium normale* Don JLS-963，JLS-1009，JLS-1020，JLS-1707，JLS-1857，JLS-1936

北京铁角蕨 *Asplenium pekinense* Hance 徐国良等（2021）

长叶铁角蕨 *Asplenium prolongatum* Hook. JLS-20，JLS-957，JLS-1291

骨碎补铁角蕨 *Asplenium ritoense* Hayata JLS-998

钝齿铁角蕨 *Asplenium tenuicaule* var. *subvarians* (Ching) Viane 刘信中等（2002）

铁角蕨 *Asplenium trichomanes* L. 刘信中等（2002）

三翅铁角蕨 *Asplenium tripteropus* Nakai JLS-1518

狭翅铁角蕨 *Asplenium wrightii* Eaton *ex* Hook. JLS-289，JLS-944，JLS-1006，JLS-1143

齿果膜叶铁角蕨 *Hymenasplenium cheilosorum* Tagawa 徐国良等（2021）

培善膜叶铁角蕨 *Hymenasplenium wangpeishanii* Li Bing Zhang & K. W. Xu 徐国良等（2021）

40. 乌毛蕨科 Blechnaceae

乌毛蕨 *Blechnopsis orientalis* (L.) C. Presl JLS-1932

苏铁蕨 *Brainea insignis* (Hook.) J. Sm. JLS-1108

崇澍蕨 *Woodwardia harlandii* Hook. 刘信中等（2002）

狗脊 *Woodwardia japonica* (L. f.) Sm. JLS-860

珠芽狗脊 *Woodwardia prolifera* Hook. & Arn. JLS-861，JLS-993

41. 蹄盖蕨科 Athyriaceae

日本安蕨 *Anisocampium niponicum* (Mett.) Yea C. Liu, W. L. Chiou & M. Kato 刘信中等（2002）

华东安蕨 *Anisocampium sheareri* (Baker) Ching 刘信中等（2002）

宿蹄盖蕨 *Athyrium anisopterum* Christ 刘信中等（2002）

长江蹄盖蕨 *Athyrium iseanum* Rosenst. 刘信中等（2002）

紫柄蹄盖蕨 *Athyrium kenzo-satakei* Kurata JLS-1393

光蹄盖蕨 *Athyrium otophorum* (Miq.) Koidz. 刘信中等（2002）

角蕨 *Cornopteris decurrenti-alata* (Hoook.) Nakai 刘信中等（2002）

黑叶角蕨 *Cornopteris opaca* (Don) Tagawa 刘信中等（2002）

钝羽假蹄盖蕨 *Deparia conilii* (Franch. & Sav.) M. Kato　徐国良等（2021）

二型叶对囊蕨 *Deparia dimorphophylla* (Koidz.) M. Kato　徐国良等（2021）

假蹄盖蕨 *Deparia japonica* (Thunb.) M. Kato　刘信中等（2002）

单叶双盖蕨 *Deparia lancea* Fraser-Jenk.　JLS-479，JLS-858，JLS-1546，JLS-1595

华中介蕨 *Deparia okuboana* (Makino) M. Kato　刘信中等（2002）

毛轴假蹄盖蕨 *Deparia petersenii* (Kunze) M. Kato　刘信中等（2002）

羽裂叶对囊蕨 *Deparia tomitaroana* (Masamune) R. Sano　刘信中等（2002）

绿叶介蕨 *Deparia viridifrons* (Makino) M. Kato　徐国良等（2021）

百山祖短肠蕨 *Diplazium baishanzuense* (Ching & P. S. Chiu) Z. R. He　刘信中等（2002）

边生短肠蕨 *Diplazium conterminum* Christ　徐国良等（2021）

厚叶双盖蕨 *Diplazium crassiusculum* Ching　JLS-911，JLS-1199，JLS-2015

毛柄短肠蕨 *Diplazium dilatatum* Blume　徐国良等（2021）

菜蕨 *Diplazium esculentum* (Retz.) Sm.　刘信中等（2002）

毛轴菜蕨 *Diplazium esculentum* var. *pubescens* Tardieu & C. Chr.　刘信中等（2002）

薄盖短肠蕨 *Diplazium hachijoense* Nakai　刘信中等（2002）

异裂短肠蕨 *Diplazium laxifrons* Rosenst.　刘信中等（2002）

江南短肠蕨 *Diplazium mettenianum* (Miq.) C. Chr.　刘信中等（2002）

小叶短肠蕨 *Diplazium mettenianum* var. *fauriei* Tagawa　徐国良等（2021）

假耳羽短肠蕨 *Diplazium okudairai* Makino　刘信中等（2002）

薄叶双盖蕨 *Diplazium pinfaense* Ching　刘信中等（2002）

毛轴线盖蕨 *Diplazium pullingeri* (Baker) J. Sm.　徐国良等（2021）

淡绿短肠蕨 *Diplazium virescens* Tagawa　JLS-1343，JLS-1354

耳羽短肠蕨 *Diplazium wichurae* (Mett.) Diels　刘信中等（2002）

假江南短肠蕨 *Diplazium yaoshanense* (Y. C. Wu) Tardieu　刘信中等（2002）

42. 金星蕨科 Thelypteridaceae

光脚金星蕨 *Coryphopteris japonica* (Baker) L. J. He & X. C. Zhang　徐国良等（2021）

渐尖毛蕨 *Cyclosorus acuminatus* (Houtt.) Nakai　刘信中等（2002）

干旱毛蕨 *Cyclosorus aridus* (Don) Tagawa　徐国良等（2021）

齿牙毛蕨 *Cyclosorus dentatus* (Forssk.) Ching　刘信中等（2002）

福建毛蕨 *Cyclosorus fukienensis* Ching　徐国良等（2021）

闽台毛蕨 *Cyclosorus jaculosus* (Christ) H. Ito　徐国良等（2021）

宽羽毛蕨 *Cyclosorus latipinnus* (Benth.) Tard.-Blot　刘信中等（2002）

美丽毛蕨 *Cyclosorus molliusculus* (Wall. *ex* Kuhn) Ching　徐国良等（2021）

华南毛蕨 *Cyclosorus parasiticus* (L.) Farw.　刘信中等（2002）

针毛蕨 *Macrothelypteris oligophlebia* (Baker) Ching　刘信中等（2002）

普通针毛蕨 *Macrothelypteris torresiana* (Gaudich.) Ching　刘信中等（2002）

微毛凸轴蕨 *Metathelypteris adscendens* (Ching) Ching　刘信中等（2002）

薄叶凸轴蕨 *Metathelypteris flaccida* (Blume) Ching　刘信中等（2002）

林下凸轴蕨 *Metathelypteris hattorii* (H. Ito) Ching 刘信中等（2002）

疏羽凸轴蕨 *Metathelypteris laxa* (Franch. & Sav.) Ching 刘信中等（2002）

秦氏金星蕨 *Parathelypteris chingii* K. H. Shing & J. F. Cheng 徐国良等（2021）

大羽金星蕨 *Parathelypteris chingii* var. *major* (Ching) K. H. Shing 刘信中等（2002）

金星蕨 *Parathelypteris glanduligera* (Kunze) Ching 刘信中等（2002）

阔片金星蕨 *Parathelypteris pauciloba* Ching *ex* Ching 刘信中等（2002）

延羽卵果蕨 *Phegopteris decursive-pinnata* (H. C. Hall) Fée JLS-265，JLS-2035

针毛新月蕨 *Pronephrium hirsutum* Ching & Y. X. Lin 徐国良等（2021）

红色新月蕨 *Pronephrium lakhimpurense* (Rosenst.) Holttum 刘信中等（2002）

西南假毛蕨 *Pseudocyclosorus esquirolii* (Christ) Ching 刘信中等（2002）

普通假毛蕨 *Pseudocyclosorus subochthodes* (Ching) Ching 刘信中等（2002）

耳状紫柄蕨 *Pseudophegopteris aurita* (Hook.) Ching JLS-1550

台湾毛蕨 *Sphaerostephanos taiwanensis* (C. Chr.) Holttum *ex* C. M. Kuo 刘信中等（2002）

戟叶圣蕨 *Stegnogramma sagittifolia* (Ching) L. J. He & X. C. Zhang 刘信中等（2002）

羽裂圣蕨 *Stegnogramma wilfordii* (Hook.) Seriz. JLS-872，JLS-1034，JLS-1346

44. 肿足蕨科 Hypodematiaceae

肿足蕨 *Hypodematium crenatum* (Forssk.) Kuhn 刘信中等（2002）

45. 鳞毛蕨科 Dryopteridaceae

斜方复叶耳蕨 *Arachniodes amabilis* (Blume) Tindale JLS-158，JLS-871，JLS-907

多羽复叶耳蕨 *Arachniodes amoena* (Ching) Ching 刘信中等（2002）

刺头复叶耳蕨 *Arachniodes aristata* (G. Forst.) Tindale JLS-1298

大片复叶耳蕨 *Arachniodes cavaleriei* (Christ) Ohwi 刘信中等（2002）

中华复叶耳蕨 *Arachniodes chinensis* (Rosenst.) Ching 刘信中等（2002）

华南复叶耳蕨 *Arachniodes festina* (Hance) Ching 刘信中等（2002）

长尾复叶耳蕨 *Arachniodes simplicior* (Makino) Ohwi 徐国良等（2021）

华南实蕨 *Bolbitis subcordata* (Copel.) Ching JLS-989

二型肋毛蕨 *Ctenitis dingnanensis* Ching 刘信中等（2002）

直鳞肋毛蕨 *Ctenitis eatonii* (Baker) Ching 刘信中等（2002）

三相蕨 *Ctenitis sinii* Ohwi 刘信中等（2002）

亮鳞肋毛蕨 *Ctenitis subglandulosa* (Hance) Ching 徐国良等（2021）

披针贯众 *Cyrtomium devexiscapulae* (Koidz.) Ching JLS-2122 徐国良等（2021）

贯众 *Cyrtomium fortunei* J. Sm. 刘信中等（2002）

暗鳞鳞毛蕨 *Dryopteris atrata* (Kunze) Ching JLS-1670

阔鳞鳞毛蕨 *Dryopteris championii* (Benth.) C. Chr. 刘信中等（2002）

桫椤鳞毛蕨 *Dryopteris cycadina* (Franch. & Sav.) C. Chr. JLS-1207，JLS-1242

迷人鳞毛蕨 *Dryopteris decipiens* (Hook.) Kuntze 刘信中等（2002）

深裂迷人鳞毛蕨 *Dryopteris decipiens* var. *diplazioides* (Christ) Ching 刘信中等（2002）

德化鳞毛蕨 *Dryopteris dehuaensis* Ching & K. H. Shing 徐国良等（2021）

红盖鳞毛蕨 *Dryopteris erythrosora* (Eaton) Kuntze 刘信中等（2002）

黑足鳞毛蕨 *Dryopteris fuscipes* C. Chr. JLS-187

裸果鳞毛蕨 *Dryopteris gymnosora* (Makino) C. Chr. 刘信中等（2002）

平行鳞毛蕨 *Dryopteris indusiata* (Makino) Yamam. *ex* Yamam. JLS-1380

泡鳞轴鳞蕨 *Dryopteris kawakamii* Hayata 刘信中等（2002）

京鹤鳞毛蕨 *Dryopteris kinkiensis* Koidz. *ex* Tagawa 刘信中等（2002）

齿头鳞毛蕨 *Dryopteris labordei* (Christ) C. Chr. 刘信中等（2002）

太平鳞毛蕨 *Dryopteris pacifica* (Nakai) Tagawa 刘信中等（2002）

鱼鳞鳞毛蕨 *Dryopteris paleolata* (Pic. Serm.) Li Bing Zhang 徐国良等（2021）

半岛鳞毛蕨 *Dryopteris peninsulae* Kitag. 刘信中等（2002）

蓝色鳞毛蕨 *Dryopteris polita* Rosenst. 刘信中等（2002）

宽羽鳞毛蕨 *Dryopteris ryo-itoana* Kurata 刘信中等（2002）

无盖鳞毛蕨 *Dryopteris scottii* (Bedd.) Ching *ex* C. Chr. 刘信中等（2002）

两色鳞毛蕨 *Dryopteris setosa* (Thunb.) Akasawa 刘信中等（2002）

奇羽鳞毛蕨 *Dryopteris sieboldii* (van Houtte *ex* Mett.) Kuntze 刘信中等（2002）

高鳞毛蕨 *Dryopteris simasakii* (H. Ito) Kurata 徐国良等（2021）

稀羽鳞毛蕨 *Dryopteris sparsa* (Buch.-Ham. *ex* D. Don) Kuntze JLS-284，JLS-1213，JLS-1248，JLS-1306

华南鳞毛蕨 *Dryopteris tenuicula* Matthew & Christ 徐国良等（2021）

东京鳞毛蕨 *Dryopteris tokyoensis* (Matsum. *ex* Makino) C. Chr. 刘信中等（2002）

观光鳞毛蕨 *Dryopteris tsoongii* Ching 徐国良等（2021）

变异鳞毛蕨 *Dryopteris varia* (L.) Kuntze 刘信中等（2002）

华南舌蕨 *Elaphoglossum yoshinagae* (Yatabe) Makino JLS-1002，JLS-1005

镰羽耳蕨 *Polystichum balansae* Christ JLS-26，JLS-966，JLS-1657，JLS-1894

无盖耳蕨 *Polystichum gymnocarpium* Ching *ex* W. M. Chu & Z. R. He 刘信中等（2002）

小戟叶耳蕨 *Polystichum hancockii* (Hance) Diels JLS-1506

鞭叶耳蕨 *Polystichum lepidocaulon* J. Sm. JLS-116，JLS-1319

黑鳞耳蕨 *Polystichum makinoi* (Tagawa) Tagawa 徐国良等（2021）

灰绿耳蕨 *Polystichum scariosum* C. V. Morton JLS-1021

戟叶耳蕨 *Polystichum tripteron* (Kunze) C. Presl JLS-611

46. 肾蕨科 Nephrolepidaceae

肾蕨 *Nephrolepis cordifolia* (L.) C. Presl JLS-984

48. 三叉蕨科 Tectariaceae

下延三叉蕨 *Tectaria decurrens* (C. Presl) Copel. 刘信中等（2002）

50. 骨碎补科 Davalliaceae

阴石蕨 *Davallia repens* (L. f.) Kuhn 刘信中等（2002）

51. 水龙骨科 Polypodiaceae

槲蕨 *Drynaria roosii* Nakaike 刘信中等（2002）

披针骨牌蕨 *Lemmaphyllum diversum* (Rosenst.) De Vol & C. M. Kuo JLS-1489，JLS-1759

抱石莲 *Lemmaphyllum drymoglossoides* (Baker) Ching JLS-1389

伏石蕨 *Lemmaphyllum microphyllum* C. Presl JLS-546

倒卵伏石蕨 *Lemmaphyllum microphyllum* var. *obovatum* (Harr.) C. Chr. 刘信中等（2002）

黄瓦韦 *Lepisorus asterolepis* (Baker) Ching 刘信中等（2002）

鳞果星蕨 *Lepisorus buergerianus* (Miq.) C. F. Zhao, R.Wei & X.C.Zhang JLS-1817

剑叶盾蕨 *Lepisorus ensatus* (Thunb.) C. F. Zhao, R. Wei & X. C. Zhang 刘信中等（2002）

江南星蕨 *Lepisorus fortunei* (T. Moore) C. M. Kuo JLS-939，JLS-1890

粤瓦韦 *Lepisorus obscurevenulosus* (Hayata) Ching JLS-1265，JLS-1462

盾蕨 *Lepisorus ovatus* (Wall. *ex* Bedd.) C. F. Zhao, R. Wei & X. C. Zhang JLS-960，JLS-1203

骨牌蕨 *Lepisorus rostratus* (Bedd.) C. F. Zhao, R. Wei & X. C. Zhang 徐国良等（2021）

表面星蕨 *Lepisorus superficialis* (Blume) C. F. Zhao, R. Wei & X. C. Zhang JLS-2008

瓦韦 *Lepisorus thunbergianus* (Kaulf.) Ching JLS-316

阔叶瓦韦 *Lepisorus tosaensis* (Makino) H. Ito 徐国良等（2021）

线蕨 *Leptochilus ellipticus* (Thunb.) Noot. JLS-962

宽羽线蕨 *Leptochilus ellipticus* var. *pothifolius* (Buch.-Ham. *ex* D. Don) X. C. Zhang JLS-1323，JLS-1790

断线蕨 *Leptochilus hemionitideus* (Wall. *ex* Mett.) Noot. JLS-953 徐国良等（2021）

胄叶线蕨 *Leptochilus* × *hemitomus* (Hance) Nooteboom 刘信中等（2002）

矩圆线蕨 *Leptochilus henryi* (Baker) X. C. Zhang 刘信中等（2002）

有翅星蕨 *Leptochilus pteropus* (Blume) Fraser-Jenk. 刘信中等（2002）

褐叶线蕨 *Leptochilus wrightii* (Hook. & Baker) X. C. Zhang 刘信中等（2002）

中华剑蕨 *Loxogramme chinensis* Ching 徐国良等（2021）

老街剑蕨 *Loxogramme lankokiensis* (Rosenst.) C. Chr. 徐国良等（2021）

柳叶剑蕨 *Loxogramme salicifolia* (Makino) Makino 刘信中等（2002）

羽裂星蕨 *Microsorum insigne* (Blume) Copel. 徐国良等（2021）

星蕨 *Microsorum punctatum* (L.) Copel. JLS-910

友水龙骨 *Goniophlebium amoenum* (Wall. *ex* Mett.) Bedd. JLS-40，JLS-938，JLS-968，JLS-983，JLS-1923

日本水龙骨 *Goniophlebium niponicum* (Mett.) Bedd. 徐国良等（2021）

相近石韦 *Pyrrosia assimilis* (Baker) Ching JLS-2118

光石韦 *Pyrrosia calvata* (Baker) Ching JLS-294，JLS-2126

石韦 *Pyrrosia lingua* (Thunb.) Farw. JLS-315，JLS-1263，JLS-1264，JLS-1446，JLS-1715

金鸡脚假瘤蕨 *Selliguea hastata* (Thunb.) H. Ohashi & K. Ohashi 刘信中等（2002）

龙头节肢蕨 *Selliguea lungtauensis* (Ching) Christenh. JLS-1434

喙叶假瘤蕨 *Selliguea rhynchophylla* (Hook.) H. Ohashi & K. Ohashi 刘信中等（2002）

附录4　江西九连山国家级自然保护区种子植物名录

根据野外考察、标本采集和鉴定，结合相关资料记载进行统计，编录本名录。统计表明，九连山保护区种子植物共179科871属2211种，其中裸子植物8科21属28种，被子植物171科850属2183种（含种下等级）。其中野生裸子植物5科7属8种，被子植物159科752属1979种。。

本名录中的裸子植物按GPG I、被子植物按APG IV排序，科前数字为该系统科的排列序号，科、属的处理主要依据李德铢等（2018）和Species 2000（2023）数据库。属、种依据学名字母顺序排列，每个物种依据中文名、学名、采集号或引证文献进行记录，种名前有“*”者为栽培种，有“#”者为入侵种，所有凭证标本藏于中山大学植物标本馆（SYS）。

一、裸子植物 Gymnospermae

1. 苏铁科 Cycadaceae

* 苏铁 *Cycas revoluta* Thunb.　刘信中等（2002）

3. 银杏科 Ginkgoaceae

* 银杏 *Ginkgo biloba* L.　刘信中等（2002）

5. 买麻藤科 Gnetaceae

小叶买麻藤 *Gnetum parvifolium* (Warb.) C. Y. Cheng *ex* Chun　刘信中等（2002）

7. 松科 Pinaceae

* 雪松 *Cedrus deodara* (Roxb.) G. Don　刘信中等（2002）

* 湿地松 *Pinus elliottii* Engelm.　刘信中等（2002）

马尾松 *Pinus massoniana* Lamb.　JLS-132

台湾松 *Pinus taiwanensis* Hayata　JLS-1721

* 黑松 *Pinus thunbergii* Parlatore　刘信中等（2002）

8. 南洋杉科 Araucariaceae

* 南洋杉 *Araucaria cunninghamii* Mudie　刘信中等（2002）

9. 罗汉松科 Podocarpaceae

* 长叶竹柏 *Nageia fleuryi* (Hickel) de Laubenfels　刘信中等（2002）

竹柏 *Nageia nagi* (Thunb.) Kuntze　JLS-658

* 罗汉松 *Podocarpus macrophyllus* (Thunb.) Sweet　刘信中等（2002）

11. 柏科 Cupressaceae

* 翠柏 *Calocedrus macrolepis* Kurz 刘信中等（2002）

* 日本柳杉 *Cryptomeria japonica* (Thunb. *ex* L. f.) D. Don 梁跃龙等（2021）

* 柳杉 *Cryptomeria japonica* var. *sinensis* Miquel JLS-151

杉木 *Cunninghamia lanceolata* (Lamb.) Hook. JLS-137，JLS-1725

* 柏木 *Cupressus funebris* Endl. 刘信中等（2002）

福建柏 *Fokienia hodginsii* (Dunn) A. Henry & H. H. Thomas 刘信中等（2002）

* 水松 *Glyptostrobus pensilis* (Staunton *ex* D. Don) K. Koch 刘信中等（2002）

* 刺柏 *Juniperus formosana* Hayata 刘信中等（2002）

* 水杉 *Metasequoia glyptostroboides* Hu & W. C. Cheng 刘信中等（2002）

* 侧柏 *Platycladus orientalis* (L.) Franco 刘信中等（2002）

* 圆柏 *Podocarpus chinensis* Wall. *ex* J. Forbes 刘信中等（2002）

* 落羽杉 *Taxodium distichum* (L.) Rich. 刘信中等（2002）

* 池杉 *Taxodium distichum* var. *imbricatum* (Nutt.) Croom 刘信中等（2002）

* 日本香柏 *Thuja standishii* (Gordon) Carrière 刘信中等（2002）

12. 红豆杉科 Taxaceae

三尖杉 *Cephalotaxus fortunei* Hook. 刘信中等（2002）

南方红豆杉 *Taxus wallichiana* var. *mairei* (Lemée & H. Lév.) L. K. Fu & Nan Li JLS-446，JLS-1368

二、被子植物 Angiospermae

4. 睡莲科 Nymphaeaceae

萍蓬草 *Nuphar pumila* (Timm) DC. 刘信中等（2002）

7. 五味子科 Schisandraceae

红茴香 *Illicium henryi* Diels 刘信中等（2002）

红毒茴 *Illicium lanceolatum* A. C. Sm. 刘信中等（2002）

* 八角 *Illicium verum* Hook. f. 刘信中等（2002）

黑老虎 *Kadsura coccinea* (Lem.) A. C. Sm. JLS-336，JLS-1502，JLS-1849，JLS-1955

异形南五味子 *Kadsura heteroclita* (Roxb.) Craib 刘信中等（2002）

南五味子 *Kadsura longipedunculata* Finet & Gagnep. JLS-388，JLS-1778

绿叶五味子 *Schisandra arisanensis* subsp. *viridis* (A. C. Sm.) R. M. K. Saunders 刘信中等（2002）

五味子 *Schisandra chinensis* (Turcz.) Baill. 刘信中等（2002）

翼梗五味子 *Schisandra henryi* C. B. Clarke JLS-548，JLS-916，JLS-1363

华中五味子 *Schisandra sphenanthera* Rehder & E. H. Wilson JLS-377

10. 三白草科 Saururaceae

蕺菜 *Houttuynia cordata* Thunb. JLS-363，JLS-840

三白草 *Saururus chinensis* (Lour.) Baill. JLS-563

11. 胡椒科 Piperaceae

竹叶胡椒 *Piper bambusifolium* Y. C. Tseng　JLS-29，JLS-1030，JLS-1898，JLS-1986

山蒟 *Piper hancei* Maxim.　刘信中等（2002）

毛蒟 *Piper hongkongense* C. DC.　刘信中等（2002）

风藤 *Piper kadsura* (Choisy) Ohwi　刘信中等（2002）

12. 马兜铃科 Aristolochiaceae

马兜铃 *Aristolochia debilis* Sieb. & Zucc.　刘信中等（2002）

管花马兜铃 *Aristolochia tubiflora* Dunn　刘信中等（2002）

花叶细辛 *Asarum cardiophyllum* Franch.　刘信中等（2002）

尾花细辛 *Asarum caudigerum* Hance　JLS-15，JLS-1347

杜衡 *Asarum forbesii* Maxim.　刘信中等（2002）

福建细辛 *Asarum fukienense* C. Y. Cheng & C. S. Yang　刘信中等（2002）

小叶马蹄香 *Asarum ichangense* C. Y. Cheng & C. S. Yang　刘信中等（2002）

金耳环 *Asarum insigne* Diels　刘信中等（2002）

慈姑叶细辛 *Asarum sagittarioides* C. F. Liang　刘信中等（2002）

五岭细辛 *Asarum wulingense* C. F. Liang　刘信中等（2002）

14. 木兰科 Magnoliaceae

厚朴 *Houpoea officinalis* (Rehder & E. H. Wilson) N. H. Xia & C. Y. Wu　刘信中等（2002）

* 鹅掌楸 *Liriodendron chinense* (Hemsl.) Sarg.　刘信中等（2002）

桂南木莲 *Manglietia conifera* Dandy　JLS-626，JLS-1135，JLS-1381

木莲 *Manglietia fordiana* Oliv.　刘信中等（2002）

* 白兰 *Michelia* × *alba* DC.　刘信中等（2002）

阔瓣含笑 *Michelia cavaleriei* var. *platypetala* (Hand.-Mazz.) N. H. Xia　刘信中等（2002）

乐昌含笑 *Michelia chapensis* Dandy　JLS-1331，JLS-1656

紫花含笑 *Michelia crassipes* Y. W. Law　JLS-1031

含笑花 *Michelia figo* (Lour.) Spreng.　刘信中等（2002）

金叶含笑 *Michelia foveolata* Merr. *ex* Dandy　JLS-673，JLS-1456

深山含笑 *Michelia maudiae* Dunn　JLS-1142-2，JLS-1157，JLS-1158，JLS-1431，JLS-1755

观光木 *Michelia odora* (Chun) Noot. & B. L. Chen　JLS-801，JLS-1161-2

野含笑 *Michelia skinneriana* Dunn　JLS-68，JLS-1200，JLS-1326

天目玉兰 *Yulania amoena* (W. C. Cheng) D. L. Fu　刘信中等（2002）

* 玉兰 *Yulania denudata* (Desr.) D. L. Fu　刘信中等（2002）

18. 番荔枝科 Annonaceae

鹰爪花 *Artabotrys hexapetalus* (L. f.) Bhandari　刘信中等（2002）

香港鹰爪花 *Artabotrys hongkongensis* Hance　刘信中等（2002）

厚瓣鹰爪花 *Artabotrys pachypetalus* B. Xue & Jun H. Chen　JLS-304

瓜馥木 *Fissistigma oldhamii* (Hemsl.) Merr.　JLS-107，JLS-875，JLS-1048，JLS-1956

光叶紫玉盘 *Uvaria boniana* Finet & Gagnep. 刘信中等（2002）

19. 蜡梅科 Calycanthaceae

* 蜡梅 *Chimonanthus praecox* (L.) Link 刘信中等（2002）

25. 樟科 Lauraceae

红果黄肉楠 *Actinodaphne cupularis* (Hemsl.) Gamble 刘信中等（2002）

毛黄肉楠 *Actinodaphne pilosa* (Lour.) Merr. 刘信中等（2002）

广东琼楠 *Beilschmiedia fordii* Dunn 刘信中等（2002）

樟 *Camphora officinarum* Nees JLS-183

黄樟 *Camphora parthenoxylon* (Jack) Meisn. JLS-237，JLS-1139，JLS-1605，JLS-2129

无根藤 *Cassytha filiformis* L. 梁跃龙等（2021）

华南桂 *Cinnamomum austrosinense* Hung T. Chang 刘信中等（2002）

* 阴香 *Cinnamomum burmanni* (Nees & T. Nees) Blume JLS-177

沉水樟 *Cinnamomum micranthum* (Hayata.) Y. Yang，Bing Liu & Zhi Yang JLS-1036

天竺桂 *Cinnamomum japonicum* Sieb. 梁跃龙等（2021）

* 天竺桂 *Cinnamomum japonicum* Sieb. 刘信中等（2002）

少花桂 *Cinnamomum jensenianum* Hand.-Mazz. 刘信中等（2002）

香桂 *Cinnamomum subavenium* Miq. JLS-1429，JLS-1709，JLS-1805

辣汁树 *Cinnamomum tsangii* Merr. 梁跃龙等（2021）

厚壳桂 *Cryptocarya chinensis* (Hance) Hemsl. 刘信中等（2002）

黄果厚壳桂 *Cryptocarya concinna* Hance 刘信中等（2002）

丛花厚壳桂 *Cryptocarya densiflora* Blume JLS-1329

乌药 *Lindera aggregata* (Sims) Kosterm. JLS-393，JLS-1093，JLS-1931

小叶乌药 *Lindera aggregata* var. *playfairii* (Hemsl.) H. P. Tsui JLS-1173

狭叶山胡椒 *Lindera angustifolia* Cheng 梁跃龙等（2021）

香叶树 *Lindera communis* Hemsl 刘信中等（2002）

山胡椒 *Lindera glauca* (Sieb. & Zucc.) Blume JLS-149，JLS-868，JLS-1183，JLS-2124

广东山胡椒 *Lindera kwangtungensis* (Liou) Allen 梁跃龙等（2021）

黑壳楠 *Lindera megaphylla* Hemsl. 刘信中等（2002）

绒毛山胡椒 *Lindera nacusua* (D. Don) Merr. 刘信中等（2002）

香粉叶 *Lindera pulcherrima* var. *attenuata* C. K. Allen JLS-1445，JLS-1683

山橿 *Lindera reflexa* Hemsl. JLS-425，JLS-1594

豹皮樟 *Litsea coreana* var. *sinensis* (Allen) Yang *et* P. H. Huang 梁跃龙等（2021）

毛豹皮樟 *Litsea coreana* var. *lanuginosa* (Migo) Yen C. Yang & P. H. Huang JLS-1897

山鸡椒 *Litsea cubeba* (Lour.) Pers. JLS-458，JLS-1464

毛山鸡椒 *Litsea cubeba* var. *formosana* (Nakai) Yen C. Yang & P. H. Huang JLS-843

黄丹木姜子 *Litsea elongata* (Wall. *ex* Ness) Benth. & Hook. f. JLS-614，JLS-1874，JLS-1162-2，JLS-1259，JLS-2021

石木姜子 *Litsea elongata* var. *faberi* (Hemsl.) Yen C. Yang & P. H. Huang JLS-1536

大果木姜子 *Litsea lancilimba* Merr. JLS-279

木姜子 *Litsea pungens* Hemsl.　梁跃龙等（2021）

圆果木姜子 *Litsea sinoglobosa* J. Li & H. W. Li　刘信中等（2002）

短序润楠 *Machilus breviflora* (Benth.) Hemsl.　梁跃龙等（2021）

浙江润楠 *Machilus chekiangensis* S. Lee　梁跃龙等（2021）

基脉润楠 *Machilus decursinervis* Chun　梁跃龙等（2021）

黄绒润楠 *Machilus grijsii* Hance　JLS-8，JLS-1732，JLS-1885-1，JLS-1985

宜昌润楠 *Machilus ichangensis* Rehd. *et* Wils.　梁跃龙等（2021）

薄叶润楠 *Machilus leptophylla* Hand.-Mazz.　JLS-604，JLS-1261

木姜润楠 *Machilus litseifolia* S. Lee　梁跃龙等（2021）

小果润楠 *Machilus microcarpa* Hemsl.　刘信中等（2002）

纳槁润楠 *Machilus nakao* S. Lee　梁跃龙等（2021）

润楠 *Machilus nanmu* (Oliv.) Hemsl.　JLS-1911

龙眼润楠 *Machilus oculodracontis* Chun　梁跃龙等（2021）

刨花润楠 *Machilus pauhoi* Kaneh.　刘信中等（2002）

凤凰润楠 *Machilus phoenicis* Dunn　梁跃龙等（2021）

柳叶润楠 *Machilus salicina* Hance　梁跃龙等（2021）

红楠 *Machilus thunbergii* Sieb. & Zucc.　JLS-383，JLS-1512，JLS-1685，JLS-1815，JLS-1826，JLS-1830

绒毛润楠 *Machilus velutina* Champ. *ex* Benth.　刘信中等（2002）

云和新木姜子 *Neolitsea aurata* var. *paraciculata* (Nakai) Yen C. Yang & P. H. Huang　刘信中等（2002）

新木姜子 *Neolitsea aurata* (Hayata) Koidz.　JLS-1155，JLS-1225，JLS-1439，JLS-1458，JLS-1804

浙江新木姜子 *Neolitsea aurata* var. *chekiangensis* (Nakai) Yen C. Yang & P. H. Huang　JLS-590，JLS-885，JLS-1317，JLS-1975，JLS-1982

鸭公树 *Neolitsea chui* Merr.　JLS-624

广西新木姜子 *Neolitsea kwangsiensis* Liou　梁跃龙等（2021）

大叶新木姜子 *Neolitsea levinei* Merr.　JLS-310，JLS-1240，JLS-1256，JLS-1328，JLS-1663

显脉新木姜子 *Neolitsea phanerophlebia* Merr.　刘信中等（2002）

美丽新木姜子 *Neolitsea pulchella* (Meissn.) Merr.　JLS-1166，JLS-1885，JLS-1713，JLS-1766，JLS-1810，JLS-1247，JLS-1251

南亚新木姜子 *Neolitsea zeylanica* (Nees) Merr.　梁跃龙等（2021）

闽楠 *Phoebe bournei* (Hemsl.) Yen C. Yang　JLS-1027

湘楠 *Phoebe hunanensis* Hand.-Mazz.　梁跃龙等（2021）

白楠 *Phoebe neurantha* (Hemsl.) Gamble　刘信中等（2002）

紫楠 *Phoebe sheareri* (Hemsl.) Gamble　JLS-643，JLS-1318，JLS-2115

檫木 *Sassafras tzumu* (Hemsl.) Hemsl.　JLS-136，JLS-1528

26. 金粟兰科 Chloranthaceae

宽叶金粟兰 *Chloranthus henryi* Hemsl.　JLS-21

银线草 *Chloranthus japonicus* Sieb.　刘信中等（2002）

多穗金粟兰 *Chloranthus multistachys* S. J. Pei　JLS-1038，JLS-1204，JLS-1974

及已 *Chloranthus serratus* (Thunb.) Roem. & Schult.　JLS-215

草珊瑚 *Sarcandra glabra* (Thunb.) Nakai　JLS-345，JLS-1033，JLS-1159，JLS-1875

27. 菖蒲科 Acoraceae

菖蒲 *Acorus calamus* L. 刘信中等（2002）

金钱蒲 *Acorus gramineus* Soland. JLS-1695

28. 天南星科 Araceae

广东万年青 *Aglaonema modestum* Schott *ex* Engl. 刘信中等（2002）

海芋 *Alocasia odora* (Roxburgh) K. Koch 梁跃龙等（2021）

东亚魔芋 *Amorphophallus kiusianus* (Makino) Makino JLS-515，JLS-1344

魔芋 *Amorphophallus konjac* K. Koch 梁跃龙等（2021）

野魔芋 *Amorphophallus variabilis* Blume 梁跃龙等（2021）

* 魔芋 *Amorphophallus konjac* K. Koch 刘信中等（2002）

狭叶南星 *Arisaema angustatum* Franch. *et* Sav. 梁跃龙等（2021）

一把伞南星 *Arisaema erubescens* (Wall.) Schott JLS-274，JLS-1378

天南星 *Arisaema heterophyllum* Blume JLS-216，JLS-1593

全缘灯台莲 *Arisaema sikokianum* Franch. *et* Sav. 梁跃龙等（2021）

鄂西南星 *Arisaema silvestrii* Pamp. 刘信中等（2002）

野芋 *Colocasia antiquorum* Schott 梁跃龙等（2021）

* 芋 *Colocasia esculenta* (L.) Schott 刘信中等（2002）

浮萍 *Lemna minor* L. 刘信中等（2002）

大野芋 *Leucocasia gigantea* (Blume) Schott 梁跃龙等（2021）

滴水珠 *Pinellia cordata* N. E. Br. JLS-308

* 大薸 *Pistia stratiotes* L. 刘信中等（2002）

紫萍 *Spirodela polyrhiza* (L.) Schleid. 刘信中等（2002）

芜萍 *Wolffia arrhiza* (L.) Wimmer 刘信中等（2002）

30. 泽泻科 Alismataceae

窄叶泽泻 *Alisma canaliculatum* A. Braun & Bouché 刘信中等（2002）

矮慈姑 *Sagittaria pygmaea* Miq. 刘信中等（2002）

野慈姑 *Sagittaria trifolia* L. 刘信中等（2002）

32. 水鳖科 Hydrocharitaceae

无尾水筛 *Blyxa aubertii* Rich. 刘信中等（2002）

黑藻 *Hydrilla verticillata* (L. f.) Royle 刘信中等（2002）

草茨藻 *Najas graminea* Delile 刘信中等（2002）

小茨藻 *Najas minor* All. 刘信中等（2002）

龙舌草 *Ottelia alismoides* (L.) Pers. 刘信中等（2002）

34. 水蕹科 Aponogetonaceae

水蕹 *Aponogeton lakhonensis* A. Camus 刘信中等（2002）

38. 眼子菜科 Potamogetonaceae

菹草 *Potamogeton crispus* L. 刘信中等（2002）

鸡冠眼子菜 *Potamogeton cristatus* Regel & Maack　刘信中等（2002）

眼子菜 *Potamogeton distinctus* A. Benn.　刘信中等（2002）

竹叶眼子菜 *Potamogeton wrightii* Morong　刘信中等（2002）

43. 沼金花科 Nartheciaceae

短柄肺筋草 *Aletris scopulorum* Dunn　刘信中等（2002）

肺筋草 *Aletris spicata* (Thunb.) Franch.　刘信中等（2002）

44. 水玉簪科 Burmanniaceae

头花水玉簪 *Burmannia championii* Thwaites　JLS-464

宽翅水玉簪 *Burmannia nepalensis* (Miers) Hook. f.　刘信中等（2002）

45. 薯蓣科 Dioscoreaceae

参薯 *Dioscorea alata* L.　刘信中等（2002）

黄独 *Dioscorea bulbifera* L.　刘信中等（2002）

薯莨 *Dioscorea cirrhosa* Lour.　JLS-1879-1

粉背薯蓣 *Dioscorea collettii* var. *hypoglauca* (Palib.) C. Pei & C. T. Ting　刘信中等（2002）

日本薯蓣 *Dioscorea japonica* Thunb.　JLS-384，JLS-1286，JLS-1130

五叶薯蓣 *Dioscorea pentaphylla* L.　刘信中等（2002）

褐苞薯蓣 *Dioscorea persimilis* Prain & Burkill　JLS-1549

薯蓣 *Dioscorea polystachya* Turcz.　刘信中等（2002）

马肠薯蓣 *Dioscorea simulans* Prain & Burkill　刘信中等（2002）

细柄薯蓣 *Dioscorea tenuipes* Franch. & Sav.　刘信中等（2002）

山萆薢 *Dioscorea tokoro* Makino　刘信中等（2002）

裂果薯 *Schizocapsa plantaginea* Hance　刘信中等（2002）

46. 霉草科 Triuridaceae

多枝霉草 *Sciaphila ramosa* Fukuy. & T. Suzuki　刘信中等（2002）

大柱霉草 *Sciaphila secundiflora* Thwaites *ex* Benth.　JLS-465

48. 百部科 Stemonaceae

百部 *Stemona japonica* (Blume) Miq.　刘信中等（2002）

53. 藜芦科 Melanthiaceae

球药隔重楼 *Paris fargesii* Franch.　刘信中等（2002）

七叶一枝花 *Paris polyphylla* Sm.　梁跃龙等（2021）

华重楼 *Paris polyphylla* var. *chinensis* (Franch.) H. Hara　JLS-39，JLS-1148-2，JLS-1784

藜芦 *Veratrum nigrum* L.　刘信中等（2002）

牯岭藜芦 *Veratrum schindleri* Loes.　JLS-750

狭叶藜芦 *Veratrum stenophyllum* Diels　刘信中等（2002）

56. 秋水仙科 Colchicaceae

短蕊万寿竹 *Disporum bodinieri* (Lévl. *et* Vant.) Wang *et* Tang　梁跃龙等（2021）

少花万寿竹 *Disporum uniflorum* Baker *ex* S. Moore JLS-1440

59. 菝葜科 Smilacaceae

菝葜 *Smilax china* L. JLS-1220，JLS-1473，JLS-1588，JLS-1829，JLS-1938

小果菝葜 *Smilax davidiana* A. DC. JLS-190，JLS-844

土茯苓 *Smilax glabra* Roxb. JLS-1555

黑果菝葜 *Smilax glaucochina* Warb. 刘信中等（2002）

粉背菝葜 *Smilax hypoglauca* Benth. 刘信中等（2002）

马甲菝葜 *Smilax lanceifolia* Roxb. JLS-147，JLS-914，JLS-1438，JLS-1746

缘脉菝葜 *Smilax nervomarginata* Hayata JLS-1421

白背牛尾菜 *Smilax nipponica* Miq. JLS-1163

牛尾菜 *Smilax riparia* A. DC. JLS-371，JLS-1172-2，JLS-1626

60. 百合科 Liliaceae

野百合 *Lilium brownii* F. E. Br. *ex* Miellez JLS-366

百合 *Lilium brownii* var. *viridulum* Baker 刘信中等（2002）

卷丹 *Lilium lancifolium* Ker Gawl. 刘信中等（2002）

油点草 *Tricyrtis macropoda* Miq. JLS-1144，JLS-1152

黄花油点草 *Tricyrtis pilosa* Wall. 刘信中等（2002）

61. 兰科 Orchidaceae

金线兰 *Anoectochilus roxburghii* (Wall.) Lindl. 杨柏云等（2021）

浙江金线兰 *Anoectochilus zhejiangensis*

单唇无叶兰 *Aphyllorchis simplex* Tang & F. T. Wang 杨柏云等（2021）

竹叶兰 *Arundina graminifolia* (D. Don) Hochr. 杨柏云等（2021）

白及 *Bletilla striata* (Thunb. *ex* A. Murray) Rchb. f. 杨柏云等（2021）

瘤唇卷瓣兰 *Bulbophyllum japonicum* (Makino) Makino JLS-1400，JLS-1743

广东石豆兰 *Bulbophyllum kwangtungense* Schltr. 杨柏云等（2021）

齿瓣石豆兰 *Bulbophyllum levinei* Schltr. JLS-1864

泽泻虾脊兰 *Calanthe alismatifolia* Lindl. 杨柏云等（2021）

银带虾脊兰 *Calanthe argenteostriata* C. Z. Tang & S. J. Cheng 杨柏云等（2021）

钩距虾脊兰 *Calanthe graciliflora* Hayata 杨柏云等（2021）

长距虾脊兰 *Calanthe masuca* (D. Don) Lindl. 杨柏云等（2021）

独花兰 *Changnienia amoena* S. S. Chien 杨柏云等（2021）

广东异型兰 *Chiloschista guangdongensis* Z. H. Tsi 杨柏云等（2021）

金唇兰 *Chrysoglossum ornatum* Blume 杨柏云等（2021）

大序隔距兰 *Cleisostoma paniculatum* (Ker Gawl.) Garay 杨柏云等（2021）

流苏贝母兰 *Coelogyne fimbriata* Lindl. JLS-610

吻兰 *Collabium chinense* (Rolfe) Tang & F. T. Wang JLS-1386

台湾吻兰 *Collabium formosanum* Hayata JLS-746，JLS-1484

杜鹃兰 *Cremastra appendiculata*

建兰 *Cymbidium ensifolium* (L.) Sw.　杨柏云等（2021）
蕙兰 *Cymbidium faberi* Rolfe　杨柏云等（2021）
多花兰 *Cymbidium floribundum* Lindl.　杨柏云等（2021）
春兰 *Cymbidium goeringii* (Rchb. f.) Rchb. f.　杨柏云等（2021）
寒兰 *Cymbidium kanran* Makino　杨柏云等（2021）
兔耳兰 *Cymbidium lancifolium* Hook.　杨柏云等（2021）
墨兰 *Cymbidium sinense* (Jack. *ex* Andr.) Willd.　杨柏云等（2021）
钩状石斛 *Dendrobium aduncum* Wall. *ex* Lindl.　杨柏云等（2021）
密花石斛 *Dendrobium densiflorum* Lindl.　杨柏云等（2021）
重唇石斛 *Dendrobium hercoglossum* Rchb. f.　杨柏云等（2021）
罗河石斛 *Dendrobium lohohense* Tang & F. T. Wang　杨柏云等（2021）
广东石斛 *Dendrobium kwangtungense*
美花石斛 *Dendrobium loddigesii*
细茎石斛 *Dendrobium moniliforme* (L.) Sw.　杨柏云等（2021）
铁皮石斛 *Dendrobium officinale* Kimura & Migo　杨柏云等（2021）
单葶草石斛 *Dendrobium porphyrochilum* Lindl.　杨柏云等（2021）
始兴石斛 *Dendrobium shixingense* Z. L. Chen, S. J. Zeng & J. Duan　杨柏云等（2021）
单叶厚唇兰 *Epigeneium fargesii* (Finet) Gagnep.　JLS-1682，JLS-1712
虎舌兰 *Epipogium roseum* (D. Don) Lindl.　杨柏云等（2021）
钳唇兰 *Erythrodes blumei* (Lindl.) Schltr.　杨柏云等（2021）
开宝兰 *Eucosia viridiflora* (Blume) M. C. Pace　杨柏云等（2021）
紫花美冠兰 *Eulophia spectabilis* (Dennst.) Suresh　杨柏云等（2021）
无叶美冠兰 *Eulophia zollingeri* (Rchb. f.) J. J. Sm.　杨柏云等（2021）
山珊瑚 *Galeola faberi* Rolfe　杨柏云等（2021）
毛萼山珊瑚 *Galeola lindleyana* (Hook. f. & Thomson) Rchb. f.　杨柏云等（2021）
黄松盆距兰 *Gastrochilus japonicus* (Makino) Schltr.　杨柏云等（2021）
天麻 *Gastrodia elata* Bl.　杨柏云等（2021）
北插天天麻 *Gastrodia peichatieniana* S. S. Ying　杨柏云等（2021）
大花斑叶兰 *Goodyera biflora* (Lindl.) Hook. f.　杨柏云等（2021）
多叶斑叶兰 *Goodyera foliosa* (Lindl.) Benth. *ex* C. B. Clarke　JLS-13，JLS-1024
光萼斑叶兰 *Goodyera henryi* Rolfe　杨柏云等（2021）
硬叶毛兰 *Goodyera hispida* Lindl.　杨柏云等（2021）
小小斑叶兰 *Goodyera pusilla* Bl.　杨柏云等（2021）
小斑叶兰 *Goodyera repens* (L.) R. Br.　杨柏云等（2021）
斑叶兰 *Goodyera schlechtendaliana* Rchb. f.　杨柏云等（2021）
毛莛玉凤花 *Habenaria ciliolaris* Kraenzl.　JLS-791
鹅毛玉凤花 *Habenaria dentata* (Sw.) Schltr.　杨柏云等（2021）
线瓣玉凤花 *Habenaria fordii* Rolfe　杨柏云等（2021）
裂瓣玉凤花 *Habenaria petelotii* Gagnep.　杨柏云等（2021）
橙黄玉凤花 *Habenaria rhodocheila* Hance　JLS-517，JLS-2135
十字兰 *Habenaria schindleri* Schltr.　杨柏云等（2021）

白肋翻唇兰 *Hetaeria cristata* Bl. 杨柏云等（2021）
全唇盂兰 *Lecanorchis nigricans* Honda JLS-1145-2
镰翅羊耳蒜 *Liparis bootanensis* Griff. 杨柏云等（2021）
长苞羊耳蒜 *Liparis inaperta* Finet 杨柏云等（2021）
见血青 *Liparis nervosa* (Thunb. *ex* A. Murray) Lindl. 杨柏云等（2021）
香花羊耳蒜 *Liparis odorata* (Willd.) Lindl. 杨柏云等（2021）
长唇羊耳蒜 *Liparis pauliana* Hand.-Mazz. 杨柏云等（2021）
柄叶羊耳蒜 *Liparis petiolata* (D. Don) P. F. Hunt & Summerh. 杨柏云等（2021）
葱叶兰 *Microtis unifolia* (Forst.) Rchb. f. 杨柏云等（2021）
广布芋兰 *Nervilia aragoana* Gaudin 杨柏云等（2021）
毛叶芋兰 *Nervilia plicata* (Andr.) Schltr. 杨柏云等（2021）
狭叶鸢尾兰 *Oberonia caulescens* Lindl. 杨柏云等（2021）
狭穗阔蕊兰 *Peristylus densus* (Lindl.) Santapau & Kapadia 杨柏云等（2021）
黄花鹤顶兰 *Phaius flavus* (Blume) Lindl. JLS-990
鹤顶兰 *Phaius tancarvilleae* (L' Héritier) Blume 杨柏云等（2021）
细叶石仙桃 *Pholidota cantonensis* Rolfe JLS-2054
石仙桃 *Pholidota chinensis* Lindl. 杨柏云等（2021）
小舌唇兰 *Platanthera minor* (Miq.) Rchb. f. 杨柏云等（2021）
台湾独蒜兰 *Pleione formosana* Hayata 杨柏云等（2021）
白肋菱兰 *Rhomboda tokioi* (Fukuy) Ormer. 杨柏云等（2021）
苞舌兰 *Spathoglottis pubescens* Lindl. 杨柏云等（2021）
香港绶草 *Spiranthes* × *hongkongensis* S. Y. Hu & Barretto JLS-181
绶草 *Spiranthes sinensis* (Pers.) Ames 杨柏云等（2021）
心叶带唇兰 *Tainia cordifolia* Hook. f. 杨柏云等（2021）
带唇兰 *Tainia dunnii* Rolfe JLS-727
白花线柱兰 *Zeuxine parvifolia* (Ridley) Seidenfaden 杨柏云等（2021）
线柱兰 *Zeuxine strateumatica* (L.) Schltr. 杨柏云等（2021）

66. 仙茅科 Hypoxidaceae

大叶仙茅 *Curculigo capitulata* (Lour.) Kuntze 刘信中等（2002）
仙茅 *Curculigo orchioides* Gaertn. 刘信中等（2002）
小金梅草 *Hypoxis aurea* Lour. 刘信中等（2002）

70. 鸢尾科 Iridaceae

射干 *Belamcanda chinensis* (L.) Redouté 刘信中等（2002）
蝴蝶花 *Iris japonica* Thunb. JLS-94
马蔺 *Iris lactea* Pall. 刘信中等（2002）
鸢尾 *Iris tectorum* Maxim. 刘信中等（2002）

72. 阿福花科 Asphodelaceae

山菅兰 *Dianella ensifolia* (L.) DC. JLS-1327
黄花菜 *Hemerocallis citrina* Baroni 刘信中等（2002）

萱草 *Hemerocallis fulva* (L.) L.　JLS-395

73. 石蒜科 Amaryllidaceae

* 洋葱 *Allium cepa* L.　刘信中等（2002）
* 藠头 *Allium chinense* G. Don　刘信中等（2002）
* 葱 *Allium fistulosum* L.　刘信中等（2002）
* 蒜 *Allium sativum* L.　刘信中等（2002）
* 北葱 *Allium schoenoprasum* L.　刘信中等（2002）
* 韭 *Allium tuberosum* Rottler *ex* Spreng.　刘信中等（2002）

文殊兰 *Crinum asiaticum* var. *sinicum* (Roxb. *ex* Herb.) Baker　刘信中等（2002）

* 花朱顶红 *Hippeastrum vittatum* (L' Hér.) Herb.　刘信中等（2002）

忽地笑 *Lycoris aurea* (L' Hér.) Herb.　刘信中等（2002）

* 水仙 *Narcissus tazetta* var. *chinensis* M. Roem.　刘信中等（2002）
* 葱莲 *Zephyranthes candida* (Lindl.) Herb.　刘信中等（2002）
* 韭莲 *Zephyranthes carinata* Herb.　刘信中等（2002）

74. 天门冬科 Asparagaceae

* 狭叶龙舌兰 *Agave angustifolia* Haw.　刘信中等（2002）

天门冬 *Asparagus cochinchinensis* (Lour.) Merr.　JLS-198

* 石刁柏 *Asparagus officinalis* L.　刘信中等（2002）

蜘蛛抱蛋 *Aspidistra elatior* Blume　刘信中等（2002）

* 吊兰 *Chlorophytum comosum* (Thunb.) Jacques　刘信中等（2002）

竹根七 *Disporopsis fuscopicta* Hance　JLS-1483

深裂竹根七 *Disporopsis pernyi* (Hua) Diels　JLS-444，JLS-964

玉簪 *Hosta plantaginea* (Lam.) Asch.　刘信中等（2002）

紫萼 *Hosta ventricosa* (Salisb.) Stearn　刘信中等（2002）

禾叶山麦冬 *Liriope graminifolia* (L.) Baker　刘信中等（2002）

阔叶山麦冬 *Liriope muscari* (Decne.) L. H. Bailey　JLS-368

山麦冬 *Liriope spicata* (Thunb.) Lour.　JLS-520，JLS-1262

沿阶草 *Ophiopogon bodinieri* H. Lév.　JLS-1236，JLS-1548

间型沿阶草 *Ophiopogon intermedius* D. Don　刘信中等（2002）

麦冬 *Ophiopogon japonicus* (L. f.) Ker Gawl.　JLS-1653

多花黄精 *Polygonatum cyrtonema* Hua　JLS-150，JLS-1208，JLS-1375，JLS-1553，JLS-1813

玉竹 *Polygonatum odoratum* (Mill.) Druce　刘信中等（2002）

吉祥草 *Reineckea carnea* (Andrews) Kunth　JLS-2018

万年青 *Rohdea japonica* (Thunb.) Roth　刘信中等（2002）

76. 棕榈科 Arecaceae

多刺鸡藤 *Calamus tetradactyloides* Burret　刘信中等（2002）

毛鳞省藤 *Calamus thysanolepis* Hance　刘信中等（2002）

黄藤 *Daemonorops jenkinsiana* (Griff.) Mart.　刘信中等（2002）

棕竹 *Rhapis excelsa* (Thunb.) A. Henry　刘信中等（2002）

棕榈 *Trachycarpus fortunei* (Hook.) H. Wendl. 刘信中等（2002）

78. 鸭跖草科 Commelinaceae

蛛丝毛蓝耳草 *Cyanotis arachnoidea* C. B. Clarke JLS-2071
饭包草 *Commelina benghalensis* Linnaeus JLS-1852
鸭跖草 *Commelina communis* L. 刘信中等（2002）
竹节菜 *Commelina diffusa* N. L. Burm. JLS-1504
大苞鸭跖草 *Commelina paludosa* Blume 刘信中等（2002）
聚花草 *Floscopa scandens* Lour. 刘信中等（2002）
牛轭草 *Murdannia loriformis* (Hassk.) R. S. Rao *et* Kammathy JLS-2136
裸花水竹叶 *Murdannia nudiflora* (L.) Brenan 刘信中等（2002）
杜若 *Pollia japonica* Thunb. JLS-514，JLS-889
* 吊竹梅 *Tradescantia zebrina* Bosse 刘信中等（2002）

80. 雨久花科 Pontederiaceae

* 凤眼莲 *Eichhornia crassipes* (Mart.) Solms 刘信中等（2002）
雨久花 *Monochoria korsakowii* Regel & Maack 刘信中等（2002）
鸭舌草 *Monochoria vaginalis* (Burm. f.) C. Presl *ex* Kunth 刘信中等（2002）

85. 芭蕉科 Musaceae

野蕉 *Musa balbisiana* Colla 刘信中等（2002）
* 芭蕉 *Musa basjoo* Sieb. & Zucc. *ex* Iinuma 刘信中等（2002）

86. 美人蕉科 Cannaceae

* 柔瓣美人蕉 *Canna flaccida* Salisb. 刘信中等（2002）
* 美人蕉 *Canna indica* L. 刘信中等（2002）

88. 闭鞘姜科 Costaceae

闭鞘姜 *Costus speciosus* (J. König) Sm. 刘信中等（2002）

89. 姜科 Zingiberaceae

山姜 *Alpinia japonica* (Thunb.) Miq. JLS-3，JLS-893，JLS-1158-2
箭秆风 *Alpinia jianganfeng* T. L. Wu JLS-271
华山姜 *Alpinia oblongifolia* Hayata JLS-1622
高良姜 *Alpinia officinarum* Hance 刘信中等（2002）
花叶山姜 *Alpinia pumila* Hook. f. JLS-442，JLS-886
舞花姜 *Globba racemosa* Sm. JLS-937，JLS-1960
蘘荷 *Zingiber mioga* (Thunb.) Roscoe 刘信中等（2002）
* 姜 *Zingiber officinale* Roscoe 刘信中等（2002）

90. 香蒲科 Typhaceae

水烛 *Typha angustifolia* L. 刘信中等（2002）

香蒲 *Typha orientalis* C. Presl JLS-570

94. 谷精草科 Eriocaulaceae

谷精草 *Eriocaulon buergerianum* Körn. 刘信中等（2002）
白药谷精草 *Eriocaulon cinereum* R. Br. 刘信中等（2002）
华南谷精草 *Eriocaulon sexangulare* L. 刘信中等（2002）

97. 灯芯草科 Juncaceae

翅茎灯芯草 *Juncus alatus* Franch. & Sav. 刘信中等（2002）
灯芯草 *Juncus effusus* L. JLS-106
笄石菖 *Juncus prismatocarpus* R. Br. JLS-180
野灯芯草 *Juncus setchuensis* var. *effusoides* Buch. 刘信中等（2002）
坚被灯芯草 *Juncus tenuis* Willd. JLS-1441

98. 莎草科 Cyperaceae

丝叶球柱草 *Bulbostylis densa* (Wall.) Hand.-Mazz. 刘信中等（2002）
浆果薹草 *Carex baccans* Nees in Wight 刘信中等（2002）
滨海薹草 *Carex bodinieri* Franch. JLS-795
卷柱头薹草 *Carex bostrychostigma* Maximowicz 刘信中等（2002）
青绿薹草 *Carex breviculmis* R. Br. 刘信中等（2002）
短尖薹草 *Carex brevicuspis* C. B. Clarke 刘信中等（2002）
中华薹草 *Carex chinensis* Retz. 刘信中等（2002）
十字薹草 *Carex cruciata* Wahlenb. JLS-878，JLS-1053
亲族薹草 *Carex gentilis* Franch. 刘信中等（2002）
长囊薹草 *Carex harlandii* Boott 刘信中等（2002）
弯喙薹草 *Carex laticeps* C. B. Clarke *ex* Franch. 刘信中等（2002）
长穗柄薹草 *Carex longipes* D. Don 刘信中等（2002）
套鞘薹草 *Carex maubertiana* Boott JLS-1269
条穗薹草 *Carex nemostachys* Steud. 刘信中等（2002）
霹雳薹草 *Carex perakensis* C. B. Clarke in Hooker f. 刘信中等（2002）
镜子薹草 *Carex phacota* Spreng. JLS-23，JLS-901
大理薹草 *Carex rubrobrunnea* var. *taliensis* (Franch.) Kük. in Engler 刘信中等（2002）
花莛薹草 *Carex scaposa* C. B. Clarke 刘信中等（2002）
硬果薹草 *Carex sclerocarpa* Franch. 刘信中等（2002）
宽叶薹草 *Carex siderosticta* Hance 刘信中等（2002）
长柱头薹草 *Carex teinogyna* Boott 刘信中等（2002）
扁穗莎草 *Cyperus compressus* L. 刘信中等（2002）
砖子苗 *Cyperus cyperoides* (L.) Kuntze 刘信中等（2002）
异型莎草 *Cyperus difformis* L. 刘信中等（2002）
畦畔莎草 *Cyperus haspan* L. 刘信中等（2002）
碎米莎草 *Cyperus iria* L. JLS-560，JLS-2145
旋鳞莎草 *Cyperus michelianus* (L.) Link 刘信中等（2002）

毛轴莎草 *Cyperus pilosus* Vahl 刘信中等（2002）

香附子 *Cyperus rotundus* L. 刘信中等（2002）

* 荸荠 *Eleocharis dulcis* (Burm. f.) Trin. *ex* Hensch. 刘信中等（2002）

* 槽秆荸荠 *Eleocharis mitracarpa* Steud. 刘信中等（2002）

* 江南荸荠 *Eleocharis migoana* Ohwi & T. Koyama 刘信中等（2002）

龙师草 *Eleocharis tetraquetra* Nees in Wight 刘信中等（2002）

牛毛毡 *Eleocharis yokoscensis* (Franch. & Sav.) Tang & F. T. Wang JLS-1729

夏飘拂草 *Fimbristylis aestivalis* (Retz.) Vahl 刘信中等（2002）

复序飘拂草 *Fimbristylis bisumbellata* (Forssk.) Bubani 刘信中等（2002）

两歧飘拂草 *Fimbristylis dichotoma* (L.) Vahl 刘信中等（2002）

水虱草 *Fimbristylis littoralis* Gaudich. 刘信中等（2002）

少穗飘拂草 *Fimbristylis schoenoides* (Retz.) Vahl 刘信中等（2002）

烟台飘拂草 *Fimbristylis stauntonii* Debeaux & Franch. 刘信中等（2002）

黑莎草 *Gahnia tristis* Nees in Hooker & Arnott JLS-1367

短叶水蜈蚣 *Kyllinga brevifolia* Rottb. 刘信中等（2002）

球穗扁莎 *Pycreus flavidus* (Retz.) T. Koyama 刘信中等（2002）

红鳞扁莎 *Pycreus sanguinolentus* (Vahl) Nees *ex* C. B. Clarke in Hooker f. 刘信中等（2002）

刺子莞 *Rhynchospora rubra* (Lour.) Makino 刘信中等（2002）

小型珍珠茅 *Scleria parvula* Steud. 刘信中等（2002）

高秆珍珠茅 *Scleria terrestris* (L.) Fassett JLS-879，JLS-1615

103. 禾本科 Poaceae

台湾剪股颖 *Agrostis sozanensis* Hayata 刘信中等（2002）

看麦娘 *Alopecurus aequalis* Sobol. 刘信中等（2002）

荩草 *Arthraxon hispidus* (Thunb.) Makino 刘信中等（2002）

野古草 *Arundinella hirta* (Thunberg) Tanaka JLS-1170-2

石芒草 *Arundinella nepalensis* Trin. 刘信中等（2002）

刺芒野古草 *Arundinella setosa* Trin. 梁跃龙等（2021）

野燕麦 *Avena fatua* L. 刘信中等（2002）

花竹 *Bambusa albolineata* L. C. Chia 刘信中等（2002）

簕竹 *Bambusa blumeana* J. A. *et* J. H. Schult. F. 刘信中等（2002）

泥竹 *Bambusa gibba* McClure 刘信中等（2002）

孝顺竹 *Bambusa multiplex* (Lour.) Raeusch. *ex* Schult. & Schult. f. 刘信中等（2002）

凤尾竹 *Bambusa multiplex* f. *fernleaf* (R. A. Young) T. P. Yi 刘信中等（2002）

四生臂形草 *Brachiaria subquadripara* (Trin.) Hitchc. 刘信中等（2002）

毛臂形草 *Brachiaria villosa* (Lam.) A. Camus in Lecomte 刘信中等（2002）

硬秆子草 *Capillipedium assimile* (Steud.) A. Camus in Lecomte 刘信中等（2002）

方竹 *Chimonobambusa quadrangularis* (Franceschi) Makino 刘信中等（2002）

虎尾草 *Chloris virgata* Sw. 刘信中等（2002）

薏苡 *Coix lacryma-jobi* L. JLS-804

青香茅 *Cymbopogon mekongensis* A. Camus 刘信中等（2002）

狗牙根 *Cynodon dactylon* (L.) Persoon 刘信中等（2002）

毛马唐 *Digitaria ciliaris* var. *chrysoblephara* (Figari & De Notaris) R. R. Stewart 刘信中等（2002）

止血马唐 *Digitaria ischaemum* (Schreb.) Muhl. 刘信中等（2002）

紫马唐 *Digitaria violascens* Link 刘信中等（2002）

光头稗 *Echinochloa colona* (L.) Link JLS-567

稗 *Echinochloa crus-galli* (L.) P. Beauv. 刘信中等（2002）

牛筋草 *Eleusine indica* (L.) Gaertn. JLS-565

鹅观草 *Elymus kamoji* (Ohwi) S. L. Chen JLS-2101

知风草 *Eragrostis ferruginea* (Thunb.) P. Beauv. 刘信中等（2002）

乱草 *Eragrostis japonica* (Thunb.) Trin. 刘信中等（2002）

宿根画眉草 *Eragrostis perennans* Keng 刘信中等（2002）

疏穗画眉草 *Eragrostis perlaxa* Keng *ex* P. C. Keng & L. Liu 刘信中等（2002）

画眉草 *Eragrostis pilosa* (L.) P. Beauv. 刘信中等（2002）

牛虱草 *Eragrostis unioloides* (Retz.) Nees *ex* Steud. 刘信中等（2002）

假俭草 *Eremochloa ophiuroides* (Munro) Hack. 刘信中等（2002）

四脉金茅 *Eulalia quadrinervis* (Hack.) Kuntze 刘信中等（2002）

三芒耳稃草 *Garnotia acutigluma* (Steud.) Ohwi 刘信中等（2002）

扁穗牛鞭草 *Hemarthria compressa* (L. f.) R. Br. 刘信中等（2002）

白茅 *Imperata cylindrica* (L.) Beauv. 刘信中等（2002）

阔叶箬竹 *Indocalamus latifolius* (Keng) McClure JLS-1072，JLS-1493

箬竹 *Indocalamus tessellatus* (Munro) P. C. Keng 刘信中等（2002）

白花柳叶箬 *Isachne albens* Trin. 刘信中等（2002）

柳叶箬 *Isachne globosa* (Thunb.) Kuntze 刘信中等（2002）

有芒鸭嘴草 *Ischaemum aristatum* L. 刘信中等（2002）

粗毛鸭嘴草 *Ischaemum barbatum* Retz. 刘信中等（2002）

细毛鸭嘴草 *Ischaemum ciliare* Retz. 刘信中等（2002）

千金子 *Leptochloa chinensis* (L.) Nees 刘信中等（2002）

淡竹叶 *Lophatherum gracile* Brongn. JLS-632

柔枝莠竹 *Microstegium vimineum* (Trin.) A. Camus JLS-1943

五节芒 *Miscanthus floridulus* (Labill.) Warburg *ex* K. Schumann JLS-1609，JLS-1928

芒 *Miscanthus sinensis* Andersson JLS-1436

求米草 *Oplismenus undulatifolius* (Ard.) Roemer & Schuit. JLS-1889-2

* 稻 *Oryza sativa* L. 刘信中等（2002）

短叶黍 *Panicum brevifolium* L. JLS-778

铺地黍 *Panicum repens* L. 刘信中等（2002）

* 双穗雀稗 *Paspalum distichum* L. 刘信中等（2002）

鸭乸草 *Paspalum scrobiculatum* L. JLS-2024

圆果雀稗 *Paspalum scrobiculatum* var. *orbiculare* (G. Forst.) Hack. 刘信中等（2002）

雀稗 *Paspalum thunbergii* Kunth *ex* Steud. 刘信中等（2002）

狼尾草 *Pennisetum alopecuroides* (L.) Spreng. 刘信中等（2002）

芦苇 *Phragmites australis* (Cav.) Trin. *ex* Steud. 刘信中等（2002）

毛竹 *Phyllostachys edulis* (Carrière) J. Houz. 刘信中等（2002）

水竹 *Phyllostachys heteroclada* Oliv. 刘信中等（2002）

实心竹 *Phyllostachys heteroclada* f. *solida* (S. L. Chen) Z. P. Wang *et* Z. H. Yu 刘信中等（2002）

篌竹 *Phyllostachys nidularia* Munro 刘信中等（2002）

毛金竹 *Phyllostachys nigra* var. *henonis* (Mitford) Stapf *ex* Rendle 刘信中等（2002）

桂竹 *Phyllostachys reticulata* (Rupr.) K. Koch 刘信中等（2002）

苦竹 *Pleioblastus amarus* (Keng) P. C. Keng 刘信中等（2002）

斑苦竹 *Pleioblastus maculatus* (McClure) C. D Chu *et* C. S. Chao 刘信中等（2002）

川竹 *Pleioblastus simonii* (Carrière) Nakai 刘信中等（2002）

白顶早熟禾 *Poa acroleuca* Steud. 刘信中等（2002）

早熟禾 *Poa annua* L. 刘信中等（2002）

法氏早熟禾 *Poa faberi* Rendle 刘信中等（2002）

草地早熟禾 *Poa pratensis* L. 刘信中等（2002）

金丝草 *Pogonatherum crinitum* (Thunb.) Kunth 刘信中等（2002）

斑茅 *Saccharum arundinaceum* Retz. 刘信中等（2002）

* 竹蔗 *Saccharum sinense* Roxb. 刘信中等（2002）

甜根子草 *Saccharum spontaneum* L. 刘信中等（2002）

赤竹 *Sasa longiligulata* McClure 刘信中等（2002）

大狗尾草 *Setaria faberi* R. A. W. Herrmann 刘信中等（2002）

棕叶狗尾草 *Setaria palmifolia* (J. Konig) Stapf 刘信中等（2002）

金色狗尾草 *Setaria pumila* (Poir.) Roem. & Schult. 刘信中等（2002）

狗尾草 *Setaria viridis* (L.) P. Beauv. 刘信中等（2002）

* 高粱 *Sorghum bicolor* (L.) Moench 刘信中等（2002）

稗荩 *Sphaerocaryum malaccense* (Trin.) Pilg. 刘信中等（2002）

鼠尾粟 *Sporobolus fertilis* (Steud.) Clayton 刘信中等（2002）

菅 *Themeda villosa* (Poir.) A. Camus 刘信中等（2002）

粽叶芦 *Thysanolaena latifolia* (Roxb. *ex* Hornem.) Honda 刘信中等（2002）

* 玉蜀黍 *Zea mays* L. 刘信中等（2002）

104. 金鱼藻科 Ceratophyllaceae

金鱼藻 *Ceratophyllum demersum* L. 刘信中等（2002）

106. 罂粟科 Papaveraceae

北越紫堇 *Corydalis balansae* Prain 刘信中等（2002）

珠芽紫堇 *Corydalis balsamiflora* Prain 刘信中等（2002）

夏天无 *Corydalis decumbens* (Thunb.) Pers. 刘信中等（2002）

刻叶紫堇 *Corydalis incisa* (Thunb.) Pers. 刘信中等（2002）

黄堇 *Corydalis pallida* (Thunb.) Pers. 刘信中等（2002）

小花黄堇 *Corydalis racemosa* (Thunb.) Pers. JLS-57

地锦苗 *Corydalis sheareri* S. Moore JLS-224

博落回 *Macleaya cordata* (Willd.) R. Br. 刘信中等（2002）

108. 木通科 Lardizabalaceae

木通 *Akebia quinata* (Thunb. *ex* Houtt.) Decne.　梁跃龙等（2021）

三叶木通 *Akebia trifoliata* (Thunb.) Koidz.　刘信中等（2002）

白木通 *Akebia trifoliata* subsp. *australis* (Diels) T. Shimizu　刘信中等（2002）

五月瓜藤 *Holboellia angustifolia* Wallich　梁跃龙等（2021）

鹰爪枫 *Holboellia coriacea* Diels　JLS-784

牛姆瓜 *Holboellia grandiflora* Réaub.　刘信中等（2002）

牛藤果 *Parvatia brunoniana* subsp. *elliptica* (Hemsl.) H. N. Qin　JLS-1333

大血藤 *Sargentodoxa cuneata* (Oliv.) Rehd. & E. H. Wilson in C. S. Sargent　JLS-491，JLS-1792

西南野木瓜 *Stauntonia cavalerieana* Gagnep.　梁跃龙等（2021）

野木瓜 *Stauntonia chinensis* DC.　JLS-202，JLS-1767

倒卵叶野木瓜 *Stauntonia obovata Hemsley*　梁跃龙等（2021）

尾叶那藤 *Stauntonia obovatifoliola* subsp. *urophylla* (Hand.-Mazz.) H. N. Qin　刘信中等（2002）

109. 防己科 Menispermaceae

木防己 *Cocculus orbiculatus* (L.) DC.　刘信中等（2002）

粉叶轮环藤 *Cyclea hypoglauca* (Schauer) Diels in Engler　JLS-837，JLS-1999，JLS-2116

轮环藤 *Cyclea racemosa* Oliv.　JLS-799

秤钩风 *Diploclisia affinis* (Oliv.) Diels in Engler　刘信中等（2002）

苍白秤钩风 *Diploclisia glaucescens* (Blume) Diels in Engler　刘信中等（2002）

细圆藤 *Pericampylus glaucus* (Lam.) Merr.　JLS-65，JLS-883

风龙 *Sinomenium acutum* (Thunb.) Rehder & E. H. Wilson in C. S. Sargent　刘信中等（2002）

金线吊乌龟 *Stephania cephalantha* Hayata　JLS-1664

千金藤 *Stephania japonica* (Thunb.) Miers　刘信中等（2002）

粪箕笃 *Stephania longa* Lour.　刘信中等（2002）

粉防己 *Stephania tetrandra* S. Moore　刘信中等（2002）

青牛胆 *Tinospora sagittata* (Oliv.) Gagnep.　刘信中等（2002）

110. 小檗科 Berberidaceae

华东小檗 *Berberis chingii* Cheng　刘信中等（2002）

南岭小檗 *Berberis impedita* C. K. Schneid.　JLS-314

豪猪刺 *Berberis julianae* C. K. Schneid. in C. S. Sargent　刘信中等（2002）

庐山小檗 *Berberis virgetorum* C. K. Schneid. in C. S. Sargent　刘信中等（2002）

三枝九叶草 *Epimedium sagittatum* (Sieb. & Zucc.) Maxim.　JLS-320

阔叶十大功劳 *Mahonia bealei* (Fortune) Carr.　刘信中等（2002）

十大功劳 *Mahonia fortunei* (Lindl.) Fedde　刘信中等（2002）

台湾十大功劳 *Mahonia japonica* (Thunb.) DC.　刘信中等（2002）

111. 毛茛科 Ranunculaceae

赣皖乌头 *Aconitum finetianum* Hand.-Mazz.　梁跃龙等（2021）

打破碗花花 *Anemone hupehensis* Lem.　梁跃龙等（2021）

秋牡丹 *Anemone hupehensis* var. *japonica* (Thunb.) Bowles *et* Stearn 梁跃龙等（2021）

小升麻 *Cimicifuga japonica* (Thunb.) Spreng. 刘信中等（2002）

单穗升麻 *Actaea simplex* (DC.) Wormsk. *ex* Fisch. *et* C. A. Mey. 梁跃龙等（2021）

女萎 *Clematis apiifolia* DC. 梁跃龙等（2021）

钝齿铁线莲 *Clematis apiifolia* var. *argentilucida* (H. Lév. & Vaniot) W. T. Wang 刘信中等（2002）

小木通 *Clematis armandii* Franch. JLS-1232，JLS-2097

短尾铁线莲 *Clematis brevicaudata* DC. 梁跃龙等（2021）

短柱铁线莲 *Clematis cadmia* Buch.-Ham. *ex* Wall. 梁跃龙等（2021）

威灵仙 *Clematis chinensis* Osbeck 刘信中等（2002）

两广铁线莲 *Clematis chingii* W. T. Wang 梁跃龙等（2021）

厚叶铁线莲 *Clematis crassifolia* Benth. 梁跃龙等（2021）

山木通 *Clematis finetiana* H. Lév. & Vaniot JLS-64

粗齿铁线莲 *Clematis grandidentata* (Rehder & E. H. Wilson) W. T. Wang 梁跃龙等（2021）

单叶铁线莲 *Clematis henryi* Oliv. 刘信中等（2002）

毛蕊铁线莲 *Clematis lasiandra* Maxim. 刘信中等（2002）

锈毛铁线莲 *Clematis leschenaultiana* DC. 刘信中等（2002）

毛柱铁线莲 *Clematis meyeniana* Walp. 刘信中等（2002）

裂叶铁线莲 *Clematis parviloba* Gardner & Champ. 刘信中等（2002）

柱果铁线莲 *Clematis uncinata* Champ. 梁跃龙等（2021）

黄连 *Coptis chinensis* Franch. 梁跃龙等（2021）

短萼黄连 *Coptis chinensis* var. *brevisepala* W. T. Wang & P. G. Xiao JLS-1241

还亮草 *Delphinium anthriscifolium* Hance 梁跃龙等（2021）

蕨叶人字果 *Dichocarpum dalzielii* (J. R. Drumm. & Hutch.) W. T. Wang & P. G. Xiao JLS-1785

禺毛茛 *Ranunculus cantoniensis* DC. JLS-722，JLS-895，JLS-2117

毛茛 *Ranunculus japonicus* Thunb. JLS-105

扬子毛茛 *Ranunculus sieboldii* Miq. 刘信中等（2002）

天葵 *Semiaquilegia adoxoides* (DC.) Makino 刘信中等（2002）

尖叶唐松草 *Thalictrum acutifolium* (Hand.-Mazz.) Boivin 梁跃龙等（2021）

大叶唐松草 *Thalictrum faberi* Ulbr. 刘信中等（2002）

华东唐松草 *Thalictrum fortunei* S. Moore JLS-90

爪哇唐松草 *Thalictrum javanicum* Bl. 梁跃龙等（2021）

阴地唐松草 *Thalictrum umbricola* Ulbr. JLS-2107

112. 清风藤科 Sabiaceae

泡花树 *Meliosma cuneifolia* Franch. 梁跃龙等（2021）

垂枝泡花树 *Meliosma flexuosa* Pamp. 刘信中等（2002）

香皮树 *Meliosma fordii* Hemsl. 刘信中等（2002）

异色泡花树 *Meliosma myriantha* var. *discolor* Dunn JLS-1545，JLS-1796

红柴枝 *Meliosma oldhamii* Miq. *ex* Maxim. JLS-1100

腋毛泡花树 *Meliosma rhoifolia* var. *barbulata* (Cufod.) Y. W. Law JLS-381

笔罗子 *Meliosma rigida* Sieb. & Zucc. JLS-637，JLS-1174-2，JLS-1877-1

毡毛泡花树 *Meliosma rigida* var. *pannosa* (Hand.-Mazz.) Y. W. Law　刘信中等（2002）
樟叶泡花树 *Meliosma squamulata* Hance　刘信中等（2002）
革叶清风藤 *Sabia coriacea* Rehder & E. H. Wilson in C. S. Sargent　JLS-272，JLS-1578，JLS-1799，JLS-1848-2
灰背清风藤 *Sabia discolor* Dunn　JLS-385，JLS-870，JLS-1123
清风藤 *Sabia japonica* Maxim.　JLS-1056，JLS-1625
中华清风藤 *Sabia japonica* var. *sinensis* (Stapf *ex* Koidz) L. Chen　JLS-102
尖叶清风藤 *Sabia swinhoei* Hemsl.　JLS-1606

113. 莲科 Nelumbonaceae

莲 *Nelumbo nucifera* Gaertn.　刘信中等（2002）

114. 悬铃木科 Platanaceae

* 二球悬铃木 *Platanus acerifolia* (Aiton) Willd.　刘信中等（2002）

115. 山龙眼科 Proteaceae

* 银桦 *Grevillea robusta* A. Cunn. *ex* R. Br.　刘信中等（2002）
小果山龙眼 *Helicia cochinchinensis* Lour.　JLS-664，JLS-1116，JLS-1916
广东山龙眼 *Helicia kwangtungensis* W. T. Wang　刘信中等（2002）
网脉山龙眼 *Helicia reticulata* W. T. Wang　JLS-1025

117. 黄杨科 Buxaceae

雀舌黄杨 *Buxus bodinieri* H. Lév.　刘信中等（2002）
大叶黄杨 *Buxus megistophylla* H. Lév.　刘信中等（2002）
黄杨 *Buxus sinica* (Rehder & E. H. Wilson) M. Cheng　刘信中等（2002）
尖叶黄杨 *Buxus sinica* var. *aemulans* (Rehder & E. H. Wilson) P. Brückner & T. L. Ming　刘信中等（2002）
多毛板凳果 *Pachysandra axillaris* var. *stylosa* (Dunn) M. Cheng　刘信中等（2002）
东方野扇花 *Sarcococca orientalis* C. Y. Wu *ex* M. Cheng　JLS-794
野扇花 *Sarcococca ruscifolia* Stapf　JLS-1895

123. 蕈树科 Altingiaceae

蕈树 *Altingia chinensis* (Champ. *ex* Benth.) Oliv. *ex* Hance　JLS-1598
缺萼枫香树 *Liquidambar acalycina* H. T. Chang　刘信中等（2002）
枫香树 *Liquidambar formosana* Hance　JLS-141，JLS-1352，JLS-1629
半枫荷 *Semiliquidambar cathayensis* H. T. Chang　刘信中等（2002）
细柄半枫荷 *Semiliquidambar chingii* (Metc.) Chang　梁跃龙等（2021）

124. 金缕梅科 Hamamelidaceae

蜡瓣花 *Corylopsis sinensis* Hemsl.　JLS-1495
秃蜡瓣花 *Corylopsis sinensis* var. *calvescens* Rehder & E. H. Wilson　刘信中等（2002）
钝叶假蚊母 *Distyliopsis tutcheri* (Hemsl.) P. K. Endress　刘信中等（2002）
小叶蚊母树 *Distylium buxifolium* (Hance) Merr.　刘信中等（2002）
闽粤蚊母树 *Distylium chungii* (F. P. Metcalf) W. C. Cheng　刘信中等（2002）

杨梅叶蚊母树 *Distylium myricoides* Hemsl. JLS-307，JLS-2053

秀柱花 *Eustigma oblongifolium* Gardner & Champ. JLS-660，JLS-1164

大果马蹄荷 *Exbucklandia tonkinensis* (Lecomte) H. T. Chang JLS-730

檵木 *Loropetalum chinense* (R. Br.) Oliv. 刘信中等（2002）

水丝梨 *Sycopsis sinensis* Oliv. JLS-621

126. 虎皮楠科 Daphniphyllaceae

牛耳枫 *Daphniphyllum calycinum* Benth. JLS-218，JLS-1063，JLS-1987，JLS-2159

交让木 *Daphniphyllum macropodum* Miq. 刘信中等（2002）

虎皮楠 *Daphniphyllum oldhamii* (Hemsl.) K. Rosenth. JLS-238，JLS-1039，JLS-1153，JLS-1160

127. 鼠刺科 Iteaceae

鼠刺 *Itea chinensis* Hook. & Arn. JLS-58，JLS-1089，JLS-1154，JLS-1579，JLS-2005

峨眉鼠刺 *Itea omeiensis* C. K. Schneid. 刘信中等（2002）

129. 虎耳草科 Saxifragaceae

大落新妇 *Astilbe grandis* Stapf *ex* E. H. Wilson 刘信中等（2002）

大叶金腰 *Chrysosplenium macrophyllum* Oliv. 刘信中等（2002）

虎耳草 *Saxifraga stolonifera* Curtis JLS-178

黄水枝 *Tiarella polyphylla* D. Don 刘信中等（2002）

130. 景天科 Crassulaceae

* 落地生根 *Bryophyllum pinnatum* (L. f.) Oken 刘信中等（2002）

费菜 *Phedimus aizoon* (L.) ' t Hart 刘信中等（2002）

东南景天 *Sedum alfredii* Hance JLS-634，JLS-2095

珠芽景天 *Sedum bulbiferum* Makino 刘信中等（2002）

凹叶景天 *Sedum emarginatum* Migo 刘信中等（2002）

佛甲草 *Sedum lineare* Thunb. 刘信中等（2002）

垂盆草 *Sedum sarmentosum* Bunge 刘信中等（2002）

日本景天 *Sedum uniflorum* var. *japonicum* (Sieb. *ex* Miq.) H. Ohba 刘信中等（2002）

133. 扯根菜科 Penthoraceae

扯根菜 *Penthorum chinense* Pursh 刘信中等（2002）

134. 小二仙草科 Haloragaceae

黄花小二仙草 *Gonocarpus chinensis* (Loureiro) Orchard JLS-1281

小二仙草 *Gonocarpus micranthus* Thunb. JLS-757，JLS-1281，JLS-1731

穗状狐尾藻 *Myriophyllum spicatum* L. JLS-2149

狐尾藻 *Myriophyllum verticillatum* L. 刘信中等（2002）

136. 葡萄科 Vitaceae

三裂蛇葡萄 *Ampelopsis delavayana* Planch. JLS-2132

蛇葡萄 *Ampelopsis glandulosa* (Wall.) Momiy. JLS-847

牯岭蛇葡萄 *Ampelopsis glandulosa* var. *kulingensis* (Rehder) Momiy. JLS-391，JLS-1148，JLS-1947

光叶蛇葡萄 *Ampelopsis glandulosa* var. *hancei* (Planchon) Momiyama 梁跃龙等（2021）

白蔹 *Ampelopsis japonica* (Thunb.) Makino 刘信中等（2002）

角花乌蔹莓 *Causonis corniculata* (Benth.) J. Wen & L. M. Lu JLS-494

乌蔹莓 *Causonis japonica* (Thunb.) Raf. JLS-846，JLS-1586，JLS-1688

毛乌蔹莓 *Causonis mollis* (Wall. *ex* M. A. Lawson) G. Parmar & J. Wen JLS-853，JLS-1000，JLS-2090

苦郎藤 *Cissus assamica* (M. A. Lawson) Craib JLS-1669

牛果藤 *Nekemias cantoniensis* (Hook. & Arn.) J. Wen & Z. L. Nie JLS-1470，JLS-1773，JLS-1951

羽叶蛇葡萄 *Nekemias chaffanjonii* (H. Lév. & Vaniot) J. Wen & Z. L. Nie 刘信中等（2002）

大齿牛果藤 *Nekemias grossedentata* (Hand.-Mazz.) J. Wen & Z. L. Nie JLS-1076，JLS-1466，JLS-1526

粉叶牛果藤 *Nekemias hypoglauca* (Hance) J. Wen & Z. L. Nie JLS-1843

大叶牛果藤 *Nekemias megalophylla* (Diels & Gilg) J. Wen & Z. L. Nie 刘信中等（2002）

毛枝牛果藤 *Nekemias rubifolia* (Wall.) J. Wen & Z. L. Nie JLS-1180-2

异叶爬山虎 *Parthenocissus heterophylla* Merr. 梁跃龙等（2021）

绿叶地锦 *Parthenocissus laetevirens* Rehder JLS-1342

三叶地锦 *Parthenocissus semicordata* (Wall.) Planch. JLS-1514

三叶崖爬藤 *Tetrastigma hemsleyanum* Diels & Gilg JLS-492，JLS-685，JLS-1983，JLS-2113

崖爬藤 *Tetrastigma obtectum* (Wall.) Planch. JLS-114，JLS-1341，JLS-2078

无毛崖爬藤 *Tetrastigma obtectum* var. *glabrum* (H. Lév. & Vaniot) Gagnep. 刘信中等（2002）

扁担藤 *Tetrastigma planicaule* (Hook.) Gagnep. 刘信中等（2002）

蘡薁 *Vitis bryoniifolia* Bunge 梁跃龙等（2021）

东南葡萄 *Vitis chunganensis* Hu 刘信中等（2002）

刺葡萄 *Vitis davidii* (Roman. Du Caill.) Foex. 梁跃龙等（2021）

绣毛刺葡萄 *Vitis davidii* var. *ferruginea* Merr.& Chun 梁跃龙等（2021）

毛葡萄 *Vitis heyneana* Roem. & Schult. 刘信中等（2002）

小叶葡萄 *Vitis sinocinerea* W. T. Wang 刘信中等（2002）

狭叶葡萄 *Vitis tsoi* Merr. JLS-2040

* 葡萄 *Vitis vinifera* L. 刘信中等（2002）

大果俞藤 *Yua austro-orientalis* (F. P. Metcalf) C. L. Li JLS-821

俞藤 *Yua thomsonii* (M. A. Lawson) C. L. Li JLS-1877

140. 豆科 Fabaceae

* 黑荆 *Acacia mearnsii* De Wild. 刘信中等（2002）

合萌 *Aeschynomene indica* L. 刘信中等（2002）

合欢 *Albizia julibrissin* Durazz. 刘信中等（2002）

山槐 *Albizia kalkora* (Roxb.) Prain JLS-2111

两型豆 *Amphicarpaea edgeworthii* Benth. 刘信中等（2002）

* 落花生 *Arachis hypogaea* L. 刘信中等（2002）

猴耳环 *Archidendron clypearia* (Jack) I. C. Nielsen 梁跃龙等（2021）

亮叶猴耳环 *Archidendron lucidum* (Benth) I. C. Nielsen JLS-1176-2

紫云英 *Astragalus sinicus* L. JLS-323
* 羊蹄甲 *Bauhinia purpurea* L. JLS-1918
云实 *Biancaea decapetala* (Roth) O. Deg. JLS-1995
小叶云实 *Biancaea millettii* (Hook. & Arn.) Gagnon & G. P. Lewis 刘信中等（2002）
* 木豆 *Cajanus cajan* (L.) Millsp. 刘信中等（2002）
蔓草虫豆 *Cajanus scarabaeoides* (L.) Thouars 梁跃龙等（2021）
密花鸡血藤 *Callerya congestiflora* (T. C. Chen) Z. Wei & Pedley 刘信中等（2002）
香花鸡血藤 *Callerya dielsiana* (Harms) P. K. Lôc *ex* Z. Wei & Pedley JLS-502，JLS-1511，JLS-2063
异果鸡血藤 *Callerya dielsiana* var. *heterocarpa* (Chun *ex* T. C. Chen) X. Y. Zhu *ex* Z. Wei & Pedley 梁跃龙等（2021）
亮叶鸡血藤 *Callerya nitida* (Benth.) R. Geesink JLS-318，JLS-1422，JLS-2139
丰城鸡血藤 *Callerya nitida* var. *hirsutissima* (Z. Wei) X. Y. Zhu 梁跃龙等（2021）
* 直生刀豆 *Canavalia ensiformis* (L.) DC. 刘信中等（2002）
* 含羞草山扁豆 *Chamaecrista mimosoides* (L.) Greene 刘信中等（2002）
粉叶首冠藤 *Cheniella glauca* (Benth.) R. Clark & Mackinder JLS-1177-2
卵叶首冠藤 *Cheniella ovatifolia* (T. C. Chen) R. Clark & Mackinder 刘信中等（2002）
香槐 *Cladrastis wilsonii* Takeda 刘信中等（2002）
舞草 *Codariocalyx motorius* (Houtt.) Ohashi 刘信中等（2002）
线叶猪屎豆 *Crotalaria linifolia* L. f. 刘信中等（2002）
猪屎豆 *Crotalaria pallida* Ait. 刘信中等（2002）
大托叶猪屎豆 *Crotalaria spectabilis* Roth 刘信中等（2002）
藤黄檀 *Dalbergia hancei* Benth. 刘信中等（2002）
黄檀 *Dalbergia hupeana* Hance JLS-428，JLS-1174，JLS-1754，JLS-2130
中南鱼藤 *Derris fordii* Oliv. 刘信中等（2002）
厚果鱼藤 *Derris taiwaniana* (Hayata) Z. Q. Song JLS-1604
山黑豆 *Dumasia truncata* Sieb. *et* Zucc. JLS-1147-2
鸡头薯 *Eriosema chinense* Vogel 刘信中等（2002）
山豆根 *Euchresta japonica* Hook. f. *ex* Regel 梁跃龙等（2021）
大叶千斤拔 *Flemingia macrophylla* (Willd.) Kuntze *ex* Merr. 刘信中等（2002）
千斤拔 *Flemingia prostrata* Roxb. Junior *ex* Roxb. 刘信中等（2002）
华南皂荚 *Gleditsia fera* (Lour.) Merr. JLS-716，JLS-2110
* 大豆 *Glycine max* (L.) Merr. 刘信中等（2002）
野大豆 *Glycine soja* Sieb. & Zucc. 梁跃龙等（2021）
假地豆 *Grona heterocarpos* (L.) H. Ohashi & K. Ohashi JLS-529
三点金 *Grona triflora* (L.) H. Ohashi & K. Ohashi 梁跃龙等（2021）
肥皂荚 *Gymnocladus chinensis* Baill. JLS-826
疏花长柄山蚂蝗 *Hylodesmum laxum* (DC.) H. Ohashi & R. R. Mill JLS-462
长柄山蚂蝗 *Hylodesmum podocarpum* (DC.) H. Ohashi & R. R. Mill 刘信中等（2002）
宽卵叶长柄山蚂蟥 *Hylodesmum podocarpum* subsp. *fallax* (Schindler) H. Ohashi & R. R. Mill 梁跃龙等（2021）
尖叶长柄山蚂蝗 *Hylodesmum podocarpum* subsp. *oxyphyllum* (DC.) H. Ohashi & R. R. Mill JLS-1692
河北木蓝 *Indigofera bungeana* Walp. 梁跃龙等（2021）

庭藤 *Indigofera decora* Lindl.　JLS-1121

黑叶木蓝 *Indigofera nigrescens* Kurz *ex* King *et* Prain　梁跃龙等（2021）

* 野青树 *Indigofera suffruticosa* Mill.　刘信中等（2002）

鸡眼草 *Kummerowia striata* (Thunb.) Schindl.　JLS-569，JLS-2028

* 扁豆 *Lablab purpureus* (L.) Sweet　刘信中等（2002）

小叶三点金 *Leptodesmia microphylla* (Thunb.) H. Ohashi & K. Ohashi　刘信中等（2002）

胡枝子 *Lespedeza bicolor* Turcz.　JLS-1952

绿叶胡枝子 *Lespedeza buergeri* Miq.　刘信中等（2002）

中华胡枝子 *Lespedeza chinensis* G. Don　梁跃龙等（2021）

截叶铁扫帚 *Lespedeza cuneata* (Dum. Cours.) G. Don　JLS-2026

大叶胡枝子 *Lespedeza davidii* Franch.　刘信中等（2002）

广东胡枝子 *Lespedeza fordii* Schindl.　梁跃龙等（2021）

美丽胡枝子 *Lespedeza thunbergii* subsp. *formosa* (Vogel) H. Ohashi　JLS-418，JLS-2123

细梗胡枝子 *Lespedeza virgata* (Thunb.) DC.　刘信中等（2002）

厚果崖豆藤 *Millettia pachycarpa* Benth.　JLS-1604

疏叶崖豆 *Millettia pulchra* var. *laxior* (Dunn) Z.Wei　梁跃龙等（2021）

* 含羞草 *Mimosa pudica* L.　刘信中等（2002）

小槐花 *Ohwia caudata* (Thunb.) Ohashi　JLS-737

长脐红豆 *Ormosia balansae* Drake　梁跃龙等（2021）

光叶红豆 *Ormosia glaberrima* Y. C. Wu　梁跃龙等（2021）

花榈木 *Ormosia henryi* Prain　JLS-571，JLS-1600

红豆树 *Ormosia hosiei* Hemsl. *et* Wils.　梁跃龙等（2021）

韧荚红豆 *Ormosia indurata* L. Chen　JLS-1909

软荚红豆 *Ormosia pinnata* (Lour.) Merr.　刘信中等（2002）

苍叶红豆 *Ormosia semicastrata* f. *pallida* F. C. How　JLS-1336

木荚红豆 *Ormosia xylocarpa* Chun *ex* H. Y. Chen　JLS-1023

饿蚂蝗 *Ototropis multiflora* (DC.) H. Ohashi & K. Ohashi　刘信中等（2002）

* 豆薯 *Pachyrhizus erosus* (L.) Urb.　刘信中等（2002）

* 豌豆 *Pisum sativum* L.　刘信中等（2002）

阔裂叶羊蹄甲 *Phanera apertilobata* (Merr. & F. P. Metcalf) K. W. Jiang　刘信中等（2002）

龙须藤 *Phanera championii* Benth.　刘信中等（2002）

* 菜豆 *Phaseolus vulgaris* L.　刘信中等（2002）

三野葛 *Pueraria montana* (Lour.) Merr.　梁跃龙等（2021）

葛 *Pueraria montana* var. *lobata* (Willd.) Maesen & S. M. Almeida *ex* Sanjappa & Predeep JLS-752

菱叶鹿藿 *Rhynchosia dielsii* Harms　梁跃龙等（2021）

* 刺槐 *Robinia pseudoacacia* L.　刘信中等（2002）

藤儿茶 *Senegalia rugata* (Lam.) Britton & Rose　JLS-2138

决明 *Senna tora* (L.) Roxb.　刘信中等（2002）

* 望江南 *Senna occidentalis* (L.) Link　刘信中等（2002）

坡油甘 *Smithia sensitiva* Aiton　刘信中等（2002）

* 槐 *Styphnolobium japonicum* (L.) Schott　JLS-504

网络夏藤 *Wisteriopsis reticulata* (Benth.) J. Compton & Schrire 刘信中等（2002）

* 蚕豆 *Vicia faba* L. 刘信中等（2002）

赤小豆 *Vigna umbellata* (Thunb.) Ohwi *et* Ohashi 梁跃龙等（2021）

* 豇豆 *Vigna unguiculata* (L.) Walp. 刘信中等（2002）

* 短豇豆 *Vigna unguiculata* subsp. *cylindrica* (L.) Verdc. 刘信中等（2002）

* 任豆 *Zenia insignis* Chun 刘信中等（2002）

142. 远志科 Polygalaceae

荷包山桂花 *Polygala arillata* Buch.-Ham. *ex* D. Don 刘信中等（2002）

华南远志 *Polygala chinensis* L. 刘信中等（2002）

黄花倒水莲 *Polygala fallax* Hemsl. JLS-408，JLS-2091

狭叶香港远志 *Polygala hongkongensis* var. *stenophylla* Migo JLS-2079

瓜子金 *Polygala japonica* Houtt. 刘信中等（2002）

大叶金牛 *Polygala latouchei* Franch. 刘信中等（2002）

小扁豆 *Polygala tatarinowii* Regel 刘信中等（2002）

小花远志 *Polygala chinensis* var. chinensis 刘信中等（2002）

远志 *Polygala tenuifolia* Willd. 刘信中等（2002）

齿果草 *Salomonia cantoniensis* Lour. 刘信中等（2002）

椭圆叶齿果草 *Salomonia ciliata* (L.) DC. 刘信中等（2002）

143. 蔷薇科 Rosaceae

小花龙牙草 *Agrimonia nipponica* var. *occidentalis* Skalický *ex* J. E. Vidal JLS-721

龙牙草 *Agrimonia pilosa* Ledeb. JLS-361

* 枇杷 *Eriobotrya japonica* (Thunb.) Lindl. 刘信中等（2002）

大花枇杷 *Eriobotrya cavaleriei* (H. Lév.) Rehder JLS-311，JLS-997，JLS-1224，JLS-1675

台湾枇杷 *Eriobotrya deflexa* (Hemsl.) Nakai 刘信中等（2002）

香花枇杷 *Eriobotrya fragrans* Champ. *ex* Benth. JLS-1415，JLS-1676

柔毛路边青 *Geum japonicum* var. *chinense* F. Bolle JLS-297

台湾林檎 *Malus doumeri* (Bois) A. Chev. 刘信中等（2002）

湖北海棠 *Malus hupehensis* (Pamp.) Rehd. 梁跃龙等（2021）

三叶海棠 *Malus toringo* (Siebold) Sieb. *ex* de Vriese 刘信中等（2002）

中华绣线梅 *Neillia sinensis* Oliv. 梁跃龙等（2021）

中华石楠 *Photinia beauverdiana* Schneid. 梁跃龙等（2021）

闽粤石楠 *Photinia benthamiana* Hance 梁跃龙等（2021）

贵州石楠 *Photinia bodinieri* H. Lév. JLS-169

光叶石楠 *Photinia glabra* (Thunb.) Maxim. JLS-1858

陷脉石楠 *Photinia impressivena* Hayata 刘信中等（2002）

倒卵叶石楠 *Photinia lasiogyna* (Franch.) C. K. Schneid. 刘信中等（2002）

小叶石楠 *Photinia parvifolia* (E. Pritz.) C. K. Schneid. JLS-239，JLS-1128，JLS-1172，JLS-1580，JLS-1825，JLS-1833，JLS-1151

桃叶石楠 *Photinia prunifolia* (Hook. & Arn.) Lindl. JLS-1094，JLS-2066

饶平石楠 *Photinia raupingensis* K. C. Kuan 刘信中等（2002）
绒毛石楠 *Photinia schneideriana* Rehd. *et* Wils. JLS-1837
委陵菜 *Potentilla chinensis* Ser. 梁跃龙等（2021）
翻白草 *Potentilla discolor* Bunge 刘信中等（2002）
三叶委陵菜 *Potentilla freyniana* Bornm. JLS-55
蛇含委陵菜 *Potentilla kleiniana* Wight & Arn. JLS-121
莓叶委陵菜 *Potentilla fragarioides* L. 梁跃龙等（2021）
橉木 *Prunus buergeriana* Miq. JLS-2012
钟花樱 *Prunus campanulata* Maxim. JLS-1392
灰叶稠李 *Prunus grayana* Maxim. JLS-1671，JLS-1777，JLS-1841，JLS-1872，JLS-1875-2
毛背桂樱 *Prunus hypotricha* Rehder 刘信中等（2002）
* 梅 *Prunus mume* (Siebold) Sieb. & Zucc. JLS-1353
* 桃 *Prunus persica* (L.) Batsch 刘信中等（2002）
腺叶桂樱 *Prunus phaeosticta* (Hance) Maxim. JLS-1566，JLS-1684，JLS-1884-2
* 李 *Prunus salicina* Lindl. JLS-450
刺叶桂樱 *Prunus spinulosa* Sieb. & Zucc. JLS-1160-2
尖叶桂樱 *Prunus undulata* Buch.-Ham. *ex* D. Don JLS-32，JLS-952，JLS-1337，JLS-1797
绢毛稠李 *Prunus wilsonii* (C. K. Schneid.) Koehne in Sarg. JLS-1881
大叶桂樱 *Prunus zippeliana* Miq. JLS-1361，JLS-1850-2
木瓜 *Pseudocydonia sinensis* (Thouin) C. K. Schneid. 梁跃龙等（2021）
豆梨 *Pyrus calleryana* Decne. JLS-410，JLS-1181
锈毛石斑木 *Rhaphiolepis ferruginea* F. P. Metcalf 刘信中等（2002）
石斑木 *Rhaphiolepis indica* (L.) Lindl. JLS-1738
大叶石斑木 *Rhaphiolepis major* Cardot 梁跃龙等（2021）
* 木香花 *Rosa banksiae* Aiton 刘信中等（2002）
* 月季花 *Rosa chinensis* Jacq. 刘信中等（2002）
小果蔷薇 *Rosa cymosa* Tratt. JLS-60，JLS-869
软条七蔷薇 *Rosa henryi* Boulenger JLS-1186，JLS-2109
广东蔷薇 *Rosa kwangtungensis* Yü *et* Tsai 梁跃龙等（2021）
金樱子 *Rosa laevigata* Michx. JLS-140
* 野蔷薇 *Rosa multiflora* Thunb. 梁跃龙等（2021）
粉团蔷薇 *Rosa multiflora* var. *cathayensis* Rehder & E. H. Wilson in Sarg. JLS-144
悬钩子蔷薇 *Rosa rubus* Lévl. *et* Vant. 梁跃龙等（2021）
腺毛莓 *Rubus adenophorus* Rolfe JLS-1245
粗叶悬钩子 *Rubus alceifolius* Poir. 刘信中等（2002）
周毛悬钩子 *Rubus amphidasys* Focke *ex* Diels 梁跃龙等（2021）
寒莓 *Rubus buergeri* Miq. JLS-631，JLS-1211
掌叶覆盆子 *Rubus chingii* Hu 梁跃龙等（2021）
小柱悬钩子 *Rubus columellaris* Tutcher 刘信中等（2002）
山莓 *Rubus corchorifolius* L. f. JLS-101
光果悬钩子 *Rubus glabricarpus* Cheng 刘信中等（2002）

江西悬钩子 *Rubus gressittii* F. P. Metcalf　刘信中等（2002）
华南悬钩子 *Rubus hanceanus* Ktze.　梁跃龙等（2021）
白叶莓 *Rubus innominatus* S. Moore　刘信中等（2002）
蜜腺白叶莓 *Rubus innominatus* var. *aralioides* (Hance) T. T. Yu & L. T. Lu　刘信中等（2002）
无腺白叶莓 *Rubus innominatus* var. *kuntzeanus* (Hemsl.) L. H. Bailey　刘信中等（2002）
高粱藨 *Rubus lambertianus* Ser.　JLS-521
耳叶悬钩子 *Rubus latoauriculatus* Metc.　梁跃龙等（2021）
白花悬钩子 *Rubus leucanthus* Hance　JLS-194
棠叶悬钩子 *Rubus malifolius* Focke　刘信中等（2002）
太平莓 *Rubus pacificus* Hance　梁跃龙等（2021）
茅莓 *Rubus parvifolius* L.　刘信中等（2002）
梨叶悬钩子 *Rubus pirifolius* Smith　梁跃龙等（2021）
大乌藨 *Rubus pluribracteatus* L. T. Lu & Boufford　梁跃龙等（2021）
锈毛莓 *Rubus reflexus* Ker Gawl.　JLS-897，JLS-1496
长叶锈毛莓 *Rubus reflexus* var. *orogenes* Hand.-Mazz.　梁跃龙等（2021）
空心藨 *Rubus rosifolius* Sm.　JLS-217
红腺悬钩子 *Rubus sumatranus* Miq.　JLS-232
木莓 *Rubus swinhoei* Hance　JLS-241，JLS-1880
三花悬钩子 *Rubus trianthus* Focke　刘信中等（2002）
东南悬钩子 *Rubus tsangiorum* Handel-Mazzetti　刘信中等（2002）
黄脉莓 *Rubus xanthoneurus* Focke *ex* Diels　JLS-1165-2
地榆 *Sanguisorba officinalis* L.　刘信中等（2002）
水榆花楸 *Sorbus alnifolia* (Sieb. & Zucc.) C. Koch　JLS-1273，JLS-1733
美脉花楸 *Sorbus caloneura* (Stapf) Rehd.　梁跃龙等（2021）
江南花楸 *Sorbus hemsleyi* (Schneid.) Rehd.　梁跃龙等（2021）
绣球绣线菊 *Spiraea blumei* G. Don　梁跃龙等（2021）
麻叶绣线菊 *Spiraea cantoniensis* Lour.　JLS-2094
中华绣线菊 *Spiraea chinensis* Maxim.　JLS-95
红果树 *Stranvaesia davidiana* Decne.　JLS-763

146. 胡颓子科 Elaeagnaceae

巴东胡颓子 *Elaeagnus difficilis* Servettaz　JLS-2076
蔓胡颓子 *Elaeagnus glabra* Thunb.　刘信中等（2002）
角花胡颓子 *Elaeagnus gonyanthes* Benth.　刘信中等（2002）
木半夏 *Elaeagnus multiflora* Thunb. in Murray　刘信中等（2002）
胡颓子 *Elaeagnus pungens* Thunb.　刘信中等（2002）

147. 鼠李科 Rhamnaceae

多花勾儿茶 *Berchemia floribunda* (Wall.) Brongn.　JLS-139
云南勾儿茶 *Berchemia sinica* C. K. Schneid.　刘信中等（2002）
长叶冻绿 *Frangula crenata* (Sieb. & Zucc.) Miq.　JLS-1275，JLS-1277，JLS-1411，JLS-1118

枳椇 *Hovenia acerba* Lindl.　JLS-555，JLS-1046

北枳椇 *Hovenia dulcis* Thunb.　刘信中等（2002）

毛果枳椇 *Hovenia trichocarpa* Chun & Tsiang　刘信中等（2002）

马甲子 *Paliurus ramosissimus* (Lour.) Poir.　刘信中等（2002）

山绿柴 *Rhamnus brachypoda* C. Y. Wu *ex* Y. L. Chen　JLS-1921

圆叶鼠李 *Rhamnus globosa* Bunge　刘信中等（2002）

尼泊尔鼠李 *Rhamnus napalensis* (Wall.) Lawson　JLS-2081

皱叶鼠李 *Rhamnus rugulosa* Hemsl. *ex* Forbes & Hemsl.　刘信中等（2002）

冻绿 *Rhamnus utilis* Decne.　刘信中等（2002）

钩刺雀梅藤 *Sageretia hamosa* (Wall.) Brongn.　JLS-681，JLS-1596

毛叶雀梅藤 *Sageretia thea* var. *tomentosa* (C. K. Schneid.) Y. L. Chen & P. K. Chou　刘信中等（2002）

* 枣 *Ziziphus jujuba* Mill.　刘信中等（2002）

148. 榆科 Ulmaceae

刺榆 *Hemiptelea davidii* (Hance) Planch.　刘信中等（2002）

兴山榆 *Ulmus bergmanniana* C. K. Schneid.　JLS-352

杭州榆 *Ulmus changii* W. C. Cheng　刘信中等（2002）

大果榆 *Ulmus macrocarpa* Hance　刘信中等（2002）

榔榆 *Ulmus parvifolia* Jacq.　刘信中等（2002）

红果榆 *Ulmus szechuanica* W. P. Fang　刘信中等（2002）

149. 大麻科 Cannabaceae

糙叶树 *Aphananthe aspera* (Thunb.) Planch.　JLS-1362，JLS-2073

紫弹树 *Celtis biondii* Pamp.　JLS-172

朴树 *Celtis sinensis* Pers.　刘信中等（2002）

葎草 *Humulus scandens* (Lour.) Merr.　刘信中等（2002）

光叶山黄麻 *Trema cannabina* Lour.　JLS-932，JLS-1051

山油麻 *Trema cannabina* var. *dielsiana* (Hand.-Mazz.) C. J. Chen　JLS-848

山黄麻 *Trema tomentosa* (Roxb.) H. Hara　JLS-1861-2

150. 桑科 Moraceae

白桂木 *Artocarpus hypargyreus* Hance　JLS-2044

藤构 *Broussonetia kaempteri* auct. non Siebold: Merr. & Chun　JLS-607

楮 *Broussonetia kazinoki* Sieb.　JLS-197

* 构 *Broussonetia papyrifera* (L.) L 'Hér. *ex* Vent.　刘信中等（2002）

水蛇麻 *Fatoua villosa* (Thunb.) Nakai　刘信中等（2002）

* 无花果 *Ficus carica* L.　刘信中等（2002）

* 印度榕 *Ficus elastica* Roxb. *ex* Hornem.　刘信中等（2002）

矮小天仙果 *Ficus erecta* Thunb.　JLS-828，JLS-1887

台湾榕 *Ficus formosana* Maxim.　JLS-115，JLS-286，JLS-1045，JLS-1969，JLS-1989，JLS-954，JLS-1087，JLS-1990

异叶榕 *Ficus heteromorpha* Hemsl. JLS-891，JLS-1479，JLS-1776

粗叶榕 *Ficus hirta* Vahl JLS-774，JLS-1049

琴叶榕 *Ficus pandurata* Hance JLS-566，JLS-1853

薜荔 *Ficus pumila* L. JLS-210

尾尖爬藤榕 *Ficus sarmentosa* var. *lacrymans* (H. Lév.) Corner 刘信中等（2002）

白背爬藤榕 *Ficus sarmentosa* var. *nipponica* (Franch. & Sav.) Corner 刘信中等（2002）

珍珠莲 *Ficus sarmentosa* var. *henryi* (King *ex* Oliv.) Corner JLS-500，JLS-1175，JLS-2069

竹叶榕 *Ficus stenophylla* Hemsl. 刘信中等（2002）

变叶榕 *Ficus variolosa* Lindl. *ex* Benth. JLS-1114，JLS-1569

黄葛树 *Ficus virens* Aiton 刘信中等（2002）

构棘 *Maclura cochinchinensis* (Lour.) Corner JLS-1180

柘 *Maclura tricuspidata* Carrière 刘信中等（2002）

鸡桑 *Morus australis* Poir. JLS-75，JLS-2103

长穗桑 *Morus wittiorum* Hand.-Mazz. JLS-309，JLS-1539，JLS-2001

151. 荨麻科 Urticaceae

悬铃叶苎麻 *Boehmeria allophylla* W. T. Wang JLS-525

序叶苎麻 *Boehmeria clidemioides* var. *diffusa* (Wedd.)Hand.-Mazz. 梁跃龙等（2021）

密球苎麻 *Boehmeria densiglomerata* W. T. Wang JLS-439，JLS-874，JLS-1316，JLS-1345

长序苎麻 *Boehmeria dolichostachya* W. T. Wang 梁跃龙等（2021）

海岛苎麻 *Boehmeria formosana* Hayata JLS-1080，JLS-1873-2

野线麻 *Boehmeria japonica* (L. f.) Miq. 刘信中等（2002）

青叶苎麻 *Boehmeria nivea* var. *tenacissima* (Gaudich.) Miq. 刘信中等（2002）

八角麻 *Boehmeria platanifolia* Franchet & Savatier JLS-980，JLS-1673

小赤麻 *Boehmeria spicata* (Thunb.) Thunb. 梁跃龙等（2021）

锐齿楼梯草 *Elatostema cyrtandrifolium* (Zoll. & Moritzi) Miq. JLS-654，JLS-1340

楼梯草 *Elatostema involucratum* Franch. *et* Sav. JLS-2105

托叶楼梯草 *Elatostema nasutum* Hook. f. 梁跃龙等（2021）

对叶楼梯草 *Elatostema sinense* H. Schroet. 刘信中等（2002）

庐山楼梯草 *Elatostema stewardii* Merr. 梁跃龙等（2021）

糯米团 *Gonostegia hirta* (Blume) Miq. JLS-431，JLS-951，JLS-1058

珠芽艾麻 *Laportea bulbifera* (Sieb. *et* Zucc.) Wedd. 梁跃龙等（2021）

毛花点草 *Nanocnide lobata* Wedd. 刘信中等（2002）

紫麻 *Oreocnide frutescens* (Thunb.) Miq. JLS-213，JLS-1028

短叶赤车 *Pellionia brevifolia* Benth. 刘信中等（2002）

华南赤车 *Pellionia grijsii* Hance JLS-1320

赤车 *Pellionia radicans* (Sieb. & Zucc.) Wedd. JLS-87

曲毛赤车 *Pellionia retrohispida* W. T. Wang JLS-1978

蔓赤车 *Pellionia scabra* Benth. JLS-12，JLS-996

湿生冷水花 *Pilea aquarum* Dunn JLS-10，JLS-1088

波缘冷水花 *Pilea cavaleriei* H. Lév. JLS-640

山冷水花 *Pilea japonica* (Maxim.) Hand.-Mazz.　梁跃龙等（2021）
隆脉冷水花 *Pilea lomatogramma* Hand.-Mazz.　刘信中等（2002）
大叶冷水花 *Pilea martini* (H. Léveillé) Handel-Mazzetti　梁跃龙等（2021）
小叶冷水花 *Pilea microphylla* (L.) Liebm.　JLS-822
冷水花 *Pilea notata* C. H. Wright　JLS-54
矮冷水花 *Pilea peploides* (Gaudich.) Hook. & Arn.　刘信中等（2002）
透茎冷水花 *Pilea pumila* (L.) A. Gray　JLS-1678
镰叶冷水花 *Pilea semisessilis* Hand.-Mazz.　JLS-1258，JLS-1860，JLS-1861，JLS-2037
三角形冷水花 *Pilea swinglei* Merr.　JLS-513，JLS-616，JLS-2137
雾水葛 *Pouzolzia zeylanica* (L.) Benn. & R. Br.　JLS-809
荨麻 *Urtica fissa* E. Pritz.　刘信中等（2002）

153. 壳斗科 Fagaceae

* 栗 *Castanea mollissima* Blume　JLS-179
茅栗 *Castanea seguinii* Dode　刘信中等（2002）
米槠 *Castanopsis carlesii* (Hemsl.) Hayata　JLS-1083
甜槠 *Castanopsis eyrei* (Champ. *ex* Benth.) Tutcher　JLS-161，JLS-1119，JLS-1557
罗浮锥 *Castanopsis fabri* Hance　JLS-1575，JLS-1737
栲 *Castanopsis fargesii* Franch.　JLS-61，JLS-1055，JLS-1195，JLS-1239
黧蒴锥 *Castanopsis fissa* (Champ. *ex* Benth.) Rehder & E. H. Wilson in Sarg.　刘信中等（2002）
毛锥 *Castanopsis fordii* Hance　JLS-322，JLS-1942，JLS-2002
秀丽锥 *Castanopsis jucunda* Hance　JLS-1109，JLS-1891，JLS-2065
吊皮锥 *Castanopsis kawakamii* Hayata　刘信中等（2002）
鹿角锥 *Castanopsis lamontii* Hance　JLS-343，JLS-1499，JLS-1576，JLS-1590，JLS-1917
苦槠 *Castanopsis sclerophylla* (Lindl. *et* Paxton) Schottky　梁跃龙等（2021）
钩锥 *Castanopsis tibetana* Hance　JLS-299，JLS-940，JLS-1131
淋漓锥 *Castanopsis uraiana* (Hayata) Kaneh. & Sasaki　刘信中等（2002）
米心水青冈 *Fagus engleriana* Seem.　JLS-414
水青冈 *Fagus longipetiolata* Seemen　JLS-1144-2
光叶水青冈 *Fagus lucida* Rehder & E. H. Wilson　JLS-1719
美叶柯 *Lithocarpus calophyllus* Chun *ex* C. C. Huang & Y. T. Chang　JLS-1410，JLS-1538，JLS-1680，JLS-1723
粤北柯 *Lithocarpus chifui* Chun *et* Tsiang　梁跃龙等（2021）
金毛柯 *Lithocarpus chrysocomus* Chun *et* Tsiang　梁跃龙等（2021）
泥柯 *Lithocarpus fenestratus* (Roxb.) Rehder　刘信中等（2002）
柯 *Lithocarpus glaber* (Thunb.) Nakai　梁跃龙等（2021）
硬壳柯 *Lithocarpus hancei* (Benth.) Rehder　JLS-1454
木姜叶柯 *Lithocarpus litseifolius* (Hance) Chun　JLS-535，JLS-1140，JLS-1145
榄叶柯 *Lithocarpus oleifolius* A. Camus　JLS-1374
大叶苦柯 *Lithocarpus paihengii* Chun *et* Tsiang　梁跃龙等（2021）
圆锥柯 *Lithocarpus paniculatus* Handel-Mazzetti　梁跃龙等（2021）
滑皮柯 *Lithocarpus skanianus* (Dunn) Rehder　JLS-627

槟榔青冈 *Quercus bella* Chun & Tsiang　JLS-447

岭南青冈 *Quercus championii* Benth.　梁跃龙等（2021）

福建青冈 *Quercus chungii* F. P. Metcalf　梁跃龙等（2021）

碟斗青冈 *Quercus disciformis* Chun & Tsiang　刘信中等（2002）

华南青冈 *Quercus edithiae* Skan　梁跃龙等（2021）

巴东栎 *Quercus engleriana* Seemen　JLS-1424，JLS-1570

饭甑青冈 *Quercus fleuryi* Hickel & A. Camus　刘信中等（2002）

青冈 *Quercus glauca* Thunb. in Murray　JLS-2059，JLS-1907

雷公青冈 *Quercus hui* Chun　刘信中等（2002）

大叶青冈 *Quercus jenseniana* Hand.-Mazz.　JLS-1789

木姜叶青冈 *Quercus litseoides* Dunn　梁跃龙等（2021）

多脉青冈 *Quercus multinervis* (W. C. Cheng & T. Hong) J. Q. Li　JLS-1465，JLS-1718，JLS-1822

小叶青冈 *Quercus myrsinifolia* Blume　JLS-2004，JLS-2061

枹栎 *Quercus serrata* Thunb.　刘信中等（2002）

云山青冈 *Quercus sessilifolia* Blume　JLS-1179-2，JLS-1882

细叶青冈 *Quercus shennongii* C. C. Huang *et* S. H. Fu　梁跃龙等（2021）

154. 杨梅科 Myricaceae

杨梅 *Morella rubra* Lour.　JLS-1113，JLS-1409，JLS-1581

155. 胡桃科 Juglandaceae

青钱柳 *Cyclocarya paliurus* (Batalin) Iljinsk.　刘信中等（2002）

少叶黄杞 *Engelhardia fenzlii* Merr.　JLS-671，JLS-1035

黄杞 *Engelhardia roxburghiana* Wall.　刘信中等（2002）

化香树 *Platycarya strobilacea* Sieb. & Zucc.　刘信中等（2002）

枫杨 *Pterocarya stenoptera* C. DC.　JLS-47，JLS-1993

156. 木麻黄科 Casuarinaceae

* 木麻黄 *Casuarina equisetifolia* L.　刘信中等（2002）

158. 桦木科 Betulaceae

桤木 *Alnus cremastogyne* Burkill　JLS-152

江南桤木 *Alnus trabeculosa* Hand.-Mazz.　刘信中等（2002）

西桦 *Betula alnoides* Buch.-Ham. *ex* D. Don　刘信中等（2002）

香桦 *Betula insignis* Franch.　刘信中等（2002）

亮叶桦 *Betula luminifera* H. J. P. Winkl.　JLS-399，JLS-1127

雷公鹅耳枥 *Carpinus viminea* Lindl.　JLS-1156-2，JLS-1572，JLS-1133

163. 葫芦科 Cucurbitaceae

盒子草 *Actinostemma tenerum* Griff.　刘信中等（2002）

* 冬瓜 *Benincasa hispida* (Thunb.) Cogn.　刘信中等（2002）

* 瓠子 *Benincasa hispida* (Thunb.) Cogn.　刘信中等（2002）

* 西瓜 *Citrullus lanatus* (Thunb.) Matsum. & Nakai　刘信中等（2002）
* 甜瓜 *Cucumis melo* L.　刘信中等（2002）
* 黄瓜 *Cucumis sativus* L.　刘信中等（2002）
* 南瓜 *Cucurbita moschata* (Duchesne *ex* Lam.) Duchesne *ex* Poir.　刘信中等（2002）

光叶绞股蓝 *Gynostemma laxum* (Wall.) Cogn.　刘信中等（2002）

绞股蓝 *Gynostemma pentaphyllum* (Thunb.) Makino　JLS-606，JLS-1350

* 葫芦 *Lagenaria siceraria* (Molina) Standl.　刘信中等（2002）
* 广东丝瓜 *Luffa acutangula* (L.) Roxb.　刘信中等（2002）
* 丝瓜 *Luffa aegyptiaca* Mill.　刘信中等（2002）
* 苦瓜 *Momordica charantia* L.　刘信中等（2002）

凹萼木鳖 *Momordica subangulata* Blume　刘信中等（2002）

帽儿瓜 *Mukia maderaspatana* (L.) M. J. Roem.　刘信中等（2002）

* 佛手瓜 *Sechium edule* (Jacq.) Sw.　刘信中等（2002）

罗汉果 *Siraitia grosvenorii* (Swingle) C. Jeffrey *ex* A. M. Lu & Zhi Y. Zhang　JLS-433

茅瓜 *Solena heterophylla* Lour.　JLS-2088

大苞赤瓟 *Thladiantha cordifolia* (Blume) Cogn.　JLS-523，JLS-1042

南赤瓟 *Thladiantha nudiflora* Hemsl. *ex* Forbes & Hemsl.　刘信中等（2002）

台湾赤瓟 *Thladiantha punctata* Hayata　刘信中等（2002）

王瓜 *Trichosanthes cucumeroides* (Ser.) Maxim.　JLS-1187，JLS-1800，JLS-923

长萼栝楼 *Trichosanthes laceribractea* Hayata　JLS-389，JLS-1667

趾叶栝楼 *Trichosanthes pedata* Merr. & Chun　JLS-415

中华栝楼 *Trichosanthes rosthornii* Harms　JLS-1779

纽子瓜 *Zehneria bodinieri* (H. Lév.) W. J. de Wilde & Duyfjes　JLS-1957

马㼎儿 *Zehneria japonica* (Thunb.) H. Y. Liu　JLS-561

166. 秋海棠科 Begoniaceae

美丽秋海棠 *Begonia algaia* L. B. Sm. & Wassh.　刘信中等（2002）

* 四季秋海棠 *Begonia cucullata* Willd.　刘信中等（2002）

槭叶秋海棠 *Begonia digyna* Irmsch.　刘信中等（2002）

紫背天葵 *Begonia fimbristipula* Hance　梁跃龙等（2021）

秋海棠 *Begonia grandis* Dryand.　刘信中等（2002）

中华秋海棠 *Begonia grandis* subsp. *sinensis* (A. DC.) Irmsch.　JLS-881

粗喙秋海棠 *Begonia longifolia* Blume　JLS-1963，JLS-2039

裂叶秋海棠 *Begonia palmata* D. Don　JLS-534，JLS-941

红孩儿 *Begonia palmata* var. *bowringiana* (Champ. *ex* Benth.) Golding & Kareg.　JLS-583，JLS-978

掌裂叶秋海棠 *Begonia pedatifida* H. Lév.　刘信中等（2002）

168. 卫矛科 Celastracea

过山枫 *Celastrus aculeatus* Merr.　刘信中等（2002）

大芽南蛇藤 *Celastrus gemmatus* Loes.　JLS-1219，JLS-2045，JLS-2075

青江藤 *Celastrus hindsii* Benth.　刘信中等（2002）

圆叶南蛇藤 *Celastrus kusanoi* Hayata 刘信中等（2002）
窄叶南蛇藤 *Celastrus oblanceifolius* C. H. Wang & P. C. Tsoong JLS-126
南蛇藤 *Celastrus orbiculatus* Thunb. 刘信中等（2002）
短梗南蛇藤 *Celastrus rosthornianus* Loes. JLS-1565
显柱南蛇藤 *Celastrus stylosus* Wall. JLS-1147
卫矛 *Euonymus alatus* (Thunb.) Sieb. JLS-1922
百齿卫矛 *Euonymus centidens* H. Lév. JLS-33，JLS-1305
裂果卫矛 *Euonymus dielsianus* Loes. & Diels 刘信中等（2002）
鸦椿卫矛 *Euonymus euscaphis* Hand.-Mazz. JLS-1772
扶芳藤 *Euonymus fortunei* (Turcz.) Hand.-Mazz. JLS-1480，JLS-1686
* 冬青卫矛 *Euonymus japonicus* Thunb. 刘信中等（2002）
疏花卫矛 *Euonymus laxiflorus* Champ. & Benth. 刘信中等（2002）
大果卫矛 *Euonymus myrianthus* Hemsl. JLS-1660，JLS-1753，JLS-1852-2
中华卫矛 *Euonymus nitidus* Benth. 刘信中等（2002）
* 美登木 *Gymnosporia acuminata* Hook. f. 刘信中等（2002）
福建假卫矛 *Microtropis fokienensis* Dunn JLS-1697
三花假卫矛 Microtropis longicarpa Q. W. Lin & Z. X. Zhang 刘信中等（2002）
雷公藤 *Tripterygium wilfordii* Hook. f. 刘信中等（2002）

171. 酢浆草科 Oxalidaceae

酢浆草 *Oxalis corniculata* L. JLS-542
红花酢浆草 *Oxalis corymbosa* DC. 刘信中等（2002）
山酢浆草 *Oxalis griffithii* Edgew. & Hook. f. 刘信中等（2002）

173. 杜英科 Elaeocarpaceae

中华杜英 *Elaeocarpus chinensis* (Gardner & Champ.) Hook. f. *ex* Benth. JLS-1141
杜英 *Elaeocarpus decipiens* Hemsl. 刘信中等（2002）
褐毛杜英 *Elaeocarpus duclouxii* Gagnep. JLS-1137
秃瓣杜英 *Elaeocarpus glabripetalus* Merr. JLS-496，JLS-1244
日本杜英 *Elaeocarpus japonicus* Sieb. & Zucc. JLS-426，JLS-1110，JLS-1194，JLS-1558，JLS-1711，JLS-1814
披针叶杜英 *Elaeocarpus lanceifolius* Roxb. 刘信中等（2002）
山杜英 *Elaeocarpus sylvestris* (Lour.) Poir. in Lamarck JLS-1059
仿栗 *Sloanea hemsleyana* (T. Ito) Rehder & E. H. Wilson in Sarg. 刘信中等（2002）
薄果猴欢喜 *Sloanea leptocarpa* Diels 刘信中等（2002）
猴欢喜 *Sloanea sinensis* (Hance) Hemsl. JLS-317，JLS-933

180. 古柯科 Erythroxylaceae

东方古柯 *Erythroxylum sinense* C. Y. Wu JLS-392，JLS-1835

183. 藤黄科 Clusiaceae

木竹子 *Garcinia multiflora* Champ. *ex* Benth. JLS-486，JLS-915，JLS-1699

186. 金丝桃科 Hypericaceae

黄牛木 *Cratoxylum cochinchinense* (Lour.) Blume　刘信中等（2002）
赶山鞭 *Hypericum attenuatum* Fisch. *ex* Choisy　刘信中等（2002）
挺茎遍地金 *Hypericum elodeoides* Choisy　JLS-1285，JLS-2070
小连翘 *Hypericum erectum* Thunb. *ex* Murray　刘信中等（2002）
地耳草 *Hypericum japonicum* Thunb. in Murr.　JLS-81
元宝草 *Hypericum sampsonii* Hance　JLS-808，JLS-896
密腺小连翘 *Hypericum seniawinii* Maxim.　JLS-753

200. 堇菜科 Violaceae

如意草 *Viola arcuata* Blume　JLS-63
戟叶堇菜 *Viola betonicifolia* Sm. in Rees　刘信中等（2002）
南山堇菜 *Viola chaerophylloides* (Regel) W. Becker　刘信中等（2002）
深圆齿堇菜 *Viola davidii* Franch.　刘信中等（2002）
七星莲 *Viola diffusa* Ging. in DC.　JLS-4，JLS-958，JLS-1564
柔毛堇菜 *Viola fargesii* H. Boissieu　刘信中等（2002）
紫花堇菜 *Viola grypoceras* A. Gray in Perry　刘信中等（2002）
长萼堇菜 *Viola inconspicua* Blume　刘信中等（2002）
福建堇菜 *Viola kosanensis* Hayata　JLS-2082
萱 *Viola moupinensis* Franch.　刘信中等（2002）
小尖堇菜 *Viola mucronulifera* Hand.-Mazz.　刘信中等（2002）
紫花地丁 *Viola philippica* Cav.　刘信中等（2002）
深山堇菜 *Viola selkirkii* Pursh *ex* Goldie　刘信中等（2002）
光叶堇菜 *Viola sumatrana* Miquel　刘信中等（2002）
三角叶堇菜 *Viola triangulifolia* W. Becker　JLS-59

202. 西番莲科 Passifloraceae

* 西番莲 *Passiflora caerulea* L.　刘信中等（2002）
广东西番莲 *Passiflora kwangtungensis* Merr.　刘信中等（2002）

204. 杨柳科 Salicaceae

山桂花 *Bennettiodendron leprosipes* (Clos) Merr.　刘信中等（2002）
天料木 *Homalium cochinchinense* (Lour.) Druce　JLS-1613
山桐子 *Idesia polycarpa* Maxim.　JLS-72，JLS-1054，JLS-1583
山拐枣 *Poliothyrsis sinensis* Oliv.　梁跃龙等（2021）
* 加杨 *Populus* × *canadensis* Moench　刘信中等（2002）
* 钻天杨 *Populus nigra* var. *italica* (Moench) Koehne　刘信中等（2002）
* 垂柳 *Salix babylonica* L.　刘信中等（2002）
长梗柳 *Salix dunnii* C. K. Schneid. in Sargent　刘信中等（2002）
旱柳 *Salix matsudana* Koidz.　刘信中等（2002）
粤柳 *Salix mesnyi* Hance　JLS-62，JLS-1992

簸箕柳 *Salix suchowensis* W. C. Cheng *ex* G. Zhu 梁跃龙等（2021）
柞木 *Xylosma congesta* (Lour.) Merr. 刘信中等（2002）
南岭柞木 *Xylosma controversa* Clos 刘信中等（2002）

207. 大戟科 Euphorbiaceae

铁苋菜 *Acalypha australis* L. 刘信中等（2002）
羽脉山麻秆 *Alchornea rugosa* (Lour.) Müll. Arg. 刘信中等（2002）
红背山麻秆 *Alchornea trewioides* (Benth.) Müll. Arg. JLS-236，JLS-1592，JLS-1965
毛果巴豆 *Croton lachnocarpus* Benth. 刘信中等（2002）
* 飞扬草 *Euphorbia hirta* L. 刘信中等（2002）
地锦草 *Euphorbia humifusa* Willd. *ex* Schltdl. 刘信中等（2002）
* 通奶草 *Euphorbia hypericifolia* L. 刘信中等（2002）
* 斑地锦草 *Euphorbia maculata* L. 刘信中等（2002）
* 铁海棠 *Euphorbia milii* Des Moul. 刘信中等（2002）
千根草 *Euphorbia thymifolia* L. JLS-48
白背叶 *Mallotus apelta* (Lour.) Müll. Arg. JLS-1351，JLS-1745
野梧桐 *Mallotus japonicus* (L. f.) Müll. Arg. 刘信中等（2002）
东南野桐 *Mallotus lianus* Croizat JLS-1476，JLS-1724
粗糠柴 *Mallotus philippensis* (Lamarck) Müll. Arg. JLS-92，JLS-1893，JLS-2156
石岩枫 *Mallotus repandus* (Willd.) Müll. Arg. JLS-182，JLS-2133
杠香藤 *Mallotus repandus* var. *chrysocarpus* (Pamp.) S. M. Hwang JLS-1628
野桐 *Mallotus tenuifolius* Pax JLS-478
* 木薯 *Manihot esculenta* Crantz 刘信中等（2002）
白木乌桕 *Neoshirakia japonica* (Sieb. & Zucc.) Esser 刘信中等（2002）
* 蓖麻 *Ricinus communis* L. 刘信中等（2002）
广东地构叶 *Speranskia cantonensis* (Hance) Pax & K. Hoffm. 刘信中等（2002）
山乌桕 *Triadica cochinchinensis* Lour. 刘信中等（2002）
乌桕 *Triadica sebifera* (L.) Small JLS-559，JLS-1355
油桐 *Vernicia fordii* (Hemsl.) Airy Shaw 刘信中等（2002）
木油桐 *Vernicia montana* Lour. JLS-188

211. 叶下珠科 Phyllanthaceae

五月茶 *Antidesma bunius* (L.) Spreng. 刘信中等（2002）
日本五月茶 *Antidesma japonicum* Sieb. & Zucc. JLS-615，JLS-925，JLS-1101，JLS-1601
山地五月茶 *Antidesma montanum* Blume 刘信中等（2002）
小叶五月茶 *Antidesma montanum* var. *microphyllum* (Hemsl.) Petra Hoffm. 刘信中等（2002）
* 重阳木 *Bischofia polycarpa* (H. Lév.) Airy Shaw JLS-350，JLS-1075
一叶萩 *Flueggea suffruticosa* (Pall.) Baill. 刘信中等（2002）
白饭树 *Flueggea virosa* (Roxb. *ex* Willd.) Royle JLS-93
算盘子 *Glochidion puberum* (L.) Hutch. JLS-409，JLS-1070
湖北算盘子 *Glochidion wilsonii* Hutch. 刘信中等（2002）

落萼叶下珠 *Phyllanthus flexuosus* (Sieb. & Zucc.) Müll. Arg.　刘信中等（2002）

青灰叶下珠 *Phyllanthus glaucus* Wall. *ex* Müll. Arg.　JLS-1560，JLS-1662，JLS-1764，JLS-2022

叶下珠 *Phyllanthus urinaria* L.　JLS-394，JLS-1243

蜜甘草 *Phyllanthus ussuriensis* Rupr. & Maxim.　刘信中等（2002）

212. 牻牛儿苗科 Geraniaceae

* 野老鹳草 *Geranium carolinianum* L.　JLS-164

中日老鹳草 *Geranium thunbergii* Sieb. *ex* Lindl. & Paxton　刘信中等（2002）

* 天竺葵 *Pelargonium hortorum* L. H. Bailey　刘信中等（2002）

214. 使君子科 Combretaceae

使君子 *Combretum indicum* (L.) Jongkind　刘信中等（2002）

215. 千屈菜科 Lythraceae

水苋菜 *Ammannia baccifera* L.　刘信中等（2002）

多花水苋菜 *Ammannia multiflora* Roxb.　刘信中等（2002）

紫薇 *Lagerstroemia indica* L.　刘信中等（2002）

南紫薇 *Lagerstroemia subcostata* Koehne　刘信中等（2002）

* 石榴 *Punica granatum* L.　刘信中等（2002）

节节菜 *Rotala indica* (Willd.) Koehne　刘信中等（2002）

圆叶节节菜 *Rotala rotundifolia* (Buch.-Ham. *ex* Roxb.) Koehne　JLS-174

216. 柳叶菜科 Onagraceae

露珠草 *Circaea cordata* Royle　刘信中等（2002）

南方露珠草 *Circaea mollis* Sieb. & Zucc.　刘信中等（2002）

长籽柳叶菜 *Epilobium pyrricholophum* Franch. & Sav.　JLS-503

水龙 *Ludwigia adscendens* (L.) H. Hara　刘信中等（2002）

丁香蓼 *Ludwigia prostrata* Roxb.　刘信中等（2002）

218. 桃金娘科 Myrtaceae

岗松 *Baeckea frutescens* L.　刘信中等（2002）

* 赤桉 *Eucalyptus camaldulensis* Dehnh.　刘信中等（2002）

* 桉 *Eucalyptus robusta* Sm.　刘信中等（2002）

* 细叶桉 *Eucalyptus tereticornis* Sm.　刘信中等（2002）

桃金娘 *Rhodomyrtus tomentosa* (Aiton) Hassk.　刘信中等（2002）

华南蒲桃 *Syzygium austrosinense* (Merr. *et* Perry) Chang *et* Miau　梁跃龙等（2021）

轮叶蒲桃 *Syzygium buxifolium* var. *verticillatum* C. Chen　梁跃龙等（2021）

赤楠 *Syzygium buxifolium* Hook. & Arn.　JLS-724，JLS-913，JLS-1095，JLS-1129，JLS-1171，JLS-1430，JLS-1728

轮叶蒲桃 *Syzygium grijsii* (Hance) Merr. & L. M. Perry　刘信中等（2002）

* 蒲桃 *Syzygium jambos* (L.) Alston　JLS-1876

219. 野牡丹科 Melastomataceae

柏拉木 *Blastus cochinchinensis* Lour. 刘信中等（2002）

少花柏拉木 *Blastus pauciflorus* (Benth.) Guillaumin JLS-96，JLS-865，JLS-986，JLS-1652，JLS-1945

叶底红 *Bredia fordii* (Hance) Diels JLS-790

异药花 *Fordiophyton faberi* Stapf JLS-402，JLS-904，JLS-1282

地菍 *Melastoma dodecandrum* Lour. JLS-160

印度野牡丹 *Melastoma malabathricum* Linnaeus JLS-1873

金锦香 *Osbeckia chinensis* L. 刘信中等（2002）

星毛金锦香 *Osbeckia stellata* Buch.-Ham. *ex* D. Don 刘信中等（2002）

锦香草 *Phyllagathis cavaleriei* (H. Lév. & Vaniot) Guillaumin 刘信中等（2002）

楮头红 *Sarcopyramis napalensis* Wall. JLS-864

直立蜂斗草 *Sonerila erecta* Jack 刘信中等（2002）

226. 省沽油科 Staphyleaceae

野鸦椿 *Euscaphis japonica* (Thunb. *ex* Roem. & Schult.) Kanitz 刘信中等（2002）

锐尖山香圆 *Turpinia arguta* (Lindl.) Seem. JLS-34，JLS-908，JLS-1084，JLS-1811，JLS-1988

绒毛锐尖山香圆 *Turpinia arguta* var. *pubescens* T. Z. Hsu 刘信中等（2002）

山香圆 *Turpinia montana* (Blume) Kurz. JLS-1365

239. 漆树科 Anacardiaceae

南酸枣 *Choerospondias axillaris* (Roxb.) B. L. Burtt & A. W. Hill JLS-145

盐麸木 *Rhus chinensis* Mill. 刘信中等（2002）

野漆 *Toxicodendron succedaneum* (L.) Kuntze JLS-1457，JLS-1490

木蜡树 *Toxicodendron sylvestre* (Sieb. & Zucc.) Kuntze JLS-98

毛漆树 *Toxicodendron trichocarpum* (Miq.) Kuntze JLS-1074

漆 *Toxicodendron vernicifluum* (Stokes) F. A. Barkley 刘信中等（2002）

240. 无患子科 Sapindacea

三角槭 *Acer buergerianum* Miq. 刘信中等（2002）

尖尾槭 *Acer caudatifolium* Hayata 刘信中等（2002）

紫果槭 *Acer cordatum* Pax JLS-240，JLS-2058

樟叶槭 *Acer coriaceifolium* H. Lév. 刘信中等（2002）

青榨槭 *Acer davidii* Franch. JLS-411，JLS-1679，JLS-1802

罗浮槭 *Acer fabri* Hance JLS-638，JLS-930，JLS-992，JLS-1867

亮叶槭 *Acer lucidum* F. P. Metcalf JLS-797，JLS-1991

南岭槭 *Acer metcalfii* Rehder JLS-1831

五裂槭 *Acer oliverianum* Pax JLS-732，JLS-1407，JLS-1832

五角槭 *Acer pictum* subsp. *mono* (Maxim.) Ohashi JLS-1173-2

中华槭 *Acer sinense* Pax 刘信中等（2002）

房县槭 *Acer sterculiaceum* subsp. *franchetii* (Pax) A. E. Murray 刘信中等（2002）

茶条槭 *Acer tataricum* subsp. *ginnala* (Maxim.) Wesmael 刘信中等（2002）

岭南槭 *Acer tutcheri* Duthie　JLS-1681

三峡槭 *Acer wilsonii* Rehder　刘信中等（2002）

天师栗 *Aesculus chinensis* var. *wilsonii* (Rehder) Turland & N. H. Xia　刘信中等（2002）

伞花木 *Eurycorymbus cavaleriei* (H. Lév.) Rehder & Hand.-Mazz.　JLS-1919

复羽叶栾 *Koelreuteria bipinnata* Franch.　刘信中等（2002）

栾 *Koelreuteria paniculata* Laxm.　刘信中等（2002）

无患子 *Sapindus saponaria* L.　JLS-536

241. 芸香科 Rutaceae

臭节草 *Boenninghausenia albiflora* (Hook.) Rchb. *ex* Meisn.　刘信中等（2002）

* 酸橙 *Citrus* × *aurantium* Linnaeus　刘信中等（2002）

金柑 *Citrus japonica* Thunb.　JLS-783

* 柚 *Citrus maxima* (Burm.) Merr.　刘信中等（2002）

* 柑橘 *Citrus reticulata* Blanco　刘信中等（2002）

* 甜橙 *Citrus sinensis* (L.) Osbeck　刘信中等（2002）

枳 *Citrus trifoliata* L.　刘信中等（2002）

三桠苦 *Melicope pteleifolia* (Champ. *ex* Benth.) T. G. Hartley　刘信中等（2002）

臭常山 *Orixa japonica* Thunb.　JLS-2106

楝叶吴萸 *Tetradium glabrifolium* (Champ. *ex* Benth.) T. G. Hartley　刘信中等（2002）

吴茱萸 *Tetradium ruticarpum* (A. Juss.) T. G. Hartley　JLS-1498，JLS-1768

飞龙掌血 *Toddalia asiatica* (L.) Lam.　JLS-789

椿叶花椒 *Zanthoxylum ailanthoides* Sieb. & Zucc.　刘信中等（2002）

竹叶花椒 *Zanthoxylum armatum* DC.　JLS-498

岭南花椒 *Zanthoxylum austrosinense* C. C. Huang　刘信中等（2002）

簕欓花椒 *Zanthoxylum avicennae* (Lam.) DC.　刘信中等（2002）

花椒 *Zanthoxylum bungeanum* Maxim.　刘信中等（2002）

朵花椒 *Zanthoxylum molle* Rehder　刘信中等（2002）

大叶臭花椒 *Zanthoxylum myriacanthum* Dunn & Tutch.　JLS-527，JLS-1726

两面针 *Zanthoxylum nitidum* (Roxb.) DC.　刘信中等（2002）

花椒簕 *Zanthoxylum scandens* Blume　JLS-636，JLS-1866

青花椒 *Zanthoxylum schinifolium* Sieb. & Zucc.　刘信中等（2002）

野花椒 *Zanthoxylum simulans* Hance　刘信中等（2002）

242. 苦木科 Simaroubaceae

臭椿 *Ailanthus altissima* (Mill.) Swingle　刘信中等（2002）

鸦胆子 *Brucea javanica* (L.) Merr.　刘信中等（2002）

苦木 *Picrasma quassioides* (D. Don) Benn.　刘信中等（2002）

243. 楝科 Meliaceae

* 米仔兰 *Aglaia odorata* Lour.　刘信中等（2002）

麻楝 *Chukrasia tabularis* A. Juss.　刘信中等（2002）

楝 *Melia azedarach* L. JLS-244

红椿 *Toona ciliata* M. Roem. JLS-1321，JLS-2019

香椿 *Toona sinensis* (Juss.) Roem. 刘信中等（2002）

247. 锦葵科 Malvaceae

刚毛黄蜀葵 *Abelmoschus manihot* var. *pungens* (Roxb.) Hochr. 梁跃龙等（2021）

磨盘草 *Abutilon indicum* (L.) Sweet 刘信中等（2002）

苘麻 *Abutilon theophrasti* Medikus 刘信中等（2002）

* 蜀葵 *Alcea rosea* L. 刘信中等（2002）

田麻 *Corchoropsis crenata* Sieb. & Zucc. JLS-2158

甜麻 *Corchorus aestuans* L. 刘信中等（2002）

扁担杆 *Grewia biloba* G. Don JLS-617

小花扁担杆 *Grewia biloba* var. *parviflora* (Bunge) Hand.-Mazz. 刘信中等（2002）

黄麻叶扁担杆 *Grewia henryi* Burret JLS-1150-2

山芝麻 *Helicteres angustifolia* L. 刘信中等（2002）

* 大麻槿 *Hibiscus cannabinus* L. 刘信中等（2002）

* 木芙蓉 *Hibiscus mutabilis* L. 刘信中等（2002）

* 朱槿 *Hibiscus rosa-sinensis* L. 刘信中等（2002）

* 木槿 *Hibiscus syriacus* L. JLS-2086

冬葵 *Malva verticillata* var. *crispa* L. 刘信中等（2002）

野葵 *Malva verticillata* L. 梁跃龙等（2021）

马松子 *Melochia corchorifolia* L. 刘信中等（2002）

密花梭罗 *Reevesia pycnantha* Y. Ling JLS-412

白背黄花稔 *Sida szechuensis* Matsuda JLS-818，JLS-2140

拔毒散 *Sida szechuensis* Matsuda 梁跃龙等（2021）

白毛椴 *Tilia endochrysea* Hand.-Mazz. JLS-2041

单毛刺蒴麻 *Triumfetta annua* L. 刘信中等（2002）

毛刺蒴麻 *Triumfetta cana* Bl. 梁跃龙等（2021）

长勾刺蒴麻 *Triumfetta pilosa* Roth 刘信中等（2002）

刺蒴麻 *Triumfetta rhomboidea* Jacq. 梁跃龙等（2021）

粗叶地桃花 *Urena lobata* var. *glauca* (Blume) Borssum Waalkes 梁跃龙等（2021）

地桃花 *Urena lobata* L. 刘信中等（2002）

梵天花 *Urena procumbens* L. 刘信中等（2002）

249. 瑞香科 Thymelaeaceae

长柱瑞香 *Daphne championii* Benth. 刘信中等（2002）

芫花 *Daphne genkwa* Sieb. & Zucc. 刘信中等（2002）

毛瑞香 *Daphne kiusiana* var. *atrocaulis* (Rehder) F. Maek. 刘信中等（2002）

瑞香 *Daphne odora* Thunb. in Murray 刘信中等（2002）

白瑞香 *Daphne papyracea* Wall. *ex* G. Don in Loudon 刘信中等（2002）

结香 *Edgeworthia chrysantha* Lindl. 刘信中等（2002）

荛花 *Wikstroemia canescens* Wall. *ex* Meisn.　刘信中等（2002）

了哥王 *Wikstroemia indica* (L.) C. A. Mey.　刘信中等（2002）

北江荛花 *Wikstroemia monnula* Hance　JLS-131，JLS-1284，JLS-2064

白花荛花 *Wikstroemia trichotoma* (Thunb.) Makino　刘信中等（2002）

254. 叠珠树科 Akaniaceae

伯乐树 *Bretschneidera sinensis* Hemsl.　刘信中等（2002）

268. 山柑科 Capparaceae

独行千里 *Capparis acutifolia* Sweet　刘信中等（2002）

269. 白花菜科 Cleomaceae

黄花草 *Arivela viscosa* (L.) Raf.　刘信中等（2002）

* 醉蝶花 *Tarenaya hassleriana* (Chodat) Iltis　刘信中等（2002）

270. 十字花科 Brassicaceae

白花甘蓝 *Brassica oleracea* var. *albiflora* Kuntze　刘信中等（2002）

* 花椰菜 *Brassica oleracea* var. *botrytis* L.　刘信中等（2002）

* 甘蓝 *Brassica oleracea* var. *capitata* L.　刘信中等（2002）

* 擘蓝 *Brassica oleracea* var. *gongylodes* L.　刘信中等（2002）

* 蔓菁 *Brassica rapa* L.　刘信中等（2002）

* 青菜 *Brassica rapa* var. *chinensis* (L.) Kitam.　刘信中等（2002）

* 白菜 *Brassica rapa* var. *glabra* Regel　刘信中等（2002）

荠 *Capsella bursa-pastoris* (L.) Medik.　JLS-46

弯曲碎米荠 *Cardamine flexuosa* With.　刘信中等（2002）

白花碎米荠 *Cardamine leucantha* (Tausch) O. E. Schulz　刘信中等（2002）

水田碎米荠 *Cardamine lyrata* Bunge　JLS-2099

* 臭荠 *Lepidium didymum* L.　刘信中等（2002）

北美独行菜 *Lepidium virginicum* L.　刘信中等（2002）

* 萝卜 *Raphanus sativus* L.　JLS-176

广州蔊菜 *Rorippa cantoniensis* (Lour.) Ohwi　刘信中等（2002）

无瓣蔊菜 *Rorippa dubia* (Pers.) Hara　JLS-1624

蔊菜 *Rorippa indica* (L.) Hiern　JLS-262

275. 蛇菰科 Balanophoraceae

筒鞘蛇菰 *Balanophora involucrata* Hook. f.　刘信中等（2002）

日本蛇菰 *Balanophora japonica* Makino　刘信中等（2002）

276. 檀香科 Santalaceae

檀梨 *Pyrularia edulis* (Wall.) A. DC.　刘信中等（2002）

百蕊草 *Thesium chinense* Turcz.　刘信中等（2002）

槲寄生 *Viscum coloratum* (Kom.) Nakai　刘信中等（2002）

棱枝槲寄生 *Viscum diospyrosicola* Hayata　刘信中等（2002）

278. 青皮木科 Schoepfiaceae

华南青皮木 *Schoepfia chinensis* Gardner & Champ.　JLS-77，JLS-899，JLS-1050

青皮木 *Schoepfia jasminodora* Sieb. & Zucc.　JLS-2057

279. 桑寄生科 Loranthaceae

椆树桑寄生 *Loranthus delavayi* Tiegh.　刘信中等（2002）

红花寄生 *Scurrula parasitica* L.　刘信中等（2002）

广寄生 *Taxillus chinensis* (DC.) Danser　刘信中等（2002）

锈毛钝果寄生 *Taxillus levinei* (Merr.) H. S. Kiu　刘信中等（2002）

木兰寄生 *Taxillus limprichtii* (Grüning) H. S. Kiu　刘信中等（2002）

毛叶钝果寄生 *Taxillus nigrans* (Hance) Danser　刘信中等（2002）

桑寄生 *Taxillus sutchuenensis* (Lecomte) Danser　刘信中等（2002）

大苞寄生 *Tolypanthus maclurei* (Merr.) Danser　刘信中等（2002）

283. 蓼科 Polygonaceae

拳参 *Bistorta officinalis* Raf.　JLS-767

支柱拳参 *Bistorta suffulta* (Maxim.) H. Gross　刘信中等（2002）

金荞麦 *Fagopyrum dibotrys* (D. Don) Hara　JLS-2036

荞麦 *Fagopyrum esculentum* Moench　梁跃龙等（2021）

苦荞麦 *Fagopyrum tataricum* (L.) Gaertn.　刘信中等（2002）

毛蓼 *Persicaria barbata* (L.) H. Hara　刘信中等（2002）

头花蓼 *Persicaria capitata* (Buch.-Ham. *ex* D. Don) H. Gross　刘信中等（2002）

火炭母 *Persicaria chinensis* (L.) H. Gross　刘信中等（2002）

蓼子草 *Persicaria criopolitana* (Hance) Migo　刘信中等（2002）

稀花蓼 *Persicaria dissitiflora* (Hemsl.) H. Gross *ex* T. Mori　刘信中等（2002）

金线草 *Persicaria filiformis* (Thunb.) Nakai　JLS-1694，JLS-1757

长箭叶蓼 *Persicaria hastatosagittata* (Makino) Nakai *ex* T. Mori　梁跃龙等（2021）

水蓼 *Persicaria hydropiper* (L.) Spach　刘信中等（2002）

蚕茧草 *Persicaria japonica* (Meisn.) H. Gross *ex* Nakai　刘信中等（2002）

酸模叶蓼 *Persicaria lapathifolia* (L.) Delarbre　刘信中等（2002）

小蓼花 *Persicaria muricata* (Meisn.) Nemoto　JLS-1332

尼泊尔蓼 *Persicaria nepalensis* (Meisn.) H. Gross　JLS-2084

短毛金线草 *Persicaria neofiliformis* (Nakai) Ohki　JLS-440，JLS-909，JLS-1696

红蓼 *Persicaria orientalis* (L.) Spach　刘信中等（2002）

掌叶蓼 *Persicaria palmata* (Dunn) Yonek. & H. Ohashi　刘信中等（2002）

湿地蓼 *Persicaria paralimicola* (A. J. Li) Bo Li　刘信中等（2002）

扛板归 *Persicaria perfoliata* (L.) H. Gross　刘信中等（2002）

丛枝蓼 *Persicaria posumbu* (Buch.-Ham. *ex* D. Don) H. Gross　JLS-2112，JLS-949，JLS-1485

伏毛蓼 *Persicaria pubescens* (Blume) H. Hara　JLS-170

箭头蓼 *Persicaria sagittata* (L.) H. Gross　刘信中等（2002）

刺蓼 *Persicaria senticosa* (Meisn.) H. Gross *ex* Nakai　刘信中等（2002）

糙毛蓼 *Persicaria strigosa* (R. Br.) Nakai　刘信中等（2002）

何首乌 *Pleuropterus multiflorus* (Thunb.) Nakai　刘信中等（2002）

萹蓄 *Polygonum aviculare* L.　刘信中等（2002）

习见萹蓄 *Polygonum plebeium* R. Br.　JLS-127

疏蓼 *Polygonum praetermissum* Hook. f.　刘信中等（2002）

戟叶蓼 *Polygonum thunbergii* Sieb. *et* Zucc.　JLS-1168-2

虎杖 *Reynoutria japonica* Houtt.　JLS-2038

酸模 *Rumex acetosa* L.　刘信中等（2002）

皱叶酸模 *Rumex crispus* L.　梁跃龙等（2021）

齿果酸模 *Rumex dentatus* L.　刘信中等（2002）

羊蹄 *Rumex japonicus* Houtt.　JLS-124

大黄酸模 *Rumex madaio* Makino　梁跃龙等（2021）

尼泊尔酸模 *Rumex nepalensis* Spreng.　梁跃龙等（2021）

284. 茅膏菜科 Droseraceae

茅膏菜 *Drosera peltata* Thunb.　JLS-769，JLS-1280

圆叶茅膏菜 *Drosera rotundifolia* L.　刘信中等（2002）

295. 石竹科 Caryophyllaceae

簇生泉卷耳 *Cerastium fontanum* subsp. *vulgare* (Hartm.) Greuter & Burdet　JLS-44

瞿麦 *Dianthus superbus* L.　刘信中等（2002）

荷莲豆草 *Drymaria diandra* Blume　刘信中等（2002）

剪春罗 *Lychnis coronata* Thunb.　刘信中等（2002）

剪红纱花 *Lychnis senno* Sieb. & Zucc.　刘信中等（2002）

鹅肠菜 *Myosoton aquaticum* (L.) Moench　JLS-156

巫山浅裂繁缕 *Nubelaria wushanensis* (F. N. Williams) M. T. Sharples & E. A. Tripp　JLS-1787

漆姑草 *Sagina japonica* (Sw.) Ohwi　刘信中等（2002）

雀舌草 *Stellaria alsine* Grimm　刘信中等（2002）

繁缕 *Stellaria media* (L.) Vill.　JLS-185

箐姑草 *Stellaria vestita* Kurz.　刘信中等（2002）

* 麦蓝菜 *Vaccaria hispanica* (Miller) Rauschert　刘信中等（2002）

297. 苋科 Amaranthaceae

牛膝 *Achyranthes bidentata* Blume　JLS-594，JLS-1665，JLS-2009

柳叶牛膝 *Achyranthes longifolia* (Makino) Makino　刘信中等（2002）

* 喜旱莲子草 *Alternanthera philoxeroides* (Mart.) Griseb.　刘信中等（2002）

莲子草 *Alternanthera sessilis* (L.) R. Br. *ex* DC.　刘信中等（2002）

凹头苋 *Amaranthus blitum* L.　刘信中等（2002）

刺苋 *Amaranthus spinosus* L.　刘信中等（2002）

* 苋 *Amaranthus tricolor* L. 刘信中等（2002）
* 皱果苋 *Amaranthus viridis* L. 刘信中等（2002）
* 莙荙菜 *Beta vulgaris* var. *cicla* L. 刘信中等（2002）
青葙 *Celosia argentea* L. 刘信中等（2002）
* 鸡冠花 *Celosia cristata* L. 刘信中等（2002）
藜 *Chenopodium album* L. 刘信中等（2002）
土荆芥 *Dysphania ambrosioides* (L.) Mosyakin & Clemants 刘信中等（2002）
地肤 *Bassia scoparia* (L.) A. J. Scott 刘信中等（2002）
* 菠菜 *Spinacia oleracea* L. 刘信中等（2002）

305. 商陆科 Phytolaccaceae

商陆 *Phytolacca acinosa* Roxb. JLS-1507，JLS-1996
垂序商陆 *Phytolacca americana* L. JLS-2027

308. 紫茉莉科 Nyctaginaceae

* 光叶子花 *Bougainvillea glabra* Choisy 刘信中等（2002）
# 紫茉莉 *Mirabilis jalapa* L. 刘信中等（2002）

309. 粟米草科 Molluginaceae

粟米草 *Trigastrotheca stricta* (L.) Thulin 刘信中等（2002）

312. 落葵科 Basellaceae

* 落葵 *Basella alba* L. 刘信中等（2002）

314. 土人参科 Talinaceae

土人参 *Talinum paniculatum* (Jacq.) Gaertn. JLS-810，JLS-1081

315. 马齿苋科 Portulacaceae

* 大花马齿苋 *Portulaca grandiflora* Hook. 刘信中等（2002）
马齿苋 *Portulaca oleracea* L. 刘信中等（2002）

317. 仙人掌科 Cactaceae

* 昙花 *Epiphyllum oxypetalum* (DC.) Haw. 刘信中等（2002）
* 量天尺 *Hylocereus undatus* (Haw.) Britton & Rose 刘信中等（2002）
* 仙人掌 *Opuntia dillenii* (Ker Gawl.) Haw. 刘信中等（2002）

318. 蓝果树科 Nyssaceae

喜树 *Camptotheca acuminata* Decne. 刘信中等（2002）
蓝果树 *Nyssa sinensis* Oliver JLS-206，JLS-1330，JLS-1370

320. 绣球科 Hydrangeaceae

常山 *Dichroa febrifuga* Lour. JLS-1，JLS-452，JLS-856，JLS-1040，JLS-1949

罗蒙常山 *Dichroa yaoshanensis* Y. C. Wu　JLS-1620

中国绣球 *Hydrangea chinensis* Maxim.　刘信中等（2002）

酥醪绣球 *Hydrangea coenobialis* Chun　JLS-674

广东绣球 *Hydrangea kwangtungensis* Merr.　刘信中等（2002）

狭叶绣球 *Hydrangea lingii* G. Hoo　梁跃龙等（2021）

圆锥绣球 *Hydrangea paniculata* Sieb.　JLS-324，JLS-1185，JLS-1432，JLS-1513，JLS-1968，JLS-2155

柳叶绣球 *Hydrangea stenophylla* Merr. & Chun　JLS-735，JLS-1250，JLS-1571

星毛冠盖藤 *Pileostegia tomentella* Hand.-Mazz.　JLS-806

冠盖藤 *Pileostegia viburnoides* Hook. f. & Thomson　JLS-747，JLS-1693，JLS-1774，JLS-1859

钻地风 *Schizophragma integrifolium* Oliv.　刘信中等（2002）

324. 山茱萸科 Cornaceae

八角枫 *Alangium chinense* (Lour.) Harms　刘信中等（2002）

伏毛八角枫 *Alangium chinense* subsp. *strigosum* W. P. Fang　刘信中等（2002）

小花八角枫 *Alangium faberi* Oliv.　刘信中等（2002）

毛八角枫 *Alangium kurzii* Craib　刘信中等（2002）

三裂瓜木 *Alangium platanifolium* var. *trilobum* (Miq.) Ohwi　刘信中等（2002）

灯台树 *Cornus controversa* Hemsl.　刘信中等（2002）

尖叶四照花 *Cornus elliptica* (Pojark.) Q. Y. Xiang & Bofford　JLS-416，JLS-1182

香港四照花 *Cornus hongkongensis* Hemsl.　JLS-684

小梾木 *Cornus quinquenervis* Franch.　刘信中等（2002）

光皮梾木 *Cornus wilsoniana* Wangerin　刘信中等（2002）

325. 凤仙花科 Balsaminaceae

大叶凤仙花 *Impatiens apalophylla* Hook. f.　刘信中等（2002）

* 凤仙花 *Impatiens balsamina* L.　刘信中等（2002）

睫毛萼凤仙花 *Impatiens blepharosepala* Pritz. *ex* Diels　JLS-592

华凤仙 *Impatiens chinensis* L.　JLS-558，JLS-917

绿萼凤仙花 *Impatiens chlorosepala* Hand.-Mazz.　JLS-2100

鸭跖草状凤仙花 *Impatiens commelinoides* Hand.-Mazz.　刘信中等（2002）

牯岭凤仙花 *Impatiens davidii* Franch.　JLS-593

湖南凤仙花 *Impatiens hunanensis* Y. L. Chen　JLS-475，JLS-987，JLS-1222

水金凤 *Impatiens noli-tangere* L.　刘信中等（2002）

丰满凤仙花 *Impatiens obesa* Hook. f.　刘信中等（2002）

黄金凤 *Impatiens siculifer* Hook. f.　刘信中等（2002）

332. 五列木科 Pentaphylacaceae

尖叶川杨桐 *Adinandra bockiana* var. *acutifolia* (Hand.-Mazz.) Kobuski　JLS-1742

两广杨桐 *Adinandra glischroloma* Hand.-Mazz.　JLS-1418，JLS-1765，JLS-1824

大萼杨桐 *Adinandra glischroloma* var. *macrosepala* (F. P. Metcalf) Kobuski　刘信中等（2002）

杨桐 *Adinandra millettii* (Hook. & Arn.) Benth. & Hook. f. *ex* Hance　JLS-400，JLS-1149，JLS-1828，JLS-1954

茶梨 *Anneslea fragrans* Wall. JLS-672，JLS-1472，JLS-1705，JLS-1823

红淡比 *Cleyera japonica* Thunb. JLS-461，JLS-1125，JLS-1151-2，JLS-1278，JLS-1559，JLS-1611，JLS-1808，JLS-1820，JLS-2108

厚叶红淡比 *Cleyera pachyphylla* Chun *ex* H. T. Chang JLS-1427，JLS-1520，JLS-1827

尖萼毛柃 *Eurya acutisepala* Hu *et* L. K. Ling JLS-1253，JLS-1477，JLS-1534，JLS-1801，JLS-1850

翅柃 *Eurya alata* Kobuski JLS-1816

短柱柃 *Eurya brevistyla* Kobuski 梁跃龙等（2021）

米碎花 *Eurya chinensis* R. Brown in C. Abel JLS-424，JLS-842，JLS-1177，JLS-2102

二列叶柃 *Eurya distichophylla* Hemsl. JLS-27，JLS-851，JLS-1064，JLS-1170

微毛柃 *Eurya hebeclados* Ling 刘信中等（2002）

凹脉柃 *Eurya impressinervis* Kobuski 刘信中等（2002）

柃木 *Eurya japonica* Thunberg 刘信中等（2002）

细枝柃 *Eurya loquaiana* Dunn JLS-35，JLS-1090，JLS-1529，JLS-1589

黑柃 *Eurya macartneyi* Champion JLS-281

丛化柃 *Eurya metcalfiana* Kobuski 梁跃龙等（2021）

格药柃 *Eurya muricata* Dunn JLS-849，JLS-1176，JLS-1939

毛枝格药柃 *Eurya muricata* var. *huana* (Kobuski) L. K. Ling 刘信中等（2002）

细齿叶柃 *Eurya nitida* Korth. JLS-1092

窄基红褐柃 *Eurya rubiginosa* var. *attenuata* Hung T. Chang JLS-1161，JLS-1276，JLS-1444

四角柃 *Eurya tetragonoclada* Merr. & Chun JLS-628，JLS-1111，JLS-1162，JLS-1846-2

厚皮香 *Ternstroemia gymnanthera* (Wight & Arn.) Bedd. JLS-1819

厚叶厚皮香 *Ternstroemia kwangtungensis* Merr. 刘信中等（2002）

尖萼厚皮香 *Ternstroemia luteoflora* L. K. Ling JLS-460，JLS-1293

亮叶厚皮香 *Ternstroemia nitida* Merr. 刘信中等（2002）

334. 柿科 Ebenaceae

* 山柿 *Diospyros japonica* Sieb. & Zucc. JLS-1672

* 柿 *Diospyros kaki* Thunb. JLS-2153

野柿 *Diospyros kaki* var. *silvestris* Makino JLS-5，JLS-1065，JLS-1491，JLS-1582，JLS-1970

君迁子 *Diospyros lotus* L. 刘信中等（2002）

罗浮柿 *Diospyros morrisiana* Hance JLS-922，JLS-1716

油柿 *Diospyros oleifera* Cheng 刘信中等（2002）

延平柿 *Diospyros tsangii* Merr. JLS-335，JLS-1117

335. 报春花科 Primulaceae

细罗伞 *Ardisia affinis* Hemsl. 刘信中等（2002）

少年红 *Ardisia alyxiifolia* Tsiang *ex* C. Chen JLS-1703，JLS-1847-2

九管血 *Ardisia brevicaulis* Diels JLS-1096，JLS-1541

小紫金牛 *Ardisia chinensis* Benth. JLS-1335

朱砂根 *Ardisia crenata* Sims JLS-300，JLS-1178，JLS-1727，JLS-1998

百两金 *Ardisia crispa* (Thunb.) A. DC. 刘信中等（2002）

月月红 *Ardisia faberi* Hemsl.　刘信中等（2002）
走马胎 *Ardisia gigantifolia* Stapf　刘信中等（2002）
大罗伞树 *Ardisia hanceana* Mez　刘信中等（2002）
紫金牛 *Ardisia japonica* (Thunb.) Blume　JLS-1141
山血丹 *Ardisia lindleyana* D. Dietr.　JLS-623
虎舌红 *Ardisia mamillata* Hance　JLS-663
莲座紫金牛 *Ardisia primulifolia* Gardner & Champ.　刘信中等（2002）
九节龙 *Ardisia pusilla* A. DC.　JLS-25，JLS-1313，JLS-1889
酸藤子 *Embelia laeta* (L.) Mez　JLS-159，JLS-1197
白花酸藤果 *Embelia ribes* Burm. f.　梁跃龙等（2021）
平叶酸藤子 *Embelia undulata* (Wall.) Mez　JLS-965
密齿酸藤子 *Embelia vestita* Roxb.　JLS-2003
广西过路黄 *Lysimachia alfredii* Hance　JLS-85，JLS-882，JLS-945，JLS-1223，JLS-1235，JLS-1980
泽珍珠菜 *Lysimachia candida* Lindl.　JLS-113
石山细梗香草 *Lysimachia capillipes* var. *cavaleriei* (H. Lév.) Hand.-Mazz.　刘信中等（2002）
露珠珍珠草 *Lysimachia circaeoides* Hemsl.　梁跃龙等（2021）
临时救 *Lysimachia congestiflora* Hemsl.　JLS-1249，JLS-2010
延叶珍珠菜 *Lysimachia decurrens* G. Forst.　刘信中等（2002）
大叶过路黄 *Lysimachia fordiana* Oliv.　刘信中等（2002）
星宿菜 *Lysimachia fortunei* Maxim.　JLS-362，JLS-919，JLS-1077
黑腺珍珠菜 *Lysimachia heterogenea* Klatt　刘信中等（2002）
落地梅 *Lysimachia paridiformis* Franch.　刘信中等（2002）
小叶珍珠菜 *Lysimachia parvifolia* Franch.　刘信中等（2002）
巴东过路黄 *Lysimachia patungensis* Hand.-Mazz.　刘信中等（2002）
疏头过路黄 *Lysimachia pseudohenryi* Pamp.　刘信中等（2002）
腺药珍珠菜 *Lysimachia stenosepala* Hemsl.　刘信中等（2002）
杜茎山 *Maesa japonica* (Thunb.) Moritzi & Zoll.　JLS-37，JLS-890，JLS-1122
金珠柳 *Maesa montana* A. DC.　JLS-1984
鲫鱼胆 *Maesa perlarius* (Lour.) Merr.　梁跃龙等（2021）
密花树 *Myrsine seguinii* H. Lév.　JLS-1612
针齿铁仔 *Myrsine semiserrata* Wall.　刘信中等（2002）
光叶铁仔 *Myrsine stolonifera* (Koidz.) E. Walker　刘信中等（2002）
假婆婆纳 *Stimpsonia chamaedryoides* Wright *ex* A. Gray　刘信中等（2002）

336. 山茶科 Theaceae

长尾毛蕊茶 *Camellia caudata* Wall.　刘信中等（2002）
心叶毛蕊茶 *Camellia cordifolia* (F. P. Metcalf) Nakai　JLS-1500
贵州连蕊茶 *Camellia costei* H. Lév.　刘信中等（2002）
尖连蕊茶 *Camellia cuspidata* (Kochs) H. J. Veitch Gard. Chron.　JLS-1486，JLS-1855
柃叶连蕊茶 *Camellia euryoides* Lindl.　刘信中等（2002）

毛柄连蕊茶 *Camellia fraterna* Hance 刘信中等（2002）

油茶 *Camellia oleifera* Abel JLS-380，JLS-1105，JLS-1167

柳叶毛蕊茶 *Camellia salicifolia* Champion *ex* Bentham JLS-596，JLS-903，JLS-942

茶 *Camellia sinensis* (L.) O. Kuntze JLS-135，JLS-1372

粗毛核果茶 *Pyrenaria hirta* Keng JLS-1018

小果核果茶 *Pyrenaria microcarpa* Keng JLS-1940

大果核果茶 *Pyrenaria spectabilis* (Champ.) C. Y. Wu & S. X. Yang *ex* S. X. Yang 刘信中等（2002）

银木荷 *Schima argentea* E. Pritz. 刘信中等（2002）

短梗木荷 *Schima brevipedicellata* Hung T. Chang 刘信中等（2002）

疏齿木荷 *Schima remotiserrata* Hung T. Chang JLS-924

木荷 *Schima superba* Gardner & Champ. JLS-762，JLS-912，JLS-1803

紫茎 *Stewartia sinensis* Rehder & E. H. Wilson in Sargent 刘信中等（2002）

337. 山矾科 Symplocaceae

南岭革瓣山矾 *Cordyloblaste confusa* (Brand) Ridl. JLS-1461

薄叶山矾 *Symplocos anomala* Brand JLS-1356

华山矾 *Symplocos chinensis* (Lour.) Druce JLS-133，JLS-850，JLS-1169-2

越南山矾 *Symplocos cochinchinensis* (Lour.) S. Moore JLS-1903

微毛越南山矾 *Symplocos cochinchinensis* var. *puberula* Huang *et* Y.F.Wu 梁跃龙等（2021）

黄牛奶树 *Symplocos theophrastifolia* Sieb. & Zucc. JLS-766

密花山矾 *Symplocos congesta* Benth. JLS-1102

火灰山矾 *Symplocos dung* Eberh. *et* Dub. 梁跃龙等（2021）

羊舌树 *Symplocos glauca* (Thunb.) Koidz. 刘信中等（2002）

毛山矾 *Symplocos groffii* Merr. JLS-268，JLS-1379，JLS-1471，JLS-1482，JLS-1756，JLS-1845-2

海桐山矾 *Symplocos prunifolia* Sieb. & Zucc. 刘信中等（2002）

光叶山矾 *Symplocos lancifolia* Sieb. & Zucc. JLS-280，JLS-1357，JLS-1701，JLS-1933

光亮山矾 *Symplocos lucida* (Thunb.) Sieb. & Zucc. JLS-1159-2，JLS-1086

日本白檀 *Symplocos paniculata* (Thunb.) Miq. 徐国良等（2021）

铁山矾 *Symplocos pseudobarberina* Gontsch. 刘信中等（2002）

老鼠屎 *Symplocos stellaris* Brand JLS-423，JLS-1717

山矾 *Symplocos sumuntia* Buch.-Ham. *ex* D. Don 刘信中等（2002）

绿枝山矾 *Symplocos viridissima* Brand 梁跃龙等（2021）

339. 安息香科 Styracaceae

赤杨叶 *Alniphyllum fortunei* (Hemsl.) Makino JLS-196，JLS-1782

岭南山茉莉 *Huodendron biaristatum* var. *parviflorum* (Merr.) Rehder JLS-273，JLS-1307

陀螺果 *Melliodendron xylocarpum* Hand.-Mazz. 刘信中等（2002）

银钟花 *Perkinsiodendron macgregorii* (Chun) P. W. Fritsch JLS-1193，JLS-1371，JLS-1654

小叶白辛树 *Pterostyrax corymbosus* Sieb. & Zucc. JLS-291

木瓜红 *Rehderodendron macrocarpum* Hu 梁跃龙等（2021）

灰叶安息香 *Styrax calvescens* Perkins JLS-457

赛山梅 *Styrax confusus* Hemsl.　JLS-1150

垂珠花 *Styrax dasyanthus* Perk.　梁跃龙等（2021）

白花龙 *Styrax faberi* Perkins　JLS-148，JLS-877，JLS-1577，JLS-1621

芬芳安息香 *Styrax odoratissimus* Champion *ex* Bentham　JLS-1107，JLS-2047

栓叶安息香 *Styrax suberifolius* Hook. & Arn.　JLS-625，JLS-1334，JLS-1420，JLS-1616，JLS-1874-1

342. 猕猴桃科 Actinidiaceae

硬齿猕猴桃 *Actinidia callosa* Lindl.　梁跃龙等（2021）

异色猕猴桃 *Actinidia callosa* var. *discolor* C. F. Liang　JLS-225

京梨猕猴桃 *Actinidia callosa* var. *henryi* Maxim.　JLS-792

金花猕猴桃 *Actinidia chrysantha* C. F. Liang　梁跃龙等（2021）

毛花猕猴桃 *Actinidia eriantha* Bentham　JLS-398，JLS-1153-2，JLS-1184，JLS-1950

厚叶猕猴桃 *Actinidia fulvicoma* var. *pachyphylla* (Dunn) Li　梁跃龙等（2021）

黄毛猕猴桃 *Actinidia fulvicoma* Hance　JLS-222，JLS-1523，JLS-1967

小叶猕猴桃 *Actinidia lanceolata* Dunn　JLS-833，JLS-2077

阔叶猕猴桃 *Actinidia latifolia* (Gardner & Champ.) Merr.　刘信中等（2002）

黑蕊猕猴桃 *Actinidia melanandra* Franch.　梁跃龙等（2021）

美丽猕猴桃 *Actinidia melliana* Hand.-Mazz.　JLS-776，JLS-1238，JLS-1501

对萼猕猴桃 *Actinidia valvata* Dunn　刘信中等（2002）

343. 桤叶树科 Clethraceae

髭脉桤叶树 *Clethra barbinervis* Sieb. & Zucc.　JLS-726，JLS-1437，JLS-1459

云南桤叶树 *Clethra delavayi* Franch.　刘信中等（2002）

华南桤叶树 *Clethra fabri* Hance　刘信中等（2002）

345. 杜鹃花科 Ericaceae

灯笼树 *Enkianthus chinensis* Franch.　JLS-1736

白果白珠 *Gaultheria leucocarpa* Bl.　JLS-1734

滇白珠 *Gaultheria leucocarpa* var. *yunnanensis* (Franch.) T. Z. Hsu & R. C. Fang　JLS-507

珍珠花 *Lyonia ovalifolia* (Wall.) Drude　刘信中，2002

小果珍珠花 *Lyonia ovalifolia* var. *elliptica* (Sieb. & Zucc.) Hand.-Mazz.　JLS-649，JLS-1433

毛果珍珠花 *Lyonia ovalifolia* var. *hebecarpa* (Franch. *ex* F. B. Forbes & Hemsl.) Chun　JLS-1120，JLS-1279

狭叶珍珠花 *Lyonia ovalifolia* var. *lanceolata* (Wall.) Hand.-Mazz.　刘信中等（2002）

球果假沙晶兰 *Monotropastrum humile* (D. Don) H. Hara　刘信中等（2002）

刺毛杜鹃 *Rhododendron championiae* Hook.　JLS-441，JLS-1134，JLS-1532，JLS-1568

华丽杜鹃 *Rhododendron eudoxum* Balf. F. *et* Forrest　梁跃龙等（2021）

大云锦杜鹃 *Rhododendron faithiae* Chun　梁跃龙等（2021）

丁香杜鹃 *Rhododendron farrerae* Sweet　JLS-1722，JLS-1836

云锦杜鹃 *Rhododendron fortunei* Lindl.　JLS-1442，JLS-1448

弯蒴杜鹃 *Rhododendron henryi* Hance　JLS-386

井冈山杜鹃 *Rhododendron jingangshanicum* Tam　JLS-1271

鹿角杜鹃 *Rhododendron latoucheae* Franch. JLS-1104
岭南杜鹃 *Rhododendron mariae* Hance JLS-1599
满山红 *Rhododendron farrerae* Sweet 刘信中等（2002）
毛棉杜鹃 *Rhododendron moulmainense* Hook. JLS-97
白花杜鹃 *Rhododendron mucronatum* (Blume) G. Don 梁跃龙等（2021）
马银花 *Rhododendron ovatum* (Lindl.) Planch. *ex* Maxim. JLS-71，JLS-1099
溪畔杜鹃 *Rhododendron rivulare* Hand.-Mazz. 刘信中，2002
广东杜鹃 *Rhododendron rivulare* var. *kwangtungense* (Merr. & Chun) X. F. Jin & B. Y. Ding JLS-1143-2，JLS-1531，JLS-1704，JLS-1552
猴头杜鹃 *Rhododendron simiarum* Hance JLS-1270，JLS-1869
杜鹃 *Rhododendron simsii* Planch. JLS-70，JLS-1884，JLS-1930
凯里杜鹃 *Rhododendron westlandii* Hemsl. 刘信中等（2002）
小叶南烛 *Vaccinium bracteatum* var. *chinense* (Lodd.) Chun *ex* Sleumer JLS-1443
南烛 *Vaccinium bracteatum* Thunb. 刘信中等（2002）
短尾越橘 *Vaccinium carlesii* Dunn JLS-1097
黄背越橘 *Vaccinium iteophyllum* Hance 刘信中等（2002）
扁枝越橘 *Vaccinium japonicum* var. *sinicum* (Nakai) Rehder JLS-1450
长尾乌饭 *Vaccinium longicaudatum* Chun *ex* Fang & Z. H. Pan JLS-1428
江南越橘 *Vaccinium mandarinorum* Diels JLS-1157-2
峦大越橘 *Vaccinium randaiense* Hayata 梁跃龙等（2021）
光序刺毛越橘 *Vaccinium trichocladum* var. *glabriracemosum* C. Y. Wu 梁跃龙等（2021）
刺毛越橘 *Vaccinium trichocladum* Merr. & F. P. Metcalf JLS-154，JLS-1358

348. 茶茱萸科 Icacinaceae

定心藤 *Mappianthus iodoides* Hand.-Mazz. JLS-1311

350. 杜仲科 Eucommiaceae

* 杜仲 *Eucommia ulmoides* Oliv. JLS-2034

351. 丝缨花科 Garryaceae

桃叶珊瑚 *Aucuba chinensis* Benth. 刘信中等（2002）
喜马拉雅珊瑚 *Aucuba himalaica* Hook. f. *et* Thoms. JLS-1497，JLS-1775

352. 茜草科 Rubiaceae

水团花 *Adina pilulifera* (Lam.) Franch. *ex* Drake JLS-800，JLS-1906，JLS-2031
细叶水团花 *Adina rubella* Hance 刘信中等（2002）
香楠 *Aidia canthioides* (Champ. *ex* Benth.) Masam. JLS-6
茜树 *Aidia cochinchinensis* Lour. JLS-1019，JLS-1061，JLS-1597
风箱树 *Cephalanthus tetrandrus* (Roxb.) Ridsdale & Bakh. f. 刘信中等（2002）
流苏子 *Coptosapelta diffusa* (Champ. *ex* Benth.) Steenis 刘信中等（2002）
短刺虎刺 *Damnacanthus giganteus* (Makino) Nakai JLS-1748，JLS-1854-2
虎刺 *Damnacanthus indicus* C. F. Gaertn. 刘信中等（2002）

柳叶虎刺 *Damnacanthus labordei* (Lévl.) Lo　JLS-1584，JLS-1468

狗骨柴 *Diplospora dubia* (Lindl.) Masam.　JLS-204，JLS-977

毛狗骨柴 *Diplospora fruticosa* Hemsl.　JLS-31，JLS-1309

四叶葎 *Galium bungei* Steud.　JLS-163

小猪殃殃 *Galium innocuum* Miquel　JLS-2119

猪殃殃 *Galium spurium* L.　刘信中等（2002）

栀子 *Gardenia jasminoides* J. Ellis　JLS-902，JLS-1741

狭叶栀子 *Gardenia stenophylla* Merr.　梁跃龙等（2021）

耳草 *Hedyotis auricularia* L.　刘信中等（2002）

剑叶耳草 *Hedyotis caudatifolia* Merr. *et* Metcalf　梁跃龙等（2021）

金毛耳草 *Hedyotis chrysotricha* (Palib.) Merr.　刘信中等（2002）

伞房花耳草 *Hedyotis corymbosa* (L.) Lam.　梁跃龙等（2021）

长瓣耳草 *Hedyotis longipetala* Merr.　JLS-1289

疏花耳草 *Hedyotis matthewii* Dunn　梁跃龙等（2021）

粗毛耳草 *Hedyotis mellii* Tutcher　JLS-373，JLS-920，JLS-2060

纤花耳草 *Hedyotis tenelliflora* Blume　梁跃龙等（2021）

长节耳草 *Hedyotis uncinella* Hook. & Arn.　刘信中等（2002）

粗叶耳草 *Scleromitrion verticillatum* (L.) R. J. Wang　梁跃龙等（2021）

粗叶木 *Lasianthus chinensis* (Champ. *ex* Benth.) Benth.　梁跃龙等（2021）

西南粗叶木 *Lasianthus henryi* Hutch.　刘信中等（2002）

日本粗叶木 *Lasianthus japonicus* Miq.　JLS-259，JLS-948，JLS-1218，JLS-1308，JLS-1771，JLS-1840，JLS-1865，JLS-1687

云广粗叶木 *Lasianthus japonicus* subsp. *longicaudus* (Hook. f.) C. Y. Wu & H. Zhu　刘信中等（2002）

黄棉木 *Metadina trichotoma* (Zoll. & Moritzi) Bakh. f.　JLS-1013，JLS-1556，JLS-2052

鸡眼藤 *Morinda parvifolia* Bartl. *ex* DC.　JLS-1469，JLS-1481

印度羊角藤 *Morinda umbellata* L.　刘信中，2002

羊角藤 *Morinda umbellata* subsp. *obovata* Y. Z. Ruan　JLS-422，JLS-1115，JLS-1175，JLS-1834

玉叶金花 *Mussaenda pubescens* W. T. Aiton　JLS-859，JLS-876，JLS-894，JLS-926，JLS-1366，JLS-1962

大叶白纸扇 *Mussaenda shikokiana* Makino　JLS-403，JLS-1057，JLS-1527，JLS-1849-2

腺萼木 *Mycetia glandulosa* Craib　梁跃龙等（2021）

华腺萼木 *Mycetia sinensis* (Hemsl.) Craib　JLS-544，JLS-950，JLS-1007，JLS-1961

薄叶新耳草 *Neanotis hirsuta* (L. f.) W. H. Lewis　JLS-739，JLS-1314

广东新耳草 *Neanotis kwangtungensis* (Merr. *et* Metcalf) Lewis　刘信中等（2002）

团花 *Neolamarckia cadamba* (Roxb.) Bosser　刘信中等（2002）

薄柱草 *Nertera sinensis* Hemsl.　梁跃龙等（2021）

中华蛇根草 *Ophiorrhiza chinensis* Lo　JLS-1338

日本蛇根草 *Ophiorrhiza japonica* Blume　JLS-79，JLS-1201，JLS-1221

东南蛇根草 *Ophiorrhiza mitchelloides* (Masam.) Lo　JLS-1167-2

鸡屎藤 *Paederia foetida* L.　JLS-420，JLS-1770

白毛鸡屎藤 *Paederia pertomentosa* Merr. *ex* H. L. Li　JLS-1066，JLS-1883

溪边九节 *Psychotria fluviatilis* Chun *ex* W. C. Chen　JLS-1302

蔓九节 *Psychotria serpens* L. 梁跃龙等（2021）

金剑草 *Rubia alata* Wall. in Roxb. JLS-1973

东南茜草 *Rubia argyi* (H. Lév. & Vaniot) H. Hara *ex* Lauener & D. K. Ferguson JLS-142

茜草 *Rubia cordifolia* L. 刘信中等（2002）

白花蛇舌草 *Scleromitrion diffusum* (Willd.) R. J. Wang 刘信中等（2002）

六月雪 *Serissa japonica* (Thunb.) Thunb. 刘信中等（2002）

白马骨 *Serissa serissoides* (DC.) Druce 刘信中等（2002）

鸡仔木 *Sinoadina racemosa* (Sieb. & Zucc.) Ridsdale 刘信中等（2002）

尖萼乌口树 *Tarenna acutisepala* How *ex* W. C. Chen 梁跃龙等（2021）

广西乌口树 *Tarenna lanceolata* Chun *et* How *ex* W. C. Chen 梁跃龙等（2021）

白花苦灯笼 *Tarenna mollissima* (Hook. & Arn.) B. L. Rob. JLS-470，JLS-898，JLS-1188，JLS-1610

钩藤 *Uncaria rhynchophylla* (Miq.) Miq. *ex* Havil. JLS-497，JLS-1971

353. 龙胆科 Gentianaceae

五岭龙胆 *Gentiana davidii* Franch. JLS-1435

华南龙胆 *Gentiana loureiroi* (G. Don) Griseb. in A. DC. JLS-758

条叶龙胆 *Gentiana manshurica* Kitag. 刘信中等（2002）

三花龙胆 *Gentiana triflora* Pall. 刘信中等（2002）

美丽獐牙菜 *Swertia angustifolia* var. *pulchella* (D. Don) Burkill 刘信中等（2002）

獐牙菜 *Swertia bimaculata* (Sieb. & Zucc.) Hook. f. & Thomson *ex* C. B. Clarke 刘信中等（2002）

双蝴蝶 *Tripterospermum chinense* (Migo) Harry Sm. 刘信中等（2002）

354. 马钱科 Loganiaceae

柳叶蓬莱葛 *Gardneria lanceolata* Rehder & E. H. Wilson in Sargent 刘信中等（2002）

蓬莱葛 *Gardneria multiflora* Makino JLS-467

水田白 *Mitrasacme pygmaea* R. Br. 刘信中等（2002）

355. 钩吻科 Gelsemiaceae

钩吻 *Gelsemium elegans* (Gardner & Champ.) Benth. 刘信中等（2002）

356. 夹竹桃科 Apocynaceae

链珠藤 *Alyxia sinensis* Champ. *ex* Benth. 刘信中等（2002）

鳝藤 *Anodendron affine* (Hook. & Arn.) Druce 刘信中等（2002）

* 长春花 *Catharanthus roseus* (L.) G. Don 刘信中等（2002）

合掌消 *Cynanchum amplexicaule* (Sieb. & Zucc.) Hemsl. 刘信中等（2002）

牛皮消 *Cynanchum auriculatum* Royle *ex* Wight JLS-505，JLS-2092

山白前 *Cynanchum fordii* Hemsl. 刘信中等（2002）

毛白前 *Cynanchum mooreanum* Hemsl. JLS-401

徐长卿 *Cynanchum paniculatum* (Bunge) Kitag. 刘信中等（2002）

柳叶白前 *Cynanchum stauntonii* (Decne.) Schltr. *ex* H. Lév. 刘信中等（2002）

黑鳗藤 *Jasminanthes mucronata* (Blanco) W. D. Stevens & P. T. Li 刘信中等（2002）

牛奶菜 *Marsdenia sinensis* Hemsl. 刘信中等（2002）

萝藦 *Metaplexis japonica* (Thunb.) Makino 刘信中等（2002）
* 夹竹桃 *Nerium oleander* L. 刘信中等（2002）
帘子藤 *Pottsia laxiflora* (Blume) Kuntze 刘信中等（2002）
羊角拗 *Strophanthus divaricatus* (Lour.) Hook. & Arn. 刘信中等（2002）
亚洲络石 *Trachelospermum asiaticum* (Sieb. & Zucc.) Nakai in T. Mori JLS-49
紫花络石 *Trachelospermum axillare* Hook. f. 刘信中等（2002）
贵州络石 *Trachelospermum bodinieri* (H. Lév.) Woodson 刘信中等（2002）
络石 *Trachelospermum jasminoides* (Lindl.) Lem. 刘信中等（2002）
七层楼 *Tylophora floribunda* Miq. 刘信中等（2002）
娃儿藤 *Tylophora ovata* (Lindl.) Hook. *ex* Steud. 刘信中等（2002）

357. 紫草科 Boraginaceae

多苞斑种草 *Bothriospermum secundum* Maxim. 刘信中等（2002）
柔弱斑种草 *Bothriospermum zeylanicum* (J. Jacq.) Druce 刘信中等（2002）
倒提壶 *Cynoglossum amabile* Stapf & Drummond 刘信中等（2002）
琉璃草 *Cynoglossum furcatum* Wall. in Roxb. 刘信中等（2002）
厚壳树 *Ehretia acuminata* R. Br. 刘信中等（2002）
长花厚壳树 *Ehretia longiflora* Champ. *ex* Benth. JLS-295，JLS-1098，JLS-1544
盾果草 *Thyrocarpus sampsonii* Hance 刘信中等（2002）
附地菜 *Trigonotis peduncularis* (Trevis.) Benth. *ex* Baker & S. Moore JLS-52

359. 旋花科 Convolvulaceae

打碗花 *Calystegia hederacea* Wall. in Roxb. 刘信中等（2002）
旋花 *Calystegia sepium* (L.) R. Br. 刘信中等（2002）
田旋花 *Convolvulus arvensis* L. 刘信中等（2002）
南方菟丝子 *Cuscuta australis* R. Br. 刘信中等（2002）
菟丝子 *Cuscuta chinensis* Lam. 刘信中等（2002）
金灯藤 *Cuscuta japonica* Choisy in Zoll. 刘信中等（2002）
马蹄金 *Dichondra micrantha* Urb. 刘信中等（2002）
飞蛾藤 *Dinetus racemosus* (Wall.) Buch.-Ham. *ex* Sweet JLS-538
土丁桂 *Evolvulus alsinoides* (L.) L. 刘信中等（2002）
* 蕹菜 *Ipomoea aquatica* Forssk. in Forssk. & Niebuhr 刘信中等（2002）
* 番薯 *Ipomoea batatas* (L.) Lam. 刘信中等（2002）
# 牵牛 *Ipomoea nil* (L.) Roth 刘信中等（2002）
* 茑萝 *Ipomoea quamoclit* L. 刘信中等（2002）
# 三裂叶薯 *Ipomoea triloba* L. JLS-201

360. 茄科 Solanaceae

挂金灯 *Alkekengi officinarum* var. *francheti* (Mast.) R. J. Wang 刘信中等（2002）
* 辣椒 *Capsicum annuum* L. 刘信中等（2002）
* 朝天椒 *Capsicum annuum* L. 刘信中等（2002）
* 夜香树 *Cestrum nocturnum* L. 刘信中等（2002）

* 洋金花 *Datura metel* L. 刘信中等（2002）
红丝线 *Lycianthes biflora* (Lour.) Bitter JLS-788，JLS-935，JLS-1043，JLS-1848
单花红丝线 *Lycianthes lysimachioides* (Wall.) Bitter JLS-473，JLS-1229
中华红丝线 *Lycianthes lysimachioides* var. *sinensis* Bitter JLS-1750
枸杞 *Lycium chinense* Mill. 刘信中等（2002）
* 番茄 *Lycopersicon esculentum* Mill. 刘信中等（2002）
* 烟草 *Nicotiana tabacum* L. 刘信中等（2002）
* 矮牵牛 *Petunia hybrida* (Hook.) E. Vilm. 刘信中等（2002）
广西地海椒 *Physaliastrum chamaesarachoides* (Makino) Makino 刘信中等（2002）
苦蘵 *Physalis angulata* L. 刘信中等（2002）
少花龙葵 *Solanum americanum* Mill. JLS-123
白英 *Solanum lyratum* Thunb. *ex* Murray 刘信中等（2002）
* 茄 *Solanum melongena* L. 刘信中等（2002）
龙葵 *Solanum nigrum* L. 刘信中等（2002）
* 珊瑚豆 *Solanum pseudocapsicum* L. 刘信中等（2002）
* 阳芋 *Solanum tuberosum* L. 刘信中等（2002）
毛果茄 *Solanum viarum* Dunal in A. DC. 刘信中等（2002）
龙珠 *Tubocapsicum anomalum* (Franch. & Sav.) Makino 刘信中等（2002）

366. 木犀科 Oleaceae

金钟花 *Forsythia viridissima* Lindl. 刘信中等（2002）
白蜡树 *Fraxinus chinensis* Roxb. 刘信中等（2002）
花曲柳 *Fraxinus chinensis* subsp. *rhynchophylla* (Hance) E. Murray 刘信中等（2002）
多花梣 *Fraxinus floribunda* Wall. in Roxb. 刘信中等（2002）
光蜡树 *Fraxinus griffithii* C. B. Clarke in Hook. f. 刘信中等（2002）
苦枥木 *Fraxinus insularis* Hemsl. JLS-2056
清香藤 *Jasminum lanceolarium* Roxb. 刘信中等（2002）
* 迎春花 *Jasminum nudiflorum* Lindl. 刘信中等（2002）
* 茉莉花 *Jasminum sambac* (L.) Aiton 刘信中等（2002）
华素馨 *Jasminum sinense* Hemsl. 刘信中等（2002）
* 日本女贞 *Ligustrum japonicum* Thunb. 刘信中等（2002）
华女贞 *Ligustrum lianum* P. S. Hsu JLS-1735
水蜡树 *Ligustrum obtusifolium* Sieb. & Zucc. 刘信中等（2002）
小蜡 *Ligustrum sinense* Lour. JLS-186，JLS-852，JLS-1179
光萼小蜡 *Ligustrum sinense* var. *myrianthum* (Diels) Hofk. JLS-130
* 木樨榄 *Olea europaea* L. 刘信中等（2002）
木樨 *Osmanthus fragrans* (Thunb.) Lour. 刘信中等（2002）
万钧木 *Chengiodendron marginatum* (Champ. *ex* Benth.) C. B. Shang, X. R. Wang, Yi F. Duan & Yong F. Li JLS-1425
牛屎果 *Chengiodendron matsumuranum* (Hayata) C. B. Shang, X. R. Wang, Yi F. Duan & Yong F. Li 刘信中等(2002）

369. 苦苣苔科 Gesneriaceae

贵州半蒴苣苔 *Hemiboea cavaleriei* H. Lév. 刘信中等（2002）

吊石苣苔 *Lysionotus pauciflorus* Maxim.　JLS-2068

长瓣马铃苣苔 *Oreocharis auricula* (S. Moore) C. B. Clarke　JLS-88，JLS-1003，JLS-1290，JLS-2048

龙南后蕊苣苔 *Oreocharis burttii* (W. T. Wang) Mich. Möller & A. Weber　刘信中等（2002）

东南长蒴苣苔 *Petrocodon hancei* (Hemsl.) A. Weber & Mich. Möller　刘信中等（2002）

蚂蟥七 *Primulina fimbrisepala* (Hand.-Mazz.) Yin Z. Wang　刘信中等（2002）

羽裂报春苣苔 *Primulina pinnatifida* (Hand.-Mazz.) Yin Z. Wang　刘信中等（2002）

370. 车前科 Plantaginaceae

毛麝香 *Adenosma glutinosum* (L.) Druce　刘信中等（2002）

紫苏草 *Limnophila aromatica* (Lam.) Merr.　刘信中等（2002）

石龙尾 *Limnophila sessiliflora* (Vahl) Blume　刘信中等（2002）

车前 *Plantago asiatica* L.　JLS-51

大车前 *Plantago major* L.　刘信中等（2002）

* 野甘草 *Scoparia dulcis* L.　刘信中等（2002）

茶菱 *Trapella sinensis* Oliv.　刘信中等（2002）

北水苦荬 *Veronica anagallis-aquatica* L.　刘信中等（2002）

蚊母草 *Veronica peregrina* L.　刘信中等（2002）

阿拉伯婆婆纳 *Veronica persica* Poir.　JLS-143

婆婆纳 *Veronica polita* Fries　刘信中等（2002）

爬岩红 *Veronicastrum axillare* (Sieb. *et* Zucc.) Yamazaki　刘信中等（2002）

四方麻 *Veronicastrum caulopterum* (Hance) Yamazaki　刘信中等（2002）

细穗腹水草 *Veronicastrum stenostachyum* (Hemsl.) Yamazaki　刘信中，2002

腹水草 *Veronicastrum stenostachyum* subsp. *plukenetii* (T. Yamazaki) D. Y. Hong　JLS-719，JLS-1029

毛叶腹水草 *Veronicastrum villosulum* (Miq.) Yamazaki　刘信中等（2002）

371. 玄参科 Scrophulariaceae

白背枫 *Buddleja asiatica* Lour.　JLS-1994

大叶醉鱼草 *Buddleja davidii* Franch.　刘信中等（2002）

醉鱼草 *Buddleja lindleyana* Fortune　刘信中等（2002）

玄参 *Scrophularia ningpoensis* Hemsl.　刘信中等（2002）

373. 母草科 Linderniaceae

长蒴母草 *Lindernia anagallis* (Burm. f.) Pennell　刘信中等（2002）

泥花草 *Lindernia antipoda* (L.) Alston　刘信中等（2002）

母草 *Lindernia crustacea* (L.) F. Muell.　刘信中等（2002）

长序母草 *Lindernia macrobotrys* Tsoong　JLS-443

狭叶母草 *Lindernia micrantha* D. Don　刘信中等（2002）

红骨母草 *Lindernia mollis* (Benth.) Wettst.　刘信中等（2002）

细茎母草 *Lindernia pusilla* (Willd.) Bold.　JLS-364

旱田草 *Lindernia ruellioides* (Colsm.) Pennell　JLS-1067

刺毛母草 *Lindernia setulosa* (Maxim.) Tuyama *ex* H. Hara　JLS-1146，JLS-1339，JLS-1761，JLS-2157

长叶蝴蝶草 *Torenia asiatica* L.　刘信中等（2002）

单色蝴蝶草 *Torenia concolor* Lindl. 梁跃龙等（2021）

黄花蝴蝶草 *Torenia flava* Buch.-Ham. *ex* Benth. JLS-829

紫斑蝴蝶草 *Torenia fordii* Hook. f. JLS-367，JLS-2131

紫萼蝴蝶草 *Torenia violacea* (Azaola *ex* Blanco) Pennell 刘信中等（2002）

376. 胡麻科 Pedaliaceae

* 芝麻 *Sesamum indicum* L. 刘信中等（2002）

377. 爵床科 Acanthaceae

白接骨 *Asystasia neesiana* (Wall.) Nees JLS-537

狗肝菜 *Dicliptera chinensis* (L.) Juss. 刘信中等（2002）

疏花马蓝 *Diflugossa divaricata* (Nees) Bremek. 刘信中等（2002）

水蓑衣 *Hygrophila ringens* (L.) R. Brown *ex* Spreng. 刘信中等（2002）

叉序草 *Isoglossa collina* (T. Anderson) B. Hansen JLS-598，JLS-1503

华南爵床 *Justicia austrosinensis* H. S. Lo & D. Fang JLS-687，JLS-961，JLS-988

圆苞杜根藤 *Justicia championii* T. Anderson 刘信中等（2002）

爵床 *Justicia procumbens* L. JLS-2143

九头狮子草 *Peristrophe japonica* (Thunb.) Bremek. JLS-472，JLS-1228，JLS-2030

飞来蓝 *Ruellia venusta* Hance 刘信中等（2002）

中华孩儿草 *Rungia chinensis* Benth. 刘信中等（2002）

弯花叉柱花 *Staurogyne chapaensis* Benoist JLS-277，JLS-1871-2

板蓝 *Strobilanthes cusia* (Nees) Kuntze 刘信中等（2002）

曲枝假蓝 *Strobilanthes dalzielii* (W. W. Sm.) Benoist 刘信中等（2002）

球花马蓝 *Strobilanthes dimorphotricha* Hance JLS-1324

圆苞金足草 *Strobilanthes pentastemonoides* (Nees) T. Anders. 刘信中等（2002）

四子马蓝 *Strobilanthes tetrasperma* (Champ. *ex* Benth.) Druce JLS-680

378. 紫葳科 Bignoniaceae

* 凌霄 *Campsis grandiflora* (Thunb.) Schum. 刘信中等（2002）

* 梓 *Catalpa ovata* G. Don 刘信中等（2002）

* 菜豆树 *Radermachera sinica* (Hance) Hemsl. 刘信中等（2002）

379. 狸藻科 Lentibulariaceae

黄花狸藻 *Utricularia aurea* Lour. 刘信中等（2002）

挖耳草 *Utricularia bifida* L. 刘信中等（2002）

短梗挖耳草 *Utricularia caerulea* L. 刘信中等（2002）

圆叶挖耳草 *Utricularia striatula* Sm. 刘信中等（2002）

382. 马鞭草科 Verbenaceae

* 马缨丹 *Lantana camara* L. 刘信中等（2002）

马鞭草 *Verbena officinalis* L. JLS-41，JLS-1068，JLS-2141

383. 唇形科 Lamiaceae

* 藿香 *Agastache rugosa* (Fisch. & C. A. Mey.) Kuntze　刘信中等（2002）
筋骨草 *Ajuga ciliata* Bunge　JLS-321
金疮小草 *Ajuga decumbens* Thunb.　JLS-50，JLS-2114
紫背金盘 *Ajuga nipponensis* Makino　刘信中等（2002）
广防风 *Anisomeles indica* (L.) Kuntze　刘信中等（2002）
紫珠 *Callicarpa bodinieri* H. Lév.　JLS-519，JLS-1780，JLS-1859-2
短柄紫珠 *Callicarpa brevipes* (Benth.) Hance　JLS-1563，JLS-1879
白棠子树 *Callicarpa dichotoma* (Lour.) K. Koch　JLS-1297
尖尾枫 *Callicarpa dolichophylla* Merr.　刘信中等（2002）
老鸦糊 *Callicarpa giraldii* Hesse *ex* Rehder　刘信中，2002
毛叶老鸦糊 *Callicarpa giraldii* var. *subcanescens* Rehder　JLS-445，JLS-1677，JLS-1760
藤紫珠 *Callicarpa integerrima* var. *chinensis* (C. Pei) S. L. Chen　JLS-2074
全缘叶紫珠 *Callicarpa integerrima* Champ.　刘信中等（2002）
日本紫珠 *Callicarpa japonica* Thunb.　刘信中等（2002）
枇杷叶紫珠 *Callicarpa kochiana* Makino　JLS-588，JLS-1014
广东紫珠 *Callicarpa kwangtungensis* Chun　JLS-1124
长叶紫珠 *Callicarpa longifolia* Lam.　刘信中等（2002）
长柄紫珠 *Callicarpa longipes* Dunn　JLS-946，JLS-959，JLS-1886，JLS-2020
窄叶紫珠 *Callicarpa membranacea* Hung T. Chang　刘信中等（2002）
杜虹花 *Callicarpa pedunculata* R. Br.　JLS-1169，JLS-854，JLS-1948，JLS-1041
红紫珠 *Callicarpa rubella* Lindl.　JLS-449，JLS-1026，JLS-1530，JLS-1574，JLS-880
钝齿红紫珠 *Callicarpa rubella* Lindl.　刘信中等（2002）
秃红紫珠 *Callicarpa rubella* Lindl.　刘信中等（2002）
兰香草 *Caryopteris incana* (Thunb.) Miq.　JLS-2128
臭牡丹 *Clerodendrum bungei* Steud.　刘信中等（2002）
灰毛大青 *Clerodendrum canescens* Wall.　刘信中等（2002）
重瓣臭茉莉 *Clerodendrum chinense* (Osbeck) Mabb.　刘信中等（2002）
大青 *Clerodendrum cyrtophyllum* Turcz.　JLS-378，JLS-921，JLS-1136，JLS-1168，JLS-1533
白花灯笼 *Clerodendrum fortunatum* L.　刘信中等（2002）
赪桐 *Clerodendrum japonicum* (Thunb.) Sweet　刘信中等（2002）
江西大青 *Clerodendrum kiangsiense* Merr. *ex* H. L. Li　刘信中等（2002）
广东大青 *Clerodendrum kwangtungense* Hand.-Mazz.　刘信中等（2002）
尖齿臭茉莉 *Clerodendrum lindleyi* Decne. *ex* Planch.　JLS-1587
海通 *Clerodendrum mandarinorum* Diels　刘信中等（2002）
风轮菜 *Clinopodium chinense* (Benth.) Kuntze　刘信中等（2002）
细风轮菜 *Clinopodium gracile* (Benth.) Matsum.　JLS-43，JLS-1847
匍匐风轮菜 *Clinopodium repens* (D. Don) Wall. *ex* Benth.　JLS-768
天人草 *Comanthosphace japonica* (Miq.) S. Moore　刘信中等（2002）
紫花香薷 *Elsholtzia argyi* H. Lév.　刘信中等（2002）
海州香薷 *Elsholtzia splendens* Nakai *ex* F. Maek.　刘信中等（2002）

活血丹 *Glechoma longituba* (Nakai) Kupr. JLS-171

中华锥花 *Gomphostemma chinense* Oliv. JLS-579，JLS-947，JLS-1602

出蕊四轮香 *Hanceola exserta* Y. Z. Sun 刘信中等（2002）

香茶菜 *Isodon amethystoides* (Benth.) H. Hara 刘信中等（2002）

短距香茶菜 *Isodon brevicalcaratus* (C. Y. Wu & H. W. Li) H. Hara 刘信中等（2002）

内折香茶菜 *Isodon inflexus* (Thunberg) Kudo 刘信中等（2002）

狭基线纹香茶菜 *Isodon lophanthoides* var. *graciliflorus* (Benth.) H. Hara JLS-518

线纹香茶菜 *Isodon lophanthoides* (Buch.-Ham. *ex* D. Don) H. Hara 刘信中，2002

小花线纹香茶菜 *Isodon lophanthoides* var. *micranthus* (C. Y. Wu) H. W. Li 刘信中等（2002）

溪黄草 *Isodon serra* (Maxim.) Kudô JLS-720

香薷状香简草 *Keiskea elsholtzioides* Merr. JLS-1164-2，JLS-2000

益母草 *Leonurus japonicus* Houtt. JLS-100

肉叶龙头草 *Meehania faberi* (Hemsl.) C. Y. Wu JLS-1385

走茎华西龙头草 *Meehania fargesii* var. *radicans* (Vaniot) C. Y. Wu JLS-1758

浙闽龙头草 *Meehania zheminensis* A. Takano, Pan Li & G. H. Xia. 徐国良等（2021）

薄荷 *Mentha canadensis* L. 刘信中等（2002）

石香薷 *Mosla chinensis* Maxim. JLS-2134

小鱼仙草 *Mosla dianthera* (Buch.-Ham. *ex* Roxb.) Maxim. 刘信中等（2002）

石荠苎 *Mosla scabra* (Thunb.) C. Y. Wu & H. W. Li 刘信中等（2002）

小叶假糙苏 *Paraphlomis coronata* (Vaniot) Y. P. Chen & C. L. Xiang JLS-1230，JLS-1364，JLS-2016

曲茎假糙苏 *Paraphlomis foliata* (Dunn) C. Y. Wu & H. W. Li JLS-587，JLS-1959

长叶假糙苏 *Paraphlomis lanceolata* Hand.-Mazz. 刘信中等（2002）

* 紫苏 *Perilla frutescens* (L.) Britton 梁跃龙等（2021）

茴茴苏 *Perilla frutescens* var. *crispa* (Thunb.) Hand.-Mazz. 刘信中等（2002）

野生紫苏 *Perilla frutescens* var. *purpurascens* (Hayata) H. W. Li JLS-641

水珍珠菜 *Pogostemon auricularius* (L.) Hassk. 刘信中等（2002）

* 广藿香 *Pogostemon cablin* (Blanco) Benth. JLS-2142

黄药豆腐柴 *Premna cavaleriei* H. Lév. 刘信中等（2002）

豆腐柴 *Premna microphylla* Turcz. JLS-770，JLS-934，JLS-1071，JLS-1944

夏枯草 *Prunella vulgaris* L. JLS-157

铁线鼠尾草 *Salvia adiantifolia* E. Peter JLS-313，JLS-1166-2

贵州鼠尾草 *Salvia cavaleriei* H. Lév. JLS-83

血盆草 *Salvia cavaleriei* var. *simplicifolia* E. Peter 刘信中等（2002）

华鼠尾草 *Salvia chinensis* Benth. JLS-1871

鼠尾草 *Salvia japonica* Thunb. JLS-841，JLS-1839，JLS-1868，JLS-1937，JLS-2055

* 一串红 *Salvia splendens* Ker Gawl. 刘信中等（2002）

四棱草 *Schnabelia oligophylla* Hand.-Mazz. 刘信中等（2002）

半枝莲 *Scutellaria barbata* D. Don 刘信中等（2002）

韩信草 *Scutellaria indica* L. 刘信中等（2002）

偏花黄芩 *Scutellaria tayloriana* Dunn JLS-832

假活血草 *Scutellaria tuberifera* C. Y. Wu & C. Chen 刘信中等（2002）

英德黄芩 *Scutellaria yingtakensis* Y. Z. Sun *ex* C. H. Hu　JLS-17
光柄筒冠花 *Siphocranion nudipes* (Hemsl.) Kudô　刘信中等（2002）
地蚕 *Stachys geobombycis* C. Y. Wu　JLS-298
水苏 *Stachys japonica* Miq.　刘信中等（2002）
细柄针筒菜 *Stachys oblongifolia* var. *leptopoda* (Hayata) C. Y. Wu　刘信中等（2002）
甘露子 *Stachys sieboldii* Miq.　JLS-230
铁轴草 *Teucrium quadrifarium* Buch.-Ham.　刘信中等（2002）
血见愁 *Teucrium viscidum* Blume　JLS-173
黄荆 *Vitex negundo* L.　刘信中等（2002）
牡荆 *Vitex negundo* var. *cannabifolia* (Sieb. & Zucc.) Hand.-Mazz.　刘信中等（2002）
山牡荆 *Vitex quinata* (Lour.) Will.　刘信中等（2002）

384. 通泉草科 Mazaceae

通泉草 *Mazus pumilus* (Burm. f.) Steenis　JLS-167

386. 泡桐科 Paulowniaceae

白花泡桐 *Paulownia fortunei* (Seem.) Hemsl.　刘信中等（2002）
台湾泡桐 *Paulownia kawakamii* T. Itô　JLS-103，JLS-1163-2

387. 列当科 Orobanchaceae

野菰 *Aeginetia indica* L.　刘信中等（2002）
中国野菰 *Aeginetia sinensis* Beck　刘信中等（2002）
岭南来江藤 *Brandisia swinglei* Merr.　刘信中等（2002）
黑草 *Buchnera cruciata* Buch.-Ham. *ex* D. Don　刘信中等（2002）
山罗花 *Melampyrum roseum* Maxim.　JLS-1272，JLS-1406
鹿茸草 *Monochasma sheareri* Maxim. *ex* Franch. & Sav.　刘信中等（2002）
江南马先蒿 *Pedicularis henryi* Maxim.　刘信中等（2002）
松蒿 *Phtheirospermum japonicum* (Thunb.) Kanitz　刘信中等（2002）
阴行草 *Siphonostegia chinensis* Benth.　刘信中等（2002）
腺毛阴行草 *Siphonostegia laeta* S. Moore　JLS-831，JLS-2093
独脚金 *Striga asiatica* (L.) Kuntze　刘信中等（2002）

392. 冬青科 Aquifoliaceae

满树星 *Ilex aculeolata* Nakai　JLS-2080
秤星树 *Ilex asprella* (Hook. & Arn.) Champ. *ex* Benth.　刘信中等（2002）
黄杨冬青 *Ilex buxoides* S. Y. Hu　刘信中等（2002）
凹叶冬青 *Ilex championii* Loes.　刘信中等（2002）
冬青 *Ilex chinensis* Sims　JLS-1079
枸骨 *Ilex cornuta* Lindl. & Paxton　刘信中等（2002）
黄毛冬青 *Ilex dasyphylla* Merr.　JLS-803，JLS-1085
显脉冬青 *Ilex editicostata* Hu & Tang　JLS-1519，JLS-1870
厚叶冬青 *Ilex elmerrilliana* S. Y. Hu　JLS-302，JLS-1106

硬叶冬青 *Ilex ficifolia* C. J. Tseng *ex* S. K. Chen *et* Y. X. Feng 梁跃龙等（2021）
榕叶冬青 *Ilex ficoidea* Hemsl. JLS-1004
青茶香 *Ilex hanceana* Maxim. JLS-1426，JLS-1706
皱柄冬青 *Ilex kengii* S. Y. Hu 刘信中等（2002）
江西满树星 *Ilex kiangsiensis* (S. Y. Hu) C. J. Tseng *et* B. W. Liu 梁跃龙等（2021）
广东冬青 *Ilex kwangtungensis* Merr. JLS-1103
剑叶冬青 *Ilex lancilimba* Merr. JLS-1455，JLS-1702
木姜冬青 *Ilex litseifolia* Hu & Tang 刘信中等（2002）
矮冬青 *Ilex lohfauensis* Merr. JLS-339，JLS-1062，JLS-1752，JLS-1416
大果冬青 *Ilex macrocarpa* Oliv. JLS-1763
小果冬青 *Ilex micrococca* Maxim. JLS-1573
具柄冬青 *Ilex pedunculosa* Miq. 刘信中等（2002）
毛冬青 *Ilex pubescens* Hook. & Arn. JLS-38，JLS-892，JLS-928，JLS-1052，JLS-1535，JLS-1542
铁冬青 *Ilex rotunda* Thunb. 刘信中等（2002）
落霜红 *Ilex serrata* Thunb. JLS-134
拟榕叶冬青 *Ilex subficoidea* S. Y. Hu JLS-1812
蒲桃叶冬青 *Ilex syzygiophylla* C. J. Tseng *ex* S. K. Chen *et* Y. X. Feng JLS-1268，JLS-1806，JLS-1851-2
四川冬青 *Ilex szechwanensis* Loes. 刘信中等（2002）
三花冬青 *Ilex triflora* Blume JLS-1474
紫果冬青 *Ilex tsoi* Merrill & Chun JLS-1126，JLS-1554，JLS-1807
罗浮冬青 *Ilex tutcheri* Merr. 梁跃龙等（2021）

394. 桔梗科 Campanulaceae

沙参 *Adenophora stricta* Miq. 刘信中等（2002）
轮叶沙参 *Adenophora tetraphylla* (Thunb.) Fisch. 刘信中等（2002）
金钱豹 *Codonopsis javanica* (Blume) Hook. f. JLS-375
小花金钱豹 *Codonopsis javanica* subsp. *japonica* (Makino) Lammers 刘信中等（2002）
羊乳 *Codonopsis lanceolata* (Sieb. & Zucc.) Trautv. 刘信中等（2002）
长叶轮钟草 *Cyclocodon lancifolius* (Roxb.) Kurz 刘信中等（2002）
铜锤玉带草 *Lobelia angulata* G. Forst. JLS-1981
半边莲 *Lobelia chinensis* Lour. JLS-168，JLS-918
江南山梗菜 *Lobelia davidii* Franch. 刘信中等（2002）
线萼山梗菜 *Lobelia melliana* E. Wimm. JLS-1562，JLS-1744
卵叶半边莲 *Lobelia zeylanica* L. JLS-207
桔梗 *Platycodon grandiflorus* (Jacq.) A. DC. 刘信中等（2002）
蓝花参 *Wahlenbergia marginata* (Thunb.) A. DC. JLS-82，JLS-2146

400. 睡菜科 Menyanthaceae

荇菜 *Nymphoides peltata* (S. G. Gmel.) Kuntze JLS-2148

403. 菊科 Asteraceae

和尚菜 *Adenocaulon himalaicum* Edgew. 梁跃龙等（2021）

下田菊 *Adenostemma lavenia* (L.) Kuntze　刘信中等（2002）

藿香蓟 *Ageratum conyzoides* L.　刘信中等（2002）

杏香兔儿风 *Ainsliaea fragrans* Champ.　JLS-782，JLS-1958

长穗兔儿风 *Ainsliaea henryi* Diels　刘信中等（2002）

阿里山兔儿风 *Ainsliaea macroclinidioides* Hayata　刘信中等（2002）

华南兔儿风 *Ainsliaea walkeri* Hook. f.　刘信中等（2002）

奇蒿 *Artemisia anomala* S. Moore　JLS-365，JLS-845，JLS-1069，JLS-1966

艾 *Artemisia argyi* H. Lév. & Vaniot　刘信中等（2002）

茵陈蒿 *Artemisia capillaris* Thunb.　刘信中等（2002）

牡蒿 *Artemisia angustissima* Nakai　刘信中等（2002）

白苞蒿 *Artemisia lactiflora* Wall. *ex* DC.　刘信中等（2002）

野艾蒿 *Artemisia lavandulifolia* Candolle　梁跃龙等（2021）

魁蒿 *Artemisia princeps* Pamp.　刘信中等（2002）

阴地蒿 *Artemisia sylvatica* Maxim.　梁跃龙等（2021）

三脉紫菀 *Aster ageratoides* Turcz.　梁跃龙等（2021）

宽伞三脉紫菀 *Aster ageratoides* var. *laticorymbus* (Vant.) Hand.-Mazz.　梁跃龙等（2021）

毛枝三脉紫菀 *Aster ageratoides* var. *lasiocladus* (Hayata) Hand.-Mazz.　刘信中等（2002）

微糙三脉紫菀 *Aster ageratoides* var. *scaberulus* (Miq.) Y. Ling　JLS-635

马兰 *Aster indicus* L.　JLS-511，JLS-2025

琴叶紫菀 *Aster panduratus* Nees *ex* Walper　刘信中等（2002）

东风菜 *Aster scaber* Thunb. in Murray　刘信中等（2002）

紫菀 *Aster tataricus* L. f.　JLS-1863

* 婆婆针 *Bidens bipinnata* L.　刘信中等（2002）

* 大狼耙草 *Bidens frondosa* L.　JLS-2029

* 鬼针草 *Bidens pilosa* L.　刘信中等（2002）

* 雏菊 *Bellis perennis* L.　刘信中等（2002）

狼杷草 *Bidens tripartita* L.　刘信中等（2002）

七里明 *Blumea clarkei* Hook. f.　梁跃龙等（2021）

台北艾纳香 *Blumea formosana* Kitam.　刘信中等（2002）

毛毡草 *Blumea hieraciifolia* (Sprengel) Candolle　梁跃龙等（2021）

东风草 *Blumea megacephala* (Randeria) C. C. Chang & Y. Q. Tseng in Y. Ling　JLS-1892

长圆叶艾纳香 *Blumea oblongifolia* Kitam.　刘信中等（2002）

天名精 *Carpesium abrotanoides* L.　刘信中等（2002）

烟管头草 *Carpesium cernuum* L.　刘信中等（2002）

金挖耳 *Carpesium divaricatum* Sieb. & Zucc.　刘信中等（2002）

石胡荽 *Centipeda minima* (L.) A. Braun & Asch.　刘信中等（2002）

野菊 *Chrysanthemum indicum* L.　刘信中等（2002）

甘菊 *Chrysanthemum lavandulifolium* (Fisch. *ex* Trautv.) Makino　刘信中等（2002）

* 菊花 *Chrysanthemum morifolium* Ramat.　刘信中等（2002）

刺儿菜 *Cirsium arvense* var. *integrifolium* Wimm. & Grab.　刘信中等（2002）

蓟 *Cirsium japonicum* Fisch. *ex* DC.　刘信中等（2002）

线叶蓟 *Cirsium lineare* (Thunb.) Sch. Bip. 刘信中等（2002）

* 大花金鸡菊 *Coreopsis grandiflora* Hogg *ex* Sweet 刘信中等（2002）

* 秋英 *Cosmos bipinnatus* Cav. JLS-819

野茼蒿 *Crassocephalum crepidioides* (Benth.) S. Moore JLS-205，JLS-1237

黄瓜菜 *Crepidiastrum denticulatum* (Houtt.) Pak & Kawano 刘信中等（2002）

* 大丽花 *Dahlia pinnata* Cav. 刘信中等（2002）

夜香牛 *Cyanthillium cinereum* (L.) H. Rob. 刘信中等（2002）

鱼眼草 *Dichrocephala integrifolia* (L. f.) Kuntze JLS-42

羊耳菊 *Duhaldea cappa* (Buch.-Ham. *ex* DC.) Anderb. 刘信中等（2002）

鳢肠 *Eclipta prostrata* (L.) L. 刘信中等（2002）

地胆草 *Elephantopus scaber* L. 刘信中等（2002）

小一点红 *Emilia prenanthoidea* DC. 梁跃龙等（2021）

一点红 *Emilia sonchifolia* (L.) DC. in Wight 刘信中等（2002）

* 梁子菜 *Erechtites hieraciifolius* (L.) Raf. *ex* DC. 刘信中等（2002）

败酱叶菊芹 *Erechtites valerianifolius* (Link *ex* Spreng.) DC. JLS-639，JLS-1793

* 一年蓬 *Erigeron annuus* (L.) Pers. JLS-128

* 香丝草 *Erigeron bonariensis* L. 刘信中等（2002）

* 小蓬草 *Erigeron canadensis* L. JLS-1979

白酒草 *Eschenbachia japonica* (Thunb.) J.Kost. 梁跃龙等（2021）

多须公 *Eupatorium chinense* L. JLS-2089

佩兰 *Eupatorium fortunei* Turcz. 刘信中等（2002）

白头婆 *Eupatorium japonicum* Thunb. in Murray 刘信中等（2002）

林泽兰 *Eupatorium lindleyanum* DC. 刘信中等（2002）

* 牛膝菊 *Galinsoga parviflora* Cav. JLS-53，JLS-1846

* 南茼蒿 *Glebionis segetum* (L.) Fourr. 刘信中等（2002）

细叶鼠曲草 *Gnaphalium japonicum* Thunb. 梁跃龙等（2021）

多茎湿鼠曲草 *Gnaphalium polycaulon* Pers. 刘信中等（2002）

红凤菜 *Gynura bicolor* (Roxb. *ex* Willd.) DC. 刘信中等（2002）

菊三七 *Gynura japonica* (Thunb.) Juel 刘信中等（2002）

* 向日葵 *Helianthus annuus* L. 刘信中等（2002）

* 菊芋 *Helianthus tuberosus* L. 刘信中等（2002）

泥胡菜 *Hemisteptia lyrata* (Bunge) Fisch. & C. A. Mey. JLS-99

三角叶须弥菊 *Himalaiella deltoidea* (DC.) Raab-Straube 刘信中等（2002）

小苦荬 *Ixeridium dentatum* (Thunb.) Tzvelev 刘信中等（2002）

中华苦荬菜 *Ixeris chinensis* (Thunb.) Nakai 梁跃龙等（2021）

剪刀股 *Ixeris japonica* (Burm. f.) Nakai 刘信中等（2002）

苦荬菜 *Ixeris polycephala* Cass. *ex* DC. 刘信中等（2002）

翅果菊 *Lactuca indica* L. JLS-153

* 莴苣 *Lactuca sativa* L. 刘信中等（2002）

六棱菊 *Laggera alata* (D. Don) Sch.-Bip. *ex* Oliv. 刘信中等（2002）

稻槎菜 *Lapsanastrum apogonoides* (Maxim.) Pak & K. Bremer 刘信中等（2002）

大头橐吾 *Ligularia japonica* (Thunb.) Less. 徐国良等（2021）

福王草 *Nabalus tatarinowii* (Maxim.) Nakai JLS-376

假福王草 *Paraprenanthes sororia* (Miq.) C. Shih JLS-1227

心叶帚菊 *Pertya cordifolia* Mattf. JLS-1178-2

腺叶帚菊 *Pertya pubescens* Y. Ling JLS-1515

假臭草 *Praxelis clematidea* (Hieronymus *ex* Kuntze) R. M. King & H. Rob. JLS-417

宽叶鼠曲草 *Pseudognaphalium adnatum* (DC.) Y. S. Chen. 刘信中等（2002）

鼠曲草 *Pseudognaphalium affine* (D. Don) Anderb. JLS-56

秋鼠曲草 *Pseudognaphalium hypoleucum* (DC.) Hilliard & B. L. Burtt 刘信中等（2002）

华漏芦 *Rhaponticum chinense* (S. Moore) L. Martins & Hidalgo JLS-686

草地风毛菊 *Saussurea amara* (L.) DC. 刘信中等（2002）

千里光 *Senecio scandens* Buch.-Ham. *ex* D. Don JLS-175

闽粤千里光 *Senecio stauntonii* DC. JLS-2087

豨莶 *Sigesbeckia orientalis* L. 刘信中等（2002）

一枝黄花 *Solidago decurrens* Lour. 刘信中等（2002）

* 裸柱菊 *Soliva anthemifolia* (Juss.) R. Br. JLS-165

苦苣菜 *Sonchus oleraceus* L. 刘信中等（2002）

* 万寿菊 *Tagetes erecta* L. 刘信中等（2002）

山蟛蜞菊 *Wollastonia montana* (Blume) DC. JLS-509

苍耳 *Xanthium strumarium* L. 刘信中等（2002）

黄鹌菜 *Youngia japonica* (L.) DC. JLS-45

* 百日菊 *Zinnia elegans* Jacq. 刘信中等（2002）

408. 五福花科 Adoxaceae

接骨草 *Sambucus javanica* Reinw. *ex* Blume JLS-931

接骨木 *Sambucus williamsii* Hance 梁跃龙等（2021）

金腺荚蒾 *Viburnum chunii* P. S. Hsu 刘信中等（2002）

樟叶荚蒾 *Viburnum cinnamomifolium* Rehd. 梁跃龙等（2021）

水红木 *Viburnum cylindricum* Buch.-Ham. *ex* D. Don JLS-787

粤赣荚蒾 *Viburnum dalzielii* W. W. Sm. 刘信中等（2002）

荚蒾 *Viburnum dilatatum* Thunb. JLS-1152

宜昌荚蒾 *Viburnum erosum* Thunb. 刘信中等（2002）

直角荚蒾 *Viburnum foetidum* var. *rectangulatum* (Graebn.) Rehder 刘信中等（2002）

南方荚蒾 *Viburnum fordiae* Hance 刘信中等（2002）

蝶花荚蒾 *Viburnum hanceanum* Maxim. JLS-221，JLS-1781

吕宋荚蒾 *Viburnum luzonicum* Rolfe JLS-2，JLS-1073

绣球荚蒾 *Viburnum keteleeri* ‘Sterile’ 刘信中等（2002）

珊瑚树 *Viburnum odoratissimum* Ker Gawl. JLS-1246，JLS-1388，JLS-1661，JLS-1838

蝴蝶戏珠花 *Viburnum plicatum* f. *tomentosum* (Miq.) Rehder 刘信中等（2002）

球核荚蒾 *Viburnum propinquum* Hemsl. 刘信中等（2002）

常绿荚蒾 *Viburnum sempervirens* K. Koch 刘信中等（2002）

茶荚蒾 *Viburnum setigerum* Hance　刘信中等（2002）
合轴荚蒾 *Viburnum sympodiale* Graebn.　刘信中等（2002）
壶花荚蒾 *Viburnum urceolatum* Sieb. & Zucc.　刘信中等（2002）

409. 忍冬科 Caprifoliaceae

糯米条 *Abelia chinensis* R. Br.　刘信中等（2002）
淡红忍冬 *Lonicera acuminata* Wall.　JLS-2007
无毛淡红忍冬 *Lonicera acuminata* Wall.　刘信中等（2002）
华南忍冬 *Lonicera confusa* (Sweet) DC.　JLS-129
菰腺忍冬 *Lonicera hypoglauca* Miq.　JLS-200
忍冬 *Lonicera japonica* Thunb.　刘信中等（2002）
大花忍冬 *Lonicera macrantha* (D. Don) Spreng.　刘信中等（2002）
皱叶忍冬 *Lonicera reticulata* Champ. *ex* Benth.　JLS-429
异叶败酱 *Patrinia heterophylla* Bunge　刘信中等（2002）
败酱 *Patrinia scabiosifolia* Fisch. *ex* Trevir.　刘信中等（2002）
攀倒甑 *Patrinia villosa* (Thunb.) Juss.　JLS-812，JLS-1976，JLS-2023

413. 海桐科 Pittosporaceae

短萼海桐 *Pittosporum brevicalyx* (Oliv.) Gagnep.　刘信中等（2002）
光叶海桐 *Pittosporum glabratum* Lindl.　刘信中等（2002）
狭叶海桐 *Pittosporum glabratum* var. *neriifolium* Rehder & E. H. Wilson　刘信中等（2002）
海金子 *Pittosporum illicioides* Makino　JLS-91
少花海桐 *Pittosporum pauciflorum* Hook. & Arn.　JLS-807
* 海桐 *Pittosporum tobira* (Thunb.) W. T. Aiton　JLS-301
崖花子 *Pittosporum truncatum* Pritz.　刘信中等（2002）

414. 五加科 Araliaceae

黄毛楤木 *Aralia chinensis* L.　JLS-1977
头序楤木 *Aralia dasyphylla* Miq.　刘信中等（2002）
台湾毛楤木 *Aralia decaisneana* Hance　刘信中等（2002）
棘茎楤木 *Aralia echinocaulis* Hand.-Mazz.　刘信中等（2002）
楤木 *Aralia elata* (Miq.) Seem.　刘信中等（2002）
虎刺楤木 *Aralia finlaysoniana* (Wallich *ex* G. Don) Seemann　梁跃龙等（2021）
长刺楤木 *Aralia spinifolia* Merr.　刘信中等（2002）
波缘楤木 *Aralia undulata* Hand.-Mazz.　梁跃龙等（2021）
树参 *Dendropanax dentiger* (Harms) Merr.　JLS-413，JLS-1032，JLS-2014，JLS-1818
变叶树参 *Dendropanax proteus* (Champ.) Benth.　JLS-434
马蹄参 *Diplopanax stachyanthus* Hand.-Mazz.　JLS-2011
细柱五加 *Eleutherococcus nodiflorus* (Dunn) S. Y. Hu　刘信中等（2002）
白簕 *Eleutherococcus trifoliatus* (L.) S. Y. Hu　JLS-2154
吴茱萸五加 *Gamblea ciliata* var. *evodiifolia* (Franch.) C. B. Shang, Lowry & Frodin　JLS-1463，JLS-1714

常春藤 *Hedera nepalensis* var. *sinensis* (Tobler) Rehder JLS-1619
短梗幌伞枫 *Heteropanax brevipedicellatus* Li 刘信中等（2002）
红马蹄草 *Hydrocotyle nepalensis* Hook. JLS-482，JLS-1791
天胡荽 *Hydrocotyle sibthorpioides* Lam. 刘信中等（2002）
肾叶天胡荽 *Hydrocotyle wilfordii* Maxim. 刘信中等（2002）
异叶梁王茶 *Metapanax davidii* (Franchet) J. Wen & Frodin 梁跃龙等（2021）
* 刺楸 *Kalopanax septemlobus* (Thunb.) Koidz. 刘信中等（2002）
穗序鹅掌柴 *Heptapleurum delavayi* Franch. JLS-1156
星毛鸭脚木 *Heptapleurum minutistellatum* (Merr. *ex* H. L. Li) Y. F. Deng JLS-451

416. 伞形科 Apiaceae

紫花前胡 *Angelica decursiva* (Miq.) Franch. & Sav. JLS-754，JLS-1171-2，JLS-1451
旱芹 *Apium graveolens* L. 刘信中等（2002）
积雪草 *Centella asiatica* (L.) Urb. 刘信中等（2002）
* 芫荽 *Coriandrum sativum* L. 刘信中等（2002）
鸭儿芹 *Cryptotaenia japonica* Hassk. JLS-369，JLS-873，JLS-1044
短毛独活 *Heracleum moellendorffii* Hance 刘信中等（2002）
白苞芹 *Nothosmyrnium japonicum* Miq. JLS-1288
水芹 *Oenanthe javanica* (Blume) DC. 刘信中等（2002）
线叶水芹 *Oenanthe linearis* Wall. *ex* DC. JLS-474
隔山香 *Ostericum citriodorum* (Hance) C. C. Yuan & R. H. Shan 刘信中等（2002）
大齿山芹 *Ostericum grosseserratum* (Maxim.) Kitag. 刘信中等（2002）
前胡 *Peucedanum praeruptorum* Dunn 刘信中等（2002）
异叶茴芹 *Pimpinella diversifolia* DC. 刘信中等（2002）
变豆菜 *Sanicula chinensis* Bunge 刘信中等（2002）
薄片变豆菜 *Sanicula lamelligera* Hance JLS-117
小窃衣 *Torilis japonica* (Houtt.) DC. JLS-184
窃衣 *Torilis scabra* (Thunb.) DC. 刘信中等（2002）

附录5　江西九连山国家级自然保护区植被分类系统

根据《中国植被》和《中国植被分类系统修订方案》(郭柯等，2020）的划分原则，将九连山保护区的主要植被类型划分为5个植被型组、9个植被型、39个群系、54个群丛。本系统各等级序号表示方法为，植被型组不加符号和序号；植被型用I、II、III……；群系用（一)、(二)、(三)；群丛用1.、2.、3.……，各群系下的群丛重复编号。

森林 Forest（植被型组 Vegetation Formation Group）

I 常绿针叶林 Evergreen Coniferous Forest（植被型 Vegetation Formation）

（一）**杉木林** *Cunninghamia lanceolata* Alliance（**群系** Alliance)

1. 杉木－乌饭树－芒萁群丛 *Cunninghamia lanceolata-Vaccinium bracteatum -Dicranopteris pedata* Association(群丛 Association)
2. 杉木－山橿－芒萁群丛 *Cunninghamia lanceolata-Lindera reflexa-Dicranopteris pedata* Association
3. 杉木＋南酸枣－油茶－芒萁群丛 *Cunninghamia lanceolata+Choerospondias axillaris-Camellia oleifera-Dicranopteris pedata* Association
4. 杉木＋青冈－细枝柃－芒萁群丛 *Cunninghamia lanceolata+Cyclobalanopsis glauca-Eurya loquaiana-Dicranopteris pedata* Association
5. 杉木＋柳杉－乌药－乌蕨草丛 *Cunninghamia lanceolata+Cryptomeria japonica-Lindera aggregata-Odontosoria chinensis* Association

（二）**马尾松林** *Pinus massoniana* Alliance

1. 马尾松－油茶－芒萁群丛 *Pinus massoniana-Camellia oleifera-Dicranopteris pedata* Association
2. 马尾松－乌饭树－芒萁群丛 *Pinus massoniana -Vaccinium bracteatum-Dicranopteris pedata* Association
3. 马尾松－映山红－芒萁群丛 *Pinus massoniana-Rhododendron simsii-Dicranopteris pedata* Association
4. 马尾松－山橿－芒萁群丛 *Pinus massoniana-Lindera reflexa-Dicranopteris pedata* Association

（三）**南方红豆杉林** Taxus wallichiana var. mairei Alliance

II 常绿阔叶林 Evergreen Broad-leaved Forest（植被型）

（一）**杨桐林** *Adinandra millettii* Alliance

1. 杨桐－油茶－狗脊群丛 *Adinandra millettii-Camellia oleifera -Woodwardia japonica* Association

（二）**钩锥林** *Castanopsis tibetana* Alliance

1. 钩栲－少花柏拉木－淡竹叶群丛 *Castanopsis tibetana-Blastus pauciflorus-Lophatherum gracile* Association

2. 钩栲＋罗浮锥－网脉山龙眼－淡竹叶群丛 *Castanopsis tibetana+Castanopsis faberi-Helicia reticulata-Lophatherum gracile* Association

（三）**木荷林** *Schima superba* Alliance

1. 木荷＋甜槠－三叶赤楠－狗脊群丛 *Schima superba+Castanopsis eyrei-Syzygium grijsii -Woodwardia japonica* Association

2. 木荷－野山茶－卷柏群丛 *Schima superba–Camellia japonica–Selaginella tamariscina* Association

3. 木荷－柃木－芒萁群丛 *Schima superba–Eurya japonica–Dicranopteris pedata* Association

4. 木荷＋香叶树－广东冬青－芒萁群丛 *Schima superba+Lindera communis-Ilex kwangtungensis-Dicranopteris pedata* Association

5. 木荷－密花树－乌蕨草丛 *Schima superba-Rapanea neriifolia-Odontosoria chinensis* Association

6. 木荷－黄瑞木－乌蕨草丛 *Schima superba–Adinandra millettii–Odontosoria chinensis* Association

7. 木荷＋鹿角锥－毛棉杜鹃花－里白群丛 *Schima superba+Castanopsis lamontii-Rhododendron moulmainense-Odontosoria chinensis* Association

8. 木荷＋蓝果树－丝线吊芙蓉－乌蕨草丛 *Schima superba+Nyssa sinensis-Rhododendron moulmainense-Odontosoria chinensis* Association

（四）**青冈林** *Cyclobalanopsis glauca* Alliance

1. 青冈－杜茎山－狗脊群丛 *Cyclobalanopsis glauca-Maesa japonica-Woodwardia japonica* Association

2. 青冈－杜茎山－薹草群丛 *Cyclobalanopsis glauca-Maesa japonica-Carex* sp. Association

3. 青冈－粗叶木－狗脊群丛 *Cyclobalanopsis glauca-Lasianthus chinensis-Woodwardia japonica* Association

4. 青冈＋罗浮锥－油茶－苔草草丛 *Cyclobalanopsis glauca+Castanopsis faberi-Camellia oleifera-Carex* sp. Association

5. 青冈－鼠刺－狗脊群丛 *Cyclobalanopsis glauca-Itea chinensis-Woodwardia japonica* Association

（五）**毛锥林** *Castanopsis fordii* Alliance

1. 毛锥－九节龙－小三叶耳蕨群丛 *Castanopsis fordii-Ardisia pusilla-Polystichum hancockii* Association

2. 毛锥＋栲－广东冬青－狗脊群丛 *Castanopsis fordii+Castanopsis fargesii-Ilex kwangtungensis-Woodwardia japonica* Association

3. 毛锥＋木荷－密花树－薹草群丛 *Castanopsis fordii+Schima superba-Rapanea neriifolia-Carex* sp. Association

（六）**栲林** *Castanopsis fargesii* Alliance

1. 栲－草珊瑚－狗脊群丛 *Castanopsis fargesii-Sarcandra glabra-Woodwardia japonica* Association

2. 栲－二列叶柃－狗脊群丛 *Castanopsis fargesii-Eurya distichophylla-Woodwardia japonica* Association

3. 栲－刚竹－狗脊群丛 *Castanopsis fargesii-Phyllostachys* sp.-*Woodwardia japonica* Association

4. 栲－油茶－狗脊群丛 *Castanopsis fargesii-Camellia oleifera-Woodwardia japonica* Association

5. 栲＋米槠－柃木－狗脊群丛 *Castanopsis fargesii+Castanopsis carlesii-Eurya japonica-Woodwardia japonica* Association

6. 栲＋罗浮锥－杜茎山－狗脊群丛 *Castanopsis fargesii+Castanopsis fabri -Maesa japonica-Woodwardia japonica* Association

7. 栲＋木荷－刺毛越橘－芒萁群丛 *Castanopsis fargesii+Schima superba-Vaccinium trichocladum-Dicranopteris pedata* Association

8. 栲－广东冬青－狗脊群丛 *Castanopsis fargesii-Ilex kwangtungensis-Woodwardia japonica* Association

（七）米槠林 *Castanopsis carlesii* Alliance

1. 米槠－鹿角杜鹃－狗脊群丛 *Castanopsis carlesii-Rhododendron latoucheae-Woodwardia japonica* Association
2. 米槠－米饭花－狗脊群丛 *Castanopsis carlesii-Vaccinium sprengelii-Woodwardia japonica* Association
3. 米槠＋鹿角锥－二列叶柃－狗脊群丛 *Castanopsis carlesii+Castanopsis lamontii-Eurya distichophylla-Woodwardia japonica* Association
4. 米槠＋毛锥－杜茎山－狗脊群丛 *Castanopsis carlesii+Castanopsis fordii-Maesa japonica-Woodwardia japonica* Association
5. 米槠＋鹿角锥－杜茎山－花叶良姜群丛 *Castanopsis carlesii+Castanopsis lamontii-Maesa japonica-Alpinia vittata* Association
6. 米槠－沿海紫金牛－狗脊群丛 *Castanopsis carlesii-Ardisia lindleyana-Woodwardia japonica* Association

（八）甜槠林 *Castanopsis eyrei* Alliance

1. 甜槠－细枝柃－狗脊群丛 *Castanopsis eyrei-Eurya loquaiana-Woodwardia japonica* Association
2. 甜槠－柃木－芒群丛 *Castanopsis eyrei-Eurya japonica-Miscanthus sinensis* Association
3. 甜槠－鹿角杜鹃－里白群丛 *Castanopsis eyrei−Rhododendron latoucheae−Diplopterygium glaucum* Association
4. 甜槠＋虎皮楠－黄瑞木－淡竹叶草丛 *Castanopsis eyrei+Daphniphyllum oldhami-Adinandra millettii-Lophatherum gracile* Association
5. 甜槠－赤楠－狗脊群丛 *Castanopsis eyrei-Syzygium buxifolium-Woodwardia japonica* Association
6. 甜槠－白花龙－里白群丛 *Castanopsis eyrei-Styrax faberi-Diplopterygium glaucum* Association

（九）鹿角锥林 *Castanopsis lamontii* Alliance

1. 鹿角锥－中国绣球－华东瘤足蕨群丛 *Castanopsis lamontii-Hydrangea chinensis -Plagiogyria japonica* Association
2. 鹿角锥－杜茎山－狗脊群丛 *Castanopsis lamontii-Maesa japonica-Woodwardia japonica* Association
3. 鹿角锥－少花柏拉木－狗脊群丛 *Castanopsis lamontii -Blastus pauciflorus -Woodwardia japonica* Association
4. 鹿角锥＋美叶柯－箭竹－华东瘤足蕨群丛 *Castanopsis lamontii+Lithocarpus calophyllus-Fargesia spathacea -Plagiogyria japonica* Association
5. 鹿角锥－杜茎山－华东瘤足蕨＋鳞毛蕨群丛 *Castanopsis lamontii-Maesa japonica-Plagiogyria japonica+Dryopteris* sp. Association
6. 鹿角锥＋罗浮锥－细齿叶柃－华东瘤足蕨群丛 *Castanopsis lamontii+Castanopsis faberi-Eurya nitida-Dryopteris* sp. Association

（十）罗浮锥林 *Castanopsis faberi* Alliance

1. 罗浮锥－毛山矾－薹草群丛 *Castanopsis faberi-Symplocos groffii-Carex* sp. Association
2. 罗浮锥－箭竹－薹草群丛 *Castanopsis faberi-Fargesia spathacea-Carex* sp. Association

（十一）美叶柯林 *Lithocarpus calophyllus* Alliance

1. 美叶柯－荚蒾－狗脊群丛 *Lithocarpus calophyllus-Viburnum dilatatum-Woodwardia japonica* Association
2. 美叶柯－九节龙－狗脊群丛 *Lithocarpus calophyllus-Ardisia pusilia-Woodwardia japonica* Association

（十二）深山含笑林 *Michelia maudiae* Alliance

1. 深山含笑－箭竹－花莛薹草群丛 *Michelia maudiae-Fargesia spathacea-Carex scaposa* Association

（十三）黄丹木姜子林 *Littsea elongata* Alliance

1. 黄丹木姜子－赤楠－美观复叶耳蕨群丛 *Litsea elongata-Syzygium buxifolium -Arachniodes speciosa* Association

（十四）**曼青冈林** *Cyclobalanopsis oxyodon* Alliance

1. 曼青冈－柃木－华东瘤足蕨群丛 *Cyclobalanopsis oxyodon-Eurya japonica-Plagiogyria japonica* Association

（十五）**云山青冈林** *Cyclobalanopsis sessilifolia* Alliance

1. 云山青冈－柃木－狗脊群丛 *Cyclobalanopsis sessilifolia-Eurya japonica-Woodwardia japonica* Association

（十六）**红楠林** *Machilus thunbergii* Alliance

1. 红楠－柃木－狗脊群丛 *Machilus thunbergii-Eurya japonica-Woodwardia japonica* Association
2. 红楠－红淡比－狗脊群丛 *Machilus thunbergii-Cleyera japonica-Woodwardia japonica* Association
3. 红楠－云锦杜鹃－里白群丛 *Machilus thunbergii-Rhododendron fortunei-Diplopterygium glaucum* Association

（十七）**川杨桐林** *Adinandra bockiana* Alliance

1. 川杨桐－巨萼柏拉木－稀羽鳞毛蕨群丛 *Adinandra bockiana-Blastus pauciflorus -Dryopteris sparsa* Association

（十八）**润楠林** *Machilus nanmu* Alliance

1. 润楠－油茶－芒萁群丛 *Machilus nanmu*-Camellia oleifera-*Dicranopteris pedata* Association
2. 润楠－鼠刺－狗脊群丛 *Machilus nanmu-Itea chinensis-Woodwardia japonica* Association
3. 润楠－牛耳枫－美观复叶耳蕨群丛 *Machilus nanmu-Daphniphyllum calycinum-Arachniodes speciosa* Association

（十九）**杜英林** *Elaeocarpus decipiens* Alliance

1. 杜英－狗骨柴－狗脊群丛 *Elaeocarpus decipiens-Diplospora dubia-Woodwardia japonica* Association

（二十）**罗浮柿林** *Diospyros morrisiana* Alliance

1. 罗浮柿－细枝柃－狗脊群丛 *Diospyros morrisiana-Eurya loquaiana-Woodwardia japonica* Association
2. 罗浮柿－赤楠－美观复叶耳蕨群丛 *Diospyros morrisiana–Syzygium buxifolium–Arachniodes speciosa* Association
3. 罗浮柿－细齿叶柃－芒萁群丛 *Diospyros morrisiana-Eurya nitida-Dicranopteris pedata* Association

（二十一）**乐昌含笑林** *Michelia chapensis* Alliance

1. 乐昌含笑－细枝柃－狗脊群丛 *Michelia chapensis-Eurya loquaiana-Woodwardia japonica* Association

（二十二）**枫香林** *Liquidambar formosana* Alliance （**落叶阔叶林**）

1. 枫香树＋蓝果树－油茶－狗脊群丛 *Liquidambar formosana+Nyssa sinensis-Camellia oleifera-Woodwardia japonica* Association

（二十三）**南酸枣林** *Choerospondias axillaris* Alliance（**落叶阔叶林**）

1. 南酸枣－野桐－芒萁群丛 *Choerospondias axillaris-Mallotus japonicus-Dicranopteris pedata* Association

（二十四）**红翅槭林** *Aceraceae fabri* Alliance

1. 红翅槭＋薄叶润楠－美丽新木姜子－美观复叶耳蕨群丛 *Aceraceae fabri+Machilus leptophylla-Neolitsea pulchella-Arachniodes speciosa* Association

（二十五）**榄叶石栎林** *Lithocarpus oleaefolius* Alliance

1. 榄叶石栎－浙江新木姜子－美观复叶耳蕨群丛 *Lithocarpus oleaefolius-Arachniodes speciosa* Association

（二十六）**美叶石栎林** *Lithocarpus calophyllus* Alliance

1. 美叶石栎＋红楠－鹿角杜鹃－里白群丛 *Lithocarpus calophyllus+Machilus thunbergii-Rhododendron latoucheae-Diplopterygium glaucum* Association

III 竹林 Bamboo Forest（植被型）

（一）**毛竹林** *Phyllostachys edulis* Alliance

灌丛 Shrubland（植被型组）

I 落叶阔叶灌丛 Deciduous Broadleaf Shrubland（植被型）

（一）映山红灌丛 *Rhododendron simsii* Alliance

1. 映山红 + 檵木 – 芒萁群丛 *Rhododendron simsii+Loropetalum chinense-Dicranopteris pedata* Association

II 常绿阔叶灌丛 Evergreen Broad-leaved Scrubland（植被型）

（一）猴头杜鹃林 *Rhododendron simiarum* Alliance

1. 猴头杜鹃林 *Rhododendron simiarum* Association
2. 猴头杜鹃 – 箭竹群丛 *Rhododendron simiarum-Fargesia spathacea* Association

（二）竹丛 Bamboo Shrubland

1. 箭竹 – 藜芦群丛 *Fargesia spathacea-Veratrum nigrum* Association
2. 箭竹 – 拳蓼群丛 *Fargesia spathacea-Polygonum bistorta* Association

草地 Grassland（植被型组）

I 丛生草类草地 Tussock Grassland（植被型）

（一）野古草草丛 *Arundinella hirta* Alliance

1. 野古草 – 一枝黄花群丛 *Arundinella hirta-Solidago decurrens* Association

（二）芒草丛 *Miscanthus sinensis* Alliance

1. 芒 – 小果南烛群丛 *Miscanthus sinensis-Lyonia ovalifolia* var. *elliptica* Association

沼泽与水生植被 Swamp and Aquatic Vegetation（植被型组）

I 水生植被 Aquatic Vegetation（植被型）

（一）柳丛群系 *Salix* spp. Alliance

（二）芦苇群系 *Phragmites australis* Alliance

（三）节节菜群系 *Rotala indica* Alliance

（四）凤仙花群系 *Impatiens* spp. Alliance

（五）石菖蒲群系 *Acorus calamus* Alliance

（六）黑藻群系 *Hydrilla verticillata* Alliance

（七）大薸群系 *Pistia stratiotes* Alliance

人工林 Artificial Forest（植被型组）

I 人工常绿针叶林 Artificial Evergreen Coniferous Forest（植被型）

（一）杉木林 *Cunninghamia lanceolata* Alliance

（二）柳杉林 *Cryptomeria japonica* var. *sinensis* Alliance

（三）湿地松林 *Pinus elliottii* Alliance

II 人工常绿阔叶林 Artificial Evergreen Broad-leaved Forest（植被型）

（一）杜仲林 *Eucommia ulmoides* Alliance

（二）柑橘林 *Citrus* spp. Alliance

（三）茶林 *Camellia sinensis* Alliance

附录6 江西九连山国家级自然保护区两栖和爬行动物标本名录

两栖纲 AMPHIBIA

目	科	中文名	属名	种名	标本号	采集地	采集日期	取样
ANURA	Rhacophoridae	斑腿泛树蛙	*Polypedates*	*megacephalus*	SYSa001002	江西九连山	2010/7/22	
ANURA	Megophryidae	崇安髭蟾	*Leptobrachium*	*liui yaoshanensis*	SYSa002087	江西九连山虾公塘	2013/4/29	√
ANURA	Megophryidae	崇安髭蟾	*Leptobrachium*	*liui yaoshanensis*	SYSa004073	江西九连山虾公塘	2015/6/28	
ANURA	Microhylidae	粗皮姬蛙	*Microhyla*	*butleri*	SYSa001005	江西九连山	2010/7/22	
ANURA	Microhylidae	粗皮姬蛙	*Microhyla*	*butleri*	SYSa001006	江西九连山	2010/7/22	
ANURA	Ranidae	龙头山臭蛙	*Odorrana*	*leporipes*	SYSa000968	江西九连山	2010/7/22	
ANURA	Ranidae	龙头山臭蛙	*Odorrana*	*leporipes*	SYSa000969	江西九连山	2010/7/23	
ANURA	Ranidae	龙头山臭蛙	*Odorrana*	*leporipes*	SYSa002089	江西九连山虾公塘	2013/5/1	√
ANURA	Ranidae	龙头山臭蛙	*Odorrana*	*leporipes*	SYSa002090	江西九连山虾公塘	2013/5/1	
ANURA	Rhacophoridae	大树蛙	*Rhacophorus*	*dennysi*	SYSa000970	江西九连山	2010/7/23	
ANURA	Rhacophoridae	大树蛙	*Rhacophorus*	*dennysi*	SYSa000971	江西九连山	2010/7/23	
ANURA	Rhacophoridae	大树蛙	*Rhacophorus*	*dennysi*	SYSa000972	江西九连山	2010/7/23	
ANURA	Rhacophoridae	大树蛙	*Rhacophorus*	*dennysi*	SYSa000973	江西九连山	2010/7/23	
ANURA	Rhacophoridae	大树蛙	*Rhacophorus*	*dennysi*	SYSa000974	江西九连山	2010/7/24	
ANURA	Rhacophoridae	大树蛙	*Rhacophorus*	*dennysi*	SYSa000975	江西九连山	2010/7/24	
ANURA	Rhacophoridae	大树蛙	*Rhacophorus*	*dennysi*	SYSa000976	江西九连山	2010/7/24	

（续）

目	科	中文名	属名	种名	标本号	采集地	采集日期	取样
ANURA	Rhacophoridae	大树蛙	*Rhacophorus*	*dennysi*	SYSa000977	江西九连山	2010/7/24	
ANURA	Rhacophoridae	大树蛙	*Rhacophorus*	*dennysi*	SYSa004066	江西九连山虾公塘	2015/6/27	
ANURA	Ranidae	粤琴蛙	*Nidirana*	*guangdongensis*	SYSa004059	江西九连山虾公塘	2015/6/27	√
ANURA	Ranidae	粤琴蛙	*Nidirana*	*guangdongensis*	SYSa004060	江西九连山虾公塘	2015/6/27	√
ANURA	Ranidae	粤琴蛙	*Nidirana*	*guangdongensis*	SYSa004068	江西九连山虾公塘	2015/6/27	
ANURA	Ranidae	粤琴蛙	*Nidirana*	*guangdongensis*	SYSa004070	江西九连山虾公塘	2015/6/28	
ANURA	Ranidae	粤琴蛙	*Nidirana*	*guangdongensis*	SYSa004071	江西九连山虾公塘	2015/6/28	
ANURA	Ranidae	粤琴蛙	*Nidirana*	*guangdongensis*	SYSa004072	江西九连山虾公塘	2015/6/28	
ANURA	Ranidae	粤琴蛙	*Nidirana*	*guangdongensis*	SYSa004082	江西九连山大丘田	2015/6/30	√
ANURA	Megophryidae	短腿蟾	*Brachytarsophrys*	sp.	SYSa004486	江西九连山大丘田	2015/9/22	√
ANURA	Megophryidae	短腿蟾	*Brachytarsophrys*	sp.	SYSa004225	江西九连山大丘田	2015/8/4	√
ANURA	Megophryidae	短腿蟾	*Brachytarsophrys*	sp.	SYSa004226	江西九连山大丘田	2015/8/4	√
ANURA	Megophryidae	短腿蟾	*Brachytarsophrys*	sp.	SYSa004227	江西九连山大丘田	2015/8/4	√
ANURA	Megophryidae	短腿蟾	*Brachytarsophrys*	sp.	SYSa004228	江西九连山大丘田	2015/8/4	√
ANURA	Megophryidae	短腿蟾	*Brachytarsophrys*	sp.	SYSa005451	江西九连山大丘田	42603	√
Urodela	Salamandridae	肥螈	*Pachytriton*	sp.	SYSa004222	江西九连山虾公塘	2015/8/4	√
Urodela	Salamandridae	肥螈	*Pachytriton*	sp.	SYSa004223	江西九连山虾公塘	2015/8/4	√
ANURA	Dicroglossidae	福建大头蛙	*Limnonectes*	*fujianensis*	SYSa000992	江西九连山	2010/7/22	
ANURA	Dicroglossidae	福建大头蛙	*Limnonectes*	*fujianensis*	SYSa000993	江西九连山	2010/7/22	
ANURA	Dicroglossidae	福建大头蛙	*Limnonectes*	*fujianensis*	SYSa000994	江西九连山	2010/7/22	
ANURA	Dicroglossidae	福建大头蛙	*Limnonectes*	*fujianensis*	SYSa000995	江西九连山	2010/7/23	
ANURA	Dicroglossidae	福建大头蛙	*Limnonectes*	*fujianensis*	SYSa002094	江西九连山大丘田	2013/4/30	
ANURA	Dicroglossidae	福建大头蛙	*Limnonectes*	*fujianensis*	SYSa002095	江西九连山大丘田	2013/4/30	

（续）

目	科	中文名	属名	种名	标本号	采集地	采集日期	取样
ANURA	Dicroglossidae	福建大头蛙	*Limnonectes*	*fujianensis*	SYSa004054	江西九连山虾公塘	2015/6/27	√
ANURA	Dicroglossidae	福建大头蛙	*Limnonectes*	*fujianensis*	SYSa004055	江西九连山虾公塘	2015/6/27	√
ANURA	Dicroglossidae	福建大头蛙	*Limnonectes*	*fujianensis*	SYSa004056	江西九连山虾公塘	2015/6/27	√
ANURA	Dicroglossidae	福建大头蛙	*Limnonectes*	*fujianensis*	SYSa004057	江西九连山虾公塘	2015/6/27	
ANURA	Dicroglossidae	福建大头蛙	*Limnonectes*	*fujianensis*	SYSa004058	江西九连山虾公塘	2015/6/27	
ANURA	Dicroglossidae	福建大头蛙	*Limnonectes*	*fujianensis*	SYSa004069	江西九连山虾公塘	2015/6/28	
ANURA	Bufonidae	黑眶蟾蜍	*Duttophrynus*	*melanostictus*	SYSa004061	江西九连山虾公塘	2015/6/27	
ANURA	Rhacophoridae	红吸盘棱皮树蛙	*Theloderma*	*rhododiscus*	SYSa002102	江西九连山虾公塘	2013/4/29	√
ANURA	Rhacophoridae	红吸盘棱皮树蛙	*Theloderma*	*rhododiscus*	SYSa002103	江西九连山虾公塘	2013/4/29	√
ANURA	Ranidae	华南湍蛙	*Amolops*	*ricketti*	SYSa000998	江西九连山	2010/7/22	
ANURA	Ranidae	华南湍蛙	*Amolops*	*ricketti*	SYSa004077	江西九连山大丘田	2015/6/29	√
ANURA	Ranidae	华南湍蛙	*Amolops*	*ricketti*	SYSa004224	江西九连山大丘田	2015/8/4	√
ANURA	Ranidae	梅氏臭蛙	*Odorrana*	*melli*	SYSa000978	江西九连山	2010/7/24	
ANURA	Ranidae	梅氏臭蛙	*Odorrana*	*melli*	SYSa000979	江西九连山	2010/7/25	
ANURA	Ranidae	梅氏臭蛙	*Odorrana*	*melli*	SYSa000980	江西九连山	2010/7/25	
ANURA	Ranidae	梅氏臭蛙	*Odorrana*	*melli*	SYSa000981	江西九连山	2010/7/25	
ANURA	Ranidae	梅氏臭蛙	*Odorrana*	*melli*	SYSa000982	江西九连山	2010/7/25	
ANURA	Ranidae	梅氏臭蛙	*Odorrana*	*melli*	SYSa000983	江西九连山	2010/7/25	
ANURA	Ranidae	梅氏臭蛙	*Odorrana*	*melli*	SYSa000984	江西九连山	2010/7/22	
ANURA	Ranidae	梅氏臭蛙	*Odorrana*	*melli*	SYSa002088	江西九连山虾公塘	2013/5/1	√
ANURA	Ranidae	梅氏臭蛙	*Odorrana*	*melli*	SYSa004062	江西九连山虾公塘	2015/6/27	
ANURA	Ranidae	梅氏臭蛙	*Odorrana*	*melli*	SYSa004074	江西九连山虾公塘	2015/6/28	√
ANURA	Ranidae	梅氏臭蛙	*Odorrana*	*melli*	SYSa004078	江西九连山大丘田	2015/6/29	√

（续）

目	科	中文名	属名	种名	标本号	采集地	采集日期	取样
ANURA	Ranidae	梅氏臭蛙	*Odorrana*	*melli*	SYSa004079	江西九连山大丘田	2015/6/29	√
ANURA	Ranidae	梅氏臭蛙	*Odorrana*	*melli*	SYSa004080	江西九连山大水坑村	2015/6/30	√
ANURA	Dicroglossidae	棘胸蛙	*Quasipaa*	*spinosa*	SYSa001003	江西九连山	2010/7/22	
ANURA	Dicroglossidae	棘胸蛙	*Quasipaa*	*spinosa*	SYSa001004	江西九连山	2010/7/22	
ANURA	Megophryidae	角蟾	*Megophrys*	sp.	SYSa004612	江西九连山大丘田	2016/4/1	√
ANURA	Megophryidae	角蟾	*Megophrys*	sp.	SYSa004613	江西九连山大丘田	2016/4/1	√
ANURA	Megophryidae	角蟾	*Megophrys*	sp.	SYSa004614	江西九连山大丘田	2016/4/1	√
ANURA	Megophryidae	角蟾	*Megophrys*	sp.	SYSa004615	江西九连山大丘田	2016/4/1	√
ANURA	Megophryidae	角蟾	*Megophrys*	sp.	SYSa004616	江西九连山大丘田	2016/4/1	√
ANURA	Megophryidae	角蟾	*Megophrys*	sp.	SYSa004617	江西九连山大丘田	2016/4/1	√
ANURA	Megophryidae	角蟾	*Megophrys*	sp.	SYSa004618	江西九连山大丘田	2016/4/1	√
ANURA	Megophryidae	角蟾	*Megophrys*	sp.	SYSa004619	江西九连山大丘田	2016/4/1	√
ANURA	Megophryidae	角蟾	*Megophrys*	sp.	SYSa004620	江西九连山大丘田	2016/4/1	√
ANURA	Megophryidae	角蟾	*Megophrys*	sp.	SYSa004621	江西九连山大丘田	2016/4/1	√
ANURA	Megophryidae	角蟾蝌蚪	*Megophrys*	sp.	SYSa004622	江西九连山大丘田	2016/4/1	√
ANURA	Megophryidae	九连山角蟾	*Megophrys*	*jiulianensis*	SYSa001007	江西九连山	2010/7/24	√
ANURA	Megophryidae	九连山角蟾	*Megophrys*	*jiulianensis*	SYSa001008	江西九连山	2010/7/24	√
ANURA	Megophryidae	九连山角蟾	*Megophrys*	*jiulianensis*	SYSa001009	江西九连山	2010/7/24	√
ANURA	Megophryidae	九连山角蟾	*Megophrys*	*jiulianensis*	SYSa002107	江西九连山虾公塘	2013/4/29	√
ANURA	Megophryidae	九连山角蟾	*Megophrys*	*jiulianensis*	SYSa002108	江西九连山虾公塘	2013/4/29	√
ANURA	Megophryidae	九连山角蟾	*Megophrys*	*jiulianensis*	SYSa002109	江西九连山虾公塘	2013/4/29	√
ANURA	Megophryidae	九连山角蟾	*Megophrys*	*jiulianensis*	SYSa002110	江西九连山虾公塘	2013/4/29	√
ANURA	Megophryidae	九连山角蟾	*Megophrys*	*jiulianensis*	SYSa002111	江西九连山虾公塘	2013/5/1	√

（续）

目	科	中文名	属名	种名	标本号	采集地	采集日期	取样
ANURA	Megophryidae	九连山角蟾	*Megophrys*	*jiulianensis*	SYSa002112	江西九连山虾公塘♂（卵 0.33mm）	2013/5/1	
ANURA	Megophryidae	九连山角蟾	*Megophrys*	*jiulianensis*	SYSa002113	江西九连山虾公塘	2013/5/1	
ANURA	Megophryidae	九连山角蟾	*Megophrys*	*jiulianensis*	SYSa002114	江西九连山虾公塘	2013/5/1	
ANURA	Megophryidae	九连山角蟾	*Megophrys*	*jiulianensis*	SYSa002115	江西九连山虾公塘	2013/5/1	
ANURA	Megophryidae	九连山角蟾	*Megophrys*	*jiulianensis*	SYSa002116	江西九连山虾公塘	2013/5/1	
ANURA	Megophryidae	九连山角蟾	*Megophrys*	*jiulianensis*	SYSa004075	江西九连山虾公塘	2015/6/28	√
ANURA	Megophryidae	九连山角蟾	*Megophrys*	*jiulianensis*	SYSa004216	江西九连山虾公塘	2015/8/4	√
ANURA	Megophryidae	九连山角蟾	*Megophrys*	*jiulianensis*	SYSa004217	江西九连山虾公塘	2015/8/4	√
ANURA	Megophryidae	九连山角蟾	*Megophrys*	*jiulianensis*	SYSa004218	江西九连山大丘田	2015/8/3	√
ANURA	Megophryidae	九连山角蟾	*Megophrys*	*jiulianensis*	SYSa004219	江西九连山大丘田	2015/8/3	√
ANURA	Megophryidae	九连山角蟾	*Megophrys*	*jiulianensis*	SYSa004220	江西九连山大丘田	2015/8/3	√
ANURA	Megophryidae	九连山角蟾	*Megophrys*	*jiulianensis*	SYSa004221	江西九连山大丘田	2015/8/3	√
ANURA	Ranidae	阔褶水蛙	*Hylarana*	*latouchii*	SYSa000985	江西九连山	2010/7/25	
ANURA	Ranidae	阔褶水蛙	*Hylarana*	*latouchii*	SYSa000986	江西九连山	2010/7/25	
ANURA	Ranidae	阔褶水蛙	*Hylarana*	*latouchii*	SYSa000987	江西九连山	2010/7/22	
ANURA	Ranidae	阔褶水蛙	*Hylarana*	*latouchii*	SYSa000988	江西九连山	2010/7/22	
ANURA	Ranidae	阔褶水蛙	*Hylarana*	*latouchii*	SYSa002096	江西九连山大丘田	2013/4/30	
ANURA	Ranidae	阔褶水蛙	*Hylarana*	*latouchii*	SYSa002097	江西九连山大丘田	2013/4/30	
ANURA	Ranidae	阔褶水蛙	*Hylarana*	*latouchii*	SYSa002098	江西九连山大丘田	2013/4/30	
ANURA	Ranidae	阔褶水蛙	*Hylarana*	*latouchii*	SYSa004065	江西九连山虾公塘	2015/6/27	
ANURA	Megophryidae	莽山角蟾	*Megophrys*	*mangshanensis*	SYSa000996	江西九连山	2010/7/23	
ANURA	Megophryidae	莽山角蟾	*Megophrys*	*mangshanensis*	SYSa000997	江西九连山	2010/7/23	

（续）

目	科	中文名	属名	种名	标本号	采集地	采集日期	取样
ANURA	Megophryidae	莽山角蟾	*Megophrys*	*mangshanensis*	SYSa002091	江西九连山虾公塘	2013/4/29	
ANURA	Megophryidae	莽山角蟾	*Megophrys*	*mangshanensis*	SYSa004063	江西九连山虾公塘	2015/6/27	
ANURA	Megophryidae	莽山角蟾	*Megophrys*	*mangshanensis*	SYSa004064	江西九连山虾公塘	2015/6/27	
URODELA	Salamandridae	黑斑肥螈	*Pachytriton*	*brevipes*	SYSa000989	江西九连山	2010/7/22	
URODELA	Salamandridae	黑斑肥螈	*Pachytriton*	*brevipes*	SYSa000990	江西九连山	2010/7/22	
URODELA	Salamandridae	黑斑肥螈	*Pachytriton*	*brevipes*	SYSa000991	江西九连山	2010/7/22	
ANURA	Microhylidae	小弧斑姬蛙	*Microhyla*	*heymonsi*	SYSa004067	江西九连山虾公塘	2015/6/27	
URODELA	Salamandridae	黑斑肥螈	*Pachytriton*	*brevipes*	SYSa004076	江西九连山虾公塘	2015/6/28	√
ANURA	Ranidae	长肢林蛙	*Rana*	*longicrus*	SYSa004487	江西九连山	2015/9/23	√
ANURA	Ranidae	长肢林蛙	*Rana*	*longicrus*	SYSa004611	江西九连山大丘田	2016/3/31	√
ANURA	Ranidae	长肢林蛙	*Rana*	*longicrus*	SYSa005450	江西九连山大丘田	2013/5/1	√
ANURA	Megophryidae	掌突蟾	*Leptolalax*	sp.	SYSa002104	江西九连山虾公塘	2013/5/1	√
ANURA	Megophryidae	掌突蟾	*Leptolalax*	sp.	SYSa002105	江西九连山虾公塘	2013/5/1	√
ANURA	Megophryidae	掌突蟾	*Leptolalax*	sp.	SYSa002106	江西九连山虾公塘	2013/5/1	
ANURA	Megophryidae	掌突蟾	*Leptolalax*	sp.	SYSa002117	江西九连山虾公塘	2013/5/1	
ANURA	Hylidae	中国雨蛙	*Hyla*	*chinensis*	SYSa002092	江西九连山大丘田	2013/4/30	
ANURA	Hylidae	中国雨蛙	*Hyla*	*chinensis*	SYSa002093	江西九连山大丘田	2013/4/30	
ANURA	Hylidae	中国雨蛙	*Hyla*	*chinensis*	SYSa004081	江西九连山黄牛石	2015/6/30	
ANURA	Ranidae	车八岭竹叶蛙	*Odorrana*	*confusa*	SYSa000999	江西九连山	2010/7/22	
ANURA	Ranidae	车八岭竹叶蛙	*Odorrana*	*confusa*	SYSa001000	江西九连山	2010/7/22	
ANURA	Ranidae	车八岭竹叶蛙	*Odorrana*	*confusa*	SYSa001001	江西九连山	2010/7/22	

爬行纲 REPTILIA

目	科	中文名	种名	属名	标本号	采集地	采集日期	取样
SERPENTES	Pareanidae	台湾钝头蛇	*Pareas*	*formosensis*	SYSr000001	江西九连山	2009/7	
SERPENTES	Colubridae	棕黑腹链蛇	*Hebius*	*sauteri*	SYSr000162	江西九连山	2009/7	
LACERTILIA	Gekkonidae	梅氏壁虎	*Gekko*	*melli*	SYSr000267	江西九连山	2010/7/23	
LACERTILIA	Gekkonidae	多疣壁虎	*Gekko*	*japonicus*	SYSr000268	江西九连山	2010/7/23	
SERPENTES	Viperidae	原矛头蝮	*Protobothrops*	*mucrosquamatus*	SYSr000269	江西九连山	2010/7/23	
SERPENTES	Viperidae	福建竹叶青	*Trimeresurus*	*stejnegeri*	SYSr000270	江西九连山	2010/7/23	
LACERTILIA	Gekkonidae	多疣壁虎	*Gekko*	*japonicus*	SYSr000473	江西九连山	2010/7/23	
LACERTILIA	Gekkonidae	多疣壁虎	*Gekko*	*japonicus*	SYSr000474	江西九连山	2010/7/23	
LACERTILIA	Gekkonidae	多疣壁虎	*Gekko*	*japonicus*	SYSr000475	江西九连山	2010/7/23	
LACERTILIA	Scincidae	北部湾蜓蜥	*Sphenomorphus*	*tonkinensis*	SYSr000601	江西九连山	2010/7/24	√
LACERTILIA	Scincidae	北部湾蜓蜥	*Sphenomorphus*	*tonkinensis*	SYSr000818	江西九连山虾公塘	2013/4/29	√
SERPENTES	Colubridae	锈链腹链蛇	*Hebius*	*craspedogaster*	SYSr001258	江西九连山虾公塘	2015/6/28	√
SERPENTES	Pareanidae	台湾钝头蛇	*Pareas*	*formosensis*	SYSr001259	江西九连山虾公塘	2015/6/28	
LACERTILIA	Scincidae	股鳞蜓蜥	*Sphenomorphus*	*incognitus*	SYSr001260	江西九连山虾公塘	2015/6/28	
SERPENTES	Xenopeltidae	海南闪鳞蛇	*Xenopeltis*	*hainanensis*	SYSr001261	江西九连山虾公塘	2015/6/28	
LACERTILIA	Scincidae	北部湾蜓蜥	*Sphenomorphus*	*tonkinensis*	SYSr001262	江西九连山虾公塘	2015/6/28	√
LACERTILIA	Scincidae	铜蜓蜥	*Sphenomorphus*	*indicus*	SYSr001263	江西九连山虾公塘	2015/6/28	√
LACERTILIA	Scincidae	铜蜓蜥	*Sphenomorphus*	*indicus*	SYSr001264	江西九连山虾公塘	2015/6/29	√
LACERTILIA	Gekkonidae	梅氏壁虎	*Gekko*	*melli*	SYSr001265	江西九连山大丘田	2015/6/29	√
SERPENTES	Colubridae	锈链腹链蛇	*Hebius*	*craspedogaster*	SYSr001266	江西九连山大丘田	2015/6/29	√
SERPENTES	Xenopeltidae	海南闪鳞蛇	*Xenopeltis*	*hainanensis*	SYSr001267	江西九连山大丘田	2015/6/29	

（续）

目	科	中文名	种名	属名	标本号	采集地	采集日期	取样
LACERTILIA	Lacertidae	古氏草蜥	*Takydromus*	*kuehnei*	SYSr001268	江西九连山大丘田	2015/6/30	√
SERPENTES	Colubridae	棕脊蛇	*Achalinus*	*rufescens*	SYSr001308	江西九连山虾公塘	2015/8/3	√
SERPENTES	Colubridae	黑背白环蛇	*Lycodon*	*ruhstrati*	SYSr001309	江西九连山虾公塘	2015/8/3	√
SERPENTES	Pareatidae	台湾钝头蛇	*Pareas*	*formosensis*	SYSr001375	江西九连山	2015/21/9	√
SERPENTES	Elapidae	环纹华珊瑚蛇	*Sinomicrurus*	*annularis*	SYSr001376	江西九连山	2015/21/9	√
LACERTILIA	Scincidae	中国棱蜥	*Tropidophorus*	*sinicus*	SYSr001377	江西九连山	2015/22/9	√
LACERTILIA	Scincidae	中国棱蜥	*Tropidophorus*	*sinicus*	SYSr001378	江西九连山	2015/22/9	√
LACERTILIA	Scincidae	中国石龙子	*Plestiodon*	*chinensis*	SYSr001379	江西九连山	2015/22/9	√
SERPENTES	Viperidae	白头蝰	*Azemiops*	*rharin*	SYSr001432	江西九连山大丘田	2016/3/31	√
LECERTILIA	Scincidae	中国石龙子	*Plestiodon*	*chinensis*	SYSr001433	江西九连山大丘田	2016/4/1	√
SERPENTES	Elapidae	银环蛇	*Bungarus*	*multicinctus*	SYSr001627	江西九连山大石田	2016/8/22	√

附录7　江西九连山国家级自然保护区哺乳类调查总名录

目科种	区系成分	分布型	红色名录	中国哺乳类红色名录	保护等级	本研究调查			文献记载			九连山新记录12种	备注
						野外调查	问卷调查	红外相机调查	书籍名录	红外相机文献名录	近5年江西新记录文献		
一、食虫目 INSECTIVORA													
1. 猬科 Erinaceidae													
（1）东北刺猬 *Erinaceus amurensis*		Sd	LC	LC					√				原西欧刺猬 *Erinaceus europaeus dealbatus*
2. 鼹科 Talpidae													
（2）华南缺齿鼹 *Mogera insularis*			LC	LC					√				原华南缺齿鼹 *Mogera latouchei*
3. 鼩鼱科 Soricidae													
（3）臭鼩 *Suncus murinus*	OS	Wd	LC	LC					√				
（4）灰麝鼩 *Crocidura attenuata*	OS	Sd	LC	LC		√						√	
二、翼手目 CHIROPTERA													
4. 菊头蝠科 Rhinolophidae													
（5）中菊头蝠 *Rhinolophus affinis*	OS	Wd	LC	LC		√			√				
（6）大菊头蝠 *Rhinolophus luctus*	OS	Wb	LC	NT		√						√	
（7）大耳菊头蝠 *Rhinolophus macrotis*	OS	Wd	LC	LC		√						√	
（8）皮氏菊头蝠 *Rhinolophus pearsonii*	OS	Wd	LC	LC		√						√	
（9）小菊头蝠 *Rhinolophus pusillus*	OS	Sc	LC	LC		√			√				原角菊头蝠 *Rhinolophus cornutus pumilus*

（续）

目科种	区系成分	分布型	红色名录	中国哺乳类红色名录	保护等级	本研究调查			文献记载			九连山新记录 12 种	备注
						野外调查	问卷调查	红外相机调查	书籍名录	红外相机文献名录	近 5 年江西新记录文献		
（10）中华菊头蝠 *Rhinolophus sinicus*	OS	Wd	LC	LC		√			√				原鲁氏菊头蝠 *Rhinolophus rouxi sincus*
5. 蹄蝠科 Hipposideridae													
（11）大蹄蝠 *Hipposideros armiger*	OS	Wd	LC	LC		√						√	
（12）中蹄蝠 *Hipposideros larvatus*	OS	Wb	LC	LC		√					√	√	
（13）无尾蹄蝠 *Coelops frithii*	OS	Wb	LC	VU		√					√	√	
6. 蝙蝠科 Vesperitilionidea													
（14）华南水鼠耳蝠 *Myotis laniger*			LC	LC		√						√	
（15）大足鼠耳蝠 *Myotis rickettia*		Sv	NT	NT					√				
（16）渡濑氏鼠耳蝠 *Myotis rufoniger*		Si	LC	VU		√					√	√	
（17）伏翼 *Pipistrelles* sp.	*	*	*	*		√			√				原普通伏翼 *Pipistrellus pipistrellus*，待鉴定
（18）爪哇伏翼 *Pipistrellus javanicus*	OS	Sc	LC	NT		√			√				
（19）中华山蝠 *Nyctalus plancyi*		Ud	LC	LC					√				原山蝠 *Nyctalus noctula*
（20）褐扁颅蝠 *Trlonycteris robustula*		Wb	LC	NT		√					√	√	
（21）管鼻蝠 *Murina* sp.	*	*	*	*		√						√	
（22）毛翼管鼻蝠 *Harpiocephalus harpia*		Wc	LC	NT		√					√	√	
（23）暗褐彩蝠 *Kerivoula furva*			LC	NT		√					√	√	
三、鳞甲目 PHOLIDOTA													
7. 鲮鲤科 Manidae													
（24）穿山甲 *Manis pentadactyla*	OS	Wc	EN	CR	一		√		√				

（续）

目科种	区系成分	分布型	红色名录	中国哺乳类红色名录	保护等级	本研究调查			文献记载			九连山新记录12种	备注
						野外调查	问卷调查	红外相机调查	书籍名录	红外相机文献名录	近5年江西新记录文献		
四、兔形目 LAGOMORPHA													
8. 兔科 Leporidae													
（25）华南兔 *Lepus sinensis*	OS	Sc	LC	LC			√		√	√			
五、食肉目 CARNIVORA													
9. 灵猫科 Viverridae													
（26）果子狸 *Paguma larvata*	OS	We	LC	NT			√	√	√	√			
（27）斑林狸 *Prionodon pardicolor*	OS	Wc	LC	VU	二				√	√			
（28）大灵猫 *Viverra zibetha*	OS	Wd	NT	VU	一				√				
（29）小灵猫 *Viverricula indica*	OS	Wd	LC	VU	一			√	√				
10. 獴科 Herpestidae													
（30）食蟹獴 *Herpestes urva*	OS	Wc	LC	NT					√				
11. 鼬科 Mustelidae													
（31）猪獾 *Arctonyx collaris*	OS	We	NT	NT			√		√				
（32）水獭 *Lutra lutra*	WsS	Uh	NT	EN	二		√		√				
（33）黄喉貂 *Martes flavigula*	WsS	We	LC	NT	二				√				
（34）狗獾 *Meles leucurus*	PS	Uh	LC	NT					√				原狗獾 *Meles meles chinensis*
（35）鼬獾 *Melogale moschata*	OS	Sd	LC	NT					√	√			
（36）黄腹鼬 *Mustela kathiah*	OS	Sd	LC	NT					√	√			
（37）黄鼬 *Mustela sibirica*	PS	Uh	LC	LC			√	√	√				
12. 犬科 Canidae													
（38）貉 *Nyctereutes procyconides*	PS	Eg	LC	NT				√	√				
（39）赤狐 *Vulpes vulpes*	PS	Ch	LC	NT			√						

（续）

目科种	区系成分	分布型	红色名录	中国哺乳类红色名录	保护等级	本研究调查			文献记载			九连山新记录12种	备注
						野外调查	问卷调查	红外相机调查	书籍名录	红外相机文献名录	近5年江西新记录文献		
13. 猫科 Felidae													
（40）金猫 *Pardofelis temminckii*	OS	We	NT	CR	一				√				原金猫 *Felis temmincki*
（41）豹猫 *Prionailurus bengalensis*	OS	We	LC	VU	二		√	√	√	√			原豹猫 *Felis bengalensis*
六、偶蹄目 ARTIODACTYLA													
14. 猪科 Suidae													
（42）野猪 *Sus scrofa*	PS	Uh	LC	LC			√	√	√	√			
15. 鹿科 Cervidae													
（43）马来水鹿 *Cervus equinus*	OS	Wd	VU	NT	二		√		√				原水鹿 *Cervus unicolor dejeani*
（44）毛冠鹿 *Elaphodus cephalophus*	OS	Sv	NT	VU	二				√				
（45）小麂 *Muntiacus reevesi*	OS	Sd	LC	VU			√	√	√	√			原赤麂 *Muntiacus muntjak*
16. 牛科 Bovidae													
（46）中华鬣羚 *Capricornis milneedwardsii*	OS	We	NT	VU	二		√		√				原鬣羚 *Capricornis sumatraensis argyrochaetes*
七、啮齿目 RODENTIA													
17. 松鼠科 Sciuridae													
（47）赤腹松鼠 *Callosciurus erythraeus*		Wc	LC	LC				√	√	√			
（48）红腿长吻松鼠 *Dremomys pyrrhomerus*	OS	Sc	LC	NT		√							原红颊长吻松鼠 *Dremomys rufigenis*
（49）倭花鼠 *Tamiops maritimus*			LC	LC				√		√			原隐纹花松鼠 *Tamiops swinhoei maritimus*
18. 鼹型鼠科 Spalacidae													
（50）银星竹鼠 *Rhizomys pruinosus*			LC	LC					√				
（51）中华竹鼠 *Rhizomys sinensis*	OS	We	LC	LC			√		√				

（续）

目科种	区系成分	分布型	红色名录	中国哺乳类红色名录	保护等级	本研究调查			文献记载			九连山新记录12种	备注
						野外调查	问卷调查	红外相机调查	书籍名录	红外相机文献名录	近5年江西新记录文献		
19. 鼠科 Muridae													
（52）板齿鼠 *Bandicota indica*			LC	LC					√				
（53）青毛巨鼠 *Berylmys bowersi*			LC	LC					√				原青毛鼠 *Rattus bowersi*
（54）白腹巨鼠 *Leopoldamys edwardsi*	OS	We	LC	LC		√			√				原白腹巨鼠 *Rattus edwardsi edwards* 和红外小泡巨鼠 *Berylmys manipulus*
（55）小家鼠 *Mus musculus*	WsS	Uh	LC	LC					√				
（56）安氏白腹鼠 *Niviventer andersomi*			LC	LC					√				原白腹鼠 *Rattus coxingi andersoni*
（57）北社鼠 *Niviventer confucianus*	OS	Wd	LC	LC					√				
（58）针毛鼠 *Niviventer fulvescens*	OS	Wb	LC	LC		√			√				
（59）白腹鼠 *Niviventer* sp.	*	*	*	*						√			原红外白腹鼠 *Niviventer rats*
（60）黄毛鼠 *Rattus losea*			LC	LC					√				
（61）大足鼠 *Rattus nitidus*		Wa	LC	LC					√				
（62）褐家鼠 *Rattus norvegicus*	WsS	Ue		LC					√				
（63）黄胸鼠 *Rattus tanezumi*	OS	We	LC	LC					√				原黄胸鼠 *Rattus flavipectus*
20. 豪猪科 Hystricidae													
（64）中国豪猪 *Hystrix hodgsoni*	OS	Wd	*	LC			√		√				

附录8　江西九连山国家级自然保护区昆虫名录

调查表明，江西九连山国家级自然保护区昆虫（广义）已知有3纲18目186科1251属1972种。

原尾纲 PROTURA

蚖目 ACERENTOMATA

檗蚖科 Berberentomidae

1. 日本肯蚖 *Kenyentulus japonicus* (Imadaté)
2. 小肯蚖 *Kenyentulus mints* Yin
3. 天目山巴蚖 Baculentulus tianmushanensis (Yin)
4. 石屏格蚖 *Gracilentulus shipingensis* Yin

古蚖科 Eosentomidae

5. 樱花古蚖 *Eosentomon sakura* Imadaté & Yosii
6. 珠目古蚖 *Eosentomon margarops* Yin & Zhang
7. 上海古蚖 *Eosentomon shanghaiensis* Yin
8. 雁山古蚖 *Eosentomon yanshanense* Yin & Zhang
9. 三珠近异蚖 *Paraniscntomon triglobulum* Yin & Zhang
10. 短垫拟异蚖 *Pseudanisentomon pedanempodium* (Zhang & Yin)
11. 三纹拟异蚖 *Pseudanisentomon trilinum* Zhang & Yin

弹尾纲 COLLEMBOLA

原蛛目 PODUROMORPHA

蛛科 Poduridae

12. 黑蛛 *Podura aquatica* Linnaeus

愈腹䗛目 SYMPHYPLEONA

圆䗛科 Sminthuridae

13. 绿圆䗛 *Sminthurus viridis* Linnaeus

昆虫纲 INSECTA

衣鱼目 ZYGENTOMA

衣鱼科 Lepismatidae

14. 毛衣鱼 *Ctenolepisma villosa* Fabricius
15. 衣鱼 *Lepisma saccharina* Linnaeus

蜚蠊目 BLATTARIA

草白蚁科 Hodotermitidae

16. 山林原白蚁 *Hodotermopsis sjostedti* Holmgren

木白蚁科 Kalotermitidae

17. 树白蚁 *Glyptotermes* sp.

白蚁科 Termitidae

18. 中华葫白蚁 *Cucurbitermes sinensis* Li & Ping
19. 黄翅大白蚁 *Macrotermes barneyi* Light
20. 短鼻象白蚁 *Nasutitermes curtinasus* He
21. 奇鼻象白蚁 *Nasutitermes mirabilis* Ping & Xu
22. 印度象白蚁 *Nasutitermes moratus* (Silvestri)
23. 小象白蚁 *Nasutitermes parvonasutus* Silvestri
24. 囟土白蚁 *Odontotermes fontanellus* Kemer
25. 黑翅土白蚁 *Odontotermes formosanus* (Shiraki)
26. 海南土白蚁 *Odontotermes hainanensis* (Light)
27. 遵义土白蚁 *Odontotermes zunyiensis* Li & Ping
28. 大近歪白蚁 *Pericapritermes tetraphilus* (Silvestri)
29. 新渡户近歪白蚁 *Pericapritermes nitobei* (shiraki)
30. 江西棘白蚁 *Pilotermes jiangxiensis* He
31. 台湾华扭白蚁 *Sinocapritermes mushae* (Oshima & Maki)
32. 二型华象白蚁 *Sinonasutitermes dimorphus* Li & Ping

鼻白蚁科 Rhinotermitidae

33. 家白蚁 *Coptotermes formosanus* Shiraki
34. 肖若散白蚁 *Reticulitermes affinis* Hsia & Fan
35. 黑胸散白蚁 *Reticulitermes chinensis* Snyder
36. 黄胸散白蚁 *Reticulitermes flaviceps* (Oshima)
37. 古蔺散白蚁 *Reticulitermes gulinensis* Gao & Ma

38. 海南散白蚁 *Reticulitermes hainanensis* Tsai & Hwang
39. 湖南散白蚁 *Reticulitermes hunanensis* Tsai & Peng
40. 大型散白蚁 *Reticulitermes largus* Li & Ma
41. 长头散白蚁 *Reticulitermes longicephalus* Tsai & Chen
42. 罗浮散白蚁 *Reticulitermes luofunicus* Zhu, Ma & Li
43. 栖北散白蚁 *Reticulitermes speratus* (Kolbe)

弯翅蠊科 Panesthiidae

44. 闊斑弯翅蠊 *Panesthia cognata* Bey-Bienko
45. 弯翅蠊属 *Panesthia* sp.

蜚蠊科 Blattidae

46. 东方蜚蠊 *Blatta orientalis* Linnaeus

鳖蠊科 Corydiidae

47. 中华真地鳖 *Eupolyphaga sinensis* (Walker)
48. 带纹真鳖蠊 *Eucorydia aenea dasytoides* (Walker)

螳螂目 MANTODEA

花螳科 Hymenopodidae

49. 丽眼斑螳 *Creobroter gemmata* (Stoll)
50. 中华大齿螳 *Odontomsantis sinensis* Giglio-Tos

螳科 Mantidae

51. 勇斧螳 *Hierodula membranacea* Burmeister
52. 广斧螳 *Hierodula patellifera* (Serville)
53. 棕污斑螳 *Statilia maculata* (Thunberg)
54. 狭翅大刀螳 *Tenodera angustipennis* Saussure
55. 枯叶大刀螳 *Tenodera aridifolia* Stoll
56. 中华大刀螳 *Tenodera sinensis* (Saussure)

䗛目 PHASMATODEA

长角棒䗛科 Lonchodidae

57. 垂臀华异䗛 *Sinophasma brevipenne* Günther
58. 江西皮䗛 *Phraortes jiangxiensis* Chen & Xu

直翅目 ORTHOPTERA

斑腿蝗科 Catantopidae

59. 红褐斑腿蝗 *Catantops pinguis* (Stål)
60. 棉蝗 *Chondracris rosea* (De Geer)
61. 绿腿腹露蝗 *Fruhstorferiola viridifemorata* (Caudell)
62. 斑角蔗蝗 *Hieroglyphus annulicornis* (Shiraki)
63. 山稻蝗 *Oxya agavisa* Tsai

64. 中华稻蝗 *Oxya chinensis* (Thunberg)
65. 小稻蝗 *Oxya intricata* (Stål)
66. 卡氏蹦蝗 *Sinopodisma kelloggii* (Chang)
67. 比氏蹦蝗 *Sinopodisma pieli* (Chang)
68. 九连山蹦蝗 *Sinopodisma jiulianshana* Huang
69. 九连山凸额蝗 *Traulia jiulianshanensis* Xiangyu, Wang & Liu
70. 短翅凸额蝗 *Traulia ornata* Shiraki

锥头蝗科 Pyrgomorphidae

71. 短额负蝗 *Atractomorpha sinensis* Bolivar

蝗科 Acrididae

72. 中华剑角蝗 *Acrida cinerea* (Thunberg)
73. 黄脊竹蝗 *Ceracris kiangsu* Tsai
74. 青脊竹蝗 *Ceracris nigricornis* Walker
75. 僧帽佛蝗 *Phlaeoba infumata* Brunner-Wattebwyl
76. 花胫绿纹蝗 *Aiolopus thalassinus tamulus* (Fabricius)
77. 云斑车蝗 *Gastrimargus marmoratus* (Thunberg)
78. 东亚飞蝗 *Locusta migratoria manilensis* (Meyen)
79. 隆叉小车蝗 *Oedaleus abruptus* (Thunberg)
80. 疣蝗 *Trilophidia annulata* (Thunberg)

蚱科 Tetrigidae

81. 突眼蚱 *Ergatettix dorsiferus* (Walker)
82. 波氏蚱 *Tetrix bolivari* Saulcy
83. 日本蚱 *Tetrix japonica* Bolivar
84. 短背拟大磨蚱 *Macromotettixoides brachynota* Zheng & Shi
85. 黑胫版纳蚱 *Bannatettix nigritibialis* Zheng & shi
86. 九连山狭蚱 *Xistra jiuliangshanensis* Zheng & Shi
87. 江西玛蚱 *Mazarredia jiangxiensis* Zheng & Shi
88. 波背波蚱 *Bolivaritettix unduladorsalis* Zheng & Shi

脊蜢科 Chorotypidae

89. 台湾小乌蜢（台湾马头蝗） *Erianthella formosana* (Shiraki)

螽斯科 Tettigoniidae

90. 锈色彩螽（褐树螽） *Callimenellus ferrugineus* (Brunner von Wattenwyl)
91. 斑翅草螽 *Conocephalus maculatus* (Le Guillou)
92. 似织螽 *Hexacentrus unicolor* Audinet-Serville
93. 鼻优草螽 *Euconocephalus nasutus* (Thunberg)
94. 日本条螽 *Ducetia japonica* (Thunberg)
95. 日本绿螽 *Holochlora japonica* (Brunner-Wattenwyl)
96. 截叶糙颈螽 *Ruidocollaris truncatolobata* (Brunner-Wattenwyl)
97. 中国华绿螽 *Sinochlora sinensis* Tinkham
98. 四川华绿螽 *Sinochlora szechwanensis* Tinkham
99. 黑带副缘螽 *Parapsyra nigrovittata* Xia & Piu

100. 知名副缘螽 *Parapsyra notabilis* Carl
101. 细齿平背螽 *Isopsera denticulata* Ebner
102. 歧尾平背螽 *Isopsera furcocerca* Chen & Liu
103. 陈氏掩螽 *Elimaea cheni* Kang & Yang
104. 裂涤螽 *Decma fissa* (Hsia & Liu)
105. 黑膝畸螽 *Teratura geniculata* (Bey-Bienko)
106. 巨叉畸螽 *Teratura megafurcula* (Tinkham)
107. 斑腿栖螽 *Xizicus fascipes* (Bey-Bienko)
108. 牯岭东栖螽 *Xizicus kulingensis* (Tinkham)
109. 雷氏东栖螽 *Xizicus rehni* (Tinkham)
110. 贺氏东栖螽 *Xizicus howardi* (Tinkham)
111. 显凹原栖螽 *Xizicus incisa* (Hsia & Liu)
112. 匙尾原栖螽 *Xizicus spathulata* (Tinkham)
113. 四川原栖螽 *Xizicus szechwanensis* (Tinkham)
114. 角螽 *Ruspolia lineosa* (Walker)
115. 棒尾剑螽 *Xiphidiopsis clavata* Uvarov
116. 异尾剑螽 *Xiphidiopsis anisocercus* (Liu)
117. 双突剑螽 *Xiphidiopsis biprocera* Shi & Zheng
118. 陈氏剑螽 *Xiphidiopsis cheni* Bey-Bienko
119. 纺织娘 *Mecopoda elongataa* (Linnaeus)
120. 日本纺织娘 *Mecopoda niponensis* (De Haan)
121. 扁拟叶螽 *Togona unicolor* Matsumura & Shiraki

蟋蟀科 Gryllidae

122. 梨片蟋 *Truljalia hibinonis* (Matsumura)
123. 灶马 *Gryllodes sigillatus* (Walker)
124. 中华蟋 *Gryllus chinensis* Weber
125. 油葫芦 *Teleogryllus mitratus* (Burmeister)
126. 花生大蟋 *Tarbinskiellus portentosus* (Lichtengstern)

蝼蛄科 Gryllotalpidae

127. 东方蝼蛄 *Gryllotalpa orientalis* Burmeister

蜻蜓目 ODONATA

蜓科 Aeschnidae

128. 蓝黑多棘蜓 *Polycanthagyna ornithocephala* (McLachlan)
129. 日本长尾蜓 *Gynacantha japonica* Bartenev
130. 碧伟蜓 *Anax parthenope julius* (Brauer)

春蜓科 Gomphidae

131. 安氏异春蜓 *Anisogomphus anderi* Lieftinck
132. 深山闽春蜓 *Fukienogomphus prometheus* (Lieftinck)
133. 中华长钩春蜓 *Ophionurus sinicus* (Chao)
134. 大团扇春蜓 *Sinictinogomphus clavatus* (Fabricius)
135. 小团扇春蜓 *Ictinogomphus rapax* (Rambur)

136. 联纹小叶春蜓 *Gomphidia confluens* (Selys)

综蜻科 Synthemistidae

137. 郁异伪蜻 *Idionyx claudia* Ris
138. 突胸异伪蜻（长角异伪蜻）*Idionyx carinata* Fraser
139. 维多异伪蜻（威异伪蜻）*Idionyx victor* Hämäläinen

蜻科 Libellulidae

140. 锥腹蜻 *Acisoma panorpoides* Rambur
141. 黄翅蜻 *Brachythemis contaminata* (Fabricius)
142. 红蜻 *Crocothemis servilia* (Drury)
143. 纹蓝小蜻 *Diplacides trivialis* (Rambur)
144. 网脉蜻 *Neurothemis fulvia* Drury
145. 线痣灰蜻 *Orthetrum lineostigma* Selys
146. 吕宋灰蜻 *Orthetrum luzonicum* (Brauer)
147. 黑异色灰蜻 *Orthetrum triangulare melanium* (Selys)
148. 白尾灰蜻 *Orthetrum albistylum speciosum* (Uhler)
149. 赤褐灰蜻 *Orthetrum pruinosum neglectum* (Burmeister)
150. 狭腹灰蜻 *Orthetrum sabina sabina* (Drury)
151. 鼎异色灰蜻 *Orthetrum triangulare* (Selys)
152. 六斑曲缘蜻 *Palpopleura sexmaculata* (Fabricius)
153. 黄蜻 *Pantala flavescens (*Fabricius)
154. 玉带蜻 *Pseudothemis zonata* (Burmeister)
155. 斑丽翅蜻 *Rhyothemis variegata* (Linnaeus)
156. 夏赤蜻 *Sympetrum darwinianum* (Selys)
157. 阿登赤蜻 *Sympetrum eroticum ardens* (Mclachlam)
158. 秋赤蜻 *Sympetrum frequens* (Selys)
159. 小黄赤蜻 *Sympetrum kunckeli* (Selys)
160. 晓褐蜻 *Trithemis aurora* Burmeister
161. 庆褐蜻 *Trithemis festiva* (Rambur)
162. 华斜痣蜻 *Tramea virginia* (Rambur)
163. 臀斑楔翅蜻 *Hydrobasileas croceus* (Brauer)
164. 华丽宽腹蜻 *Lyriothemis elegantissima* Selys

大溪蟌科 Philogangidae

165. 壮大溪蟌 *Philoganga robusta* (Navás)

色蟌科 Calopterygidae

166. 赤基色蟌 *Archineura incarnata* (Karsch)
167. 黑暗色蟌 *Atrocalopteryx atrata* (Selys)
168. 黑顶暗色蟌 *Atrocalopteryx melli* (Ris)
169. 透顶单脉色蟌 *Matrona basilaris* Selys
170. 红痣绿色蟌 *Mnais icteroptera* Fraser
171. 烟翅绿色蟌 *Mnais mneme* Ris
172. 多横细色蟌 *Vestalis gracilis* (Rambur)

溪蟌科 Euphaeidae

173. 黄翅溪蟌 *Allophaea ochracea* (Selys)
174. 庆元异翅溪蟌 *Anisopleura qingyuanensis* Zhou
175. 巨齿尾溪蟌 *Bayadera melanopteryx* Ris
176. 褐翅溪蟌 *Euphaea opaca* (Selys)
177. 方带溪蟌 *Euphaea decorata* Hagen

蟌科 Coenagrionidae

178. 杯纹小蟌 *Agriocnemis femina* (Brauer)
179. 白腹小蟌 *Agriocnemis lacteola* (Selys)
180. 长尾黄蟌 *Ceriagrion fallax* Ris
181. 琉球橘黄蟌 *Ceriagrion auranticum ryukuanum* Asahina
182. 青纹瘦蟌（褐斑异痣蟌）*Ischnura senegalensis* (Rambur)

扇蟌科 Platycnemididae

183. 青黑长腹扇蟌 *Coeliccia cyanomelas* Ris
184. 四斑长腹扇蟌 *Coeliccia didyma* (Selys)
185. 白狭扇蟌 *Copera annulata* (Selys)
186. 毛狭扇蟌 *Copera ciliata* (Selys)

半翅目 HEMIPTERA

蝉科 Cicadidae

187. 黑蚱蝉 *Cryptotympana atrata* (Fabricius)
188. 川马蝉 *Macrosemia juno* (Distant)
189. 蟪蛄 *Platypleura kaempferi* Fabricius
190. 暗翅蝉 *Scieroptera splendidula* (Fabricius)
191. 高山圹蝉 *Tanna obligua* Liu

角蝉科 Membracidae

192. 江西钩冠角蝉 *Hypsolyrium jiangxiensis* Yuan & Xu

沫蝉科 Cercopidae

193. 稻沫蝉 *Callitettix versicolor* (Fabricius)
194. 松铲头沫蝉 *Clovia conifer* (Walker)
195. 桑赤斑沫蝉 *Cosmoscarta bispecularis* White

蜡蝉科 Fulgoridae

196. 龙眼鸡 *Pyrops candelaria* (Linnaeus)
197. 斑衣蜡蝉 *Lycorma delicatula* (White)

蛾蜡蝉科 Flatidae

198. 晨星蛾蜡蝉 *Cryptoflata guttularis* (Walker)
199. 碧蛾蜡蝉 *Geisha distinctissima* (Walker)
200. 褐缘蛾蜡蝉 *Salurnis marginella* (Guérin-Méneville)

广翅蜡蝉科 Ricaniidae

201. 眼纹疏广蜡蝉 *Euricania ocellus* (Walker)
202. 编笠蜡蝉 *Pochazia albomaculata* Uhler
203. 琥珀蜡蝉 *Ricania japonica* Melichar
204. 八点广翅蜡蝉 *Ricania speculum* (Walker)
205. 褐带广翅蜡蝉 *Ricania taeniata* Stål

菱蜡蝉科 Cixiidae

206. 端斑脊菱蜡蝉 *Pentastiridius apicalis* (Uhler)

象蜡蝉科 Dictyopharidae

207. 中华彩象蜡蝉 *Raivuna sinica* Walker

脉蜡蝉科 Meenoplidae

208. 粉白粒脉蜡蝉 *Nisia atrovenosa* (Lethierry)

大叶蝉科 Tettigellidae

209. 华凹大叶蝉 *Bothrogonia sinica* Yang & Li
210. 大青叶蝉 *Cicadella viridis* (Linnaeus)
211. 白边大叶蝉 *Kolla paulula* (Walker)
212. 周氏凸唇大叶蝉 *Errangonalia choui* Li

叶蝉科 Cicadellidae

213. 棉叶蝉 *Amrasca biguttula* (Ishida)
214. 小绿叶蝉 *Empoasca flavescence* (Fabricius)
215. 云南白小叶蝉 *Elbelus yunnanensis* Chou & Ma
216. 白翅叶蝉 *Thaia oryzivora* Ghauri
217. 桃一点斑叶蝉 *Typhlocyba sudra* Distant
218. 针茎多脉叶蝉 *Polyamia acicularis* Dai, Xing & Li
219. 二点叶蝉 *Macrosteles fascifrons* (Stål)
220. 四点叶蝉 *Macrosteles quadimaculata* (Matsumura)
221. 黑尾叶蝉 *Nephotettix cincticeps* (Uhler)
222. 二条黑尾叶蝉 *Nephotettix nigropictus* (Stål)
223. 二点黑尾叶蝉 *Nephotettix virescens* (Distant)
224. 一点木叶蝉 *Phlogotettix cyclops* (Mulsant & Rey)

飞虱科 Delphacidae

225. 灰飞虱 *Laodelphax striatellus* (Fallén)
226. 褐飞虱 *Nilaparvata lugens* (Stål)
227. 长绿飞虱 *Saccharosydne procerus* (Matsumura)
228. 白背飞虱 *Sogatella furcifera* (Horvath)

扁木虱科 Liviidae

229. 柑橘呆木虱 *Diaphorina citri* Kuwayama

粉虱科 Aleyrodidae

230. 黑刺粉虱 *Aleurocanthus spiniferus* (Quaintance)
231. 马氏眼粉虱 *Aleurolobus marlatti* Quaintance
232. 珊瑚瘤粉虱 *Aleuroclava aucubae* (Kuwana)
233. 双刺长粉虱 *Bemisia giffardi bispina* Young
234. 烟草粉虱 *Bemisia tabaci* Gennadius
235. 橘黄粉虱 *Dialeurodes citri* (Ashmead)

蚜科 Aphididae

236. 绣线菊蚜 *Aphis citricola* Van der Goot
237. 花生蚜 *Aphis craccivora* Koch
238. 大豆蚜 *Aphis glycines* Matsumura
239. 棉蚜 *Aphis gossypii* Glover
240. 槐蚜 *Aphis medicaginis* Koch
241. 桃粉大尾蚜 *Hyalopterus amygdali* (Blanchard)
242. 萝卜蚜 *Lipaphis erysimi* (Kaltenbach)
243. 菊小长管蚜 *Macrosiphoniella sanborni* (Gillette)
244. 艾叶小长管蚜 *Macrosiphoniella yomogifoliae* (Shinji)
245. 麦长管蚜 (荻草谷网蚜) *Sitobion miscanthi* (Takahashi)
246. 高粱蚜 *Melanaphis sacchari* (Zehntner)
247. 库栗斑蚜 *Tuberculatus kuricola* Matsumura
248. 桃蚜 *Myzus persicae* (Sulzer)
249. 玉米蚜 *Rhopalosiphum maidis* (Fitch)
250. 莲缢管蚜 *Rhopalosiphum nymphaeae* (Linnaeus)
251. 麦二叉蚜 *Schizaphis graminum* (Rondani)
252. 梨二叉蚜 *Schizaphis piricola* Matsumura
253. 橘二叉蚜 *Toxoptera aurantii* (Boyer de Fonscolombe)
254. 橘蚜 *Toxoptera citricidus* (Kirkaldy)
255. 芝米蚜 *Toxoptera odinae* (Van der Goot)
256. 莴苣指管蚜 *Uroleucon formosanum* (Takahashi)
257. 朴绵叶蚜 *Shivaphis celti* Das
258. 甘蔗粉角蚜 *Ceratovacuna lanigera* Zehntner
259. 松大蚜 *Cinara pinea* Mordvilko
260. 板栗大蚜 *Lachnus tropicalis* (van der Goot)
261. 桃瘤大蚜 *Tuberocephalus momonis* (Matsumura)
262. 柳瘤大蚜 *Tuberolachnus salignus* (Gmelin)
263. 居竹伪角蚜 *Pseudoregma bambucicola* (Takahashi)
264. 五倍子蚜 *Schlechtendalia chinensis* (Bell)
265. 榆四脉绵蚜 *Tetraneura ulmi* (Linnaeus)

珠蚧科 Margarodidae

266. 草履蚧 *Drosicha corpulenta* (Kuwana)
267. 吹绵蚧 *Icerya purchasi* Maskell
268. 中华松梢蚧 *Matsucoccus sinensis* Chen

粉蚧科 Pseudococcidae

269. 甘蔗灰粉蚧 *Dysmicoccus boninsis* (Kuwana)
270. 桔小粉蚧 *Pseudococcus cryptus* Hempel

绒蚧科 Eriococcidae

271. 紫薇绒蚧 *Eriococcus lagerstroemiae* Kuwana

胶蚧科 Kerriidae

272. 茶硬胶蚧 *Tachardina theae* (Green & Mann)

蜡蚧科 Coccidae

273. 角蜡蚧 *Ceroplastes ceriferus* (Anderson)
274. 龟蜡蚧 *Ceroplastes floridensis* Comstock
275. 日本龟蜡蚧 *Ceroplastes japonicus* Green
276. 红蜡蚧 *Ceroplastes rubens* Maskell
277. 广食褐软蚧 *Coccus hesperidum* Linnaeus
278. 朝鲜毛球蚧 *Didesmococcus koreanus* Borchsenius
279. 白蜡蚧 *Eriocerus pela* (Chavannes)
280. 油茶卷毛蜡蚧 *Metaceronema japonica* (Maskell)

盾蚧科 Diaspididae

281. 橘红圆肾盾蚧 *Aonidiella aurantii* (Maskell)
282. 橘黄圆肾盾蚧 *Aonidiella citrina* (Coquillet)
283. 月季白轮盾蚧 *Aulacaspis rosarum* Borchsenius
284. 褐圆金顶盾蚧 *Chrysomphalus aonidum* (Linnaeus)
285. 橙圆金顶盾蚧 *Chrysomphalus dictyospermi* (Morgan)
286. 日本长白盾蚧 *Lopholeucaspis japonica* (Cockerell)
287. 山茶片盾蚧 *Parlatoria camelliae* Comstock
288. 糠片盾蚧 *Parlatoria pergandii* Comstock
289. 黑片盾蚧 *Parlatoria ziziphi* (Lucas)
290. 网纹盾蚧 *Pseudaonidia duplex* (Cockerell)
291. 梨笠盾蚧 *Quadraspidiotus perniciosus* (Comstock)

负子蝽科 Belostomatidae

292. 大田鳖 *Lethocerus deyrollei (Vuillefroy)*

蝎蝽科 Nepidae

293. 卵圆蝎蝽 *Nepa chinensis* Hoffmann
294. 华螳蝎蝽 *Ranatra chinensis* Mayr
295. 小螳蝎蝽 *Ranatra unicolor* Scott

仰蝽科 Notonectidae

296. 华仰蝽 *Enithares sinica* Stål

黾蝽科 Gerridae

297. 黾蝽 *Aquarium paludum* Fabricius

宽肩蝽科 Veliidae

298. 小宽肩蝽 *Microvelia horvathi* Lundblad

龟蝽科 Plataspidae

299. 方头异龟蝽 *Aponsila montana* (Distant)
300. 浙江圆龟蝽 *Coptosoma chekiana* Yang
301. 达圆龟蝽 *Coptosoma daviai* Montandon
302. 刺盾圆龟蝽 *Coptosoma lasciva* Bergroth
303. 小饰圆龟蝽 *Coptosoma parvipicta* Monthandon
304. 半黄圆龟蝽 *Coptosoma semiflava* Jakovlev
305. 多变圆龟蝽 *Coptosoma variegata* (Herrich & Schaeffer)
306. 花豆龟蝽 *Megacopta bicopta* Hsiao & Jen
307. 筛豆龟蝽 *Megacopta cribraria* (Fabricius)

土蝽科 Cydnidae

308. 青革土蝽 *Macroscytus subaeneus* (Dallas)

盾蝽科 Scutelleridae

309. 丽盾蝽 *Chrysocoris grandis* (Thunberg)
310. 紫丽盾蝽 *Chrysocoris stollii* (Wolff)
311. 红缘亮盾蝽 *Lamprocoris lateralis* (Guerin)
312. 油茶宽盾蝽 *Poecilocoris latus* Dallas

荔蝽科 Tessaeatomidae

313. 硕荔蝽 *Eurostus validus* Dallas
314. 斑缘巨荔蝽 *Eusthenes femoralis* Zia
315. 玛荔蝽 *Mattiphus splendidus* Distant

兜蝽科 Dinidoridae

316. 九香虫 *Coridius chinensis* (Dallas)
317. 大皱蝽 *Cyclopelta obscura* (Lepletier & serville)
318. 小皱蝽 *Cyclopelta parva* Distant
319. 短角瓜蝽 *Megymenum buevicornis* (Fabricius)
320. 无刺瓜蝽 *Megymenum inerme* (Herrich & Schaeffer)

蝽科 Pentatomidae

321. 梭蝽 *Megarrhamphus hastatus* (Fabricius)
322. 平尾梭蝽 *Megarrhamphus truncatus* (Westwood)
323. 枝蝽 *Aeschrocoris ceylonica* Distant
324. 鲁牙蝽 *Axiagastus rosmarus* Dallas
325. 红角辉蝽 *Carbula crassiventris* (Dallas)
326. 辉蝽 *Carbula obtusangula* Reuter
327. 斑须蝽 *Dolycoris baccarum* (Linnaeus)
328. 麻皮蝽 *Erthesina fullo* (Thunberg)
329. 黄蝽 *Euryaspis flavescens* Distant

330. 拟二星蝽 *Eysarcoris annamita* (Breddin)
331. 二星蝽 *Eysarcoris guttiger* (Thunberg)
332. 广二星蝽 *Eysarcoris ventralis* (Westwood)
333. 茶翅蝽 *Halyonorpha halys* (Stål)
334. 赤曼蝽 *Menida histrio* (Fabricius)
335. 宽曼蝽 *Menida lata* Yang
336. 秀蝽 *Neojurtina typica* Distant
337. 稻绿蝽 *Nezara viridula* (Linnaeus)
338. 稻褐蝽 *Niphe elongata* (Dallas)
339. 碧蝽 *Palomena angulosa* Motschlsky
340. 斑真蝽 *Pentatoma mosaicus* Hsiao & Cheng
341. 璧蝽 *Piezodorus rubrofasciatus* Fabricius
342. 将乐莽蝽 *Placosternum jiangleensis* Lin & Zhang
343. 珀蝽 *Plautia crossota* (Dallas)
344. 尖角普蝽 *Priassus spiniger* Halund
345. 变刺黑蝽 *Scotinophara horvathi* Distant
346. 稻黑蝽 *Scotinophara lurida* (Burmeister)
347. 蠋蝽 *Arma chinensis* Fallou
348. 疣蝽 *Cazira verrucosa* (Westwood)
349. 丸蝽 *Sepontia variolosa* (Walker)
350. 蓝蝽 *Zicrona caerulea* (Linnaeus)
351. 点蝽碎斑型 *Tolumnia latipes forma contingens* (Walker)

同蝽科 Acanthosomatidae

352. 大翘同蝽 *Anaxandra giganteum* (Matsumura)
353. 伊锥同蝽 *Sastragala esakii* Hasegawa

异蝽科 Urostylidae

354. 黄斑壮异蝽 *Urochela* sp.
355. 平娇异蝽 *Urostylis blattiformis* Bergroth

缘蝽科 Coreidae

356. 红背安缘蝽 *Anoplocnemis phasianus* (Fabricius)
357. 黑胫米缘蝽 *Mictis fuscipes* Hsiao
358. 黄胫米缘蝽 *Mictis serina* Dallas
359. 曲胫米缘蝽 *Mictis tenebrosa* Fabricius
360. 稻棘缘蝽 *Cletus punctiger* Dallas
361. 双斑同缘蝽 *Homoeocerus bipunctatus* Hsiao
362. 小点同缘蝽 *Homoeocerus marginellus* Herrich-Schäffer
363. 纹须同缘蝽 *Homoeocerus striicornis* Scott
364. 一点同缘蝽 *Homoeocerus unipunctatus* (Thunberg)
365. 黑竹缘蝽 *Notobitus meleagris* (Fabricius)

蛛缘蝽科 Alydidae

366. 大稻缘蝽 *Leptocorisa acuta* Thunberg
367. 中稻缘蝽 *Leptocorisa chinensis* Dallas

368. 条蜂缘蝽 *Riptortus linearis* Fabricius
369. 点蜂缘蝽 *Riptortus pedestris* Fabricius

束长蝽科 Malcidae

370. 豆突眼长蝽 *Chauliops fallax* Scott
371. 瓜束长蝽 *Malcus inconspicuus* Stys

大红蝽科 Largidae

372. 小斑红蝽 *Physopelta cincticollis* Stål
373. 四斑红蝽 *Physopelta quadriguttata* Bergroth

红蝽科 Pyrrhocoridae

374. 直红蝽 *Pyrrhopeplus carduelis* (Stål)

网蝽科 Tingidae

375. 梨网蝽 *Stephanitis nashi* Esaki & Takeya
376. 樟脊网蝽 *Stephanitis macaona* Drake

猎蝽科 Reduviidae

377. 淡带荆猎蝽 *Acanthaspis cincticrus* Stål
378. 暴猎蝽 *Agriosphodrus dohrni* (Signoret)
379. 狭斑猎蝽 *Canthesancus lurco* Stål
380. 霜斑嗯猎蝽 *Endochus albomaculatus* Stål
381. 多变嗯猎蝽 *Endochus cingalensis* Stål
382. 素猎蝽 *Epidaus famulus* (Stål)
383. 暗素猎蝽 *Epidaus nebulo* (Stål)
384. 云斑真猎蝽 *Harpactor incertus* (Distant)
385. 黄纹盗猎蝽 *Peirates atromaculatus* Stål
386. 齿缘刺猎蝽 *Sclomina erinacea* Stål
387. 黄足猎蝽 *Sirthenea flavipes* (Stål)
388. 环斑猛猎蝽 *Sphedanolestes impressicollis* (Stål)
389. 舟猎蝽 *Staccia diluta* Stål
390. 黄犀猎蝽 *Sycanus croceus* Hsiao

姬蝽科 Nabidae

391. 华姬蝽 *Nabis sinoferus* Hsiao
392. 江西狭姬蝽 *Stenonabis jiangxiensis* Ren

盲蝽科 Miridae

393. 烟盲蝽 *Nesidiocoris tenuis* (Reuter)
394. 黑肩绿盲蝽 *Cyrtorrhinus lividipennis* Reuter
395. 小黑跳盲蝽 *Halticus minutus* Reuter
396. 绿盲蝽 *Apolygus lucorum* (Meyer-Dur)

缨翅目 THYSANOPTERA

蓟马科 Thripidae

397. 花蓟马 *Frankliniella intonsa* (Trybom)
398. 塔六点蓟马 *Scolothrips takahashii* Priesner
399. 色蓟马（日本蓟马）*Thrips coloratus* Schmutz
400. 烟蓟马 *Thrips tabaci* Lindeman

管蓟马科 Phlaeothripidae

401. 中华管蓟马 *Haplothrips chinensis* Priesner

广翅目 MEGALOPTERA

齿蛉科 Corydalidae

402. 东方巨齿蛉 *Acanthacorydalis orientalis* (Mclachlan)
403. 单斑巨齿蛉 *Acanthacorydalis unimaculata* Yang & Yang
404. 普通齿蛉 *Neoneuromus ignobilis* Navás
405. 东方星齿蛉 *Protohermes orientalis* Liu, Hayashi & Yang
406. 台湾斑鱼蛉 *Neochauliodes formosanus* (Okamota)
407. 黑头斑鱼蛉 *Neochauliodes nigris* Liu & Yang
408. 污翅斑鱼蛉 *Neochauliodes fraternus* (McLachlan)
409. 中华斑鱼蛉 *Neochauliodes sinensis* (Walker)

脉翅目 NEUROPTERA

草蛉科 Chrysopidae

410. 大草蛉 *Chrysopa pallens* (Rambur)
411. 中华通草蛉 *Chrysoperla nipponensis* (Okamoto)
412. 巨意草蛉 *Italochrysa megista* Wang & Yang
413. 红痣意草蛉 *Italochrysa uchidae* (Kuwayama)

蝶角蛉科 Ascalaphidae

414. 黄脊蝶角蛉 *Ascalohybris subjacens* (Walker)

鞘翅目 COLEOPTERA

虎甲科 Cicindelidae

415. 金斑虎甲 *Cicindela aurulenta* Fabricius
416. 中国虎甲 *Cicindela chinensis* DeGeer
417. 星斑虎甲 *Cylindera kaleea* (Bates)
418. 断纹虎甲斜斑亚种 *Lophyra striolata dorsolineolata* Chevrolat
419. 光端缺翅虎甲 *Tricondyla macrodera* Chaudoir

步甲科 Carabidae

420. 硕步甲 *Carabus davidis* Deyrolle & Fairmaire

421. 印度细颈步甲 *Ophionea indica* (Thunberg)
422. 双斑青步甲 *Chlaenius bioculatus* Chaudoir
423. 黄边青步甲 *Chlaenius circumdatus* Brulle
424. 狭边青步甲 *Chlaenius inops* Chaudoir
425. 黄斑青步甲 *Chlaenius micans* (Fabricius)
426. 黄缘青步甲 *Chlaenius spoliatus* (Rossi)
427. 逗斑青步甲 *Chlaenius virgulifer* Chaudoir
428. 广屁步甲 *Pheropsophus occipitalis* (Macleay)

龙虱科 Dytiscidae

429. 黄边大龙虱 *Cybister chinensis* Motschulsky
430. 齿缘龙虱 *Eretes sticticus* (Linnaeus)
431. 黄条龙虱 *Hydaticus bowringi* Clark

牙甲科 Hydrophilidae

432. 大水龟甲 *Hydrophilus acuminatus* Motschulsky
433. 戟水龟甲 *Hydrous hastatus* Herbest
434. 玛隔牙甲 *Amphiops mater* Sharp
435. 斑毛腿牙甲 *Anacaena maculata* Pu
436. 长贝牙甲 *Berosus elongatulus* Jordan
437. 日本贝牙甲 *Berosus japonicus* Sharp
438. 榄型梭腹牙甲 *Cercyon oliberus* Sharp
439. 隆线梭腹牙甲 *Cercyon laminatus* Sharp
440. 胡氏陷牙甲 *Coelostoma wui* Orchymont
441. 伊苏苍白牙甲 *Enochrus esuriens* (Walker)
442. 伪条丽阳牙甲 *Helochares pallens* (Macleay)
443. 线虫拉牙甲 *Laccobius elegans* Gentili
444. 小隆胸牙甲 *Paraccymus atomus* Orchymont
445. 东方隆胸牙甲 *Paracymus orientalis* Orchymont
446. 达吉佩牙甲 *Pelthydrus dudgeoni* Schönmann
447. 红脊胸牙甲 *Sternolophus rufipes* (Fabricius)

阎甲科 Histeridae

448. 阎甲 *Hister* sp.

长须甲科 Hydraenidae

449. 长须甲 *Hydraena* sp.

隐翅虫科 Staphylinidae

450. 小黑隐翅虫 *Philonthus varius* Gyllenhal
451. 小黑突目隐翅虫 *Stenus rogeri* Kraatz
452. 兴民四齿隐翅虫 *Nazeris xingmini* Lin & Hu
453. 美华四齿隐翅虫 *Nazeris meihuaae* Lin & Hu

葬甲科 Silphidae

454. 二色真葬虫 *Eusilpha bicolor* (Fairmaire)
455. 黑负葬虫 *Necrophorus concolor* Kraatz

萤科 Lampyridae

456. 中华黄萤 *Abscondita chinensis* (Linnaeus)
457. 日本黄萤 *Luciola japonica* Thunberg
458. 凹背锯角萤 *Pyrocoelia anylissima* E-elav

稚萤科 Drilidae

459. 黑尾小黄稚萤 *Idgia denota* Frm

花萤科 Cantharidae

460. 蓝黄褐花萤 *Themus coelestis* (Gorh)

叩甲科 Elateridae

461. 角斑贫脊叩甲 *Aeoloderma agnata* (Candeze)
462. 细斑槽缝叩甲 *Agrypnus mondestus* (Candeze)
463. 丽叩甲 *Campsosternus auratus* (Drury)
464. 暗足重脊叩甲 *Chiagosnius obscuripes* (Gyllenhal)
465. 眼纹斑叩甲 *Cryptalaus larvatus* (Candeze)
466. 霉纹斑叩甲 *Cryptalaus berus* (Candeze)
467. 西氏叩甲 *Elater sieboldi* (Candeze)
468. 肯特栉角叩甲 *Pectocera cantori* Hope
469. 巨四叶叩甲 *Tetralobus perroti* Fleutiaux

吉丁虫科 Buprestidae

470. 老挝星吉丁 *Chrysobothris laesensis* Obenberger
471. 粗孔星吉丁 *Chrysobothris succedanea* Saunders
472. 印地星吉丁 *Chrysobothris indica* Laporte & Gory
473. 赤纹吉丁 *Coraebus sidae* Kerramans
474. 金缘线斑吉丁 *Scintillatrix djingschani* Obenberger
475. 花绒潜吉丁 *Trachys mandarina* Obenberger
476. 四黄斑吉丁 *Ptosima chinensis* Marseul
477. 日本脊吉丁中国亚种 *Chalcophora japonica chinensis* Schaufuss
478. 普雷斑吉丁 *Lamprodila pretiosa* (Mannerheim)
479. 红棕斑吉丁 *Lamprodila cupreosplendens* (Kerremans)
480. 中华花纹吉丁 *Anthaxia chinensis* Kerremans
481. 柑桔窄吉丁 *Agrilus auriventris* Saunders
482. 细绒窄吉丁 *Agrilus pilosovittatus* Saunders
483. 平边窄吉丁 *Agrilus plasoni* Obenberger
484. 中华窄吉丁 *Agrilus sinensis* Thomson
485. 泡桐窄吉丁 *Agrilus cyaneoniger* Saunders
486. 拟窄纹吉丁 *Coraebus acutus* Thomson
487. 齿蝇纹吉丁 *Coraebus cisseiformis* Obenberger

488. 铜胸纹吉丁 *Coraebus cloueti* Thery
489. 小纹吉丁 *Coraebus diminutus* Gebhardt
490. 中华缘吉丁 *Meliboeus chinensis* Obenberger
491. 短宽角吉丁 *Habroloma anchiale* (Obenberger)
492. 光褐角吉丁 *Habroloma atronitidum* (Gebhardt)
493. 丽蓝角吉丁 *Habroloma pulchrum* Peng
494. 蓝翅角吉丁 *Habroloma lewisii* (Saunders)
495. 广普角吉丁 *Habroloma subbicorne* (Motschulsky)
496. 龙南角吉丁 *Habroloma longnanicum* Peng, Li, Wu, *et al.*
497. 九连山角吉丁 *Habroloma jiulianshanense* Peng, Li, Wu, *et al.*
498. 小角吉丁 *Habroloma tenuisculum* Peng, Li, Wu, *et al.*
499. 阿贝潜吉丁 *Trachys abeillei* Obenberger
500. 葛藤潜吉丁 *Trachys auricollis* Saunders
501. 银茸潜吉丁 *Trachys koshunensis* Obenberger
502. 圆斑潜吉丁 *Trachys tsushimae* Obenberger

皮蠹科 Dermestidae

503. 标本皮蠹 *Anthrenus verbasci* (Linnaeus)
504. 螳螂皮蠹 *Ophiloides ovivorous* Matsumura

扁甲科 Cucujidae

505. 锈赤扁谷盗 *Cryptolestes ferrugineus* (Stephens)
506. 长角扁谷盗 *Cryptolestes pusillus* (Schoenherr)

花蚤科 Mordellidae

507. 束环花蚤 *Glipa fasciata* Kono

露尾甲科 Nitidulidae

508. 脊胸露尾甲 *Carpophilus dimidiatus* (Fabricius)
509. 棉花露尾甲 *Haptonchus luteotus* Erichson
510. 四斑露尾甲 *Librodor japonicus* Motsch

锯谷盗科 Silvanidae

511. 米扁虫 *Ahasverus advena* (Waltl)
512. 锯谷盗 *Oryzaephilus surinamemsis* (Linnaeus)

拟叩甲科 Languriidae

513. 天目四拟叩甲 *Tetralanguria tienmuensis* Zia

瓢虫科 Coccinellidae

514. 奇变瓢虫 *Aiolocaria mirabilis* (Motschulsky)
515. 十五星裸瓢虫 *Calvia quindecimguttata* (Fabricius)
516. 链纹裸瓢虫 *Calvia sicardi* (Mader)
517. 异色瓢虫 *Harmonia axyridis* (Pallas)
518. 红肩瓢虫 *Harmonia dimidiata* (Fabricius)

519. 八斑和瓢虫 *Harmonia octomaculata* (Fabricius)
520. 隐斑瓢虫 *Harmonia yedoensis* (Takizawa)
521. 双带盘瓢虫 *Lemnia biplagiata* (Swartz)
522. 黄斑盘瓢虫 *Lemnia saucia* (Mulsant)
523. 六斑月瓢虫 *Cheilomenes sexmaculata* (Fabricius)
524. 稻红瓢虫 *Micraspis discolor* (Fabricius)
525. 龟纹瓢虫 *Propylea japoica* (Thunberg)
526. 十二斑菌瓢虫 *Vibidia duodecimguttata* (Poda)
527. 艳色广盾瓢虫 *Platynaspis lewisii* Crotch
528. 大红瓢虫 *Rodolia rufopilosa* Mulsant
529. 黑襟毛瓢虫 *Scymnus hoffmanni* Weise
530. 深点食螨瓢虫 *Stethorus punctillum* Weise
531. 大豆瓢虫 *Afidenta misera* (Weise)
532. 瓜茄瓢虫 *Epilachna admirabilis* (Crotch)
533. 叶突食植瓢虫 *Epilachna folifera* Pang & Mao
534. 茄二十八星瓢虫 *Henosepilachna vigintioctopunctata* (Fabricius)
535. 闪蓝唇瓢虫 *Chilocorus hauseri* Weise

芫菁科 Meloidae

536. 豆芫菁 *Epicauta gorhami* Marseul
537. 毛胫豆芫菁 *Epicauta tibialis* Waterhouse
538. 眼斑芫菁 *Mylabris variabilis* (Pallas)
539. 大斑芫菁 *Mylabris phalerata* Pallas

拟步甲科 Tenebrionidae

540. 小菌虫 *Alphitobius diaperinus* Panzer
541. 黑菌虫 *Alphitobius laevigatus* (Fabricius)
542. 尖角土潜 *Gonocephalum subspinosum* (Fairmaire)
543. 姬粉盗 *Palorus ratzeburgi* (Wissmann)
544. 黄粉虫 *Tenebrio molitor* Linnaeus
545. 黑粉虫 *Tenebrio obscurus* Fabricius
546. 赤拟谷盗 *Tribolium castaneum* (Herbst)

伪叶甲科 Lagriidae

547. 黑背伪叶甲 *Lagria nigricollis* Hope

朽木甲科 Cistelidae

548. 灰褐朽木甲 *Borboresthes fainanensis* Pic
549. 达氏赤朽木甲 *Cistepomorpha davidi* Frmaire
550. 黄朽木甲 *Cteniopinus hypocrita* Marseul

粉蠹科 Lyctidae

551. 竹褐粉蠹 *Lyctus brunneus* (Stephens)
552. 中华竹粉蠹 *Lyctus sinensis* Lesne

黑蜣科 Passalidae

553. 齿瘦黑蜣 *Leptaulax dentatus* (Fabricius)

锹甲科 Lucanidae

554. 沟纹眼锹甲 *Aegus laevicollis* Saunders
555. 小黑新锹甲 *Neolucanus chempioni* Parry
556. 狭长前锹甲 *Prosopocoilus gracilis* (Saunders)
557. 厚鄂前锹甲 *Prosopocoilus oweni* (Hope)
558. 孔夫子锯锹甲 *Prosopocoilus confucius* (Hope)
559. 巨锯锹甲 *Serrognathus titanus* Boisduval

长蠹科 Bostrichidae

560. 日本竹长蠹 *Doinoderus japonicus* Lesne
561. 竹长蠹 *Doinoderus minutus* (Fabricius)
562. 二突异齿长蠹 *Heterobostrychus hamatipennis* (Lesne)
563. 谷蠹 *Rhyzopertha dominica* (Fabricius)

金龟科 Scarabaeidae

564. 神农洁蜣螂 *Catharsius molossus* (Linnaeus)
565. 磨蜣螂 *Copris magicus* Harold
566. 中华蜣螂 *Copris sinicus* Hope
567. 翘侧裸蜣螂 *Gymnopleurus sinuatus* Olivier
568. 尖歪鳃金龟 *Cyphochilus apicalis* Waterhouse
569. 粉歪鳃金龟 *Cyphochilus farinosus* Waterhouse
570. 隆胸平爪鳃金龟 *Ectinohoplia auriventris* Moser
571. 江南大黑鳃金龟 *Holotrichia gebleri* Falber
572. 大黑鳃金龟 *Holotrichia castanea* Waterhouse
573. 灰胸突鳃金龟 *Hoplosternus incanus* (Motschulsky)
574. 阔胫玛绢鳃金龟 *Maladera verticalis* Fairmaire
575. 闽正鳃金龟 *Malaisius fujianensis* Zhang
576. 鲜黄鳃金龟 *Metabolus tumidifrons* Fairmaire
577. 台云鳃金龟 *Polyphylla formosana* Nijima & Matsumura
578. 霉云鳃金龟 *Polyphylla nubecula* Frey
579. 斑点喙丽金龟 *Adoretus tenuimaculatus* Waterhouse
580. 古黑异丽金龟 *Anomala antiqua* (Gyllenhal)
581. 脊绿异丽金龟 *Anomala aulax* (Wiedemann)
582. 多色异丽金龟 *Anomala chamaeleon* Fairmaire
583. 铜绿异丽金龟 *Anomala corpulenta* Motschulsky
584. 大绿异丽金龟 *Anomala cupripes* (Hope)
585. 大光绿异丽金龟 *Anomala expansa* (Bates)
586. 条绿异丽金龟 *Anomala limbifera* Ohaus
587. 粗绿彩丽金龟 *Mimela holosericea* (Fabricius)
588. 亮绿彩丽金龟 *Mimela splendens* (Gyllenhal)
589. 琉璃弧丽金龟 *Popillia flavosellata* Fairmaire
590. 棉花弧丽金龟 *Popillia mutans* Newman
591. 曲带弧丽金龟 *Popillia pustulata* Fairmaire
592. 红斑花金龟 *Bonsiella blanda* (Jordan)

593. 小青花金龟 *Gametis jucunda* (Faldermann)
594. 斑青花金龟 *Gametis bealiae* (Gory & Percheron)
595. 褐锈花金龟 *Poecilophilides rusticola* Burmeister
596. 白星花金龟 *Protaetia brevitarsis* (Lewis)
597. 莫带花金龟 *Taeniodera malabariensis* (Gory & Percheron)
598. 苹绿唇花金龟 *Trigonophorus rothschildi varians* Bourgoin
599. 双叉犀金龟 *Trypoxylus dichotomus* (Linnaeus)
600. 戴叉犀金龟 *Xyloscaptes davidis* (Deyrolle & Fairmaire)
注：《国家重点保护野生动物名录》(2021 年) 沿用旧属名 *Trypoxylus*，现属名已变化为 *Xyloscaptes*。
601. 蒙瘤犀金龟 *Trichogomphus mongol* Arrow

长臂金龟科 Euchiridae

602. 阳彩臂金龟 *Cheirotonus jansoni* Jordan

天牛科 Cerambycidae

603. 薄翅锯天牛 *Megopis sinica* White
604. 橘狭胸天牛 *Philus antennatus* (Gyllenhal)
605. 锯天牛 *Prionus insularis* Motschulsky
606. 橘根锯天牛 *Priotyrranus closteroides* (Thomson)
607. 扁角天牛 *Sarmydus antennatus* Pascoe
608. 隆纹幽天牛 *Arhopalus quadricostulatus* (Kraatz)
609. 塞幽天牛 (赤梗天牛) *Cephalallus unicolor* (Gahan)
610. 椎天牛 *Spondylis buprestoides* (Linnaeus)
611. 金绒花天牛 *Leptura auratopilosa* (Matsushita)
612. 金丝花天牛 *Leptura aurosericans* Fairmaire
613. 连纹小花天牛 *Nanostrangalia chujoi* (Mitono)
614. 密点异花天牛 *Parastrangalis crebrepunctata* (Gressitt)
615. 三斑瘦花天牛 *Strangalia castaneonigra* (Gressitt)
616. 蚤瘦天牛 *Strangalia fortunei* Pascoe
617. 楝闪光天牛 *Aeolesthes induta* (Newman)
618. 黄颈柄天牛 *Aphrodisium faldermanni* (Saunders)
619. 桃红颈天牛 *Aromia bungii* (Falbermann)
620. 中华蜡天牛 (中华桑天牛) *Ceresium sinicum* White
621. 橘光绿天牛 *Chelidonium argentatum* (Dalman)
622. 竹虎天牛 *Chlorophorus annularis* (Fabricius)
623. 广州绿虎天牛 *Chlorophorus lingnanensis* Gressitt
624. 多氏绿虎天牛 (半环绿虎天牛) *Chlorophorus douei* (Chevrolat)
625. 六斑绿虎天牛 *Chlorophorus sexmaculatus* (Motschulsky)
626. 栎红胸天牛 *Dere thoracica* White
627. 珊瑚天牛 *Dicelosternus coralinus* Gahan
628. 油茶红翅天牛 *Erythrus blairi* Gressitt
629. 红天牛 *Erythrus championi* White
630. 栗长红天牛 *Erythresthes bowringii* (Pascoe)
631. 栗山天牛 *Massicus raddei* (Blessig)
632. 桃褐天牛 *Nadezhdiella aurea* Gressitt
633. 橘褐天牛 *Nadezhdiella cantori* (Hope)

634. 樱红肿角天牛 *Neocerambyx oenochrous* (Fairmaire)
635. 二色皱胸天牛 *Plocaederus bicolor* Gressitt
636. 黄带多带天牛 *Polyzonus fasciatus* (Fabricius)
637. 竹红天牛 *Purpuricenus temminckii* Guerin-Meneville
638. 粗鞘双条杉天牛 *Semanotus sinoauster* Gressitt
639. 黄斑锥背天牛 *Thranius signatus* Schwarzer
640. 隆额脊虎天牛 *Xylotrechus atronotatus draconiceps* Gressitt
641. 栗灰锦天牛 *Acalolepta degener* (Bates)
642. 丝锦天牛 *Acalolepta vitalisi* (Pic)
643. 灰长角天牛 *Acanthocinus aedilis* (Linnaeus)
644. 黑棘翅天牛 *Aethalodes verrucosus* Gahan
645. 苜蓿多节天牛 *Agapanthia amurensis* Kraatz
646. 黑角眼天牛 *Anastathes nigricornis* (Thomson)
647. 绿绒星天牛 *Anoplophora beryllina* (Hope)
648. 星天牛 *Anoplophora chinensis* (Forster)
649. 南瓜天牛（凹顶瓜天牛）*Apomecyna saltator* (Fabricius)
650. 桑天牛 *Apriona germari* Hope
651. 瘤胸簇天牛 *Aristobia hispida* (Saunders)
652. 碎斑簇天牛 *Aristobia voeti* Thomson
653. 黄荆重突天牛 *Astathes episcopalis* Chevrolat
654. 绒脊长额天牛 *Aulaconotus atronotatum* Pic
655. 黑跗眼天牛 *Bacchisa atritarsis* (Pic)
656. 橙斑白条天牛 *Batocera davidis* Deyrolle
657. 多斑白条天牛 *Batocera horsfieldi* (Hope)
658. 黄八星白条天牛 *Batocera rubus* (Linnaeus)
659. 白带窝天牛 *Desisa subfasciata* (Pascoe)
660. 蓝粉楔天牛 *Glenida suffusa* Gahan
661. 白缝马天牛 *Hippocephala suturalis* Aurivillius
662. 瘤筒天牛 *Linda femorata* (Chevrolat)
663. 峦纹象天牛 *Mesosa irrorata* Gressitt
664. 灰带象天牛 *Mesosa sinica* (Gressitt)
665. 异斑象天牛 *Mesosa stictica* Blanchard
666. 松墨天牛 *Monochamus alternatus* Hope
667. 黑翅脊筒天牛 *Nupserha infantula* (Ganglbauer)
668. 绿翅脊筒天牛 *Nupserha marginella* (Bates)
669. 黄腹脊筒天牛 *Nupserha testaceipas* Pic
670. 台湾筒天牛 *Oberea formosana* Pic
671. 暗翅筒天牛 *Oberea fuscipennis* (Chevrolat)
672. 暗腹筒天牛 *Oberea fusciventris* Fairmaire
673. 灰尾筒天牛 *Oberea griseopennis* Schwarzer

豆象科 Bruchidae

674. 豌豆象 *Bruchus pisorum* (Linnaeus)
675. 蚕豆象 *Bruchus rufimanus* Boheman
676. 绿豆象 *Callosobruchus chinensis* (Linneaus)

距甲科 Megalopodidae

677. 广东距甲 *Temnaspis kwangtungensis* (Gressitt)

叶甲科 Chrysomelidae

678. 长腿水叶甲 *Donacia provosti* Fairmaire
679. 薯蓣负泥虫 *Lema infranigra* Pic
680. 斑肩负泥虫 *Lilioceris scapularis* (Baly)
681. 水稻负泥虫 *Oulema oryzae* (Kuwayama)
682. 桑皱鞘叶甲 *Abirus fortuni* (Baly)
683. 隆基角胸叶甲 *Basilepta leechi* (Jacoby)
684. 肖钝角胸叶甲 *Basilepta pallidulum* (Baly)
685. 李叶甲 *Cleoporus variabilis* (Baly)
686. 斑鞘豆叶甲 *Pagria signata* (Motschulsky)
687. 银纹毛叶甲 *Trichochrysea japana* (Motschulsky)
688. 双带方额叶甲 *Physauchenia bifasciata* (Jacoby)
689. 黑额光叶甲 *Smaragdina nigrifrons* (Hope)
690. 琉璃榆叶甲 *Ambrostoma fortunei* (Baly)
691. 紫榆叶甲 *Ambrostoma quadriimpressum* (Motschlsky)
692. 杨叶甲 *Chrysomela populi* Linnaeus
693. 菜无缘叶甲 *Colaphellus bowringii* (Baly)
694. 十三斑角胫叶甲 *Gonioctena tredecimmaculata* (Jacoby)
695. 金绿里叶甲 *Linaeidea aeneipennis* (Baly)
696. 蒿金叶甲（粗点山叶甲）*Chrysolina aurichalcea* (Mannerheim)
697. 方形叶甲 *Paropsides duodecimpustulata* (Gebler)
698. 小猿叶甲 *Phaedon brassicae* Baly
699. 黄守瓜 *Aulacophora femoralis* (Motschulsky)
700. 印度黄守瓜 *Aulacophora indica* (Gmelin)
701. 黑足守瓜 *Aulacophora nigripennis* Motschulsky
702. 菊攸萤叶甲 *Euliroetis ornata* (Baly)
703. 榆黄毛萤叶甲 *Pyrrhalta maculicollis* (Motschulsky)
704. 黑胫柱萤叶甲 *Gallerucida moseri* (Weise)
705. 桑黄米萤叶甲 *Mimastra cyanura* (Hope)
706. 小黑长跗萤叶甲 *Monolepta ovatula* Chen
707. 竹长跗萤叶甲 *Monolepta pallidula* (Baly)
708. 黄斑长跗萤叶甲 *Monolepta signata* (Oliver)
709. 日榕萤叶甲 *Morphosphaera japonica* (Hornstedt)
710. 蓝翅瓢萤叶甲 *Oides bowringii* (Baly)
711. 十星瓢萤叶甲 *Oides decempunctatus* (Billberg)
712. 黑跗瓢萤叶甲 *Oides tarsatus* (Baly)
713. 二黑条叶甲 *Paraluperodes nigrobilineatus* Motschulsky
714. 细刻斯萤叶甲 *Sphenoraia micans* (Fairmaire)
715. 蓝跳甲 *Altica cyanea* (Weber)
716. 黄曲条跳甲 *Phyllotreta striolata* (Fabricius)
717. 黄色凹缘跳甲 *Podontia lutea* (Olivier)
718. 三刺趾铁甲 *Dactylispa issiki* Chûjô
719. 稻铁甲 *Dicladispa armigera* (Olivier)

720. 北锯龟甲 *Basiprionota bisignata* (Boheman)
721. 甘薯腊龟甲 *Laccoptera nepalensis* Boheman

卷象科 Attelabidae

722. 乌桕卷象 *Heterapoderopsis bicallosicollis* (Voss)
723. 栎长颈象 *Paracycnotrachelus longiceps* Motschulsky
724. 黑瘤象 *Phymatapoderus latipennis* Jekel
725. 桃虎 *Rhynchites confragossicollis* Voss
726. 梨虎 *Rhynchites foveipennis* Fairmaire

象甲科 Curculionidae

727. 玉米象 *Sitophilus zeamais* (Motschulsky)
728. 中国癞象 *Episomus chinensis* Faust
729. 茶丽纹象 *Myllocerinus aurolineatus* Voss
730. 柑橘斜脊象 *Platymycteropsis mandarinus* Fairmaire
731. 蓝绿象 *Hypomeces squamosus* Fabricius
732. 柑橘灰象 *Sympiezomias citri* Chao
733. 茶籽象 *Curculio chinensis* Chevrolat
734. 栗实象 *Curculio davidi* Fairmaire
735. 隆脊角胫象 *Shirahoshizo lineonus* Chen
736. 粗足角胫象 *Shirahoshizo pini* Morimoto
737. 甘薯大象虫 *Alcidodes waltoni* (Boheman)
738. 松纵坑切梢小蠹 *Tomicus piniperda* Linnaeus
739. 九连山小蠹 *Scolytus jiulianshanensis* Zhang, Li & Smith
740. 毕氏异胫长小蠹 *Crossotarsus beaveri* Lai & Wang
741. 台湾异胫长小蠹 *Crossotarsus sauteri* (Strohmeyer)
742. 端异胫长小蠹 *Crossotarsus terminatus* Chapuis
743. 芦苇长小蠹 *Dinoplatypus calamus* (Blandford)
744. 黄拱截尾长小蠹 *Dinoplatypus flectus* (Niijima & Murayama)
745. 老挝长小蠹 *Peroplatypus laosi* (Schedl)
746. 山楂长小蠹 *Platypus contaminatus* (Blandford)
747. 泰国长小蠹 *Platypus levannongi* (Schedl)
748. 中华长小蠹 *Platypus sinensis* Schedl
749. 韦氏长小蠹 *Platypus vethi* (Strohmeyer)
750. 纤细离足长小蠹 *Diapus minutissimus* Schedl
751. 截尾离足长小蠹 *Diapus truncatus* (Niijima & Murayama)
752. *Ancipitis depressus* (Eggers)
753. *Anisandrus ursulus* (Eggers)
754. *Arixyleborus malayensis* (Schedl)
755. *Cyclorhipidion fukiense* (Eggers)
756. *Debus fallax* (Eichhoff)
757. *Hadrodemius comans* (Sampson)
758. *Microperus kadoyamaensis* (Murayama)
759. *Planiculus bicolor* (Blandford)

毛翅目 TRICHOPTERA

长角石蛾科 Leptoceridae

760. 长须长角石蛾 *Mystacides elongata* Ross& Yama
761. 湖栖长角石蛾 *Oecetis lacustris* (Pictet)
762. 栖长角石蛾 *Oecetis cyrtocercis* Yang & Morse
763. 银条姬长角石蛾 *Setodes argentatus* Matsumura
764. 短尾姬长角石蛾 *Setodes brevicaudatus* Yang & Morse
765. 叉长角石蛾 *Triaenodes pellectus* Ulmer

瘤石蛾科 Goeridae

766. 华贵瘤石蛾 *Goera altofissura* Hwang
767. 普罗戈瘤石蛾 *Goerinella propnopalpa* Hwang

纹石蛾科 Hydropsychidae

768. 梅氏合脉纹石蛾 *Hyadatopsyche melli* Ulmer

鳞石蛾科 Lepidostomatidae

769. 傅氏刺角鳞石蛾 *Dinarthrodes fui* (Hwang)
770. 脉鳞石蛾 *Dinarthrum brueckmanni* Malicky & Chant
771. 长节毛脉鳞石蛾 *Dinarthrum pilosum* Hwang
772. 黄鳞石蛾 *Goerodes flava* (Ulmer)

细石蛾科 Molannidae

773. 细翅石蛾 *Molanna possmoesta* Martynov

角石蛾科 Stenopsychidae

774. 狭窄角石蛾 *Stenopsyche angustata* Martynov
775. 尖头角石蛾 *Stenopsyche lanceolata* Hwang
776. 斯氏角石蛾 *Stenopsyche stotzneri* Dohler

鳞翅目 LEPIDOPTERA

蝙蝠蛾科 Hepialidae

777. 点蝙蛾 *Phassus sinensis* Moore

豹蠹蛾科 Zeuzeridae

778. 咖啡豹蠹蛾 *Zeuzera coffeae* Nietner
779. 梨豹蠹蛾 *Zeuzera pyrina* (Linnaeus)

木蠹蛾科 Cossidae

780. 白背斑蠹蛾 *Xyleutes persona* (Le Guillou)

叶潜蛾科 Phyllocnistidae

781. 柑桔叶潜蛾 *Phyllocnistis citrella* Stainton

细蛾科 Gracillariidae

782. 柳丽细蛾 *Caloptilia chrysolampra* (Meyrick)
783. 黄丽细蛾 *Caloptilia flavida* Liu & Yuan
784. 漆丽细蛾 *Caloptilia rhois* Kumata
785. 九连山卡细蛾 *Cameraria jiulianshanica* Bai
786. 双尾卡细蛾 *Cameraria diplodura* Bai
787. 钩突茎卡细蛾 *Cameraria rhynchophysa* Bai
788. 圣突瓣细蛾 *Chrysaster hagicola* Kumata

巢蛾科 Yponomeutidae

789. 黄斑巢蛾 *Anticrates tridelta* Meyrick
790. 海南小白巢蛾 *Thecobathra albana* Liu
791. 青冈栎小白巢蛾 *Thecobathra anas* (Stringer)
792. 多斑巢蛾 *Yponomeuta polystictus* Butler
793. 多点巢蛾（卫矛巢蛾）*Yponomeuta polystigmellus* C. & R. Felder
794. 结合巢蛾 *Yponomeuta sociatus* Moriuti

草蛾科 Ethmiidae

795. 点带草蛾 *Ethmia lineatonotella* Moore

尖蛾科 Cosmopterygidae

796. 茶梢尖蛾 *Parametriotes theae* Kuznetzov

木蛾科 Xyloryctidae

797. 肉桂木蛾 *Thymiatris loureiriicola* Liu

祝蛾科 Lecithoceridae

798. 竖平祝蛾 *Lecithocera erecta* Meyrick
799. 光摇祝蛾 *Lecithocera glabrata* (Wu & Liu)

卷蛾科 Tortricidae

800. 棉褐带卷蛾 *Adoxophyes orana* (Fischer von Röslerstamm)
801. 后黄卷蛾 *Archips asiaticus* (Walsingham)
802. 拟后黄卷蛾（桔橘黄卷蛾）*Archips micaceana* (Walker)
803. 庐山卷蛾 *Argyrotaenia congruentana* (Kennel)
804. 豹裳卷蛾 *Cerace xanthocosma* Diakonoff
805. 马醉木卷蛾 *Daemilus fulva* (Filipiev)
806. 茶长卷蛾 *Homona magnanima* Diakonoff
807. 珍珠彩翅卷蛾 *Spatalistis christophana* (Walsingham)
808. 异形圆斑小卷蛾 *Fudemopsis heteroclita* Liu & Bai
809. 洋桃小卷蛾 *Gatesclakeana idia* Diakonoff
810. 松实小卷蛾 *Retinia cristata* (Walsingham)
811. 纵纹小卷蛾 *Phaecadophora fimbriata* Walsingham
812. 黑翅褐纹卷蛾 *Phalonidia julianiensis* Liu & Ge
813. 草黑痣小卷蛾 *Rhopobota naevana* (Hübner)

814. 越橘黑痣小卷蛾 *Rhopobota Ustomaculana* (Curtis)
815. 大弯月小卷蛾 *Saliciphaga caesia* Falkovitsh
816. 长尾小卷蛾 *Sorolopha camarotis* (Meyrick)
817. 瘿斜斑小卷蛾 *Andrioplecta oxystaura* (Meyrick)

螟蛾科 Pyralidae

818. 微红梢斑螟 *Dioryctria rubella* (Hampson)
819. 松梢斑螟 *Dioryctria sylvestrella* (Ratzeburg)
820. 豆荚斑螟 *Etiella zinckenella* Treitschke
821. 红云翅斑螟 *Oncocera semirubella* (Scopoli)
822. 彩丛螟 *Lista ficki* Christoph
823. 枫香缀叶丛螟 *Locastra muscosalis* Walker
824. 麻楝棘丛螟 *Termioptycha margarita* (Butler)
825. 栗叶瘤丛螟 *Orthaga achatina* (Butler)
826. 盐肤木瘤丛螟 *Orthaga euadrusalis* Walker
827. 阿米网丛螟 *Teliphasa amica* (Butler)
828. 白带网丛螟 *Teliphasa albifusa* (Hampson)
829. 赤双纹螟 *Herculia pelasgalis* (Walker)
830. 算盘子驼翅螟 *Hyboloma nummosalis* Ragonot
831. 蜂巢螟 *Hypsopygia mauritalis* (Boisduval)
832. 褐巢螟 *Hypsopygia regina* (Butler)
833. 小灰直纹螟 *Orthopygia nannodes* (Butler)
834. 金双点螟 *Orybina flaviplage* (Walker)
835. 赫双点螟 *Orybina hoenei* Caradja
836. 暗双点螟 *Orybina imperatrix* Caradja
837. 黑脉厚须螟 *Arctioblepsis rubida* C. Felder & R. Felder
838. 枯叶螟 *Tamraca torridalis* (Lederer)

草螟科 Crambidae

839. 稻巢草螟 *Ancylolomia japonica* Zeller
840. 短纹髓草螟 *Calamotropha brevistrigellus* (Caradja)
841. 二化螟 *Chilo suppressalis* (Walker)
842. 条螟 *Chilo sacchariphagus* Bojer
843. 黄纹银草螟 *Pseudargyria interruptella* (Walker)
844. 三化螟 *Scirpophaga incertulas* (Walker)
845. 白禾螟 *Scirpophaga xanthopygata* Schawerda
846. 金双带草螟 *Miyakea raddeella* (Caradja)
847. 褐纹水螟 *Nymphicula blandialis* (Walker)
848. 显曲塘水螟 *Elophila nigralbalis* (Caradja)
849. 褐萍塘水螟 *Elophila turbata* (Butler)
850. 流纹塘水螟 *Elophila difflualis* (Snellen)
851. 连斑水螟 *Eoophyla conjunctalis* (Wileman & South)
852. 圆斑水螟 *Eoophyla gibbosalis* (Guenée)
853. 黄纹斑水螟 *Eoophyla sejunctalis* Snellen
854. 双线筒水螟 *Oligostigma bilinealis* Snellen
855. 断纹波水螟 *Paracymoriza distinctalis* (Leech)

856. 黄褐波水螟 *Paracymoriza vagalis* Walker
857. 小筒水螟 *Parapoynx diminutalis* Snellen
858. 三点筒水螟 *Parapoynx stagnalis* (Zeller)
859. 锐刺褶缘野螟 *Paratalanta aureolalis* Lederer
860. 火红奇异野螟 *Aethaloessa floridalis* (Zeller)
861. 基斑角须野螟 *Agrotera basinotata* Hampson
862. 白桦角须野螟 *Agrotera nemoralis* (Scopoli)
863. 黄翅缀叶野螟 *Botyodes diniasalis* Walker
864. 大黄缀叶野螟 *Botyodes Principalis* Leech
865. 威氏缘斑野螟 *Callibotys wilemani* Munroe & Mutuura
866. 胭翅野螟 *Carminibotys carminalis* (Caradja)
867. 金黄镰翅野螟 *Circobotys aurealis* (Leech)
868. 隐镰翅野螟 *Circobotys cryptica* Munroe & Mutuura
869. 宽缘纵卷叶野螟 *Cnaphalocrocis latimarginalis* (Hampson)
870. 稻纵卷叶野螟 *Cnaphalocrocis medinalis* (Guenée)
871. 竹弯茎野螟 *Crypsiptya coclesalis* (Walker)
872. 毛锥野螟 *Cotachena pubescens* (Warren)
873. 竹绒野螟 *Crocidophora evenoralis* (Walker*)*
874. 三斑绢野螟 *Diaphania actorionalis* (Walker)
875. 绿翅绢野螟 *Diaphania angustalis* (Snellen)
876. 瓜绢野螟 *Diaphania indica* (Saunders)
877. 褐纹翅野螟 *Diasemia accalis* (Walker)
878. 齿斑翅野螟 *Diastictis onychinalis* Guenée
879. 三条蛀野螟 *Dichocrocis revidata* Fabricius
880. 桃蛀野螟 *Dichocrocis punctiferalis* Guenée
881. 黑斑蛀野螟 *Dichocrocis nigripunctalis* (South)
882. 指状细突野螟 *Ecpyrrhorrhoe digitaliformis* Zhang, Li & Wang
883. 梳齿细突野螟 *Ecpyrrhorrhoe puralis* (South)
884. 粗刺细突野螟 *Ecpyrrhorrhoe ruidispindis* Zhang, Li & Wang
885. 竹蕊翎翅野螟 *Epiparbattia gloriosalis* Caradja
886. 黄翅双叉端环野螟 *Eumorphobotys eumorphalis* (Caradja)
887. 赭翅双叉端环野螟 *Eumorphobotys obscuralis* (Caradja)
888. 黄翅绢丝野螟 *Glyphodes caesalis* Walker
889. 双纹绢丝野螟 *Glyphodes duplicalis* Inoue, Munroe & Mutuura
890. 黄杨绢丝野螟 *Glyphodes perspectalis* (Walker)
891. 桑绢丝野螟 *Glyphodes pyloalis* Walker
892. 菜心野螟 *Hellula undalis* (Fabricius)
893. 帚双纹野螟 *Hendecasis hampsoni* (South)
894. 角斑切叶野螟 *Herpetogramma cynaralis* (Walker)
895. 水稻切叶野螟 *Herpetogramma licarsisalis* (Walker)
896. 黑点切叶野螟 *Herpetogramma basalis* (Walker)
897. 赭翅长距野螟 *Hyalobathra coenostolalis* (Snellen)
898. 甜菜白带野螟 *Spoladea recurvalis* (Fabricius)
899. 艳瘦翅野螟 *Ischnurges gratiosalis* Walker
900. 豆蚀叶野螟 *Lamprosema indicata* (Fabricius)
901. 黑顶野螟 *Leucinodes apicalis* Hampson
902. 黑角野螟 *Leucinodella leucostola* (Hampson)

903. 饰光野螟 *Luma ornatalis* (Leech)
904. 象须野螟 *Mabra elephantophila* Bänziger
905. 豆荚野螟 *Maruca vitrata* (Fabricius)
906. 双斑伸喙野螟 *Mecyna dissipatalis* (Lederer)
907. 贯众伸喙野螟 *Mecyna gracilis* (Butler)
908. 五斑伸喙野螟 *Mecyna quinquigera* (Moore)
909. 黑点蚀叶野螟 *Nacoleia commixta* (Butler)
910. 茉莉叶野螟 *Nausinoe geometralis* Guenée
911. 麦牧野螟 *Nomophila noctuella* (Schiffermuller & Denis)
912. 缘斑须野螟 *Nosophora insignis* (Butler)
913. 宁波须野螟 *Nosophora ningpoalis* (Leech)
914. 茶须野螟 *Nosophora semitritalis* (Lederer)
915. 棉卷叶野螟 *Notarcha derogata* (Fabricius)
916. 褐纹肩野螟 *Omiodes poeonalis* (Walker)
917. 楸蠹野螟 *Omphisa plagialis* Wileman
918. 亚洲玉米螟 *Ostrinia furnacalis* (Guenée)
919. 弯指尖须野螟 *Pagyda arbiter* (Butler)
920. 黄尖须野螟 *Pagyda lustralis* Snellen
921. 双突绢须野螟 *Palpita inusitata* (Butler)
922. 半环绢须野螟 *Palpita kiminensis* Kirti & Rose
923. 尤金绢须野螟 *Palpita munroei* Inoue
924. 白蜡绢须野螟 *Palpita nigropunctalis* (Bremer)
925. 短叉绢须野螟 *Palpita pajnii* (Kirti & Rose)
926. 小斑绢须野螟 *Palpita parvifraterna* (Inoue)
927. 柄脉脊翅野螟 *Paranacoleia lophophoralis* (Hampson)
928. 白斑黑野螟 *Phlyctaenia tyres* Cramer
929. 褐冠野螟 *Piletocera aegimiusalis* (Walker)
930. 枇杷肋野螟 *Pleuroptya balteata* (Fabricius)
931. 三条肋野螟 *Pleuroptya chlorophanta* (Butler)
932. 四目肋野螟 *Pleuroptya inferior* (Hampson)
933. 紫褐肋野螟 *Pleuroptya iopasalis* (Walker)
934. 四斑肋野螟 *Pleuroptya quadrimaculalis* (Kollar)
935. 蓝灰野螟 *Poliobotys ablactalis* (Walker)
936. 黄缘狭翅野螟 *Prophantis adusta* Inoue
937. 泡桐卷野螟 *Pycnarmon cribrata* (Fabricius)
938. 双环卷野螟 *Pycnarmon meritalis* (Walker)
939. 显纹卷野螟 *Pycnarmon radiata* (Warren)
940. 黄斑紫翅野螟 *Rehimena phrynealis* (Walker)
941. 褐萨野螟 *Sameodes aptalis* (Walker)
942. 黄翅双突野螟 *Sitochroa umbrosalis* (Warren)
943. 杨芦长角野螟 *Uresiphita tricolor* Butler
944. 枇杷卷叶野螟 *Syllepte balteata* (Fabricius)
945. 葡萄卷叶野螟 *Syllepte luctuosalis* Guenée
946. 宁波卷叶野螟 *Syllepte ningpoalis* Leech
947. 苎麻卷叶野螟 *Syllepte pernitescens* (Swinhoe)
948. 齿纹卷叶野螟 *Syllepte invalidalis* (South)
949. 六斑蓝野螟 *Talanga sexpunctalis* (Moore)

950. 弯齿柔野螟 *Tenerobotys subfumalis* Munroe & Mutuura
951. 脊翅果蛀野螟 *Thliptoceras amamiale* Munroe & Mutuura
952. 尖锥果蛀野螟 *Thliptoceras artatalis* (Caradja)
953. 卡氏果蛀野螟 *Thliptoceras caradjai* Munroe & Mutuura
954. 台湾果蛀野螟 *Thliptoceras formosanum* Munroe & Mutuura
955. 黄黑纹野螟 *Tyspanodes hypsalis* Warren
956. 橙黑纹野螟 *Tyspanodes striata* (Butler)

蓑蛾科 Psychidae

957. 白蠹蓑蛾 *Chalioides kondonis* Matsumura
958. 大窠蓑蛾 *Clania variegata* Snellen
959. 茶窠蓑蛾 *Clania minuscula* Butler

斑蛾科 Zygaenidae

960. 褐翅锦斑蛾 *Chalcosia pectinicornis* (Linnaeus)
961. 华庆锦斑蛾 *Erasmia pulchella chinensis* Jordan
962. 茶柄脉锦斑蛾 *Eterusia aedea* Linnaeus
963. 重阳木帆锦斑蛾 *Histia rhodope* Cramer
964. 梨叶斑蛾 *Illiberis pruni* Dyar
965. 黄繁锦斑蛾 *Milleria adalifa* Doubleday
966. 透翅硕斑蛾 *Piarosoma hyalina thibetana* Oberthür
967. 萱草带锦斑蛾 *Pidorus gemina* Walker
968. 野茶带锦斑蛾 *Pidorus glaucopis* Drury
969. 赤眉锦斑蛾 *Rhodopsoma costata* Walker

刺蛾科 Limacodidae

970. 灰双线刺蛾 *Cania bilineata* (Walker)
971. 双线客刺蛾 *Ceratonema bilineatum* Hering
972. 两色绿刺蛾 *Parasa bicolor* (Walker)
973. 褐边绿刺蛾 *Parasa consocia* Walker
974. 中国绿刺蛾 *Parasa sinica* Moore
975. 丽绿刺蛾 *Parasa lepida* (Cramer)
976. 迹斑绿刺蛾 *Parasa pastoralis* Butler
977. 媚绿刺蛾 *Parasa repanda* Walker
978. 迷刺蛾 *Chibiraga banghaasi* (Hering & Hopp)
979. 黄刺蛾 *Monema flavescens* (Walker)
980. 波眉刺蛾浅色亚种 *Narosa corusca amamiana* Kawazoe & Ogata
981. 枣奕刺蛾 *Phlossa conjuncta* (Walker)
982. 角齿刺蛾 *Rhamnosa kwangtungensis* Hering
983. 显脉球须刺蛾 *Scopelodes kwangtungensis* Hering
984. 桑褐刺蛾 *Setora sinensis* Moore
985. 扁刺蛾 *Thosea sinensis* (Walker)

网蛾科 Thyrididae

986. 黄带拱肩网蛾 *Camptochilus recticulatus* Moore
987. 蝉网蛾 *Glanycus foochowensis* Chu & Wang

988. 中纹黑线网蛾 *Rhodoneura vittula* Guenée
989. 一点斜线网蛾 *Striglina scitaria* Walker
990. 直斜线网蛾 *Striglina stricta* Chu & Wang

凤蛾科 Epicopeiidae

991. 浅翅凤蛾 *Epicopeia hainesii* Holland
992. 榆凤蛾 *Epicopeia mencia* Moore
993. 蚬蝶凤蛾 *Psychostrophia nymphidiaria* (Oberthür)

钩蛾科 Drepanidae

994. 华波纹蛾 *Habrosyne pyritoides* (Hufnagel)
995. 粉太波纹蛾 *Tethea consimilis commifera* Warren
996. 波纹蛾 *Thyatira batis* Linnaeus
997. 赭圆钩蛾 *Cyclidia orciferaria* Walker
998. 洋麻圆钩蛾 *Cyclidia substigmaria* (Hübner)
999. 二点镰钩蛾 *Drepana dispilata* Warren
1000. 一点镰钩蛾台湾亚种 *Drepana pallida nigromaculata* Okano
1001. 中国紫线钩蛾 *Albara reversaria opalescens* Warren
1002. 新紫线钩蛾 *Albara violinea* Chu & Wang
1003. 净赭钩蛾 *Paralbara spicula* Watson
1004. 黄颈赭钩蛾 *Paralbara muscularia* Walker
1005. 广东晶钩蛾 *Deroca hyaline latizona* Watson
1006. 三线钩蛾 *Pseudalbara parvula* (Leech)
1007. 双斜线黄钩蛾 *Tridrepana flava* (Moore)
1008. 伯黑缘黄钩蛾 *Tridrepana unispina* Watson
1009. 仲黑缘黄钩蛾 *Tridrepana crocea* (Leech)
1010. 俄黄钩蛾 *Tridrepana arikana* (Matsumura)
1011. 圆斑黄钩蛾 *Tridrepana fulvata* (Snellen)
1012. 赛线钩蛾 *Nordstromia semililacina* Inoue
1013. 童线钩蛾 *Nordstroemia heba* Chu & Wang
1014. 半豆斑钩蛾 *Auzata semipavonaria* Walker
1015. 单眼豆斑钩蛾 *Auzata ocellata* (Warren)
1016. 闪豆斑钩蛾 *Auzata amaryssa* Chu & Wang
1017. 丁铃钩蛾 *Macrocilix mysticata* (Walker)
1018. 直缘卑钩蛾 *Betalbara violacea* (Butler)
1019. 白肩迷钩蛾 *Microblepsis leucosticta* (Hampson)
1020. 白横迷钩蛾 *Microblepsis cupreogrisea* (Hampson)
1021. 豆点丽钩蛾 *Callidrepana gemina* Watson
1022. 肾点丽钩蛾 *Callidrepana patrana* (Moore)
1023. 锯线钩蛾 *Strepsigonia diluta* (Warren)
1024. 浓白钩蛾 *Ditrigona conflesaria* (Walker)
1025. 福钩蛾 *Phalacra strigata* Warren
1026. 缺缘钩蛾 *Leucoblepsis excisa* Hampson
1027. 窗带钩蛾 *Leucoblepsis fenestraria* Moore
1028. 荚蒾山钩蛾 *Oreta eminens* (Brek)
1029. 交让木山钩蛾 *Oreta insignis* (Butler)

1030. 接骨木山钩蛾 *Oreta loochooana* Swinhöe
1031. 紫山钩蛾 *Oreta fuscopurpurea* Inoue
1032. 钝山钩蛾 *Oreta obtusa* Walker
1033. 宏山钩蛾 *Oreta hoenei* Watson
1034. 缺刻山钩蛾 *Cyclura olga* (Swinhöe)
1035. 南昆窗山钩蛾 *Spectroreta thumba* Xin & Wang
1036. 透窗山钩蛾 *Spectroreta hyalodisca* (Hampson)
1037. 窗山钩蛾 *Spectroreta fenestra* Chu & Wang
1038. 金黄钩蛾 *Callidrepana bracteata* Hampson

尺蛾科 Geometridae

1039. 丝棉木金星尺蛾 *Abraxas suspecta* Warren
1040. 萝艳青尺蛾 *Agathia carissima* Butler
1041. 焦斑艳青尺蛾宁波亚种 *Agathia visenda curvifiniens* Prout
1042. 巴始青尺蛾 *Herochroma baibarana* (Matsumura)
1043. 双线冠尺蛾 *Lophophelma varicoloraria* (Moore)
1044. 川冠尺蛾江西亚种 *Lophophelma erionoma kiangsiensis* (Chu)
1045. 江浙冠尺蛾 *Lophophelma iterans* (Prout)
1046. 豆纹尺蛾 *Metallolophia arenaria* (Leech)
1047. 棉大造桥虫 *Ascotis selenaria* (Denis & Schiffermuller)
1048. 对白尺蛾 *Asthena undulata* Wileman
1049. 娴尺蛾 *Auaxa cesadaria* Walker
1050. 绿斑姬尺蛾 *Antitrygodes divisarius* (Walker)
1051. 灰褐普尺蛾 *Pseudomiza obliquaria* Leech
1052. 焦边尺蛾 *Bizia aeaxaria* Walker
1053. 茶担尺蛾 *Heterarmia diorthogonia* (Wehrli)
1054. 油桐尺蛾 *Biston supressaria* (Guenée)
1055. 美彩青尺蛾 *Eucyclodes aphrodite* (Prout)
1056. 枯斑翠尺蛾 *Eucyclodes difficta* (Walker)
1057. 迂彩青尺蛾 *Eucyclodes divapala* (Walker)
1058. 中国四眼绿尺蛾 *Chorodontopera mandarinata* Leech
1059. 长纹绿尺蛾 *Comibaena argentataria* (Leech)
1060. 红角绿尺蛾 *Comibaena delicatior* (Warren)
1061. 紫斑绿尺蛾 *Comibaena nigromacularia* (Leech)
1062. 肾纹绿尺蛾 *Comibaena procumbaria* (Pryer)
1063. 栎绿尺蛾 *Comibaena quadrinotata* Butler
1064. 黑角绿尺蛾 *Comibaena subdelicata* Inoue
1065. 亚四目绿尺蛾 *Comostola subtiliaria* (Bremer)
1066. 迷仿锈腰尺蛾 *Chlorissa amphitritaria* (Oberthür)
1067. 木橑尺蛾 *Culcula panterinaria* (Bremer & Grey)
1068. 赭点峰尺蛾 *Dindica para* Swinhoe
1069. 宽带峰尺蛾 *Dindica polyphaenaria* (Guenée)
1070. 天目峰尺蛾 *Dindica tienmuensis* Chu
1071. 方折线尺蛾 *Ecliptopera benigna* (Prout)
1072. 金星垂耳尺蛾 *Pachyodes amplificata* (Walker)
1073. 瘢绿尺蛾 *Lophomachia semialba* Walker

1074. 三岔绿尺蛾 *Mixochlora vittata* (Moore)
1075. 双环祉尺蛾 *Eucosmabraxas octoscripta* (Wileman)
1076. 丰翅尺蛾 *Euryobeidia largeteaui* (Oberthür)
1077. 赭尾尺蛾 *Exurapteryx aristidaria* (Oberthür)
1078. 紫片尺蛾 *Fascellina chromataria* Walker
1079. 灰绿片尺蛾 *Fascellina plagiata subvirens* Wehrli
1080. 尖尾尺蛾 *Maxates illiturata* (Walker)
1081. 吉尖尾尺蛾 *Maxates auspicata* (Prout)
1082. 琴冥尺蛾 *Psilalcis menoides* (Wehrli)
1083. 青颜锈腰青尺蛾 *Hemithea marina* Butler
1084. 缨封尺蛾 *Hydatocapnia fimbriata* Yazaki
1085. 黑红蚀尺蛾 *Hypochrosis baenzigeri* Inoue
1086. 绿斑蚀尺蛾 *Hypochrosis festivaria* Fabricius
1087. 四点蚀尺蛾 *Hypochrosis rufescens* (Butler)
1088. 橄璃尺蛾 *Krananda oliveomarginata* Swinhoe
1089. 玻璃尺蛾 *Krananda semihyalina* Moore
1090. 黑斑辉尺蛾 *Luxiaria mitorrhaphes melanops* Bastelberger
1091. 辉尺蛾 *Luxiaria mitorrhaphes* Prout
1092. 马来丸尺蛾 *Plutodes malaysiana* Holloway
1093. 黄碟尺蛾 *Thinopteryx crocoptera* (Kollar)
1094. 桑尺蛾 *Menophra atrilineata* (Butler)
1095. 泛波尺蛾 *Nycterosea obstipata* Fabricius
1096. 择长翅尺蛾 *Obeidia tigrata neglecta* Thierrymieg
1097. 四星尺蛾 *Ophthalmodes irrorataria* (Bremer & Grey)
1098. 后带四星尺蛾 *Ophthalmitis cordularia* Swinhoe
1099. 后星尺蛾 *Metabraxas clerica* Butler
1100. 滨石涡尺蛾 *Dindicodes crocina* (Butler)
1101. 掌尺蛾 *Amraica superans* (Butler)
1102. 雪尾尺蛾 *Ourapteryx nivea* Butler
1103. 胡麻斑星尺蛾 *Percnia belluaria* (Guenée)
1104. 柿星尺蛾 *Percnia giraffata* (Guenée)
1105. 天目槭烟尺蛾 *Phthonosema invenustaria psathyra* (Wehrli)
1106. 槭烟尺蛾 *Phthonosema invenustaria* Leech
1107. 粉尺蛾日本亚种 *Pingasa alba brunnescens* Prout
1108. 红带粉尺蛾 *Pingasa rufofasciata* Moore
1109. 赤粉尺蛾 *Eumelea biflavata* Warren
1110. 海南接眼尺蛾 *Problepsis conjunctiva subjunctiva* Prout
1111. 华南桔斑傲尺蛾 *Abaciscus costimacula* Wileman
1112. 绿花尺蛾 *Pseudeuchlora kafebera* Swinhoe
1113. 双珠严尺蛾 *Pylargosceles steganioides* (Butler)
1114. 孤斑绿菱尺蛾 *Rhomborista monosticta* Wehrli
1115. 华南玫飒尺蛾 *Achrosis rosearia compsa* (Wehrli)
1116. 三线沙尺蛾 *Sarcinodes aequilinearia* (Walker)
1117. 二线沙尺蛾 *Sarcinodes carnearia* Guenée
1118. 一线沙尺蛾 *Sarcinodes restitutaria* Walker
1119. 波庶尺蛾 *Semiothisa cymatodes* Wehrli

1120. 合欢庶尺蛾 *Semiothisa defixaria* Walker
1121. 间庶尺蛾 *Semiothisa intermediaria* Leech
1122. 雨庶尺蛾 *Semiothisa pluviata* (Fabricius)
1123. 金叉俭尺蛾 *Trotocraspeda divaricata* (Moore)
1124. 红双线尺蛾 *Hyperythra obliqua* (Warren)
1125. 台湾镰翅绿尺蛾 *Tanaorhinus formosana* Okano
1126. 影镰翅绿尺蛾 *Tanaorhinus viridiluteata* (Moore)
1127. 镰翅绿尺蛾 *Tanaorhinus reciprocata* (Walker)
1128. 樟翠尺蛾 *Thalassodes quadraria* Guenée
1129. 同紫线尺蛾 *Timandra convectaria* Walker
1130. 三角璃尺蛾 *Krananda latimarginaria* (Leech)
1131. 折玉臂尺蛾 *Xandrames latiferaria* (Walker)
1132. 中国虎尺蛾 *Xanthabraxas hemionata* (Guenée)
1133. 烤焦尺蛾 *Zythos avellanea* (Prout)
1134. 鹰三角尺蛾 *Zanclopera falcata* Warren

舟蛾科 Notodontidae

1135. 著蕊舟蛾 *Dudusa nobilis* Walker
1136. 联蕊舟蛾 *Dudusa synopla* Swinhoe
1137. 间蕊舟蛾 *Dudusa distincta* Mell
1138. 黑蕊舟蛾 *Dudusa sphingiformis* Moore
1139. 赛点舟蛾 *Stigmatophorina sericea* Rothschild
1140. 台湾银斑舟蛾 *Tarsolepis taiwana* Wileman
1141. 窦舟蛾 *Zaranga pannosa* Moore
1142. 钩翅舟蛾 *Gangarides dharma* Moore
1143. 黄钩翅舟蛾 *Gangarides flavescens* Schintlmeister
1144. 带纹钩翅舟蛾 *Gangarides vittipalpis* (Walker)
1145. 锯齿星舟蛾（凹缘舟蛾）*Euhampsonia serratifera* Sugi
1146. 穆梭舟蛾 *Netria multispinae* Schintlmeister
1147. 康梭舟蛾 *Netria viridescens continentalis* Schintlmeister
1148. 曲细翅舟蛾（曲波舟蛾）*Gargetta curvaria* Hampson
1149. 黄檀丑舟蛾 *Hyperaeschra pallida* Butler
1150. 豹枝舟蛾 *Ramesa albistriga* (Moore)
1151. 泰枝舟蛾 *Ramesa siamica* (Banziger)
1152. 竹窄翅舟蛾 *Niganda griseicollis* (Kiriakoff)
1153. 竹篦舟蛾 *Besaia goddrica* (Schaus)
1154. 异纡舟蛾 *Periergos dispar* (Kiriakoff)
1155. 杨二尾舟蛾 *Cerura menciana* Moore
1156. 白二尾舟蛾（大新二尾舟蛾）*Cerura tattakana* Matsumura
1157. 东润舟蛾 *Liparopsis postalbida* Hampson
1158. 台蚁舟蛾 *Stauropus teikichiana* Matsumura
1159. 灰舟蛾 *Cnethodonta girsescens* Staudinger
1160. 白斑胯舟蛾 *Syntypistis comatus* Leech
1161. 苔胯舟蛾 *Syntypistis viridipicta* (Wileman)
1162. 葩胯舟蛾 *Syntypistis parcevirens* (de Joannis)
1163. 铜绿胯舟蛾 *Syntypistis cupreonitens* (Kiriakoff)

1164. 斯胯舟蛾 *Syntypistis spitzeri* (Schintlmeister)
1165. 青胯舟蛾 *Syntypistis cyanea* (Leech)
1166. 古田山胯舟蛾 *Syntypistis gutianshana* (Yang)
1167. 亚红胯舟蛾 *Syntypistis subgeneris* (Strand)
1168. 木荷胯舟蛾 *Syntypistis pallidifascia* (Hampson)
1169. 曲良舟蛾 *Benbowia callista* Schintlmeister
1170. 巨垠舟蛾 *Acmeshachia gigantea* (Elwes)
1171. 妙反掌舟蛾 *Antiphalera exquisitor* Schintlmeister
1172. 圆纷舟蛾 *Formofentonia orbifer* (Hampson)
1173. 曲纷舟蛾 *Fentonia excurvata* (Hampson)
1174. 涟纷舟蛾 *Fentonia parabolica* (Matsumura)
1175. 栎纷舟蛾 *Fentonia ocypete* (Bremer)
1176. 云舟蛾 *Neopheosia fasciata* (Moore)
1177. 赣闽威舟蛾 *Wilemanus hamata* (Cai)
1178. 大半齿舟蛾 *Semidonta basalis* Moore
1179. 灰拟纷舟蛾 *Disparia grisescens* (Gaede)
1180. 弱拟纷舟蛾 *Disparia diluta* (Hampson)
1181. 斑拟纷舟蛾 *Disparia maculata* (Moore)
1182. 安新林舟蛾 *Neodrymonia anna* Schintlmeister
1183. 火新林舟蛾 *Neodrymonia ignicoruscens* Galsworthy
1184. 连点新林舟蛾 *Neodrymonia moorei seriatopunctata* (Matsumura)
1185. 朴娜舟蛾 *Norracoides basinotata* (Wileman)
1186. 丽霭舟蛾 *Hupodonta pulcherrima* (Moore)
1187. 干华舟蛾 *Spatalina ferruginosa* (Moore)
1188. 土舟蛾 *Togepteryx velutina* (Oberthür)
1189. 双线亥齿舟蛾 *Hyperaeschrella nigribasis* (Hampson)
1190. 暗齿舟蛾 *Allodontoides tenbrosa* (Moore)
1191. 笼异齿舟蛾 *Hexafrenum longinae* Schintlmeister
1192. 灰颈异齿舟蛾 *Hexafrenum argillacea* (Kiriakoff)
1193. 天舟蛾 *Snellentia divaricata* (Gaede)
1194. 刺槐掌舟蛾 *Phalera grotei* Moore
1195. 麻掌舟蛾 *Phalera maculifera* Kobayashi & Kishiada
1196. 雪花掌舟蛾 *Phalera nieveomaculata* Kiriakoff
1197. 拟宽掌舟蛾 *Phalera schintlmeisteri* Wu & Fang
1198. 黄条掌舟蛾 *Phalera huangtiao* Schintlmeister & Fang
1199. 昏掌舟蛾 *Phalera obscura* Wileman
1200. 苹掌舟蛾 *Phalera flavescens* (Bremer & Grey)
1201. 栎掌舟蛾 *Phalera assimilis* (Bremer & Grey)
1202. 榆掌舟蛾 *Phalera takasagoensis* Matsumura
1203. 新奇舟蛾 *Allata sikkima* Moore
1204. 杜普奇舟蛾 *Allata duplius* Schintlmeister
1205. 锈玫舟蛾 *Rosama ornata* (Oberthür)
1206. 杨扇舟蛾 *Clostera anachoreta* [Denis & Schiffermuller]
1207. 杨小舟蛾 *Micromelalopha sieversi* (Staudinger)
1208. 邻小舟蛾 *Micromelalopha vicina* kiriakoff
1209. 强小舟蛾 *Micromelalopha adrian* Schintlmeister
1210. 西小舟蛾 *Micromelalopha simonovi* Schintlmeister

瘤蛾科 Nolidae

1211. 竖鳞小瘤蛾 *Nola minutalis* Leech
1212. 稻穗瘤蛾 *Nola taeniata* Snellen
1213. 翡夜蛾 *Paracrama dulcissima* (Walker)
1214. 胡桃豹夜蛾 *Sinna extrema* (Walker)
1215. 粉翠夜蛾 *Hylophilodes orientalis* (Hampson)
1216. 柿癣皮夜蛾 *Blenina senex* (Butler)
1217. 旋皮夜蛾 *Eligma narcissus* (Cramer)
1218. 癞皮夜蛾 *Iscadia inexacta* (Walker)
1219. 洼皮夜蛾 *Nolathripa lactaria* (Graeser)
1220. 显长角皮夜蛾 *Risoba prominens* Moore
1221. 叉纹砌石夜蛾 *Gabala roseoretis* Kobes
1222. 斑表夜蛾 *Titulcia confictella* Walker
1223. 中爱丽夜蛾 *Ariolica chinensis* Swinhoe
1224. 鼎点钻夜蛾 *Earias cupreoviridis* (Walker)
1225. 粉缘钻夜蛾 *Earias pudicana* Staudinger
1226. 玫斑钻夜蛾 *Earias roseifera* Butler
1227. 翠纹钻夜蛾 *Earias vittella* (Fabricius)
1228. 间赭夜蛾 *Carea internifusca* Hampson
1229. 红衣夜蛾 *Clethrophora distincta* (Leech)
1230. 霜夜蛾 *Gelastocera exusta* Butler
1231. 梨纹黄夜蛾 *Xanthodes transversa* Guenée

目夜蛾科 Erebidae

1232. 方斑拟灯蛾 *Asota plaginota* Butler
1233. 蕾鹿蛾 *Amata germana* (Felder)
1234. 广鹿蛾 *Amata formosae* (Butler)
1235. 伊贝鹿蛾 *Syntomoides imaon* (Cramer)
1236. 清新鹿蛾黑翅亚种 *Caeneressa diaphana muirheadi* (Felder)
1237. 茶白毒蛾 *Arctornia alba* (Bremer)
1238. 白毒蛾 *Arctornia l-nigrum* (Müller)
1239. 淡黄白毒蛾 *Arctornis bubalina* Chao
1240. 松丽毒蛾（松茸毒蛾）*Calliteara axutha* Collenette
1241. 雀丽毒蛾（雀茸毒蛾）*Calliteara melli* (Collenette)
1242. 刻丽毒蛾（刻茸毒蛾）*Calliteara taiwana* (Wileman)
1243. 白斑丽毒蛾 *Calliteara nox* (Collenette)
1244. 大丽毒蛾 *Calliteara thwaitesi* (Moore)
1245. 肾毒蛾 *Cifuna locuples* Walker
1246. 斑毒蛾 *Dendrophleps semihyalina* Hampson
1247. 脉黄毒蛾 *Euproctis albovenosa* (Semper)
1248. 叉带黄毒蛾 *Euproctis angulata* Matsumura
1249. 乌桕黄毒蛾 *Euproctis bipunctapex* (Hampson)
1250. 白脉黄毒蛾 *Euproctis leucorhabda* Collenette
1251. 沙带黄毒蛾 *Euproctis mesostiba* Collenette
1252. 茶黄毒蛾 *Euproctis pseudoconspersa* Strand
1253. 幻带黄毒蛾 *Euproctis varians* (Walker)

1254. 半带黄毒蛾 *Euproctis digramma* (Guerin)
1255. 梯带黄毒蛾 *Euproctis montis* (Leech)
1256. 绿棕毒蛾 (绿茸毒蛾) *Ilema chloroptera* (Hampson)
1257. 苔棕毒蛾 (苔肾毒蛾) *Ilema eurydice* (Butler)
1258. 黄足毒蛾 *Ivela auripes* (Butler)
1259. 素毒蛾 *Laelia coenosa* (Hübner)
1260. 脂素毒蛾 *Laelia gigantea* Butler
1261. 带跗雪毒蛾 *Leucoma chrysoscela* (Collenette)
1262. 剑毒蛾 *Lymantria elassa* Collenette
1263. 扇纹毒蛾 *Lymantria minomonis* Matsumura
1264. 榄仁树毒蛾 *Lymantria incerta* Walker
1265. 条毒蛾 *Lymantria dissoluta* Swinhoe
1266. 杧果毒蛾 *Lymantria marginata* Walker
1267. 灰翅毒蛾 *Lymantria polioptera* Collenette
1268. 枫毒蛾 *Lymantria nebulosa* Wileman
1269. 珊毒蛾 *Lymantria viola* Swinhoe
1270. 木毒蛾 *Lymantria xylina* Swinhoe
1271. 丛毒蛾 (黄羽毒蛾) *Locharna strigipennis* Moore
1272. 黄斜带毒蛾 *Numenes disparilis* Staudinger
1273. 斜带毒蛾 *Numenes siletti* Walker
1274. 榕透翅毒蛾 *Perina nuda* (Fabricius)
1275. 黑褐盗毒蛾 *Porthesia atereta* Collenette
1276. 盗毒蛾 *Porthesia similis* (Fueszly)
1277. 鹅点足毒蛾 *Redoa anser* Collenette
1278. 冠点足毒蛾 *Redoa crocoptera* (Collenette)
1279. 白点足毒蛾 *Redoa cygnopsis* (Collenette)
1280. 簪点足毒蛾 *Redoa crocophala* Collenete
1281. 茶点足毒蛾 *Redoa phaeocraspeda* Collenette
1282. 褐点粉灯蛾 *Alphaea phasma* Leech
1283. 纹散灯蛾 *Argina argus* Kollar
1284. 红缘灯蛾 *Amsacta lactinea* (Cramer)
1285. 淡色孔灯蛾 *Baroa vatala* Swinhoe
1286. 缺带花布灯蛾 *Camptoloma vanata* Fang
1287. 黑条灰灯蛾 *Creatonotos gangis* (Linnaeus)
1288. 八点灰灯蛾 *Creatonotos transiens* (Walker)
1289. 尘污灯蛾 *Spilarctia obliqua* (Walker)
1290. 人纹污灯蛾 *Spilarctia subcarnea* (Walker)
1291. 星白雪灯蛾 *Spilosoma menthastri* (Esper)
1292. 白雪灯蛾 *Spilosoma niveus* (Menetries)
1293. 红星雪灯蛾 *Spilosoma punctarium* (Stoll)
1294. 奇特望灯蛾 *Lemyra imparilis* (Butler)
1295. 大丽灯蛾 *Aglaomorpha histrio* (Walker)
1296. 粉蝶灯蛾 *Nyctemera adversata* (Schaller)
1297. 煤色滴苔蛾 *Agrisius fuliginosus* Moore
1298. 黄黑华苔蛾 *Agylla alboluteola* Rothschild
1299. 白黑华苔蛾 *Agylla ramelana* (Moore)

1300. 条纹艳苔蛾 *Asura strigipennis* (Herrich-Schäffer)
1301. 闪光苔蛾 *Chrysaeglia magnifica* (Walker)
1302. 锈斑雪苔蛾 *Cyana effracta* (Walker)
1303. 红束雪苔蛾 *Cyana fassiola* (Elwes)
1304. 优雪苔蛾 *Cyana hamata* (Walker)
1305. 粗艳苔蛾 *Asura dasara* (Moore)
1306. 耳土苔蛾 *Eilema auriflua* (Moore)
1307. 额黑土苔蛾 *Eilema comformis* (Walker)
1308. 小土苔蛾 *Eilema minima* (Daniel)
1309. 黄良苔蛾 *Eugoa flava* Fang
1310. 灰良苔蛾 *Eugoa grisea* Butler
1311. 双分苔蛾 *Hesudra divisa* Moore
1312. 美苔蛾 *Miltochrista miniata* (Forster)
1313. 两色土苔蛾 *Eilema postimaculosa* (Matsumura)
1314. 圆斑土苔蛾 *Eilema signata* (Walker)
1315. 长斑土苔蛾 *Eilema tetragona* Walker
1316. 中越甘土苔蛾 *Gandhara interrogativa* Volynkin, Černý, Huang & Hu
1317. 异美苔蛾 *Miltochrista aberrans* Butler
1318. 黑缘美苔蛾 *Miltochrista delineata* (Walker)
1319. 带美苔蛾 *Miltochrista fasciata* Leech
1320. 黄白美苔蛾 *Miltochrista perpallida* Hampson
1321. 硃美苔蛾 *Miltochrista pulchra* Butler
1322. 优美苔蛾 *Miltochrista striata* (Bremer & Grey)
1323. 之美苔蛾 *Miltochrista ziczac* (Walker)
1324. 鳞苔蛾 *Neoblavia scoteola* Hampson
1325. 蓝黑闪苔蛾 *Paraona fukiensis* Daniel
1326. 弱干苔蛾 *Siccia baibarensis* Matsumura
1327. 掌痣苔蛾 *Stigmatophora palamata* Moore
1328. 苎麻夜蛾 *Arcte coerula* (Guenée)
1329. 斜线关夜蛾 *Artena dotata* (Fabricius)
1330. 鹗裳夜蛾 *Catocala pataloides* Mell
1331. 中带三角夜蛾 *Chalciope geometrica* (Fabricius)
1332. 斜带三角夜蛾 *Chalciope mygdon* (Cramer)
1333. 玫瑰巾夜蛾 *Parallelia arctotaenia* (Guenée)
1334. 霉巾夜蛾 *Parallelia maturata* (Walker)
1335. 石榴巾夜蛾 *Parallelia stuposa* (Fabricius)
1336. 灰巾夜蛾 *Parallelia umbrosa* (Walker)
1337. 肾巾夜蛾 *Dysgonia praetermissa* (Warren)
1338. 柚巾夜蛾 *Dysgonia palumba* (Guenée)
1339. 眯目夜蛾 *Entomogramma fautrix* Guenée
1340. 梳角眯目夜蛾 *Entomogramma torsa* Guenée
1341. 目夜蛾 *Erebus crepuscularis* (Linnaeus)
1342. 玉线目夜蛾 *Erebus gemmans* (Guenée)
1343. 变色夜蛾 *Hypopyra vespertilio* (Fabricius)
1344. 蚪目夜蛾 *Metopta rectifasciata* (Menetries)
1345. 实毛胫夜蛾 *Mocis frugalis* (Fabricius)

1346. 毛胫夜蛾 *Mocis undata* (Fabricius)
1347. 赘巾夜蛾 *Ophisma gravata* Guenée
1348. 安钮夜蛾 *Ophiusa tirhaca* (Cramer)
1349. 橘安钮夜蛾 *Ophiusa triphaenoides* (Walker)
1350. 黄带拟叶夜蛾 *Phyllodes eyndhovii* Vollenhoven
1351. 绕环夜蛾 *Spirama helicina* (Hübner)
1352. 环夜蛾 *Spirama retorta* (Clerck)
1353. 庸肖毛翅夜蛾 *Thyas juno* (Dalman)
1354. 点疖夜蛾 *Adrapsa notigera* (Butler)
1355. 异拟胸须夜蛾 *Bertula hisbonalis* Walker
1356. 白线尖须夜蛾 *Bleptina albolinealis* Leech
1357. 淡缘波夜蛾 *Bocana marginata* (Leech)
1358. 胸须夜蛾 *Cidariplura gladiata* Butler
1359. 钩白肾夜蛾 *Edessena hamada* Felder & Rogenhofer
1360. 白肾夜蛾 *Edessena gentiusalis* Walker
1361. 满卜夜蛾 *Bomolocha mandarina* Leech
1362. 张卜夜蛾 *Bomolocha rhombalis* (Guenée)
1363. 髯须夜蛾 *Hypena proboscidalis* (Linnaeus)
1364. 两色髯须夜蛾 *Hypena trigonalis* (Guenée)
1365. 小桥夜蛾 *Anomis flava* (Fabricius)
1366. 超桥夜蛾 *Anomis fulvida* Guenée
1367. 中桥夜蛾 *Anomis mesogona* (Walker)
1368. 暮宇夜蛾 *Avatha noctuoides* (Guenée)
1369. 爆夜蛾 *Badiza ereboides* Walker
1370. 齿斑畸夜蛾 *Bocula quadrilineata* (Walker)
1371. 胞短栉夜蛾 *Brevipecten consanguis* Leech
1372. 平嘴壶夜蛾 *Calyptra lata* (Butler)
1373. 残夜蛾 *Colobochyla salicalis* (Denis & Schiffermuller)
1374. 斑蕊夜蛾 *Cymatophoropsis sinuata* (Moore)
1375. 三斑蕊夜蛾 *Cymatophoropsis trimaculata* (Bremer)
1376. 光炬夜蛾 *Daddala lucilla* Butler
1377. 斜尺夜蛾 *Dierna strigata* (Moore)
1378. 白线篦夜蛾 *Episparis liturata* (Fabricius)
1379. 凡艳叶夜蛾 *Eudocima fullonica* (Clerck)
1380. 艳叶夜蛾 *Eudocima salaminia* (Cramer)
1381. 斜线哈夜蛾 *Hamodes butleri* (Leech)
1382. 全须夜蛾 *Hyblaea puera* Cramer
1383. 白点朋闪夜蛾 *Hypersypnoides astrigera* (Butler)
1384. 粉点朋闪夜蛾 *Hypersypnoides punctosa* (Walker)
1385. 鹰夜蛾 *Hypocala deflorata* (Fabricius)
1386. 苹梢鹰夜蛾 *Hypocala subsatura* Guenée
1387. 蓝条夜蛾 *Ischyja manlia* (Cramer)
1388. 戟夜蛾 *Lacera alope* (Cramer)
1389. 戴夜蛾 *Lopharthrum comprimens* (Walker)
1390. 立夜蛾 *Lycimna polymesata* Walker
1391. 大斑薄夜蛾 *Mecodina subcostalis* (Walker)
1392. 瞳夜蛾 *Ommatophora luminosa* (Cramer)

1393. 乌嘴壶夜蛾 *Oraesia excavata* (Butler)
1394. 纱眉夜蛾 *Pangrapta textilis* (Leech)
1395. 浓眉夜蛾 *Pangrapta trimantesalis* (Walker)
1396. 点眉夜蛾 *Pangrapta vasava* (Butler)
1397. 肖金夜蛾 *Plusiodonta coelonota* (Kollar)
1398. 社夜蛾 *Pseudosphetta moorei* (Cotes & Swinhoe)
1399. 铃斑翅夜蛾 *Serrodes campana* (Guenée)
1400. 合夜蛾 *Sympis rufibasis* Guenée
1401. 单析夜蛾 *Sypnoides simplex* (Leech)
1402. 窗夜蛾 *Thyrostipa sphaeriphora* (Moore)
1403. 分夜蛾 *Trigonodes hyppasia* (Cramer)

尾夜蛾科 Euteliidae

1404. 折纹殿尾夜蛾 *Anuga multiplicans* (Walker)
1405. 鹿尾夜蛾 *Eutelia adulatricoides* (Mell)
1406. 滑尾夜蛾 *Eutelia blandiatrix* Hampson
1407. 漆尾夜蛾 *Eutelia geyeri* (Felder & Rogenhofer)
1408. 清波尾夜蛾 *Phalga clarirena* (Sugi)

夜蛾科 Noctuidae

1409. 坑卫翅夜蛾 *Amyna octo* (Guenée)
1410. 缰夜蛾 *Chamyrisilla ampolleta* Draudt
1411. 柑桔孔夜蛾 *Corgatha dictaria* (Walker)
1412. 三条火夜蛾 *Flammona trilineata* Leech
1413. 稻俚夜蛾 *Lithacodia distinguenda* (Stauding)
1414. 美蝠夜蛾 *Lophoruza pulcherrima* Butler
1415. 标瑙夜蛾 *Maliattha signifera* (Walker)
1416. 稻螟蛉夜蛾 *Naranga aenescens* Moore
1417. 粉条巧夜蛾 *Oruza divisa* (Walker)
1418. 弱夜蛾 *Ozar punctigera* Walker
1419. 联夕夜蛾 *Plagideicta major* Warren
1420. 交兰纹夜蛾 *Stenoloba confusa* (Leech)
1421. 饰筑夜蛾 *Zurobata decorata* (Swinhoe)
1422. 银纹夜蛾 *Argyrogramma agnata* (Staudinger)
1423. 白条银纹夜蛾 *Argyrogramma albostriata* (Bremer & Grey)
1424. 南方辉夜蛾 *Chrysodeixis eriosoma* (Doubleday)
1425. 桃剑纹夜蛾 *Acronicta incretata* Hampson
1426. 桑剑纹夜蛾 *Acronicta major* Bremer
1427. 梨剑纹夜蛾 *Acronicta rumicis* Linnaeus
1428. 紫剑纹夜蛾 *Acronicta subpurpurea* Matsumura
1429. 小地老虎 *Agrotis ipsilon* (Hufnagel)
1430. 朽木夜蛾 *Axylia putris* (Linnaeus)
1431. 绿鲁夜蛾 *Xestia semiherbida* Walker
1432. 棉铃虫 *Helicoverpa armigera* (Hübner)
1433. 烟夜蛾 *Helicoverpa assulta* (Guenée)
1434. 十点研夜蛾 *Aletia decisissima* (Walker)
1435. 白杖研夜蛾 *Aletia l-album* (Linnaeus)

1436. 胞粘夜蛾 *Leucania fraterna* (Moore)
1437. 白点粘夜蛾 *Leucania lorgyi* (Duponchel)
1438. 白脉粘夜蛾 *Leucania venalba* Moore
1439. 东小眼夜蛾 *Panolis exquisita* Draudt
1440. 红棕灰夜蛾 *Polia illoba* (Butler)
1441. 粘虫 *Pseudaletia separata* (Walker)
1442. 后寡夜蛾 *Sideridis postica* Hampson
1443. 掌夜蛾 *Tiracola plagiata* (Walker)
1444. 贯冬夜蛾 *Cucullia perforata* Bremer
1445. 间纹炫夜蛾 *Actinotia intermediata* (Bremer)
1446. 辐射夜蛾 *Apsarasa radians* (Westwood)
1447. 大红裙杂夜蛾 *Amphipyra monolitha* Guenée
1448. 红晕散纹夜蛾 *Callopistria repleta* (Walker)
1449. 半点顶夜蛾 *Callyna semivitta* Moore
1450. 明夜蛾 *Chasmina biplaga* (Walker)
1451. 飘夜蛾 *Clethrorasa pilcheri* (Hampson)
1452. 白纹点夜蛾 *Condica albigutta* Wileman
1453. 楚点夜蛾 *Condica dolorosa* (Walker)
1454. 白纹驳夜蛾 *Karana gemmifera* (Walker)
1455. 月纹毡夜蛾 *Lasiplexia semirena* Draudt
1456. 竹笋禾夜蛾 *Oligia vulgaris* (Butler)
1457. 曲线禾夜蛾 *Oligia vulnerata* (Butler)
1458. 卫星普夜蛾 *Prospalta stellata* Moore
1459. 稻蛀茎夜蛾 *Sesamia inferens* (Walker)
1460. 淡剑灰翅夜蛾 *Spodoptera depravata* (Butler)
1461. 甜菜夜蛾 *Spodoptera exigua* (Hübner)
1462. 斜纹夜蛾 *Spodoptera litura* (Fabricius)
1463. 灰翅夜蛾 *Spodoptera mauritia* (Boisduval)
1464. 聚陌夜蛾 *Trachea consummata* (Walker)
1465. 花夜蛾 *Yepcalphis dilectissima* (Walker)
1466. 黑后夜蛾 *Trisuloides coerulea* Butler
1467. 黑点歹夜蛾 *Diarsia nigrosigna* (Moore)
1468. 墨优夜蛾 *Ugia mediorufa* (Hampson)
1469. 豪虎蛾 *Scrobigera amatrix* (Westwood)
1470. 白云修虎蛾 *Sarbanissa subalba* (Leech)
1471. 修虎蛾 *Sarbanissa transiens* (Walker)
1472. 葡萄修虎蛾 *Sarbanissa subflava* (Moore)
1473. 拟彩虎蛾 *Mimeusemia persimilis* Butler

锚纹蛾科 Callidulidae

1474. 带锚纹蛾 *Callidula attenuata* (Moore)
1475. 隐锚纹蛾 *Cleis fasciata* Butler

枯叶蛾科 Lasiocampidae

1476. 思茅松毛虫 *Dendrolimus kikuchii* Matsumura
1477. 马尾松毛虫 *Dendrolimus punctatus* (Walker)
1478. 橘毛虫 *Gastropacha pardale* Sinensis Tams

1479. 杨枯叶蛾 *Gastropacha populifolia* (Esper)
1480. 柳杉毛虫 *Hoenimnema roesleri* Lajonquiere
1481. 油茶枯叶蛾 *Lebeda nobilia* Walker
1482. 二顶斑枯叶蛾 *Odontocraspos hasora* Swinhoe
1483. 栎毛虫 *Paralebeda plagifera* Walker
1484. 竹黄枯叶蛾 *Philudoria laeta* (Walker)
1485. 栗黄枯叶蛾 *Trabala vishnou* Lefebure
1486. 双色纹枯叶蛾 *Euthrix inobtrusa* (Walker)
1487. 赤李褐枯叶蛾 *Gastropacha quercifolia lucens* Mell
1488. 直纹杂枯叶蛾 *Kunugia lineata* (Moore)
1489. 吉紫枯叶蛾 *Micropacha gejra* Zolotuhin
1490. 柳黑枯叶蛾 *Pyrosis rotundipennis* (de Joannis)

带蛾科 Eupterotidae

1491. 褐斑带蛾 *Apha subdives* Walker
1492. 灰纹带蛾 *Ganisa cyanugrisea* Mell
1493. 丝光带蛾 *Pseudojana incandesceus* Walker

箩纹蛾科 Brahmaeidae

1494. 青球箩纹蛾 *Brahmaea hearseyi* (White)
1495. 枯球箩纹蛾 *Brahmaea wallichii* (Gray)
1496. 多线箩纹蛾 *Brahmidia polymehntas* Zhang & Hang

蚕蛾科 Bombycidae

1497. 茶蚕 *Andraca bipunctata* Walker
1498. 一点钩翅蚕蛾 *Mustilia hepatica* Moore
1499. 桑野蚕 *Theophila mandarina* Moore

大蚕蛾科 Saturniidae

1500. 华尾大蚕蛾 *Actias sinensis* Walker
1501. 长尾大蚕蛾 *Actias dubernardi* Oberthür
1502. 绿尾大蚕蛾 *Actias selene ningpoana* Felder
1503. 柞蚕 *Antheraea pernyi* Guénrin-Méneville
1504. 半目大蚕蛾 *Antheraea yamamai* Guénrin-Méneville
1505. 乌桕大蚕蛾 *Attacus atlas* (Linnaeus)
1506. 银杏大蚕蛾 *Dictyoploca japonica* Butler
1507. 樟蚕 *Eriogyna pyretorum* (Westwood)
1508. 藤豹大蚕蛾 *Loepa anthera* Jordan
1509. 樗蚕 *Samia cynthia* Walker & Felder

天蛾科 Sphingidae

1510. 鬼脸天蛾 *Acherontia lachesis* (Fabricius)
1511. 芝麻鬼脸天蛾 *Acherontia styx* Westwood
1512. 白薯天蛾 *Hersa convolvuli* (Linnaeus)
1513. 大背天蛾 *Meganoton analis* (Felder)
1514. 霜天蛾 *Psilogramma menephron* (Cramer)

1515. 中国天蛾 *Amorpha sinica* Rothschild & Jordan
1516. 眼斑天蛾 *Callambulyx junonia* (Butler)
1517. 绿带闭目天蛾 *Callambulyx rubricosa* (Walker)
1518. 南方豆天蛾 *Clanis bilineata* (Walker)
1519. 豆天蛾 *Clanis bilineata tsingtauica* Mell
1520. 胡枝子天蛾 *Clanis undulosa* Moore
1521. 枣桃六点天蛾 *Marumba gaschkewitschi* (Bremer & Grey)
1522. 枇杷六点天蛾 *Marumba spectabilis* Butler
1523. 椴六点天蛾 *Marumba dyras* (Walker)
1524. 鹰翅天蛾 *Oxyambulyx ochracea* (Butler)
1525. 栎鹰翅天蛾 *Oxyambulyx liturata* (Butler)
1526. 日本鹰翅天蛾 *Oxyambulyx japonica* Rothachild
1527. 核桃鹰翅天蛾 *Oxyambulyx schauffelbergeri* Bremer & Grey
1528. 构月天蛾 *Parum colligata* (Walker)
1529. 月天蛾 *Parum porphyria* (Butler)
1530. 齿翅三线天蛾 *Polyptychus dentatus* (Cramer)
1531. 三线天蛾 *Polyptychus trilineatus* Moore
1532. 缺角天蛾 *Acosmeryx castanea* Rothschild & Jordan
1533. 赭绒缺角天蛾 *Acosmeryx sericeus* (Walker)
1534. 葡萄天蛾 *Ampelophaga rubiginosa* Bremer & Grey
1535. 灰天蛾 *Acosmerycoides leucocraspis* (Hampsom)
1536. 条背天蛾 *Cechenena lineosa* (Walker)
1537. 平背天蛾 *Cechenena minor* Butler
1538. 锯线白肩天蛾 *Rhagastis acuta aurifera* (Butler)
1539. 白肩天蛾 *Rhagastis mongoliana* (Butler)
1540. 青白肩天蛾 *Rhagastis olivacea* (Moore)
1541. 斜绿天蛾 *Rhyncholaba acteus* Cramer
1542. 斜纹天蛾 *Theretra clotho clotho* (Drury)
1543. 雀纹天蛾 *Theretra japonica* (Orza)
1544. 青背斜纹天蛾 *Theretra nessus* (Drury)
1545. 芋双线天蛾 *Theretra oldenlandiae* (Fabricius)
1546. 芋单线天蛾 *Theretra silhetensis* (Boisduval)
1547. 蓝目天蛾 *Smerinthus planus* Walker
1548. 杧果天蛾 *Amplypterus panopus* (Cramer)

凤蝶科 Papilionidae

1549. 中华麝凤蝶 *Byasa confusa* (Rothschild)
1550. 长尾麝凤蝶 *Byasa impediens* (Rothschild)
1551. 灰绒麝凤蝶 *Byasa mencius* (C. Felder & R. Felder)
1552. 红珠凤蝶小斑亚种 *Pachliopta aristolochiae adaeus* (Rothschild, 1908)
1553. 褐斑凤蝶 *Chilasa agestor* Gray
1554. 小黑斑凤蝶 *Chilasa epycides* (Hewitson)
1555. 美凤蝶 *Papilio memnon* Linnaeus
1556. 蓝凤蝶 *Papilio protenor* Cramer
1557. 玉带凤蝶 *Papilio polytes* Linnaeus
1558. 玉斑凤蝶 *Papilio helenus* Linnaeus

1559. 宽带凤蝶 *Papilio nephelus* Boisduval
1560. 碧凤蝶 *Papilio bianor* Cramer
1561. 穹翠凤蝶 *Papilio dialis* Leech
1562. 巴黎翠凤蝶 *Papilio paris* Linnaeus
1563. 达摩凤蝶 *Papilio demoleus* Linnaeus
1564. 柑橘凤蝶 *Papilio xuthus* Linnaeus
1565. 金凤蝶 *Papilio machaon* Linnaeus
1566. 宽尾凤蝶 *Agehana elwesi* (Leech)
1567. 统帅青凤蝶 *Graphium agamemnon* (Linnaeus)
1568. 碎斑青凤蝶 *Graphium chironides* (Honrath)
1569. 宽带青凤蝶 *Graphium cloanthus* (Westwood)
1570. 木兰青凤蝶 *Graphium doson* (C. Felder & R. Felder)
1571. 青凤蝶 *Graphium sarpedon* (Linnaeus)
1572. 银钩青凤蝶 *Graphium eurypylus* (Linnaeus)
1573. 黎氏青凤蝶 *Graphium leechi* (Rothschild)
1574. 斜纹绿凤蝶 *Pathysa agetes* (Westwood)
1575. 绿凤蝶 *Pathysa antiphates* (Cramer)
1576. 铁木剑凤蝶 *Pazala timur* (Ney)
1577. 升天剑凤蝶 *Pazala euroa* (Leech)
1578. 豪恩剑凤蝶 *Pazala hoeneanus* Cotton & Hu
1579. 金斑剑凤蝶 *Pazala alebion* (Gray)
1580. 褐钩凤蝶 *Meandrusa sciron* (Leech)
1581. 金斑喙凤蝶 *Teinopalpus aureus* Mell
1582. 金裳凤蝶 *Troides aeacus* (C. Felder & R. Felder)

粉蝶科 Pieridae

1583. 迁粉蝶 *Catopsilia pomona* (Fabricius)
1584. 梨花迁粉蝶 *Catopsilia pyranthe* (Linnaeus)
1585. 黑角方粉蝶 *Dercas lycorias* (Doubleday)
1586. 尖角黄粉蝶 *Eurema laeta* (Boisduval)
1587. 宽边黄粉蝶 *Eurema hecabe* (Linnaeus)
1588. 檗黄粉蝶 *Eurema blanda* (Boisduval)
1589. 圆翅钩粉蝶 *Gonepteryx amintha* Blanchard
1590. 橙粉蝶 *Ixias pyrene* (Linnaeus)
1591. 报喜斑粉蝶 *Delias pasithoe* (Linnaeus)
1592. 红腋斑粉蝶 *Delias acalis* (Godart)
1593. 艳妇斑粉蝶 *Delias belladonna* (Fabricius)
1594. 侧条斑粉蝶 *Delias lativitta* Leech
1595. 大翅绢粉蝶 *Aporia largeteaui* (Oberthür)
1596. 黑脉园粉蝶 *Cepora nerissa* (Fabricius)
1597. 菜粉蝶 *Pieris rapae* (Linnaeus)
1598. 东方粉蝶 *Pieris canidia* (Sparrman)
1599. 暗脉粉蝶 *Pieris napi* (Linnaeus)
1600. 黑纹粉蝶 *Pieris melete* Ménétriès
1601. 飞龙粉蝶 *Talbotia naganum* (Moore)
1602. 纤粉蝶 *Leptosia nina* (Fabricius)

1603. 鹤顶粉蝶 *Hebomoia glaucippe* (Linnaeus)

蛱蝶科 Nymphalidae

1604. 朴喙蝶 *Libythea lepita* Moore
1605. 金斑蝶 *Danaus chrysippus* (Linnaeus)
1606. 虎斑蝶 *Danaus genutia* (Cramer)
1607. 啬青斑蝶 *Tirumala septentrionis* (Butler)
1608. 拟旖斑蝶 *Ideopsis similis* (Linnaeus)
1609. 绢斑蝶 *Parantica aglea* (Stoll)
1610. 黑绢斑蝶 *Parantica melaneus* (Cramer)
1611. 大绢斑蝶西南亚种 *Parantica sita ethologa* Swinhoe
1612. 蓝点紫斑蝶 *Euploea midamus* (Linnaeus)
1613. 异型紫斑蝶 *Euploea mulciber* (Cramer)
1614. 大卫绢蛱蝶 *Calinaga davidis* Oberthür
1615. 凤眼方环蝶 *Discophora sondaica* Boisduval
1616. 纹环蝶 *Aemona amathusia* (Hewitson)
1617. 褐纹环蝶 *Aemona oberthueri* Stichel
1618. 尖翅纹环蝶 *Aemona lena* Atkinson
1619. 华西箭环蝶 *Stichophthalma suffusa* Leech
1620. 暮眼蝶 *Melanitis leda* (Linnaeus)
1621. 睇暮眼蝶 *Melanitis phedima* (Cramer)
1622. 黛眼蝶 *Lethe dura* (Marshall)
1623. 长纹黛眼蝶 *Lethe europa* (Fabricius)
1624. 波纹黛眼蝶 *Lethe rohria* (Fabricius)
1625. 曲纹黛眼蝶 *Lethe chandica* (Moore)
1626. 白带黛眼蝶 *Lethe confusa* Aurivillius
1627. 深山黛眼蝶 *Lethe hyrania* (Kollar)
1628. 玉带黛眼蝶 *Lethe verma* (Kollar)
1629. 宽带黛眼蝶 *Lethe helena* Leech
1630. 直带黛眼蝶 *Lethe lanaris* Butler
1631. 紫线黛眼蝶 *Lethe violaceopicta* (Poujade)
1632. 棕褐黛眼蝶 *Lethe christophi* (Leech)
1633. 连纹黛眼蝶 *Lethe syrcis* (Hewitson)
1634. 边纹黛眼蝶 *Lethe marginalis* Motschulsky
1635. 泰妲黛眼蝶 *Lethe titania* Leech
1636. 苔娜黛眼蝶 *Lethe diana* (Butler)
1637. 门左黛眼蝶 *Lethe manzora* (Poujade)
1638. 圆翅黛眼蝶 *Lethe butleri* Leech
1639. 蛇神黛眼蝶 *Lethe satyrina* Butler
1640. 细黛眼蝶 *Lethe siderea* Marshall
1641. 尖尾黛眼蝶 *Lethe sinorix* (Hewitson)
1642. 中原荫眼蝶 *Neope ramosa* Leech
1643. 布莱荫眼蝶 *Neope bremeri* (C. & R. Felder)
1644. 蒙链荫眼蝶 *Neope muirheadii* (C. & R. Felder)
1645. 丝链荫眼蝶中原亚种 *Neope yama serica* (Leech)
1646. 桐木荫眼蝶 *Neope contrasta* Mell

1647. 蓝斑丽眼蝶 *Mandarinia regalis* (Leech)
1648. 小眉眼蝶 *Mycalesis mineus* (Linnaeus)
1649. 稻眉眼蝶 *Mycalesis gotama* Moore
1650. 僧袈眉眼蝶 *Mycalesis sangaica* Butler
1651. 拟稻眉眼蝶 *Mycalesis francisca* (Stoll)
1652. 平顶眉眼蝶 *Mycalesis panthaka* Fruhstorfer
1653. 白斑眼蝶 *Penthema adelma* (C. & R. Felder)
1654. 凤眼蝶 *Neorina patria* Leech
1655. 矍眼蝶 *Ypthima baldus* (Fabricius)
1656. 幽矍眼蝶 *Ypthima conjuncta* Leech
1657. 大波矍眼蝶 *Ypthima tappana* Matsumura
1658. 前雾矍眼蝶 *Ypthima praenubila* Leech
1659. 完壁矍眼蝶 *Ypthima perfecta* Leech
1660. 拟四眼矍眼蝶 *Ypthima imitans* Elwes & Edwards
1661. 密纹矍眼蝶 *Ypthima multistriata* Butler
1662. 东亚矍眼蝶 *Ypthima motschulskyi* (Bremer & Grey)
1663. 古眼蝶 *Palaeonympha opalina* Butler
1664. 苎麻珍蝶 *Acraea issoria* (Hübner)
1665. 红锯蛱蝶 *Cethosia biblis* (Drury)
1666. 斐豹蛱蝶 *Argynnis hyperbius* (Linnaeus)
1667. 绿豹蛱蝶中华亚种 *Argynnis paphia megalegoria* Fruhstorfer
1668. 老豹蛱蝶 *Argynnis laodice* (Pallas)
1669. 青豹蛱蝶 *Argynnis sagana* Doubleday
1670. 银豹蛱蝶 *Argynnis childreni* Gray
1671. 枯叶蛱蝶 *Kallima inachus* (Doyère)
1672. 金斑蛱蝶 *Hypolimnas misippus* (Linnaeus)
1673. 幻紫斑蛱蝶 *Hypolimnas bolina* (Linnaeus)
1674. 钩翅眼蛱蝶 *Junonia iphita* (Cramer)
1675. 美眼蛱蝶 *Junonia almana* (Linnaeus)
1676. 翠蓝眼蛱蝶 *Junonia orithya* (Linnaeus)
1677. 波纹眼蛱蝶 *Junonia atlites* (Linnaeus)
1678. 琉璃蛱蝶 *Kaniska canace* (Linnaeus)
1679. 黄钩蛱蝶 *Polygonia caureum* (Linnaeus)
1680. 大红蛱蝶 *Vanessa indica* (Herbst)
1681. 小红蛱蝶 *Vanessa cardui* (Linnaeus)
1682. 散纹盛蛱蝶 *Symbrenthia lilaea* (Hewitson)
1683. 花豹盛蛱蝶 *Symbrenthia hypselis* (Godart)
1684. 黄豹盛蛱蝶 *Symbrenthia brabira* Moore
1685. 白带螯蛱蝶 *Charaxes bernardus* (Fabricius)
1686. 窄斑凤尾蛱蝶 *Polyura athamas* (Drury)
1687. 忘忧尾蛱蝶 *Polyura nepenthes* (Grose-Smith)
1688. 大二尾蛱蝶 *Polyura eudamippus* (Doubleday)
1689. 二尾蛱蝶 *Polyura narcaea* (Hewitson)
1690. 柳紫闪蛱蝶 *Apatura ilia* (Denis & Schiffermüller)
1691. 武铠蛱蝶 *Chitoria ulupi* (Doherty)
1692. 迷蛱蝶 *Mimathyma chevana* (Moore)

1693. 罗蛱蝶 *Rohana parisatis* (Westwood)
1694. 傲白蛱蝶 *Helcyra superba* Leech
1695. 银白蛱蝶 *Helcyra subalba* (Poujade)
1696. 帅蛱蝶 *Sephisa chandra* (Moore)
1697. 黄帅蛱蝶 *Sephisa princeps* (Fixsen)
1698. 芒蛱蝶 *Euripus nyctelius* (Doubleday)
1699. 黑脉蛱蝶 *Hestina assimilis* (Linnaeus)
1700. 白裳猫蛱蝶 *Timelaea albescens* (Oberthür)
1701. 电蛱蝶 *Dichorragia nesimachus* (Doyère)
1702. 素饰蛱蝶 *Stibochiona nicea* (Gray)
1703. 网丝蛱蝶 *Cyrestis thyodamas* Doyère
1704. 波蛱蝶 *Ariadne ariadne* (Linnaeus)
1705. 耙蛱蝶 *Bhagadatta austenia* (Moore)
1706. 矛翠蛱蝶 *Euthalia aconthea* (Cramer)
1707. 鹰翠蛱蝶 *Euthalia anosia* (Moore)
1708. 太平翠蛱蝶 *Euthalia pacifica* Mell
1709. 布翠蛱蝶 *Euthalia bunzoi* Sugiyama
1710. 峨眉翠蛱蝶 *Euthalia omeia* Leech
1711. 珀翠蛱蝶 *Euthalia pratti* Leech
1712. 黄翅翠蛱蝶 *Euthalia kosempona* Fruhstorfer
1713. 西藏翠蛱蝶 *Euthalia thibetana* (Poujade)
1714. 明带翠蛱蝶 *Euthalia yasuyukii* Yoshino
1715. 绿裙蛱蝶 *Cynitia whiteheadi* (Crowley)
1716. 婀蛱蝶 *Abrota ganga* Moore
1717. 美线蛱蝶 *Limenitis misuji* Sugiyama
1718. 残锷线蛱蝶 *Limenitis sulpitia* (Cramer)
1719. 扬眉线蛱蝶 *Limenitis helmanni* Lederer
1720. 丫纹俳蛱蝶 *Parasarpa dudu* (Westwood)
1721. 孤斑带蛱蝶 *Athyma zeroca* Moore
1722. 新月带蛱蝶 *Athyma selenophora* (Kollar)
1723. 相思带蛱蝶 *Athyma nefte* (Cramer)
1724. 双色带蛱蝶 *Athyma cama* Moore
1725. 六点带蛱蝶 *Athyma punctata* Leech
1726. 珠履带蛱蝶 *Athyma asura* Moore
1727. 虬眉带蛱蝶 *Athyma opalina* (Kollar)
1728. 离斑带蛱蝶 *Athyma ranga* Moore
1729. 玄珠带蛱蝶 *Athyma perius* (Linnaeus)
1730. 玉杵带蛱蝶 *Athyma jina* Moore
1731. 幸福带蛱蝶 *Athyma fortuna* Leech
1732. 小环蛱蝶 *Neptis sappho* (Pallas)
1733. 中环蛱蝶 *Neptis hylas* (Linnaeus)
1734. 耶环蛱蝶 *Neptis yerburii* Butler
1735. 珂环蛱蝶 *Neptis clinia* Moore
1736. 娑环蛱蝶 *Neptis soma* Moore
1737. 娜环蛱蝶 *Neptis nata* Moore
1738. 弥环蛱蝶 *Neptis miah* Moore
1739. 断环蛱蝶 *Neptis sankara* (Kollar)
1740. 广东环蛱蝶 *Neptis kuangtungensis* Mell

1741. 啡环蛱蝶 *Neptis philyra* Ménétriès
1742. 卡环蛱蝶 *Neptis cartica* Moore
1743. 阿环蛱蝶 *Neptis ananta* Moore
1744. 玛环蛱蝶 *Neptis manasa* Moore
1745. 蛛环蛱蝶 *Neptis arachne* Leech
1746. 黄环蛱蝶 *Neptis themis* Leech
1747. 海环蛱蝶 *Neptis thetis* Leech
1748. 链环蛱蝶 *Neptis pryeri* Butler
1749. 蔼菲蛱蝶 *Phaedyma aspasia* (Leech)

灰蝶科 Lycaenidae

1750. 黄带褐蚬蝶 *Abisara fylla* (Westwood)
1751. 白带褐蚬蝶 *Abisara fylloides* (Moore)
1752. 白点褐蚬蝶 *Abisara burnii* (de Nicéville)
1753. 蛇目褐蚬蝶 *Abisara echerius* (Stoll)
1754. 长尾褐蚬蝶 *Abisara neophron* (Hewitson)
1755. 白蚬蝶 *Stiboges nymphidia* Butler
1756. 波蚬蝶 *Zemeros flegyas* (Cramer)
1757. 大斑尾蚬蝶 *Dodona egeon* (Westwood)
1758. 黑燕尾蚬蝶 *Dodona deodata* Hewitson
1759. 德锉灰蝶 *Allotinus drumila* (Moore)
1760. 中华云灰蝶 *Miletus chinensis* C. Felder
1761. 蚜灰蝶 *Taraka hamada* (Druce)
1762. 尖翅银灰蝶 *Curetis acuta* Moore
1763. 银灰蝶 *Curetis bulis* (Westwood)
1764. 赭灰蝶 *Ussuriana michaelis* (Oberthür)
1765. 璐灰蝶 *Leucantigius atayalicus* (Shirōzu & Murayama)
1766. 虎灰蝶 *Yamamotozephyrus kwangtungensis* (Forster)
1767. 苹果何华灰蝶 *Howarthia melli* (Forster)
1768. 裂斑金灰蝶 *Chrysozephyrus disparatus* (Howarth)
1769. 百娆灰蝶 *Arhopala bazala* (Hewitson)
1770. 齿翅娆灰蝶 *Arhopala rama* (Kollar)
1771. 小娆灰蝶 *Arhopala paramuta* (de Nicéville)
1772. 玛灰蝶 *Mahathala ameria* (Hewitson)
1773. 俳灰蝶 *Panchala ganesa* (Moore)
1774. 爱睐花灰蝶 *Flos areste* (Hewitson)
1775. 丫灰蝶 *Amblopala avidiena* (Hewitson)
1776. 三尾灰蝶 *Catapaecilma major* Druce
1777. 银线灰蝶 *Spindasis lohita* (Horsfield)
1778. 豆粒银线灰蝶 *Spindasis syama* (Horsfield)
1779. 珀灰蝶 *Pratapa deva* (Moore)
1780. 豹斑双尾灰蝶 *Tajuria maculata* (Hewitson)
1781. 艾灰蝶 *Rachana jalindra* (Horsfield)
1782. 莱灰蝶 *Remelana jangala* (Horsfield)
1783. 安灰蝶 *Ancema ctesia* (Hewitson)
1784. 玳灰蝶 *Deudorix epijarbas* (Moore)
1785. 淡黑玳灰蝶 *Deudorix rapaloides* (Naritomi)
1786. 绿灰蝶 *Artipe eryx* (Linnaeus)

1787. 麻燕灰蝶 *Rapala manea* Hewitson
1788. 东亚燕灰蝶 *Rapala micans* (Bremer & Grey)
1789. 蓝燕灰蝶 *Rapala caerulea* (Bremer & Grey)
1790. 霓纱燕灰蝶 *Rapala nissa* (Kollar)
1791. 高沙子燕灰蝶 *Rapala takasagonis* Matsumura
1792. 燕灰蝶 *Rapala varuna* (Horsfield)
1793. 生灰蝶 *Sinthusa chandrana* (Moore)
1794. 李老梳灰蝶 *Ahlbergia leechuanlungi* Huang & Chen
1795. 浓紫彩灰蝶 *Heliophorus ila* (de Nicéville)
1796. 红灰蝶长江亚种 *Lycaena phlaeas flavens* (Ford)
1797. 峦太锯灰蝶 *Orthomiella rantaizana* Wileman
1798. 古楼娜灰蝶 *Nacaduba kurava* (Moore)
1799. 波灰蝶 *Prosotas nora* (Felder)
1800. 疑波灰蝶 *Prosotas dubiosa* (Semper)
1801. 雅灰蝶 *Jamides bochus* (Stoll)
1802. 咖灰蝶 *Catochrysops strabo* (Fabricius)
1803. 亮灰蝶 *Lampides boeticus* (Linnaeus)
1804. 棕灰蝶 *Euchrysops cnejus* (Fabricius)
1805. 毛眼灰蝶 *Zizina otis* (Fabricius)
1806. 酢浆灰蝶 *Zizeeria maha* (Kollar)
1807. 吉灰蝶 *Zizeeria karsandra* (Moore)
1808. 蓝灰蝶 *Everes argiades* (Pallas)
1809. 长尾蓝灰蝶 Everes lacturnus (Godart)
1810. 山灰蝶 *Shijimia moorei* (Leech)
1811. 玄灰蝶 *Tongeia fischeri* (Eversmann)
1812. 点玄灰蝶 *Tongeia filicaudis* (Pryer)
1813. 波太玄灰蝶 *Tongeia potanini* (Alphéraky)
1814. 黑丸灰蝶 *Pithecops corvus* Fruhstorfer
1815. 蓝丸灰蝶 *Pithecops fulgens* Doherty
1816. 钮灰蝶 *Acytolepis puspa* (Horsfield)
1817. 珍贵妩灰蝶 *Udara dilecta* (Moore
1818. 白斑妩灰蝶 *Udara albocaerulea* (Moore)
1819. 琉璃灰蝶 *Celastrina argiola* (Linnaeus)
1820. 曲纹紫灰蝶 *Chilades pandava* (Horsfield)

弄蝶科 Hesperiidae

1821. 白伞弄蝶 *Burara gomata* (Moore)
1822. 大伞弄蝶 *Burara miracula* (Evans)
1823. 绿伞弄蝶 *Burara striata* (Hewitson)
1824. 无趾弄蝶 *Hasora anura* de Nicéville
1825. 纬带趾弄蝶 *Hasora vitta* (Butler)
1826. 双斑趾弄蝶 *Hasora chromus* (Cramer)
1827. 三斑趾弄蝶 *Hasora badra* (Moore)
1828. 绿弄蝶 *Choaspes benjaminii* (Guérin-Ménéville)
1829. 半黄绿弄蝶 *Choaspes hemixanthus* Rothschild & Jordan
1830. 花弄蝶华南亚种 *Pyrgus maculatus bocki* (Oberthür)
1831. 双带弄蝶 *Lobocla bifasciata* (Bremer & Grey)
1832. 毛刷大弄蝶 *Capila penicillatum* (de Nicéville)

1833. 线纹大弄蝶 *Capila lineata* Chou & Gu
1834. 白粉大弄蝶 *Capila pieridoides* (Moore)
1835. 窗斑大弄蝶 *Capila translucida* Leech
1836. 白弄蝶 *Abraximorpha davidii* (Mabille)
1837. 黑脉白弄蝶 *Abraximorpha heringi* Mell
1838. 黄襟弄蝶 *Pseudocoladenia dan* (Fabricius)
1839. 大襟弄蝶中南亚种 *Pseudocoladenia dea decora* (Evans)
1840. 疏星弄蝶 *Celaenorrhinus aspersus* Leech
1841. 斑星弄蝶 *Celaenorrhinus maculosus* (C. Felder & R. Felder)
1842. 姚氏星弄蝶 *Celaenorrhinus yaojiani* Huang & Wu
1843. 白角星弄蝶 *Celaenorrhinus leucocera* (Koller)
1844. 台湾星弄蝶 *Celaenorrhinus horishanus* Shirôzu
1845. 匪夷捷弄蝶 *Gerosis phisara* (Moore)
1846. 梳翅弄蝶 *Ctenoptilum vasava* (Moore)
1847. 密纹飒弄蝶 *Satarupa monbeigi* Oberthür
1848. 飒弄蝶 *Satarupa gopala* Moore
1849. 明窗弄蝶 *Coladenia agnioides* Elwes & Edwards
1850. 布窗弄蝶离斑亚种 *Coladenia buchananii separafasciata* Xue, Inayoshi & Hu
1851. 秉弄蝶属 *Pintara* sp.
1852. 黑弄蝶广布亚种 *Daimio tethys moorei* (Mabille)
1853. 沾边裙弄蝶 *Tagiades litigiosa* Möschler
1854. 黑边裙弄蝶 *Tagiades menaka* (Moore)
1855. 滚边裙弄蝶 *Tagiades cohaerens* Mabille
1856. 腌翅弄蝶 *Astictopterus jama* C. Felder & R. Felder
1857. 肿脉弄蝶属 *Zographetus* sp.
1858. 宽突琵弄蝶 *Pithauria linus* Evans
1859. 侏儒锷弄蝶 *Aeromachus pygmaeus* (Fabricius)
1860. 小锷弄蝶 *Aeromachus nanus* (Leech)
1861. 宽锷弄蝶 *Aeromachus jhora* (de Nicéville)
1862. 钩形黄斑弄蝶 *Ampittia virgata* (Leech)
1863. 黄斑弄蝶 *Ampittia dioscorides* (Fabricius)
1864. 帕弄蝶 *Parasovia perbella* (Hering)
1865. 讴弄蝶 *Onryza maga* (Leech)
1866. 地藏酣弄蝶 *Halpe dizangpusa* Huang
1867. 灰陀弄蝶 *Thoressa gupta* (de Nicéville)
1868. 南岭陀弄蝶 *Thoressa xiaoqingae* Huang & Zhan
1869. 雅弄蝶 *Iambrix salsala* (Moore)
1870. 黄斑蕉弄蝶 *Erionota torus* Evans
1871. 玛弄蝶 *Matapa aria* (Moore)
1872. 窄纹袖弄蝶 *Notocrypta paralysos* (Wood-Mason & de Nicéville)
1873. 宽纹袖弄蝶 *Notocrypta feisthamelii* (Boisduval)
1874. 曲纹袖弄蝶 *Notocrypta curvifascia* (C. Felder & R. Felder)
1875. 姜弄蝶 *Udaspes folus* (Cramer)
1876. 旖弄蝶 *Isoteinon lamprospilus* C. Felder & R. Felder
1877. 古铜谷弄蝶 *Pelopidas conjuncta* (Herrich- Schäffer)
1878. 隐纹谷弄蝶 *Pelopidas mathias* (Fabricius)
1879. 南亚谷弄蝶 *Pelopidas agna* (Moore)
1880. 中华谷弄蝶 *Pelopidas sinensis* (Mabille)

1881. 刺胫弄蝶 *Baoris farri* (Moore)
1882. 黎氏刺胫弄蝶 *Baoris leechi* (Elwes & Edwards)
1883. 直纹稻弄蝶 *Parnara guttata* (Bremer & Grey)
1884. 粗突稻弄蝶 *Parnara batta* Evans
1885. 幺纹稻弄蝶 *Parnara bada* (Moore)
1886. 曲纹稻弄蝶 *Parnara ganga* Evans
1887. 籼弄蝶 *Borbo cinnara* (Wallace)
1888. 拟籼弄蝶 *Pseudoborbo bevani* (Moore)
1889. 黄纹孔弄蝶 *Polytremis lubricans* (Herrich-schäffer)
1890. 台湾孔弄蝶 *Polytremis eltola* (Hewitson)
1891. 盒纹孔弄蝶 *Polytremis theca* Evans
1892. 刺纹孔弄蝶 *Polytremis zina* (Evans)
1893. 透纹孔弄蝶 *Polytremis pellucida* (Murray)
1894. 方斑珂弄蝶 *Caltoris cormasa* (Hewitson)
1895. 斑珂弄蝶（雀麦珂弄蝶） *Caltoris bromus* (Leech)
1896. 放踵珂弄蝶 *Caltoris cahira* (Moore)
1897. 长标弄蝶 *Telicota colon* (Fabricius)
1898. 华南长标弄蝶 *Telicota besta* Evans
1899. 黄纹长标弄蝶 *Telicota ohara* (Plötz)
1900. 红翅长标弄蝶 *Telicota ancilla* (Herrich-Schäffer)
1901. 紫翅长标弄蝶 *Telicota augias* (Linnaeus)
1902. 断纹黄室弄蝶 *Potanthus trachalus* (Mabille)
1903. 曲纹黄室弄蝶 *Potanthus flavus* (Murray)
1904. 平突黄室弄蝶 *Potanthus yani* Huang
1905. 孔子黄室弄蝶 *Potanthus confucius* (C. Felder & R. Felder)
1906. 玛拉黄室弄蝶 *Potanthus mara* (Evans)
1907. 淡色黄室弄蝶 *Potanthus pallidus* (Evans)
1908. 豹弄蝶 *Thymelicus leoninus* (Butler)
1909. 黑豹弄蝶 *Thymelicus sylvaticus* (Bremer)
1910. 针纹赭弄蝶 *Ochlodes klapperichi* Evans

双翅目 DIPTERA

摇蚊科 Chironomidae

1911. 萍绿摇蚊 *Tendipes riparius* Meigen

瘿蚊科 Cecidomyiidae

1912. 柑橘花蕾蛆 *Contarinia citri* Barnes
1913. 稻瘿蚊 *Pachydiplosis oryzae* (Wood-Mason)

蚋科 Simuliidae

1914. 九连山绳蚋 *Simulium jiulianshanense* Chen, Kang & Zhang
1915. 海南绳蚋 *Simulium hainanense* Long & An
1916. 双齿蚋 *Simulium bidentatum* Shiraki
1917. 鞍阳蚋 *Simulium ephippioidum* Wen & Chen
1918. 崎岛蚋 *Simulium sakishimaedse* Takaoka
1919. 素木蚋 *Simulium shirakii* Kono & Takahasi
1920. 五条蚋 *Simulium quinquestriatum* (Shiraki)
1921. 红色蚋 *Simulium rufibasis* (Brunetti)

1922. 显著蚋 *Simulium prominentum* Chen & Zhang
1923. 神龙架蚋 *Simulium shennongjiaense* Yang, Luo & Chen
1924. 柃木蚋 *Simulium suzukii* Rubtsov
1925. 黔蚋 *Simulium qianense* Chen & Chen
1926. 轮丝蚋 *Simulium rotifilis* Chen & Zhang

虻科 Tabanidae

1927. 九连虻 *Tabanus jiulianensis* Wang
1928. 柑色虻 *Tabanus mandarinus* Schiner

水虻科 Stratiomyiidae

1929. 金黄指突水虻 *Pteoticus aurifer* Walker

食虫虻科 Asilidae

1930. 大食虫虻 *Promachus tibialis* Walker

食蚜蝇科 Syrphidae

1931. 黑带蚜蝇 *Episyrphus balteatus* (De Geer)
1932. 大蚜蝇 *Megaspis errans* Fabricius

潜蝇科 Agromyzidae

1933. 豌豆潜叶蝇 *Phytomyza horticola* Goureau
1934. 红花潜叶蝇 *Phytomyza pseudonellbori* Hendel

花蝇科 Anthomyiidae

1935. 种蝇 *Delia platura* (Meigen)
1936. 江苏泉蝇 *Pegomya kiangsuensis* Fan

蝇科 Muscidae

1937. 舍蝇 *Musca domestica* Linnaeus

丽蝇科 Calliphoridae

1938. 大头金蝇 *Chrysomya megacephala* (Fabricius)

寄蝇科 Tachinidae

1939. 蚕饰腹寄蝇 *Blepharipa zebina* (Walker)

长足寄蝇科 Dexiidae

1940. 银颜筒寄蝇 *Halidaya luteicornis* (Walker)

膜翅目 HYMENOPTERA

三节叶蜂科 Argidae

1941. 月季三节叶蜂 *Arge geei* Rohwer
1942. 榆三节叶蜂 *Arge captiva* Smith

叶蜂科 Tenthrelinidae

1943. 樟叶蜂 *Mesoneura rufonota* Rohwer

姬蜂科 Ichneumonidae

1944. 松毛虫黑点瘤姬蜂 *Xanthopimpla pedator* Fabricius

1945. 广黑点瘤姬蜂 *Xanthopimpla punctata* Fabricius
1946. 斑翅马尾姬蜂 *Megarhyssa praecellens* (Tosquinet)
1947. 白环浮姬蜂 *Phobetes albiannularis* Sheng & Ding

茧蜂科 Braconidae

1948. 稻纵卷叶螟绒茧蜂 *Apanteles cypris* Nixon

小蜂科 Chalcididae

1949. 广大腿小蜂 *Brachymeria lasus* (Walker)
1950. 无脊大腿小蜂 *Brachymeria excarinata* Gahan
1951. 次生大腿小蜂 *Brachymeria secundaria* (Ruschka)

姬小蜂科 Eulophidae

1952. 赤带扁股小蜂 *Elasmus cnaphalocrocis* Liao
1953. 白足扁股小蜂 *Elasmus corbetti* Ferrière

金小蜂科 Pteromalidae

1954. 凤蝶金小蜂 *Pteromalus puparum* (Linnaeus)
1955. 稻苞虫金小蜂 *Trichomalopsis apanteloctena* (Crawford)

赤眼蜂科 Trichogrammatidae

1956. 褐腰赤眼蜂 *Paracentrobia andoi* (Ischii)
1957. 拟澳洲赤眼蜂 *Trichogramma confusum* Viggiani
1958. 凤蝶赤眼蜂 *Trichogramma sericini* Pang & Chen
1959. 松毛虫赤眼蜂 *Trichogramma dendrolimi* Matsumura

缘腹小蜂科 Scelionidae

1960. 长腹黑卵蜂 *Telenomus rowani* Gahan
1961. 黄胸黑卵蜂 *Trissolcus angustatus* Thomson

青蜂科 Chrysididae

1962. 上海青蜂 *Chrysis shanghaiensis* Smith

胡蜂科 Vespidae

1963. 黄腰胡蜂 *Vespa affinis* (Linnaeus)
1964. 多色铃腹胡蜂 *Ropalidia variegata* (Smith)

蜾蠃科 Eumenidae

1965. 果马蜂 *Polistes olivaceus* (De Geer)
1966. 普通长脚马蜂 *Polistes okinawansis* Matsumura & Uchida

地蜂科 Andrenidae

1967. 油茶地蜂 *Andrena camellia* Wu

蜜蜂科 Apidae

1968. 绿条无垫蜂 *Amegilla zonata* (Linnaeus)
1969. 中华蜜蜂 *Apis cerana* Fabricius
1970. 黄胸木蜂 *Xylocopa appendiculata* Smith
1971. 赤足木蜂 *Xylocopa rufipes* Smith
1972. 中华木蜂 *Xylocopa sinensis* Smith

附录9　江西九连山国家级自然保护区大型真菌名录

根据标本采集与鉴定，共记录九连山大型真菌共79科162属286种。

科	属	种中文名	种学名
盘菌科	毛杯菌属	大孢毛杯菌	*Cookeina insititia*
	高脚盘菌属	灰高脚盘菌	*Macropodia macropus*
胶陀螺科	耳盘菌属	叶状耳盘菌	*Cordierites frondosus*
麦角科	虫草属	蛾蛹虫草	*Cordyceps polyarthra*
炭角菌科	炭球菌属	炭球菌	*Daldinia concentrica*
		亚炭角菌	*Xylaria aemulans*
		大孢炭角菌	*Xylaria berkeleyi*
		枫果炭角菌	*Xylaria liquidambaris*
		黑柄炭角菌	*Xylaria nigripes*
		多型炭角菌	*Xylaria polymorpha*
		地生炭角菌	*Xylaria terricola*
核盘科	二头孢盘菌属	橙红二头孢盘菌	*Dicephalospora rufocornea*
虫草科	棒束孢属	蝉花	*Isaria cicadae*
	线虫草属	江西线虫草	*Ophiocordyceps jiangxiensis*
		蚁线虫草	*Ophiocordyceps myrmecophila*
		下垂线虫草	*Ophiocordyceps nutans*
		亚蜂头线虫草	*Ophiocordyceps oxycephala*
		小蝉线虫草	*Ophiocordyceps sobolifera*
肉杯菌科	歪盘菌属	中华歪盘菌	*Phillipsia chinensis*
		多明各歪盘菌	*Phillipsia domingensis*
	肉杯菌属	西方肉杯菌	*Sarcoscypha occidentalis*
竹黄科	竹黄属	竹黄	*Shiraia bambusicola*
胶盘菌科	胶陀盘菌属	窄孢胶陀盘菌	*Trichaleurina tenuispora*
肉杯菌科	丛耳属	大丛耳	*Wynnea gigantea*

（续）

科	属	种中文名	种学名
蘑菇科	蘑菇属	田野蘑菇	*Agaricus arvensis*
		蘑菇	*Agaricus campestris*
		番红花蘑菇	*Agaricus crocopeplus*
		甜蘑菇	*Agaricus dulcidulus*
		黄鳞蘑菇	*Agaricus luteofibrillosus*
		大囊蘑菇	*Agaricus megacystidiatus*
		灰鳞蘑菇	*Agaricus moelleri*
		赭鳞蘑菇	*Agaricus subrufescens*
		林地蘑菇	*Agaricus silvaticus*
鹅膏科	鹅膏菌属	拟卵孢鹅膏	*Amanita ovalispora*
		粗鳞鹅膏菌	*Amanita castanopsis*
		小托柄鹅膏	*Amanita farinosa*
		格纹鹅膏	*Amanita fritillaria*
		灰花纹鹅膏	*Amanita fuliginea*
		红黄鹅膏	*Amanita hemibapha*
		粉褶鹅膏	*Amanita incarnatifolia*
		欧式鹅膏	*Amanita oberwinkleriana*
		红褐鹅膏	*Amanita orsonii*
		刻鳞鹅膏	*Amanita sculpta*
		中华鹅膏	*Amanita sinensis*
		杵柄鹅膏	*Amanita sinocitrina*
		角鳞鹅膏	*Amanita spissacea*
		橙盖鹅膏白色变种	*Amanita subjunquillea*
		残托鹅膏有环变型	*Amanita sychnopyramis*
		灰鹅膏	*Amanita vaginata*
		绒毡鹅膏	*Amanita vestita*
		锥鳞白鹅膏	*Amanita virgineoides*
		土红鹅膏	*Amanita rufoferruginea*
粉褶菌科	斜盖伞属	近杯状斜盖伞	*Clitopilus subscyphoides*
	粉褶菌属	久住粉褶蕈	*Entoloma kujuense*
		近江粉褶菌	*Entoloma omiense*
		变绿粉褶蕈	*Entoloma virescens*
小脆柄菇科	小鬼伞属	白小鬼伞	*Coprinellus disseminatus*
		晶粒小鬼伞	*Coprinellus micaceus*
		拟白小鬼伞	*Coprinellus pseudodisseminatus*
	拟鬼伞属	墨汁拟鬼伞	*Coprinopsis atramentaria*

（续）

科	属	种中文名	种学名
鬼伞科	鬼伞属	毛头鬼伞	*Coprinus comatus*
		辐毛小鬼伞	*Coprinellus radians*
	斑褶菇属	大孢斑褶菇	*Panaeolus papilionaceus*
		红褐斑褶菇	*Panaeolus subbalteatus*
	小脆柄菇属	密褶小脆柄菇	*Psathyrella oboensis*
		近辛格小脆柄菇	*Psathyrella subsingeri*
丝膜菌科	黄鳞盖伞属	金黄鳞盖伞	*Cyptotrama asprata*
口蘑科	冬菇属	金针菇	*Flammulina filiformis*
丝盖伞科	靴耳属	平盖靴耳	*Crepidotus applanatus*
		球孢靴耳	*Crepidotus cesatii*
		齿缘靴耳	*Crepidotus dentatus*
		赭黄靴耳	*Crepidotus lutescens*
球盖菇科	库恩菇属	喜粪生裸盖菇	*Deconica coprophila*
		叶生滑盖伞	*Deconica phyllogena*
腹菌科	裸伞属	热带紫褐裸伞	*Gymnopilus dilepis*
		赭黄裸伞	*Gymnopilus penetrans*
		地生裸伞	*Gymnopilus terricola*
蘑菇科	青褶伞属	青褶伞	*Chlorophyllum molybdites*
	环柄菇属	褐鳞环柄菇	*Lepiota helveola*
	白鬼伞属	纯黄白鬼伞	*Leucocoprinus birnbaumii*
		易碎白鬼伞	*Leucocoprinus fragilissimus*
	大环柄菇属	脱皮大环柄菇	*Macrolepiota detersa*
	小蘑菇属	绢毛小蘑菇	*Micropsalliota albosericea*
	秃马勃属	大秃马勃	*Calvatia gigantea*
		锐棘秃马勃	*Calvatia holothuroides*
		紫色秃马勃	*Calvatia lilacina*
	蛋巢菌属	厚壁黑蛋巢	*Cyathus crassimurus*
		隆纹黑蛋巢	*Cyathus striatus*
侧耳科	亚侧耳属	圆孢亚侧耳	*Hohenbuehelia angustata*
球盖菇科	垂幕菇属	簇生垂幕菇	*Hypholoma fasciculare*
白蘑科	长根菇属	长根奥德蘑	*Hymenopellis radicata*
	小奥德蘑属	拟黏小奥德蘑	*Oudemansiella submucida*
	蜡蘑属	紫蜡蘑	*Laccaria amethystina*
		双色蜡蘑	*Laccaria bicolor*

（续）

科	属	种中文名	种学名
白蘑科	小皮伞属	叶生小皮伞	*Marasmius epiphyllus*
		红盖小皮伞	*Marasmius haematocephalus*
		大皮伞	*Marasmius maximus*
		隐形小皮伞	*Marasmius occultatiformis*
		紫红小皮伞	*Marasmius pulcherripes*
		紫条沟小皮伞	*Marasmius purpureostriatus*
		干小皮伞	*Marasmius siccus*
	口蘑属	白棕口蘑	*Tricholoma albobrunneum*
		棕灰口蘑	*Tricholoma terreum*
	亚脐菇属	赭褐亚脐菇	*Omphalina lilaceorosea*
	干蘑属	中华干蘑	*Xerula sinopudens*
红菇科	乳菇属	稀褶茸乳菇	*Lactarius gerardii*
		细弱乳菇	*Lactarius gracilis*
		红汁乳菇	*Lactarius hatsudake*
		刺毛乳菇	*Lactarius strigosus*
	多汁乳菇属	辣多汁乳菇	*Lactifluus piperatus*
		多汁乳菇	*Lactifluus volemus*
	红菇属	蜡味红菇	*Russula cerolens*
		花盖红菇	*Russula cyanoxantha*
		臭红菇	*Russula foetens*
		灰肉红菇	*Russula griseocarnosa*
		日本红菇	*Russula japonica*
		点柄黄红菇	*Russula senecis*
		亚黑红菇	*Russula subnigricans*
		变绿红菇	*Russula virescens*
口蘑科	韧伞属	环柄香菇	*Lentinus sajor*
		翘鳞香菇	*Lentinus squarrosulus*
		洁丽新香菇	*Lentinus lepideus*
口蘑科	香菇属	香菇	*Lentinula edodes*
	香蘑属	淡色香蘑	*Lepista irina*
		花脸香蘑	*Lepista sordida*
	辛格杯伞属	白漏斗辛格杯伞	*Singerocybe alboinfundibuliformis*
伞菌科	白环蘑属	红盖白环蘑	*Leucoagaricus rubrotinctus*
球盖菇科	球盖菇属	洛巴伊大口蘑	*Macrocybe lobayensis*
	鳞伞属	地鳞伞	*Pholiota terrestris*

（续）

科	属	种中文名	种学名
类脐菇科	微皮伞属	白微皮伞	*Marasmiellus candidus*
		毛柄微皮伞	*Marasmiellus confluens*
小菇科	小菇属	红顶小菇	*Mycena acicula*
		栗生小菇	*Mycena castaneicola*
		泪滴状黏柄小菇	*Roridomyces glutinosus*
	扇菇属	小网孔扇菇	*Panellus pusillus*
	干脐菇属	黄干脐菇	*Xeromphalina campanella*
侧耳科	侧耳属	巨大侧耳	*Pleurotus giganteus*
		糙皮侧耳	*Pleurotus ostreatus*
		肺形侧耳	*Pleurotus pulmonarius*
光柄菇科	光柄菇属	金盾光柄菇	*Pluteus chrysaegis*
	小包脚菇属	银丝草菇	*Volvariella bombycina*
		草菇	*Volvariella volvacea*
裂褶菌科	裂褶菌属	裂褶菌	*Schizophyllum commune*
膨瑚菌科	金褴伞属	光盖金褴伞	*Cyptotrama glabra*
球盖菇科	球盖菇属	铜绿球盖菇	*Stropharia aeruginosa*
离褶伞科	蚁巢菌属	真根蚁巢伞	*Termitomyces eurrhizus*
		小蚁巢伞	*Termitomyces microcarpus*
小皮伞科	四角孢属	近灰四角孢	*Tetrapyrgos subcinerea*
牛肝菌科	金牛肝菌属	重孔金牛肝菌	*Aureoboletus duplicatoporus*
	条孢牛肝菌属	木生条孢牛肝菌	*Boletellus emodensis*
		隐纹条孢牛肝菌	*Boletellus indistinctus*
	黄肉牛肝菌属	海南黄肉牛肝菌	*Butyriboletus hainanensis*
	美柄牛肝属	关羽美柄牛肝菌	*Caloboletus guanyui*
	圆孔牛肝菌属	褐圆孢牛肝菌	*Gyroporus castaneus*
	网孢牛肝菌属	日本网孢牛肝菌	*Heimioporus japonicus*
		朱红花园牛肝菌	*Hortiboletus rubellus*
	小绒盖牛肝菌属	假青木氏小绒盖牛肝菌	*Parvixerocomus pseudoaokii*
	褶孔牛肝菌属	褐盖褶孔牛肝菌	*Phylloporus brunneiceps*
	红孢牛肝菌属	红褐红孢牛肝菌	*Porphyrellus brunneirubens*
		栗盖红孢牛肝菌	*Porphyrellus castaneus*
		烟褐红孢牛肝菌	*Porphyrellus holophaeus*
		黑紫红孢牛肝菌	*Porphyrellus nigropurpureus*
	粉末牛肝菌属	黄鳞粉末牛肝菌	*Pulveroboletus flaviscabrosus*
		疸黄粉末牛肝菌	*Pulveroboletus icterinus*

（续）

科	属	种中文名	种学名
牛肝菌科	网柄牛肝菌属	张飞网柄牛肝菌	*Retiboletus zhangfeii*
		中华网柄牛肝菌	*Retiboletus sinensis*
	松塔牛肝菌属	阔裂松塔牛肝菌	*Strobilomyces latirimosus*
		绒柄松塔牛肝菌	*Strobilomyces floccopus*
		松塔牛肝菌	*Strobilomyces strobilaceus*
	乳牛肝菌属	黏盖乳牛肝菌	*Suillus bovinus*
		点柄乳牛肝菌	*Suillus granulatus*
	邓氏牛肝菌属	网纹邓氏牛肝菌	*Tengioboletus reticulatus*
	粉孢牛肝菌属	大津粉孢牛肝菌	*Tylopilus otsuensis*
		新苦粉孢牛肝菌	*Tylopilus neofelleus*
	绒盖牛肝菌属	小果绒盖牛肝菌	*Xerocomus microcarpoides*
		亚小绒盖牛肝菌	*Xerocomus subparvus*
	臧氏牛肝菌属	黄盖臧氏牛肝菌	*Zangia citrina Yan*
	南方牛肝菌属	纺锤孢南方牛肝菌	*Austroboletus fusisporus*
	兰茂牛肝菌属	大盖兰茂牛肝菌	*Lanmaoa macrocarpa*
	疣柄牛肝菌属	褐疣柄牛肝菌	*Leccinum scabrum*
干朽菌科	残孔菌属	二年残孔菌	*Abortiporus biennis*
韧革菌科	盘革菌属	刺丝盘革菌	*Aleurodiscus mirabilis*
多孔菌科	假芝属	假芝	*Amauroderma rugosum*
	小薄孔菌属	环带小薄孔菌	*Antrodiella zonata*
	烟管孔菌属	烟管孔菌	*Bjerkandera adusta*
	革孔菌属	膨大革孔菌	*Coriolopsis strumosa*
	拟迷孔菌属	裂拟迷孔菌	*Daedaleopsis confragosa*
	棱孔菌属	堆棱孔菌	*Favolus acervatus*
	拟层孔菌属	红缘拟层孔菌	*Fomitopsis pinicola*
	浅孔菌属	棕榈浅孔菌	*Grammothele fuligo*
	全缘孔菌属	双色全缘孔菌	*Haploporus bicolor*
	蜂窝孔菌属	帽形蜂窝孔菌	*Hexagonia cucullata*
	褶孔菌属	桦褶孔菌	*Lenzites betulinus*
	脊革菌属	奇异脊革菌	*Lopharia mirabilis*
	小孔菌属	近缘小孔菌	*Microporus affinis*
		黄褐小孔菌	*Microporus xanthopus*
	革耳属	新粗毛革耳	*Panus neostrigosus*
	黑孔菌属	紫褐黑孔菌	*Nigroporus vinosus*
	多年卧孔菌属	白蜡多年卧孔菌	*Perenniporia fraxinea*
		菌索多年卧孔菌	*Perenniporia rhizomorpha*

（续）

科	属	种中文名	种学名
多孔菌科	拟多孔菌属	漏斗多孔菌	*Polyporellus arcularius*
	多孔菌属	条盖多孔菌	*Polyporus grammocephalus*
	密孔菌属	朱红密孔菌	*Pycnoporus cinnabarinus*
		血红密孔菌	*Pycnoporus sanguineus*
	干皮孔菌属	白干皮孔菌	*Skeletocutis nivea*
		软革干皮孔菌	*Skeletocutis vietnamensis*
	栓孔菌属	雅致栓孔菌	*Trametes elegans*
		浅囊状栓孔菌	*Trametes gibbosa*
		毛栓菌	*Trametes hirsuta*
		云芝	*Trametes versicolor*
	附毛菌属	紫褐囊孔菌	*Trichaptum fuscoviolaceum*
	干酪菌属	薄皮干酪菌	*Tyromyces chioneus*
		奶油泊氏孔菌	*Tyromyces lacteus*
耳匙菌科	耳匙菌属	耳匙菌	*Auriscalpium vulgare*
	冠瑚菌属	杯冠瑚菌	*Artomyces pyxidatus*
刺孢多孔菌科	圆孢地花属	狄更斯邦氏孔菌	*Bondarzewia dickinsii*
原毛平革菌科	干朽菌属	革棉絮干朽菌	*Byssomerulius corium*
锈革孔菌科	集毛孔菌属	大孔集毛孔菌	*Coltricia macropora*
		铁色集毛孔菌	*Coltricia sideroides*
干朽菌科	波边革菌属	优雅波边革菌	*Cymatoderma elegans*
茸瑚菌科	叉丝革菌属	华南二叉韧革菌	*Dichostereum austrosinense*
木耳科	盘革耳属	略薄盘革耳	*Eichleriella tenuicula*
		新平埃希勒菌	*Eichleriella xinpingensis*
小菇科	胶孔菌属	日本胶孔菌	*Favolaschia nipponica*
牛舌菌科	牛舌菌属	亚牛舌菌	*Fistulina subhepatica*
刺革菌科	褐卧孔菌属	亚铁木褐卧孔菌	*Fuscoporia subferrea*
	锈革菌属	大黄锈革菌	*Hymenochaete rheicolor*
		球生锈革菌	*Hymenochaete sphaericola*
灵芝科	灵芝属	南方灵芝	*Ganoderma australe*
		灵芝	*Ganoderma lingzhi*
		紫芝	*Ganoderma sinense*
粘褶菌科	褐褶菌属	深褐褶菌	*Gloeophyllum sepiarium*
裂孔菌科	丝齿菌属	淡黄丝齿菌	*Hyphodontia flavipora*
		热带丝齿菌	*Hyphodontia tropica*

（续）

科	属	种中文名	种学名
干朽菌科	耙齿菌属	白囊耙齿菌	*Irpex lacteus*
	容氏孔菌属	光亮容氏孔菌	*Junghuhnia nitida*
拟层孔菌科	绚孔菌属	变孢绚孔菌	*Laetiporus versisporus*
	剥管菌属	梭伦剥管菌	*Piptoporellus soloniensis*
原毛平革菌科	平革菌属	污白平革菌	*Phanerochaete sordida*
		厚囊原毛平革菌	*Phanerochaete metuloidea*
小塔氏菌科	假皱孔菌属	覆瓦假皱孔菌	*Pseudomerulius curtisii*
猴头菌科	假赖特孔菌属	日本假赖特孔菌	*Pseudowrightoporia japonica*
伏革菌科	伏革菌属	蓝色伏革菌	*Pulcherricium coeruleum*
齿菌科	齿耳菌属	赭色齿耳菌	*Steccherinum ochraceum*
韧革菌科	韧革菌属	轮韧革菌	*Stereum ostrea*
革菌科	革菌属	干巴菌	*Thelephora ganbajun*
木耳科	木耳属	毛木耳	*Auricularia cornea*
		皱木耳	*Auricularia delicata*
		黑木耳	*Auricularia heimuer*
		短毛木耳	*Auricularia villosula*
花耳科	胶角耳属	中国胶角耳	*Calocera sinensis*
	花耳属	头状花耳	*Dacrymyces capitatus*
暗银耳科	褐银耳属	茶色银耳	*Phaeotremella foliacea*
银耳科	银耳属	银耳	*Tremella fuciformis*
		金黄银耳	*Tremella mesenterica*
珊瑚菌科	珊瑚菌属	脆珊瑚菌	*Clavaria fragilis*
	拟锁瑚菌属	金赤拟锁瑚菌	*Clavulinopsis aurantiocinnabarina*
		梭形黄拟锁瑚菌	*Clavulinopsis fusiformis*
		环沟红拟锁瑚菌	*Clavulinopsis sulcata*
核瑚菌科	杵瑚菌属	蜂斗叶杵瑚菌	*Pistillaria petasitis*
丽座壳菌科	丽烛衣属	中华丽烛衣	*Sulzbacheromyces sinensis*
鸡油菌科	鸡油菌属	鸡油菌	*Cantharellus cibarius*
	喇叭菌属	金黄喇叭菌	*Craterellus aureus*
		灰喇叭菌	*Craterellus cornucopioides*
鬼笔科	星头鬼笔属	红星头菌	*Aseroe rubra*
	笼头菌属	红笼头菌	*Clathrus ruber*
双被地星科	硬皮地星属	硬皮地星	*Astraeus hygrometricus*
丽口包科	丽口菌属	红皮丽口菌	*Calostoma cinnabarinum*
		日本丽口菌	*Calostoma japonicum*

（续）

科	属	种中文名	种学名
地星科	地星属	毛嘴地星	*Geastrum fimbriatum*
		木生地星	*Geastrum mirabile*
		绒皮地星	*Geastrum velutinum*
鬼笔科	小林块腹菌属	小林块腹菌	*Kobayasia nipponica*
	散尾鬼笔属	五棱散尾鬼笔	*Lysurus mokusin*
	小林鬼笔属	双柱小林鬼笔	*Linderia bicolumnata*
	蛇头菌属	竹林蛇头菌	*Mutinus bambusinus*
	正鬼笔属	暗棘托竹荪	*Phallus fuscoechinovolvatus*
		纯黄竹荪	*Phallus luteus*
蘑菇科	马勃属	钩刺马勃	*Lycoperdon echinatum*
		网纹马勃	*Lycoperdon perlatum*
	红蛋巢菌属	黄包红蛋巢菌	*Nidula shingbaensis*
硬皮马勃科	豆马勃属	彩色豆马勃	*Pisolithus tinctorius*
	硬皮马勃属	马勃状硬皮马勃	*Scleroderma areolatum*
		橙黄硬皮马勃	*Scleroderma citrinum*
		多根硬皮马勃	*Scleroderma polyrhizum*
		黄硬皮马勃	*Scleroderma sinnamariense*

附录10　江西九连山国家级自然保护区动植物物种图

一、重要代表植物与资源植物照片

1. 蕨类植物

闽浙马尾杉 *Phlegmariurus mingcheensis*

深绿卷柏 *Selaginella doederleinii*

毛枝卷柏 *Selaginella trichoclada*

中华里白 *Diplopterygium chinense*

瘤足蕨 *Plagiogyria adnata*

毛轴铁角蕨 *Asplenium crinicaule*

倒挂铁角蕨 *Asplenium normale*

狭翅铁角蕨 *Asplenium wrightii*

苏铁蕨 *Brainea insignis*

珠芽狗脊 *Woodwardia prolifera*

华南舌蕨 *Elaphoglossum yoshinagae*

肾蕨 *Nephrolepis cordifolia*

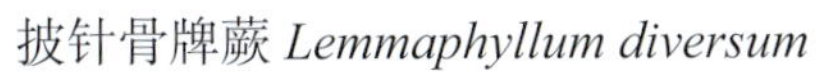

披针骨牌蕨 *Lemmaphyllum diversum*

江南星蕨 *Lepisorus fortunei*

宽羽线蕨 *Leptochilus ellipticus* var. *pothifolius*

龙头节肢蕨 *Selliguea lungtauensis*

2. 被子植物

山蒟 *Piper hancei*

紫花含笑 *Michelia crassipes*

野含笑 *Michelia skinneriana*

瓜馥木 *Fissistigma oldhamii*

厚瓣鹰爪花 *Artabotrys pachypetalus*

乌药 *Lindera aggregata*

山鸡椒 *Litsea cubeba*

薄叶润楠 *Machilus leptophylla*

大叶新木姜子 *Neolitsea levinei*

多穗金粟兰 *Chloranthus multistachys*

草珊瑚 *Sarcandra glabra*

滴水珠 *Pinellia cordata*

头花水玉簪 *Burmannia championii*

多枝霉草 *Sciaphila ramosa*

七叶一枝花 *Paris polyphylla*

华重楼 *Paris polyphylla* var. *chinensis*

瘤唇卷瓣兰 *Bulbophyllum japonicum*

金线兰 *Anoectochilus roxburghii*

吻兰 *Collabium chinense*

橙黄玉凤花 *Habenaria rhodocheila*

多叶斑叶兰 *Goodyera foliosa*

全唇盂兰 *Lecanorchis nigricans*

黄花鹤顶兰 *Phaius flavus*

竹根七 *Disporopsis fuscopicta*

多花黄精 *Polygonatum cyrtonema*

蛛丝毛蓝耳草 *Cyanotis arachnoidea*

鸭跖草 *Commelina communis*

商陆 *Phytolacca acinosa*

牛膝 *Achyranthes bidentata*

常山 *Dichroa febrifuga*

圆锥绣球 *Hydrangea paniculata*

罗蒙常山 *Dichroa yaoshanensis*

茶梨 *Anneslea fragrans*

湖南凤仙花 *Impatiens hunanensis*

尖萼毛柃 *Eurya acutisepala*

四角柃 *Eurya tetragonoclada*

尖萼厚皮香 *Ternstroemia luteoflora*

南岭革瓣山矾 *Cordyloblaste confusa*

星宿菜 *Lysimachia fortunei*

毛山矾 *Symplocos groffii*

银钟花 *Perkinsiodendron macgregorii*

小叶白辛树 *Pterostyrax corymbosus*

赛山梅 *Styrax confusus*

美丽猕猴桃 *Actinidia melliana*

髭脉桤叶树 *Clethra barbinervis*

短尾越橘 *Vaccinium carlesii*

马银花 *Rhododendron ovatum*

扁枝越橘 *Vaccinium japonicum* var. *sinicum*

喜马拉雅珊瑚 *Aucuba himalaica*

刺毛越橘 *Vaccinium trichocladum*

日本粗叶木 *Lasianthus japonicus*

华腺萼木 *Mycetia sinensis*

白毛鸡屎藤 *Paederia pertomentosa*

长花厚壳树 *Ehretia longiflora*

络石 *Trachelospermum jasminoides*

单花红丝线 *Lycianthes lysimachioides*

长瓣马铃苣苔 *Oreocharis auricula*

枇杷叶紫珠 *Callicarpa kochiana*

中华锥花 *Gomphostemma chinense*

长管香茶菜 *Isodon longitubus*

九连山报春苣苔 *Primulina jiulianshanensis*

广东小野芝麻 *Matsumurella kwangtungensis*

假糙苏 *Paraphlomis javanica*

曲茎假糙苏 *Paraphlomis foliata*

山菠菜 *Prunella asiatica*

山罗花 *Melampyrum roseum*

腺毛阴行草 *Siphonostegia laeta*

满树星 *Ilex aculeolata*

矮冬青 *Ilex lohfauensis*

线萼山梗菜 *Lobelia melliana*

铜锤玉带草 *Lobelia nummularia*

吕宋荚蒾 *Viburnum luzonicum*

红马蹄草 *Hydrocotyle nepalensis*

二、重要代表动物照片

1. 两栖类照片

黑斑肥螈 *Pachytriton brevipes*

崇安髭蟾 *Leptobrachium liui*

福建掌突蟾 *Leptobrachella liui*

东方短腿蟾 *Brachytarsophrys orientalis*

莽山角蟾 *Xenophrys mangshanensis*

雨神角蟾 *Boulenophrys ombrophila*

九连山角蟾 *Boulenophrys jiulianensis*

黑眶蟾蜍 *Duttaphrynus melanostictus*

中华蟾蜍 *Bufo gargarizans*

中国雨蛙 *Hyla chinensis*

长肢林蛙 *Rana longicrus*

梅氏臭蛙 *Odorrana melli*

沼水蛙 *Hylarana guentheri*

阔褶水蛙 *Hylarana latouchii*

粤琴蛙 *Nidirana guangdongensis*

龙头山臭蛙 *Odorrana leporipes*

车八岭竹叶蛙 *Odorrana confusa*

华南湍蛙 *Amolops ricketti*

泽陆蛙 *Fejervarya multistriata*

虎纹蛙 *Hoplobatrachus chinensis*

福建大头蛙 *Limnonectes fujianensis*

棘胸蛙 *Quasipaa spinosa*

小棘蛙 *Quasipaa exilispinosa*

斑腿泛树蛙 *Polypedates megacephalus*

红吸盘棱皮树蛙 *Theloderma rhododiscus*

大树蛙 *Rhacophorus dennysi*

小弧斑姬蛙 *Microhyla heymonsi*

粗皮姬蛙 *Microhyla butleri*

饰纹姬蛙 *Microhyla fissipes*

花姬蛙 *Microhyla pulchra*

2. 爬行类照片

多疣壁虎 *Gekko japonicas*

梅氏壁虎 *Gekko melli*

丽棘蜥 *Acanthosaura lepidogaster*

光蜥 *Ateuchosaurus chinensis*

中国石龙子 *Plestiodon chinensis*

蓝尾石龙子 *Plestiodon elegans*

古氏草蜥 *Takydromus kuehnei*

中国棱蜥 *Tropidophorus sinicus*

股鳞蜓蜥 *Sphenomorphus incognitus*

崇安草蜥 *Takydromus sylvaticus*

北部湾蜓蜥 *Sphenomorphus tonkinensis*

北草蜥 *Takydromus septentrionalis*

海南闪鳞蛇 *Xenopeltis hainanensis*

棕脊蛇 *Achalinus rufescens*

原矛头蝮 *Protobothrops mucrosquamatus*

台湾钝头蛇 *Pareas formosensis*

白头蝰 *Azemiops kharin*

福建竹叶青 *Viridovipera stejnegeri*

银环蛇 *Bungarus multicinctus*

中华珊瑚蛇 *Sinomicrurus annularis*

福建珊瑚蛇 *Sinomicrurus kelloggi*

棕黑腹链蛇 *Hebius sauteri*

翠青蛇 *Ptyas major*

赤练蛇 *Lycodon rufozonatus*

绞花林蛇 *Boiga kraepelini*

黄链蛇 *Lycodon flavozonatus*

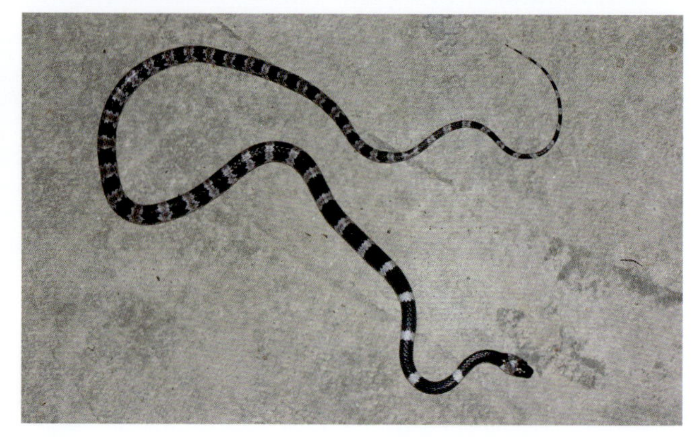

黑背白环蛇 *Lycodon ruhstrati*

紫灰锦蛇 *Oreocryptophis porphyraceus*

钝尾两头蛇 *Calamaria septentrionalis*

玉斑锦蛇 *Euprepiophis mandarinus*

中国小头蛇 *Oligodon chinensis*

山溪后棱蛇 *Opisthotropis latouchii*

横纹斜鳞蛇 *Pseudoxenodon bambusicola*

乌华游蛇 *Trimerodytes percarinatus*

颈棱蛇 *Macropisthodon rudis*

纹尾斜鳞蛇 *Pseudoxenodon stejnegeri*

颈棱蛇 *Macropisthodon rudis*

3. 其他照片

红腿长吻松鼠 *Dremomys pyrrhomerus*

倭花鼠 *Tamiops maritimus*

红腿长吻松鼠 *Dremomys pyrrhomerus*

附录11　江西九连山国家级自然保护区植被型图

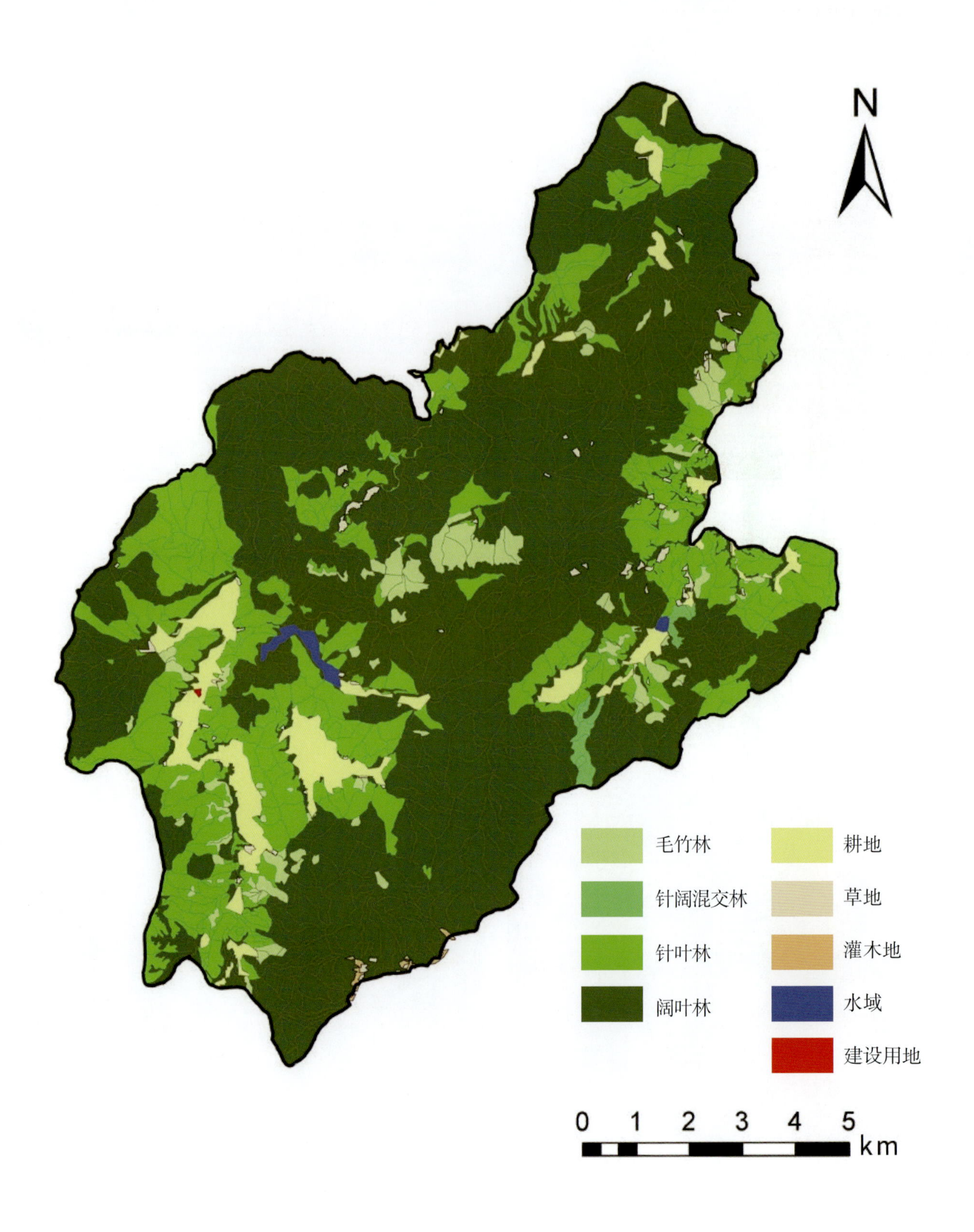

附录12　江西九连山国家级自然保护区两栖爬行动物调查线路

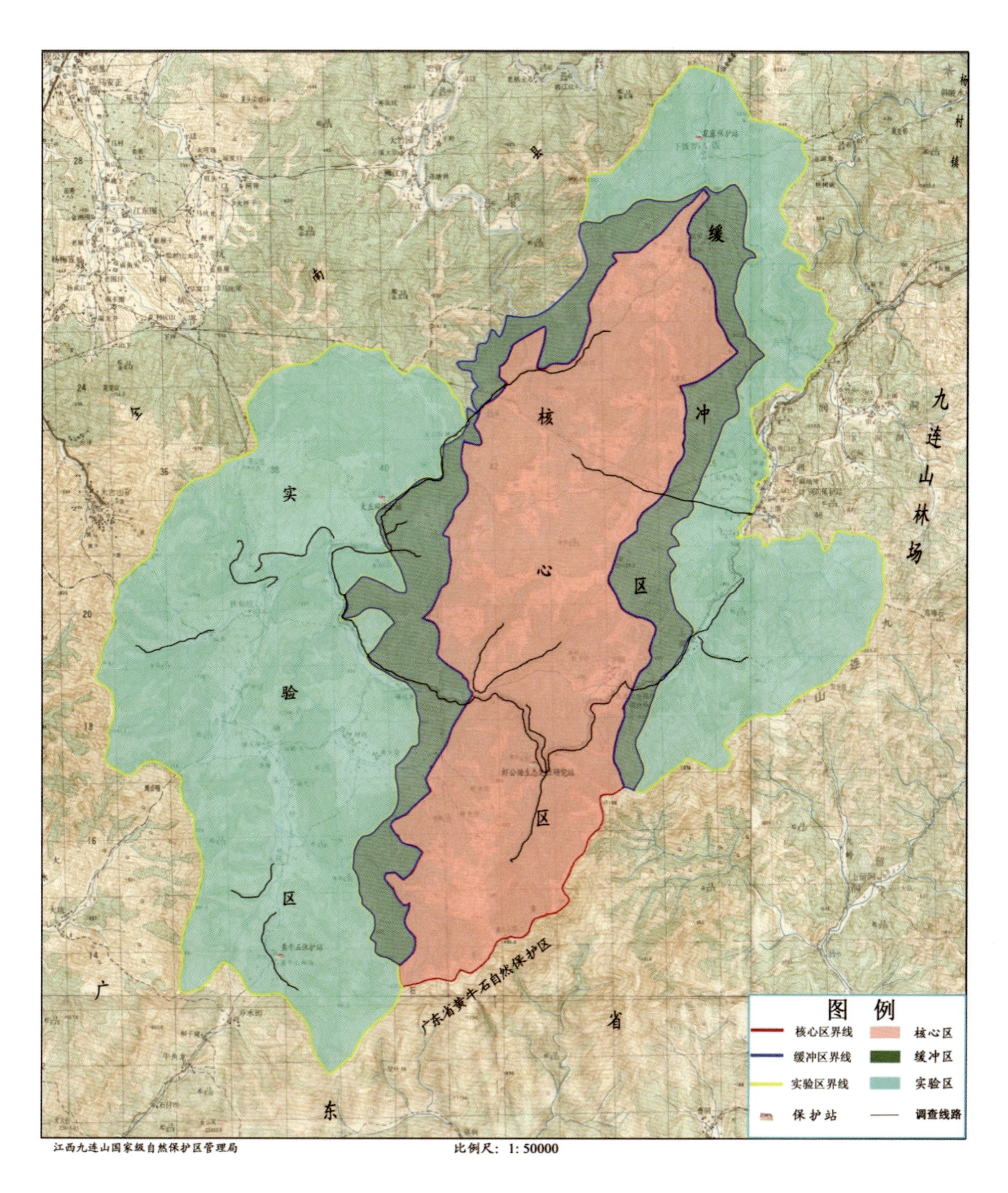

附录13 江西九连山国家级自然保护区昆虫各科下级属、种组成

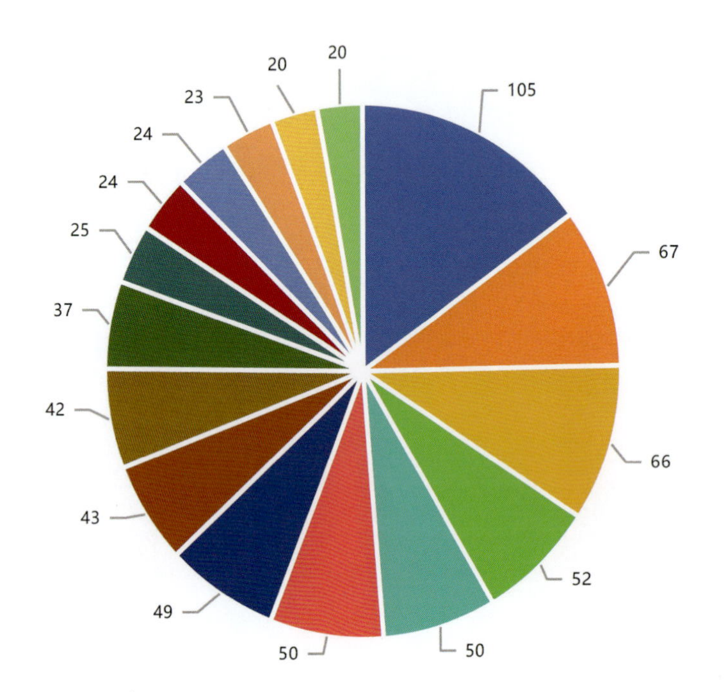

图例从0点方向起，顺时针对应：

- 目夜蛾科 Erebidae
- 尺蛾科Geometridae
- 草螟科 Crambidae
- 蛱蝶科 Nymphalidae
- 天牛科 Cerambycidae
- 夜蛾科Noctuidae
- 灰蝶科 Lycaenidae
- 舟蛾科Notodontidae
- 弄蝶科 Hesperiidae
- 叶甲科 Chrysomelidae
- 蝽科 Pentatomidae
- 象甲科 Curculionidae
- 钩蛾科 Drepanidae
- 金龟科 Scarabaeidae
- 蚜科 Aphididae
- 天蛾科Sphingidae

昆虫各科下级属数组成

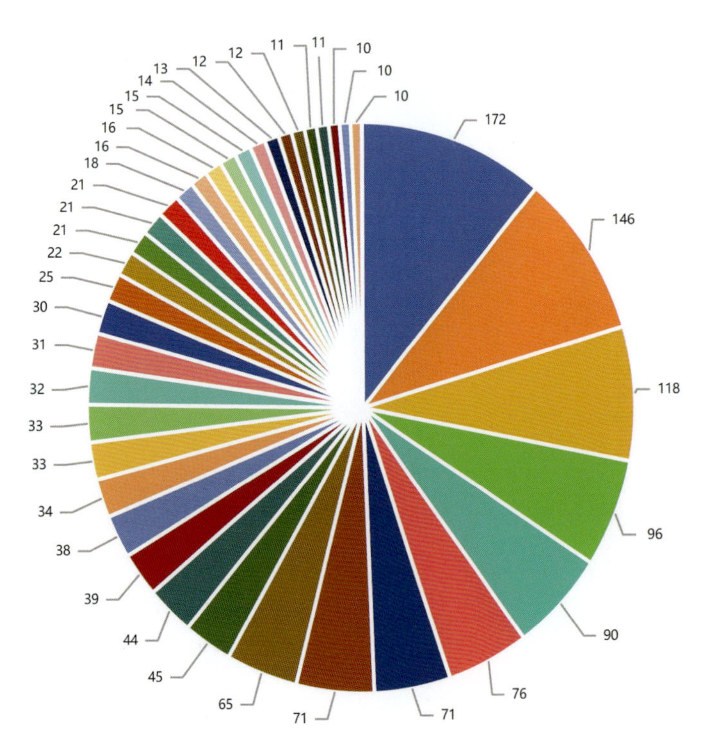

图例从0点方向起，顺时针对应：

- 目夜蛾科 Erebidae
- 蛱蝶科 Nymphalidae
- 草螟科 Crambidae
- 尺蛾科Geometridae
- 弄蝶科 Hesperiidae
- 舟蛾科Notodontidae
- 天牛科 Cerambycidae
- 灰蝶科 Lycaenidae
- 夜蛾科Noctuidae
- 钩蛾科 Drepanidae
- 叶甲科 Chrysomelidae
- 天蛾科Sphingidae
- 金龟科 Scarabaeidae
- 凤蝶科 Papilionidae
- 象甲科 Curculionidae
- 吉丁虫科 Buprestidae
- 螽斯科 Tettigoniidae
- 蝽科 Pentatomidae
- 蚜科 Aphididae
- 蜻科 Libellulidae
- 瓢虫科 Coccinellidae
- 瘤蛾科Nolidae
- 螟蛾科 Pyralidae
- 粉蝶科 Pieridae
- 卷蛾科 Tortricidae
- 牙甲科 Hydrophilidae
- 刺蛾科 Limacodidae
- 枯叶蛾科Lasiocampidae
- 白蚁科 Termitidae
- 猎蝽科 Reduviidae
- 蚋科Simuliidae
- 叶蝉科 Cicadellidae
- 斑腿蝗科 Catantopidae
- 盾蚧科 Diaspididae
- 鼻白蚁科 Rhinotermitidae
- 斑蛾科 Zygaenidae
- 大蚕蛾科Saturniidae
- 缘蝽科 Coreidae

昆虫各科（种数值10以上）种数组成